カラー徹底図解

環境対策、安全装置、自動運転の「いま」がわかる!

クルマのメカニズム大全

エンジンやシャシー、駆動系など、
クルマの基本メカニズムをわかりやすく解説

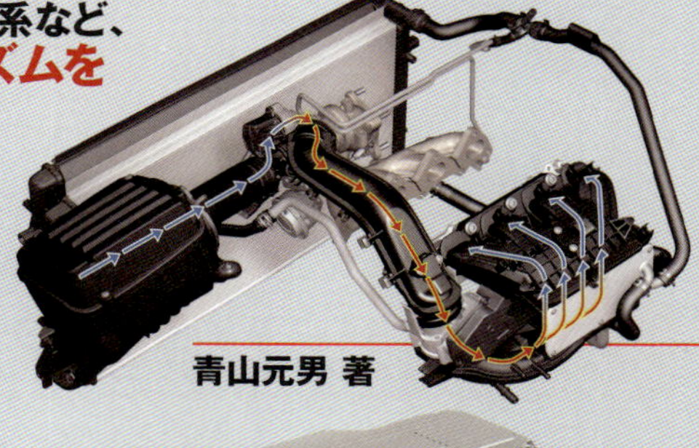

青山元男 著

ナツメ社

［CONTENTS］
目次

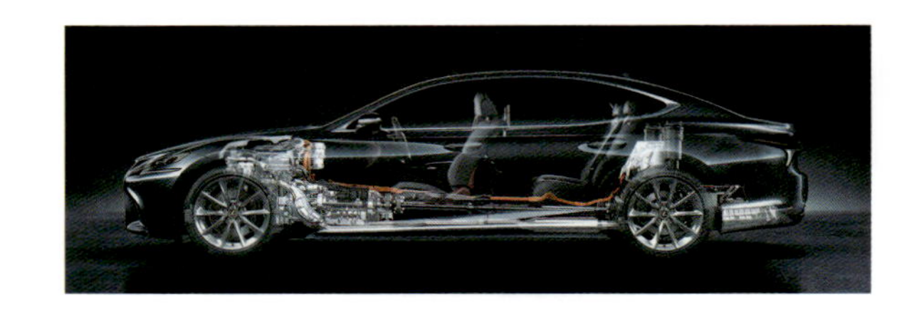

序章 環境対策と安全対策

第1章 クルマの動力源

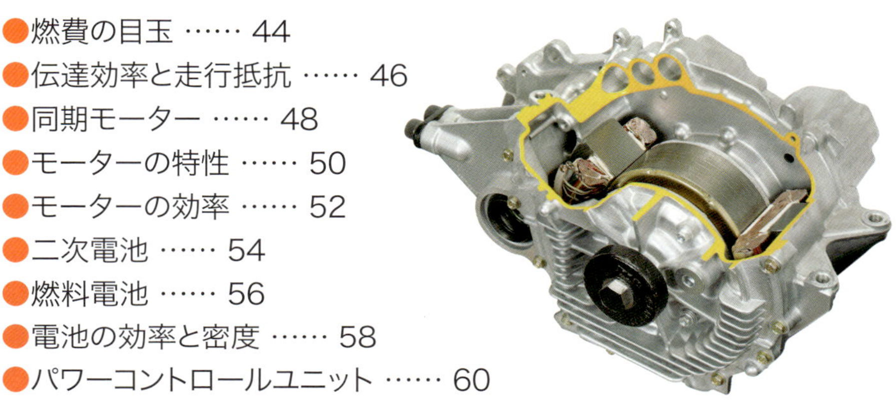

第2章 エンジン本体

[CONTENTS]

第3章 エンジン補機類

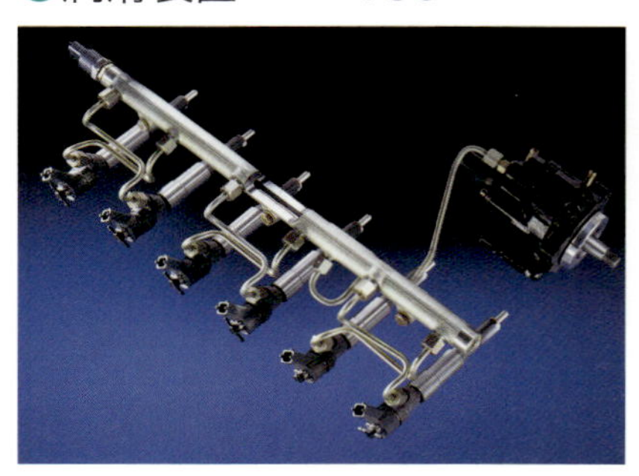

第4章 動力伝達装置

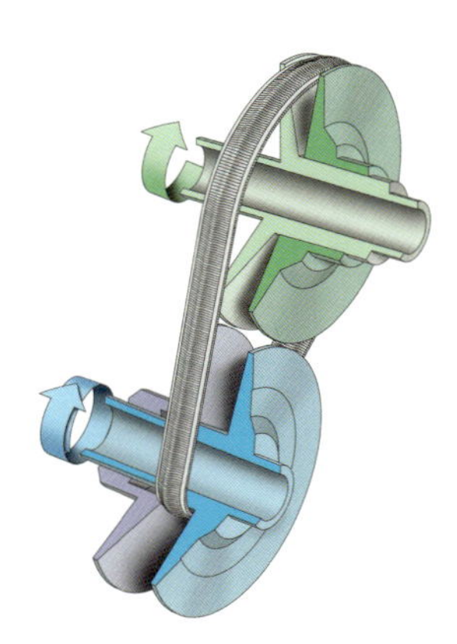

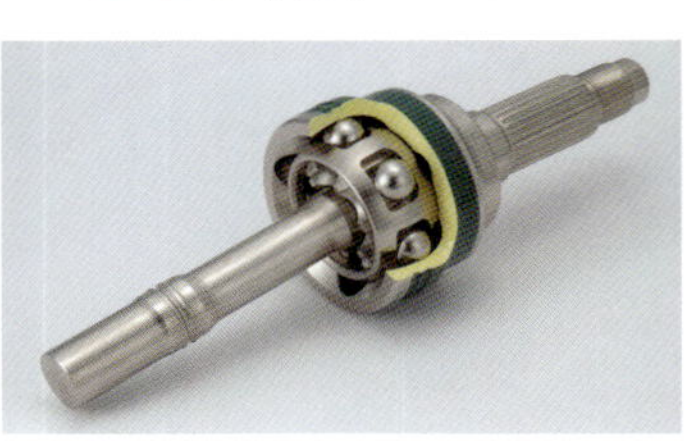

［CONTENTS］

第5章 電気自動車とハイブリッド自動車

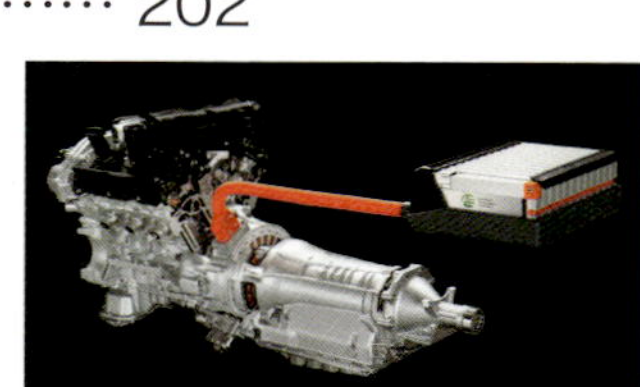

第6章 シャシー装置

第7章 ボディと安全装置

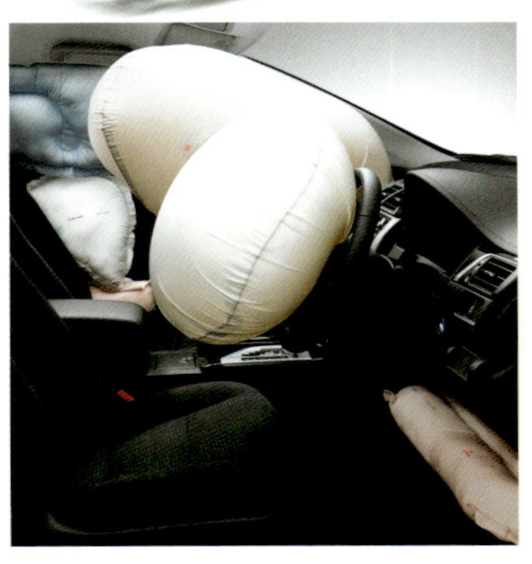

[CONTENTS]

第7章

第8章 自動運転

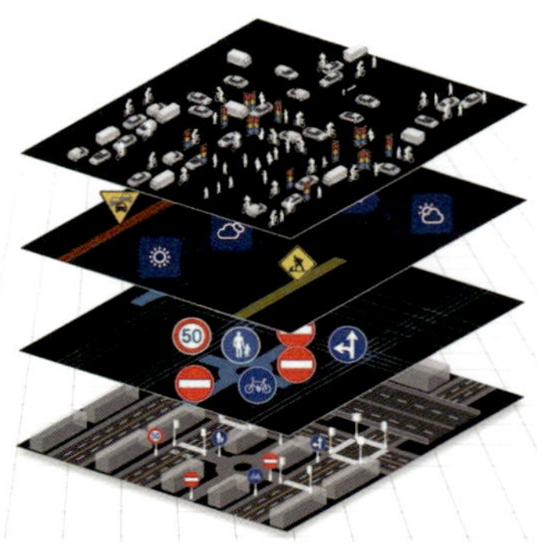

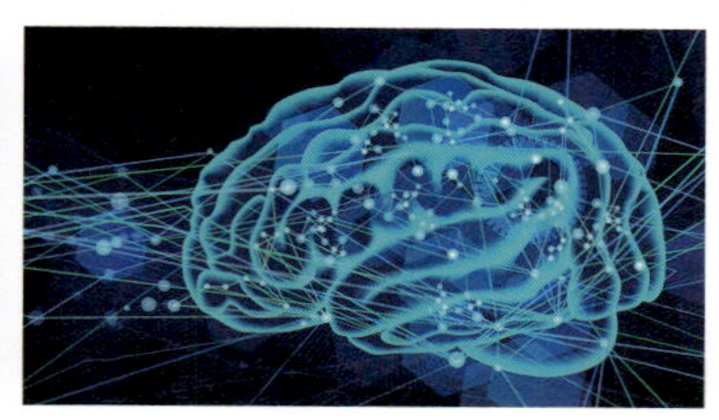

序章

環境対策
と
安全対策

クルマを取り巻く状況のなかで
もっとも重要なのが環境対策と安全対策だ。
人命を守る安全対策はもちろん重要だが、
大気汚染や地球温暖化も人命をおびやかす。

自動車排出ガス規制

排出ガス規制は強化され続けているが大気汚染物質浄化の技術的な目処は立っている

▶1970年代に始まったガソリン車の排出ガス規制

19世紀に発明されたガソリンエンジンなど**内燃機関**のクルマは人々の暮らしを豊かにしていったが、1950〜60年代のモータリゼーションの進展は**大気汚染**という問題を引き起こした。この問題に対処する**環境対策**としてクルマの**排出ガス規制**が始まり、1975年にアメリカで、1976年に日本で、大幅な規制強化が行われた。**ガソリンエンジン**のクルマで規制される**大気汚染物質**は**一酸化炭素**（**CO**）、**炭化水素**（**HC**）、**窒素酸化物**（**NOx**）の3種類。不可能だといわれるほど厳しい基準値だったが、**三元触媒**の実用化などによって規制をクリアした。ちなみに、こうした大気汚染物質を総称して**エミッション**という。

三元触媒とは、3種類の大気汚染物質を相互に化学反応させて、無害な物質にするものだが、効率よく反応させるためには、ガソリンが完全燃焼し、同時に排気中に**酸素**が残らないようにする必要がある（P102参照）。しかし、当時使われていた**キャブレター**では空気と**燃料**の比率（**空燃比**－P30参照）を厳密に制御できなかったため、**燃料噴射装置**が開発された。これが技術のブレークスルーであり、エンジンの電子制御の始まりである。

日本のガソリン乗用車の排出ガス規制値の推移

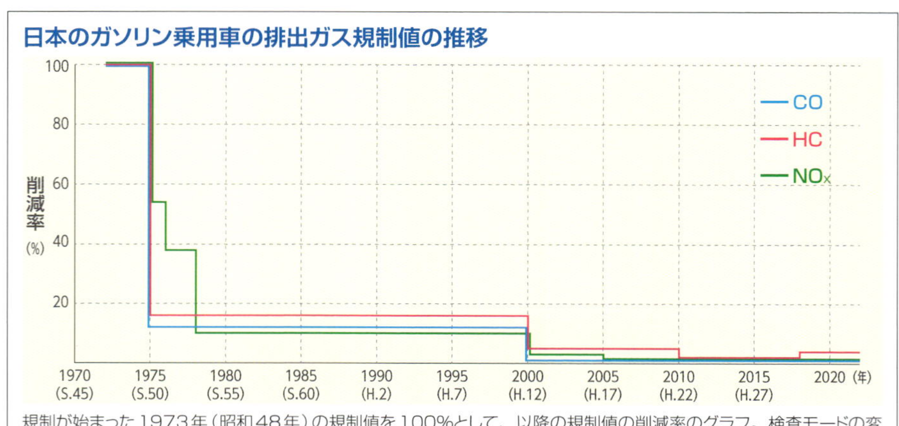

規制が始まった1973年（昭和48年）の規制値を100%として、以降の規制値の削減率のグラフ。検査モードの変更もあるので、単純に比較することはできないが、規制は基本的に強化されている。

この時期の排出ガス対策によって蓄積された燃焼に関する知識は、その後の技術発展に大きく貢献したといえる。

その後、1990年代に入るとEUでも排出ガス規制が始まり、先進各国で規制が強化されたが、技術開発によって規制値は常にクリアされてきた。現在では新興自動車大国の中国やインドでも規制が始まっている。また、規制は今後も強化される。EUでは従来の3物質に加えてガソリンエンジンに対する**粒子状物質**（**PM**）の規制が始まったが、すでにこうしたPMを除去するフィルターである**GPF**（P105参照）が開発済みだ。

▶21世紀目前に強化されたディーゼル車の排出ガス規制

ディーゼルエンジンのクルマに対する**排出ガス規制**も、ガソリン車とほぼ同じ時期に始まっているが、**CO**と**HC**の排出量がガソリン車と比べて少なかったためディーゼル車の規制はゆるく、**光化学スモッグ**の原因となる**NO_x**の規制に重点が置かれていた。しかし、平成の時代になると**粒子状物質**（**PM**）による健康被害が社会問題となり、日本では1994年にPMが規制対象になった。この規制は、**コモンレール式燃料装置**（P124参照）の開発がブレークスルーになり、燃焼状態を改善することでクリアされた。

以降も規制は強化されていき、2005年には1994年比でPMを4%にまで低減するという規制が導入された。非常に厳しい規制であったが、PMを捕集するフィルターである**DPF**（P104参照）の開発によってPMの除去が可能になった。NO_xについても**NO_x吸蔵触媒**や**尿素SCR**といった**NO_x後処理装置**（P106参照）の開発によって、さらなる浄化が可能になっている。ガソリン車同様にディーゼル車の排出ガス規制も世界各国で強化されている方向にあるが、コストはかかるものの規制はクリアできるものと考えられている。

日本のディーゼル重量車の排出ガス規制値の推移

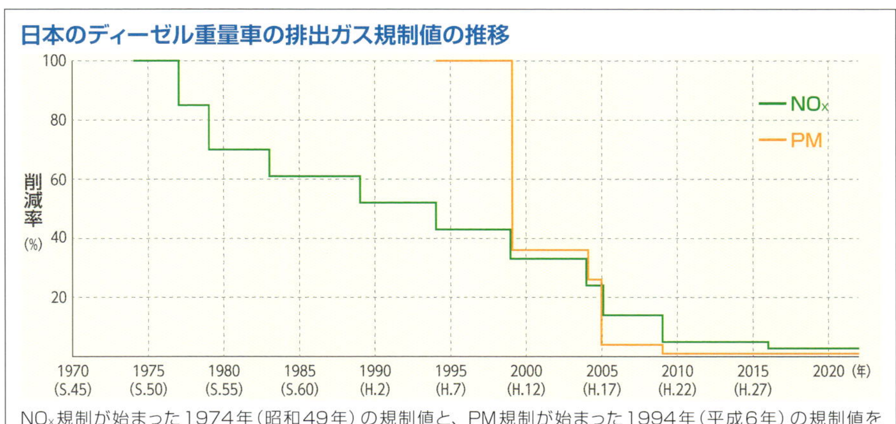

NO_x規制が始まった1974年（昭和49年）の規制値と、PM規制が始まった1994年（平成6年）の規制値を100%とした削減率のグラフ（COとHCの規制値は省略）。細かく段階を刻んで規制が厳しくなっていっている。

燃費規制

サイフに優しい燃費のよいクルマは二酸化炭素の排出が少なく環境にも優しい

▶燃費規制とCO_2排出規制は同じ意味をもっている

1970年代のオイルショックを契機に日本やアメリカでは省エネルギーが意識されるようになり、アメリカでは1975年に**燃費規制**が始まり、日本では1979年にガソリン乗用車の燃費基準が策定された。その後、1993年に基準が改定され、さらに1999年にはいわゆる**トップランナー方式**が導入された。トップランナー方式とは、その時点でもっとも燃費性能が優れているクルマをベースに技術開発の将来見通しなどを踏まえて燃費基準を策定する方式だ。この基準が順次更新されて現在に至っている。

また、1997年には**気候変動枠組条約**に関する**京都議定書**が採択され、各国が**温暖化ガス**の排出削減目標を設定した。これを受けて、EUでは自動車からの**二酸化炭素**（**CO_2**）の排出量の目標が設定された。省エネルギーを目的として始まった燃費規制と、**CO_2排出規制**は表裏一体のものだといえる。CO_2排出量は燃費に反比例するため、2つの規制は同じ効果がある。こうした**環境対策**のための燃費規制は、世界各国で始まっている。なかでもEUの規制は世界でもっとも厳しい水準で、2021年までに95g/kmを達成する必要がある。この値を日本で使われている燃費表示に換算すると24.4km/ℓになる。

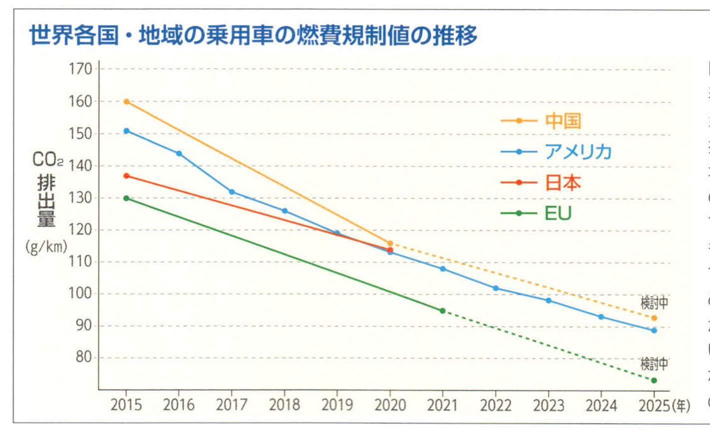

国や地域で異なる燃費表示方法を、走行1km当たりのCO_2排出量に換算した燃費基準の平均値のグラフ。メーカーの車種構成によって達成すべき目標値は異なったものになる。国や地域で検査方法が異なるため、単純な比較は難しいが、規制強化が続いていくことが予想される。なお、アメリカは見直しの実施を表明している。

▶メーカーが公表しているモード燃費と実走行の燃費には差がある

燃費は、モードと呼ばれる定められた走行パターンを疑似走行して測定され、同時に排出ガスの測定も行われる。こうして測定された燃費を**モード燃費**という。日本では、これまで**JC08モード**を使用していたが、2018年10月から**WLTCモード**が使用される。燃費や排出ガスの試験方法は国や地域によって異なっていて、自動車メーカは仕向け地ごとの要件で認証を取得する必要があり、手間やコストがかかる。この状況を改善するべく、国際連合欧州経済委員会の主導で策定されたのがWLTC（Worldwide harmonized Light vehicles Test Cycles）だ。日本はこのモードを採用した。

WLTCモードであれば、従来のJC08モードより実走行の燃費値に近づくといわれているが、それでも差は生じる。現在の**モード試験**は、**シャシーダイナモメーター**という機械の上で、周囲の環境なども厳密に規定された屋内で行われる。これは再現性を高め、公平な試験とするためだ。しかし、たとえば現在の試験ではハンドルは固定されたままだが、電動パワーステリングの場合、ハンドルを操作すれば燃費が悪化するため、実走行の燃費とモード燃費には差が生じる。また、自動車メーカーはモードの走行パターンに合わせて燃費をよくしたり排出ガスの浄化能力を高める設計にすることができる。

実走行燃費（**実燃費**）とモード燃費に違いがあるということは、大気汚染物質やCO_2の環境への影響を正確に把握できないことになる。そこで注目を集めているのが**RDE**（Real Driving Emission）だ。**可搬型排出ガス測定装置**などを車両に積載して実際に路上を走行して測定を行う。EUでは一部でRDE試験が導入され始めているが、日本でも2022年から**路上排出ガス試験**を導入することが決定している。

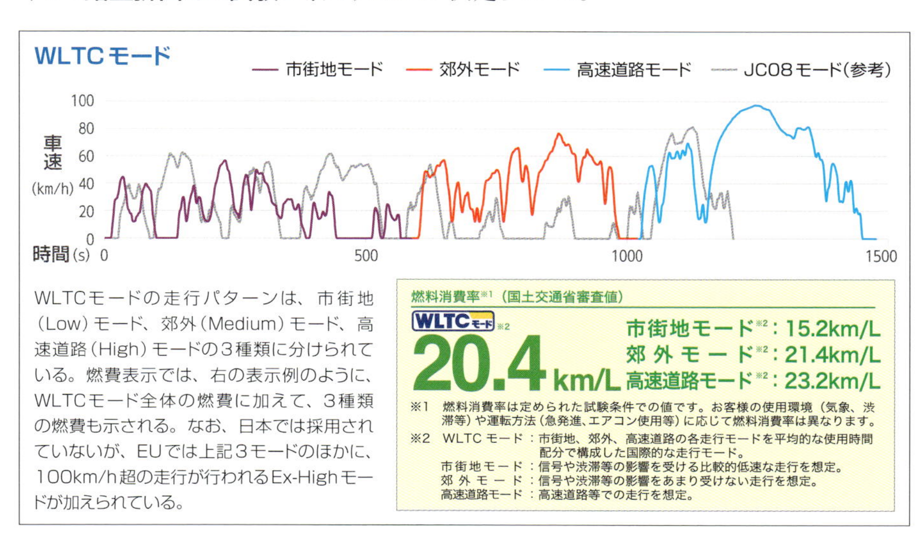

WLTCモードの走行パターンは、市街地（Low）モード、郊外（Medium）モード、高速道路（High）モードの3種類に分けられている。燃費表示では、右の表示例のように、WLTCモード全体の燃費に加えて、3種類の燃費も示される。なお、日本では採用されていないが、EUでは上記3モードのほかに、100km/h超の走行が行われるEx-Highモードが加えられている。

CAFE規制とZEV規制

CO_2排出に関する規制は
自動車メーカー単位での対応が求められる

▶企業別の平均値を規制対象とするCAFE規制

燃費規制（または**CO_2排出規制**）では、各国で**CAFE規制**（**企業平均燃費規制**）が採用されている。CAFEとはCorporate Average Fuel Economyの頭文字をとったもので、企業別の平均燃費が規制の対象になる。燃費規制では、車重やサイズごとに燃費の基準値が設定されることもあるが、**CAFE方式**では車両ごとに基準をクリアする必要はなく、企業ごとに1年間に販売した新車の燃費の加重平均値が規制値をクリアすることを求められる。1975年にアメリカで燃費規制が開始された際に採用された方式で、次第に各国に広がっていった。日本でも2020年度燃費基準からCAFE方式が導入される。規制値がクリアできなかった場合、企業にペナルティが課せられる。

CAFE方式の場合、**EV**（**電気自動車**）や**FCV**（**燃料電池自動車**）は燃費0で計算される。ガソリンエンジンやディーゼルエンジンを使用する**ICEV**（**内燃機関自動車**）はモード燃費で計算され、**HEV**（**ハイブリッド自動車**）もモード燃費で計算される。扱いが難しいのが**PHEV**（**プラグインハイブリッド自動車**）だ。日常的な使用での走行距離を充電した電力だけで走行（**EV走行**）できれば、CO_2は排出されない。この日常的な使用での走行距離をどう考えるかで、国や地域によってPHEVの燃費の計算方法がかわってくる。EUではPHEV優遇ともいえる計算方法が採用されているため、これまでHEVには消極的だった欧州の自動車メーカーが、PHEVのラインナップを一気に増やしてきている。

CAFE方式の計算例（アメリカの場合）

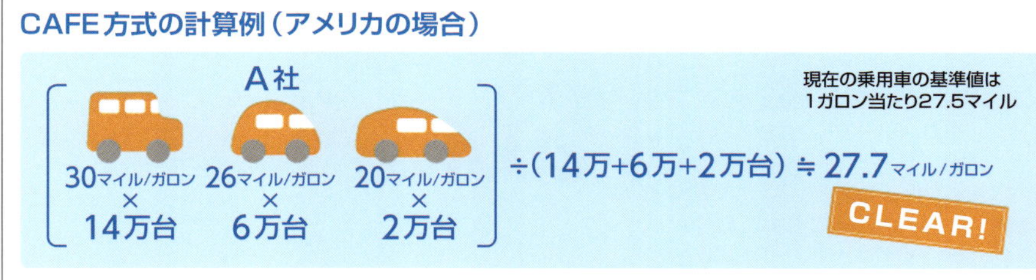

3車種を販売するA車の場合、燃費規制をクリアできていない車種を多く販売していたとしても、燃費規制をクリアしている車種との加重平均で規制値を下回れば、企業としては燃費規制をクリアできる。

▶一定比率で排出ガスのないクルマの販売が求められるZEV規制

アメリカには国家としての**燃費規制**のほかに地域限定の規制がある。代表的なものがカリフォルニア州の**ZEV規制**だ。カリフォルニア州以外にも10州程度で同じような規制が行われている。**ZEV**は、Zero Emission Vehicleの略で、排出ガスに大気汚染物質やCO_2を含まない自動車を意味する。企業に一定比率のZEVの製造や販売が義務づけられ、台数に応じて**クレジット**と呼ばれる権利が与えられる。比率を達成できない企業には、比率よりも多く販売した企業からクレジットを購入するか当局に罰金を納めなければならない。従来は日本企業が得意とする**HEV**がZEVに含まれていたが、2017年後半からは**EV**、**FCV**、**PHEV**、**HICEV**（**水素エンジン自動車**）だけがZEVとして扱われる。ZEVを中心とする企業はクレジット売却で得た資金で、新車の開発や製造販売に力を入れることができ、さらにZEVを普及させることができるわけだ。実際、自動車ではEVだけを扱うアメリカのテスラ社は、クレジットの販売で年間数100億円を得ているという。

中国では、**NEV規制**が2019年から始まる。**NEV**は、New Energy Vehicleの略でEV、FCV、PHEVなどをさし、企業に一定比率の製造や販売が義務づけらる。ZEV規制と同じように、比率を達成できない企業は、比率を達成した企業からクレジットを購入しなければならない。中国の規制でもNEVにHEVは含まれていない。その背景には、電動化を主導することで自動車産業における主導権を掌握したいという中国当局の意図も見え隠れする。

カリフォルニア州の描くZEVの未来

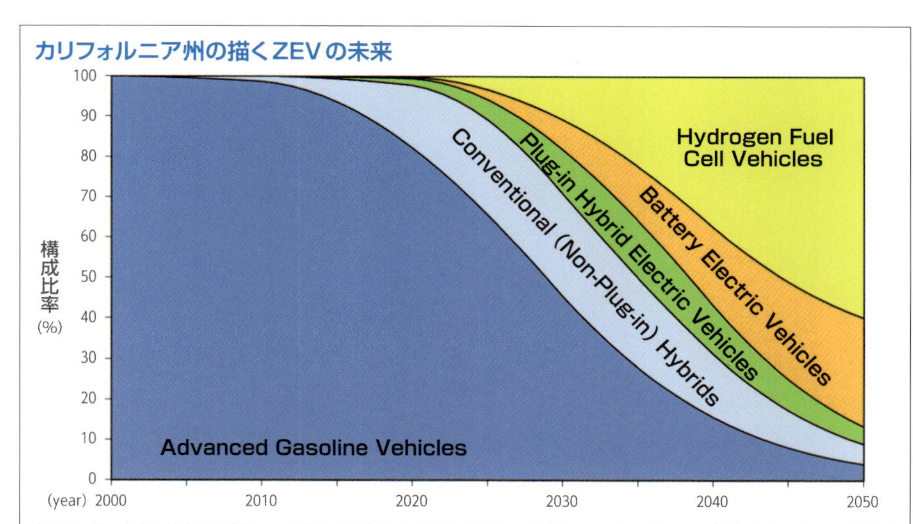

カリフォルニア州のZEV規制は、グラフのような未来像を目指して行われている。グラフは新車販売における構成比率ではなく、実際に使われているクルマの比率を示している。2050年には、水素を燃料とするFCVと充電式のEVで全体の87%を目指している。PHEV、HEV、ICEVは残り13%を分け合うことになる。

内燃機関の未来

火力発電の電力で充電していたら 電気自動車もCO_2を排出していることになる

▶クルマに関するCO_2排出量の捉え方にはさまざまなものがある

多くの技術者が、**ガソリンエンジン**などの**内燃機関**より、電気で作動する**モーター**のほうがクルマの動力源として優れていることを認めている。将来的にはモーターがクルマの動力源になることは確実といえるが、現時点で環境に優しいかどうかには疑問が残る。

確かに、給油から走行までの**タンク・トゥ・ホイール**（Tank to Wheel）で考えれば、**ICEV**（**内燃機関自動車**）は必ず**CO_2**（**二酸化炭素**）を排出する。いっぽう充電式の**EV**（**電気自動車**）は充電から走行までの**ウォール・トゥ・ホイール**（Wall to Wheel、Wallは壁のコンセントを象徴する）でのCO_2排出はゼロだ。しかし、火力発電の電力で充

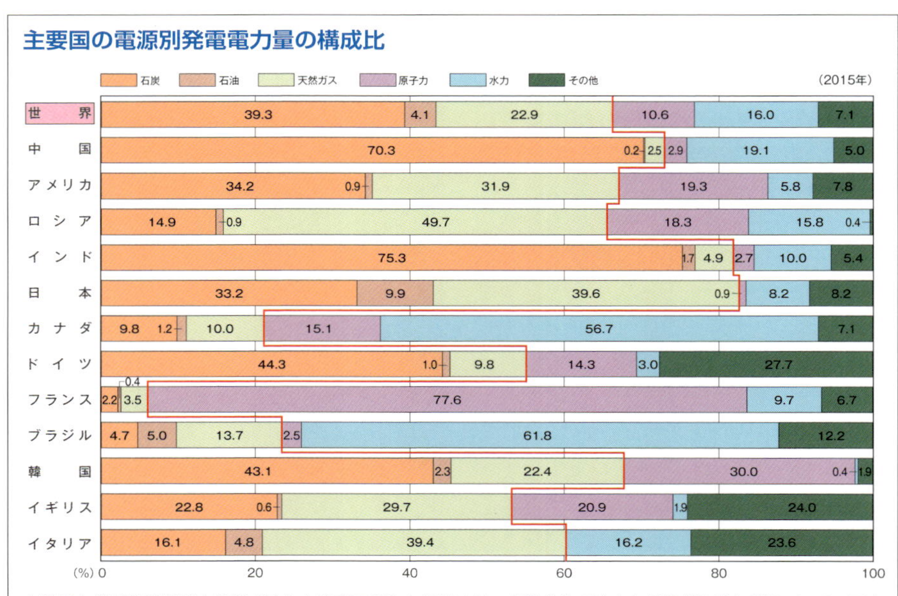

赤線の左側が化石燃料を使用する火力発電でCO_2を排出する。世界全体では火力発電が6割を超えていて、日本は特に火力発電の比率が高く8割に達する。水力発電やその他に分類されている再生可能エネルギーによる発電はCO_2を排出しない。原子力発電もCO_2を排出しないが論外であると考えたい。

＊出典：原子力・エネルギー図面集

電していたとすると、発電の段階でCO_2が排出される。火力発電を前提にして、油井から走行までの**ウェル・トゥ・ホイール**（Well to Wheel、Wellは井戸を意味する）で比較すると、ICEVのほうがEVよりCO_2排出量が少なくなるという検証結果も多い。また、真の環境対策のためには、それぞれのクルマの製造や廃棄の過程で排出されるCO_2量も含めるべきだという考え方もあり、ICEVのほうがCO_2排出量が少ないという検証結果もある。

もちろん、太陽光、風力、水力など**再生可能エネルギー**による発電が大勢を占めるようになれば、発電によるCO_2の排出はなくなるが、現状では火力発電の比率が大きい。現在のEV化推進やPHEV優遇は、多分に政治的であるといえなくはないが、内燃機関を搭載するクルマの販売禁止という方向に動き始めた国もある。しかし、現在のEV化の推進状況からは、今しばらく内燃機関に頼らざるを得ないという意見も多い。今後も内燃機関の効率向上や、ハイブリッド技術による燃費の改善が進んでいくことが予想される。

▶カーボンニュートラルな代替燃料なら環境に優しい

内燃機関の**燃料**には**ガソリン**と**軽油**以外にもさまざまな**代替燃料**がある。**LPG**（**液化石油ガス**）を使用する**LPG車**はガソリン車をベースに作ることができる。以前からタクシーに採用されていて、大気汚染物質やCO_2の排出が少ない。**CNG**（**圧縮天然ガス**）を燃料とする**CNG車**はディーゼル車をベースに作ることができ、こちらも大気汚染物質やCO_2の排出が少ないため、天然ガスを豊富に産出する国や地域では普及が始まっている。日本でも一時期は注目を集め、ゴミ収集車をはじめ多くの車種が登場したが、ディーゼルエンジンの排気浄化が進んだことで影が薄くなり、市場から消えつつある。LPG車やCNG車は化石燃料でありCO_2排出から逃れることはできないうえ、**気体燃料**は扱いが難しく、燃料供給のインフラ整備も必要になるため、あまり有望ではなくなっている。

内燃機関の代替燃料としては、**カーボンニュートラル**な**液体燃料**が有望である。カーボンニュートラルとは、直訳すれば炭素中立となる。燃料の生産過程で環境中から吸収したCO_2量と、燃料として使用した際に排出するCO_2量が同じであれば、環境に負荷をかけないことになる。代表的なカーボンニュートラルな液体燃料は、生物由来の**有機性資源**（**バイオマス**）を原料にする**バイオ燃料**だ。ガソリン代替の**バイオアルコール燃料**は**バイオエタノール燃料**ともいい、当初はトウモロコシやサトウキビといった安価な栽培植物から作られていたが、使用され始めた地域で穀物不足という事態を招いてしまったため、現在では食材にならないものや廃材から生産する研究が進んでいる。いっぽう、軽油代替の**バイオディーゼル燃料**は、菜種油などの植物油、豚脂や牛脂などの動物脂肪、さらには天ぷら油などの食用の廃油から作られる。現状、日本では通常のガソリンにバイオアルコール燃料を混合した**バイオガソリン**が一部のスタンドで販売されている。

交通安全

交通事故から人命を守る安全対策は
クルマのユーザーからもっとも求められている

▶交通戦争を経てクルマの安全対策が進んでいった

大気汚染物質や二酸化炭素の排出抑制といった**環境対策**とともに、クルマにとって非常に重要なのが**安全対策**だ。モータリゼーションの進展によって、日本では1959年に年間交通事故死者数が1万人を突破した。戦争でもないのに膨大な人数が犠牲となることから、**交通戦争**といわれるようになり、1970年には年間1万6765人が交通事故で死亡し、史上最悪の年となった。歩道や信号機の整備が十分でないなかで、歩行中の死者がもっとも多く、特に子どもが犠牲となった痛ましい事故が続発した。そのため、警察や道路管理者などが交通安全対策に積極的に取り組むようになり、交通事故率が低下していった。

歩行中の死者は減ったものの、1975年以降は自動車乗車中の死者が最多となった。1980年代に入ると減少し続けていた交通事故率が下げ止まり、若者の運転中の死者が急増した。1988年には再び交通事故死者数が1万人を突破し、**第二次交通戦争**ともいわれる状況になった。こうした事態を受け、1995年には**衝突試験**などで個々の車種の安

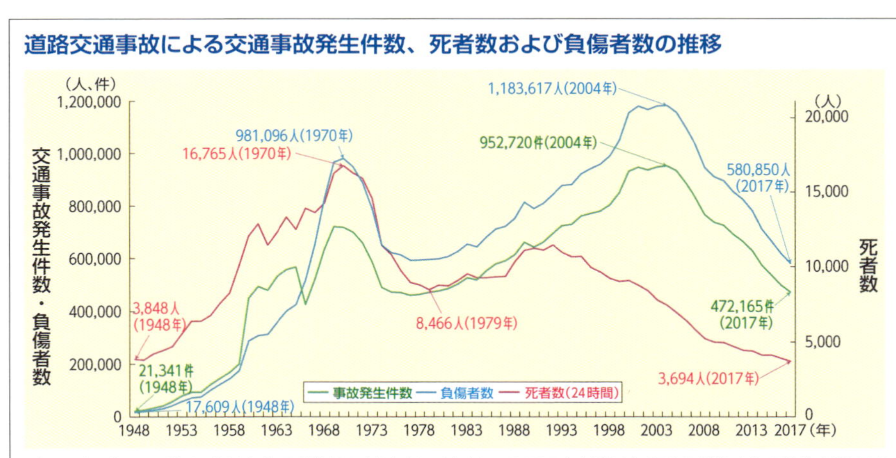

ピーク時に比べれば年間交通事故死者数は2割近くまで減少し、2005年以降は年間事故件数や年間負傷者数も減少しているが、まだ年間50万人以上が交通事故で負傷し、約3700人が死亡している。 ＊出典：平成30年版交通安全白書

全性を評価する**自動車アセスメント**が始まった。これにより、**衝突安全ボディ**、**エアバッグ**、高機能な**シートベルト**などの安全装備が向上し、**ABS**の普及も進んだ。さらには、**チャイルドシート**の義務化や、シートベルト装着の徹底、飲酒運転への罰則強化などにより、自動車乗車中の死者は激減し、2008年以降は歩行中の死者を下回るようになった。

2009年以降、交通事故死者数が5000人を下回り、第二次交通戦争は終わったといわれるようになったが、交通事故で多数の犠牲者が出ていることにかわりはない。特に高齢者の事故が目立つようになっている。今後もクルマの安全対策は必要なものである。

▶事故を未然に防いでくれる先進安全装置の普及が進んでいる

クルマの安全装置にはさまざまなものがあるが、すでに**シートベルト**や**エアバッグ**、**衝突安全ボディ**、**ABS**など装備が一般的になっているものも多い。**横滑り防止装置**のように装備が義務化されているものもある。暗くなると自動的に点灯する**オートライト**は2020年度から装備が義務化されるし、ほかにも義務化が検討されている安全装置はいろいろとある。こうした安全装置は古くから自動車メーカーの企業努力によって開発されてきたが、1991年からは産学官連携で**先進安全自動車**（**ASV**：Advanced Safety Vehicle）の開発や普及も進められるようになっている。

2000年代に入るとさまざまな**先進安全装置**が実用化され始めるが、当初は高級車の装備であったり高額なオプションであったりした。先進安全装置の普及に大きな役割を果たしたのは、スバルの**Eyesight**だといえる。2008年に**プリクラッシュブレーキ**や**全車速追従機能付クルーズコントロール**を含むEyesightを20万円程度という低価格でレガシィに設定して、注目を集めた。翌年にはEyesight Ver.2と進化させ、30km/h以下なら衝突を回避できるプリクラッシュブレーキを実現。しかも、さらに価格を落とし約10万円としたことにより、「ぶつからないクルマ?」のキャッチコピーとともにブレイクを果たした。このレガシィのヒットによって、安全のためのコストをある程度ならユーザーが負担してくれることが広く認知され、一気にメーカー各社が先進安全装置を装備していった。売れるから安くできるという好循環によって、現在では軽自動車にも先進安全装置が搭載されるようになっている。

ぶつからないクルマ?　印象深いキャッチコピーとともに自動ブレーキの機能が多くの人に知られていった。

▶クルマの安全対策から歩行者保護など道路交通の安全対策へ

クルマの**安全対策**は、どちらかといえばドライバーや乗員の保護が中心に進められてきたが、2000年代に入ると歩行者の保護も考えられるようになった。**歩行者頭部保護基準**や**歩行者脚部保護基準**といったものも策定され、歩行者の脚部を保護するバンパーや頭部を保護する**衝撃吸収ボンネット**を採用する**歩行者傷害軽減ボディ**も一般的になってきている。さらには、**歩行者保護エアバッグ**といった**先進安全装置**も開発されている。

また、対歩行者ばかりでなく対自動車への安全対策も行われている。衝突安全ボディによって自車の乗員が保護されたとしても、その構造が車対車の事故で相手のクルマに大きなダメージを与えたのでは人命が損なわれる可能性がある。そこで、相手車両への攻撃性を低減する**コンパティビリティ対応ボディ**といった構造も採用されるようになっている。

歩行者保護エアバッグ
事故の際には歩行者の頭部を保護するためにエアバッグが展開する。

▶先進運転支援システムから自動運転へ進んでいく

自動車が**自動運転**に向かっていることは間違いない。自動車メーカーばかりでなく異業種参入も含めて多くの企業が開発を進めているが、完全自動運転が実用化される日はまだ定かでない。しかし、その過程において、運転支援システムは着実に進化しつつある。これらの**先進運転支援システム**は、クルマの安全性を高めるとともに、歩行者保護など道路交通の安全性を高めてくれる。

自動運転技術の開発
G7伊勢志摩サミットの際に実施された次世代自動車による走行デモで、日産の自動運転技術「プロパイロット」が披露された。

第1章

クルマの動力源

エンジンとモーターという２つの動力源が
現在のクルマでは使われている。
それぞれにメリットとデメリットがあるため、
今しばらくはどちらも使われることになるだろう。

エンジンとモーター

化学エネルギーを運動エネルギーにするエンジンと電気エネルギーを運動エネルギーにするモーター

▶エンジンやモーターは運動エネルギーを生み出す原動機

クルマの動力源には**エンジン**と**モーター**がある。こうしたさまざまな**エネルギー**を**運動エネルギー**に変換する装置を**原動機**(げんどうき)という。

エンジンとは、**燃料**の**化学エネルギー**を運動エネルギーに変換する原動機だ。燃料を燃焼させて**熱エネルギー**を発生させ、その熱エネルギーを運動エネルギーに変換する装置を総称して**熱機関**(ねつきかん)というが、**ガソリンエンジン**や**ディーゼルエンジン**のように装置の内部で燃料を燃焼させる熱機関を**内燃機関**(ないねんきかん)という。**ガソリン車**や**ディーゼル車**のように内燃機関だけを使用するクルマを総称して、**ICEV**（**内燃機関自動車**(ないねんきかんじどうしゃ)、Internal Combustion Engine Vehicle）というが、本書では**エンジン自動車**と表現する。

いっぽう、モーターとは、**電気エネルギー**を運動エネルギーに変換する原動機だ。電気と磁気の関係を利用してエネルギーの変換を行うもので、**電動機**ともいう。モーターの原動機としての大きな特徴の1つが、逆方向にもエネルギーを変換できるということだ。運動エネルギーを電気エネルギーに変換する装置を**発電機**(はつでんき)というが、モーターは発電機としても利用することができる。従来のエンジン自動車の場合、ブレーキシステムによってクル

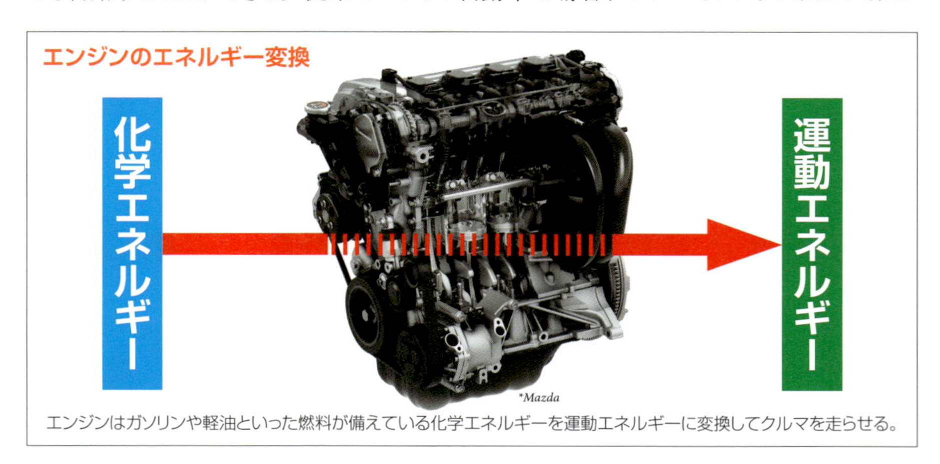

エンジンはガソリンや軽油といった燃料が備えている化学エネルギーを運動エネルギーに変換してクルマを走らせる。

マの運動エネルギーを熱エネルギーに変換して周囲に放出することで減速や停止を行っているが、モーターを動力源に使用するクルマの場合、減速の際にモーターを発電機として使用すれば、運動エネルギーを電気エネルギーに変換し、そのエネルギーを蓄えれば、エネルギーの無駄を防ぐことができる。このように従来は捨てられていたエネルギーを回収して再利用することを**エネルギー回生**や単に**回生**という。

▶エネルギーを変換する際には損失が生じてしまう

エネルギーには、**運動エネルギー**、**化学エネルギー**、**電気エネルギー**、**熱エネルギー**などさまざまな形態のものがあり、相互に変換することができるが、ある形態から他の形態へ変換する前後で、エネルギーの総量は常に一定不変だ。これを**エネルギー保存の法則**や**エネルギー不変の法則**という。

エンジンやモーターといった原動機でエネルギーの変換を行う場合、目的は運動エネルギーだが、実際には元の形態のエネルギーのすべてを運動エネルギーに変換できるわけではない。**損失**が生じる。損失といってもエネルギーが消えてしまうわけではない。運動エネルギー以外の形態のエネルギーに変換されるということだ。いっぽう、目的の形態のエネルギーに変換できた割合を**効率**という。熱機関の場合は**熱効率**ともいう。

モーターのエネルギー変換

モーターは電気エネルギーを運動エネルギーに変換してクルマを走らせるだけでなく、
発電機として使えば運動エネルギーを電気エネルギーに変換してクルマを減速させることもできる。

英語のMotorとEngine

英語の**Motor**は日本語の**原動機**に相当するため、英語圏ではガソリンエンジンやディーゼルエンジンといった内燃機関をMotorということもある。Motorcycle（オートバイ）やMotorsports（自動車やオートバイを使った競技）といった言葉には日本でも馴染みがある。**電動機**の英訳はElectric motorであり、日本語でも**電気モーター**や**電動モーター**が正しい表現とされるが、一般的には単に**モーター**と表現されることが多い。いっぽう、英語の**Engine**も日本語の原動機や機関に相当するが、日本でエンジンといった場合には**熱機関**、なかでも**内燃機関**をさすことがほとんどだ。また、**発動機**は元来は原動機と同じ意味であったとされるが、現在では内燃機関の原動機に対して使われることが多い。

レシプロエンジン

シリンダー内をピストンが往復運動して力を生み
それを回転運動にして出力する

▶ピストンが往復運動する気筒がレシプロエンジンの基本単位

クルマに使われている**ガソリンエンジン**と**ディーゼルエンジン**は、どちらも**ピストン**を往復運動させることで力を生み出しているため、英語の往復を意味する「Reciprocating」を略して**レシプロエンジン**という。ピストンが往復すると筒状のシリンダー内の容積が大きくなったり小さくなったりする。この空間で燃焼が行われ、力が生み出される。ピストンとシリンダーの組み合わせを**気筒**といい、レシプロエンジンが力を生み出す基本単位になる。

もっとも一般的なシリンダーが垂直でピストンが上下に動くエンジンを例にすると、ピストンがもっとも高い位置を**上死点**、もっとも低い位置を**下死点**といい、この間のピストンの移動距離を**ストローク**という。ピストンが上死点にある時のシリンダー内の空間を**燃焼室**という。燃焼室の天井にあたる部分には燃焼に必要な空気の通路である**吸気ポート**と、燃焼後の**排気ガス**の通路である**排気ポート**があり、それぞれ**吸気バルブ**と**排気バルブ**で通路を開閉することができる。ガソリンエンジンの場合は、着火を行う**点火プラグ**も燃焼室に備えられる。また、現在ではシリンダー内に**燃料**を噴射する**直噴式**という燃料供給方式もあるが、一般的な**ポート噴射式**のガソリンエンジンでは吸気ポートに燃料である**ガソリン**を噴射する**インジェクター**が備えられる。いっぽう、ディーゼルエンジンの場合は点火プラグはなく、燃料である**軽油**を噴射するインジェクターが燃焼室に備えられている。

▶往復運動と回転運動を相互に変換するクランクシャフト

レシプロエンジンは**ピストン**の往復運動で力を生み出すが、クルマの走行に必要なのは回転運動だ。そのため、**クランクシャフト**と**コンロッド**で往復運動を回転運動に変換している。コンロッドは正式には**コネクティングロッド**というが、コンロッドと略されることが多い。クランクシャフトは直角に何度も折れ曲がったシャフトで、回転中心からずれた位置にある**クランクピン**とピストンがコンロッドでつながれる。この構造により、ピストンの往復運動がクランクシャフトの回転運動に変換される。ピストンの1往復でクランクシャフトが1回転する。また、クランクシャフトの回転運動によってピストンを往復運動させることもできる。

燃焼室周辺の構造（ガソリンエンジン）

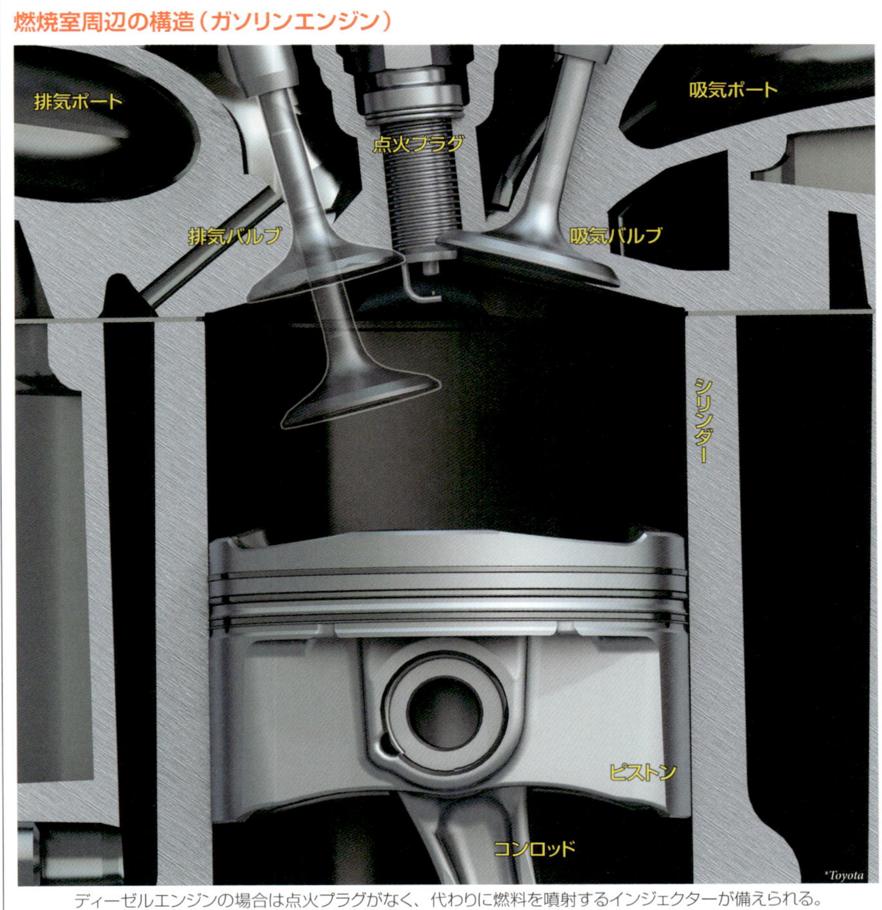

ディーゼルエンジンの場合は点火プラグがなく、代わりに燃料を噴射するインジェクターが備えられる。

クランクシャフトとコンロッド

上死点のクランクシャフトの回転位置を0度とすると、180度までがピストン下降、180度の位置が下死点になり、360度（＝0度）までがピストン上昇になる。

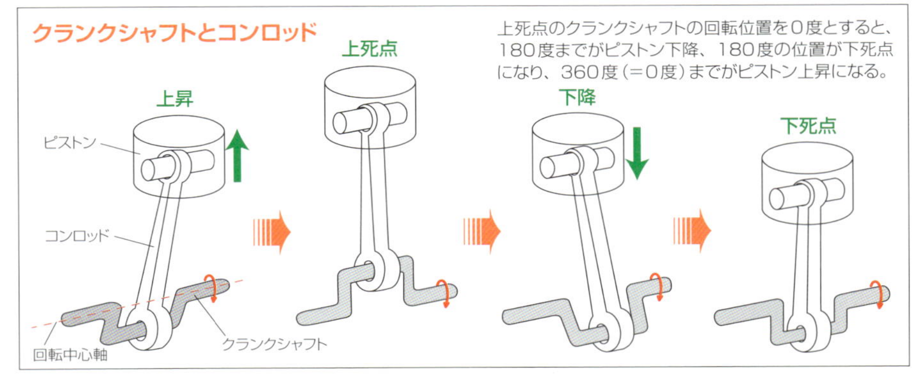

4サイクルエンジン

吸気、圧縮、燃焼・膨張、排気の4行程でクルマのエンジンは動作している

▶着火で燃料が燃焼するガソリンエンジン

クルマで使われている**ガソリンエンジン**と**ディーゼルエンジン**は、どちらも4つの行程で力を生み出すため、**4サイクルエンジン**や**4ストロークエンジン**という。**4行程**(こうてい)は、**吸気行程**(きゅうきこうてい)、**圧縮行程**(あっしゅくこうてい)、**燃焼・膨張行程**(ねんしょう・ぼうちょうこうてい)、**排気行程**(はいきこうてい)で構成される。

ガソリンエンジンの吸気行程は**ピストン**が**上死点**(じょうしてん)にある時から始まる。**吸気バルブ**(きゅうき)を開きピストンを下降させると、空気が**吸気**(きゅうき)として**シリンダー**内に吸いこまれる。この時、**ガソリン**がインジェクターから**吸気ポート**(きゅうき)に噴射されるため、シリンダー内は空気と**燃料**が混ざった**混合気**(こんごうき)になる。ピストンが**下死点**(かしてん)に達すると吸気バルブが閉じられ、圧縮行程に移る。ピストンを上昇させると混合気が圧縮(あっしゅく)されて温度が上昇。上死点に達すると、点火プラグが火花を飛ばして混合気に**火花着火**(ひばなちゃっか)して燃焼・膨張行程が始まる。燃焼によって高温高圧になった**燃焼ガス**が膨張(ぼうちょう)してピストンを押し下げて、力が発生する。ピストンが下死点に達すると**排気バルブ**(はいき)が開かれ、排気行程が始まる。ピストンが上昇することで燃焼ガスを**排気ガス**として排出させる。ピストンが上死点に達すると、再び吸気行程が始まる。

以上のようにピストンは吸気で下降、圧縮で上昇、燃焼・膨張で再び下降、排気で上昇する。この2往復で4行程が行われ、その間に**クランクシャフト**は2回転する。

▶自然発火で燃料が燃焼するディーゼルエンジン

ディーゼルエンジンの場合も**4行程**の内容はガソリンエンジンとほぼ同じだが、吸気の内容と燃料供給のタイミングが異なる。また、ディーゼルエンジンは吸気を圧縮する比率が、ガソリンエンジンより高くなるように設計されている。

ディーゼルエンジンの**吸気行程**では、空気だけが**吸気**として吸いこまれる。**圧縮行程**では空気が圧縮され、600℃程度まで温度が高められる。**燃焼・膨張行程**では、この高温状態の**燃焼室**(ねんしょうしつ)に**燃料**である**軽油**がインジェクターから噴射される。すると、周囲の熱によって軽油が**自然発火**(しぜんはっか)(**自己着火**(じこちゃっか))し、**燃焼ガス**が膨張してピストンが押し下げられる。**排気行程**では**排気ガス**が排出される。このピストン2往復でクランクシャフトが2回転する。

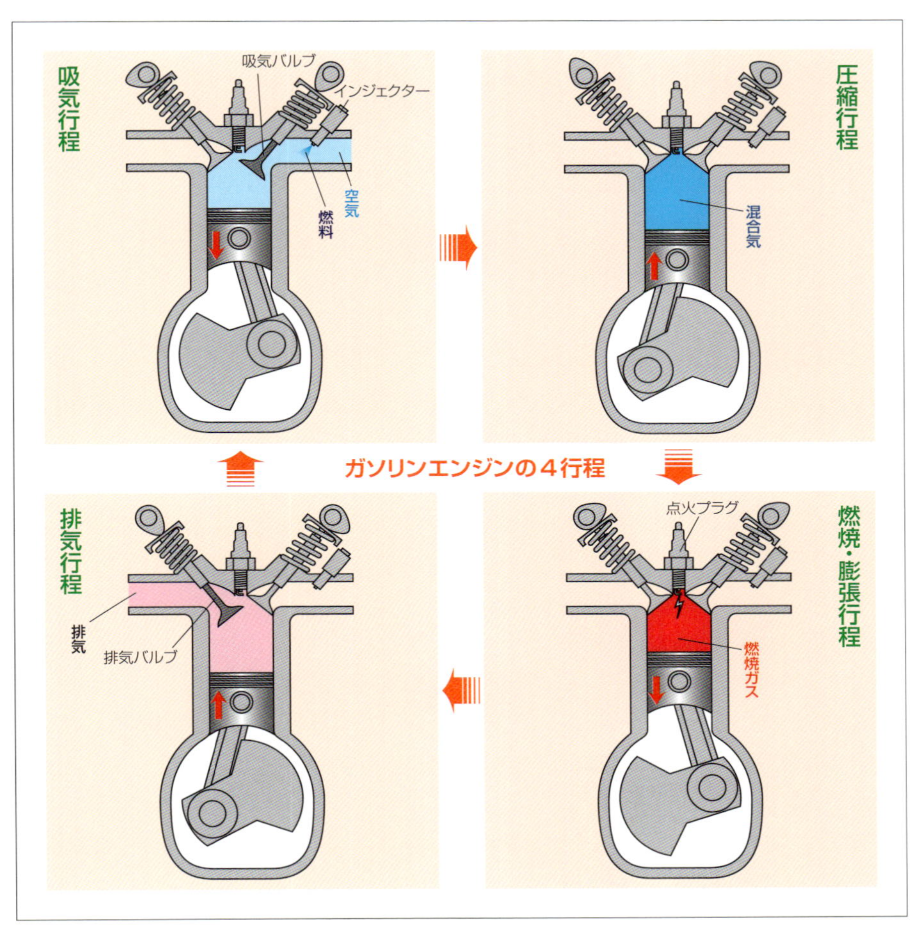
吸気行程
吸気バルブ
インジェクター
空気
燃料
圧縮行程
混合気
ガソリンエンジンの４行程
排気行程
排気
排気バルブ
燃焼・膨張行程
点火プラグ
燃焼ガス

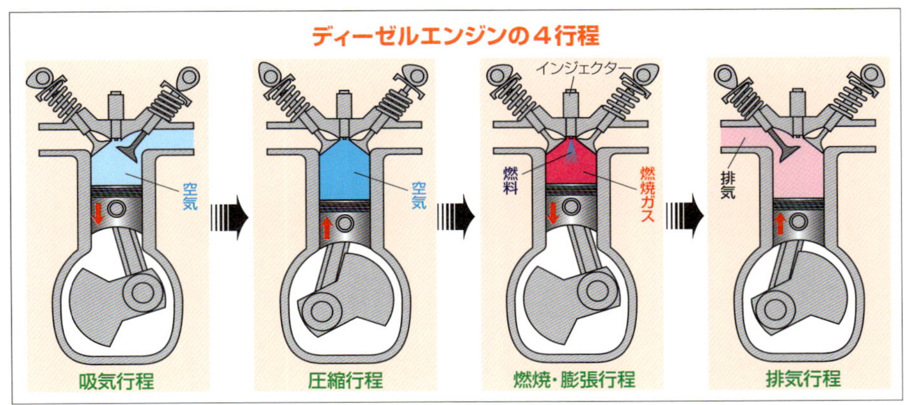
ディーゼルエンジンの４行程
空気
吸気行程
空気
圧縮行程
インジェクター
燃料
燃焼ガス
燃焼・膨張行程
排気
排気行程

多気筒化とフライホイール

エンジンを連続してスムーズに動作させるために複数の気筒を備え慣性で回り続けさせる

▶多気筒化することでエンジンが連続して動作できる

ガソリンエンジンや**ディーゼルエンジン**のような**4サイクルエンジン**では、**4行程**のなかで実際に力が発生するのは**燃焼・膨張行程**だけだ。その他の行程では、ピストンを動かしてやる必要がある。そこでクルマのエンジンでは、複数の**気筒**でエンジンを構成し、ある気筒で発生した力を利用して、他の気筒のピストンを動かしている。クランクシャフトはピストンの往復運動を回転運動に変換できるだけでなく、回転運動を往復運動に変換することもできるため、こうしたことが可能になる。

もっともわかりやすいのが**4気筒**エンジンだ。各気筒が常に異なる行程になるようにして1本のクランクシャフトに接続すれば、ある気筒が燃焼・膨張行程で発生した力を利用して他の気筒のピストンを動かして吸気、圧縮、排気を行うことができる。クランクシャフトの2回転の間に常にいずれかの気筒が力を発生しているので、エンジンを連続して動作させることが可能になる。

このように複数の気筒にすることを**多気筒化**、複数の気筒を備えたエンジンを**多気筒エンジン**という。**気筒数**を増やすほど、クランクシャフトの2回転の間に力が発生する回数が増えるので、回転がスムーズになる。

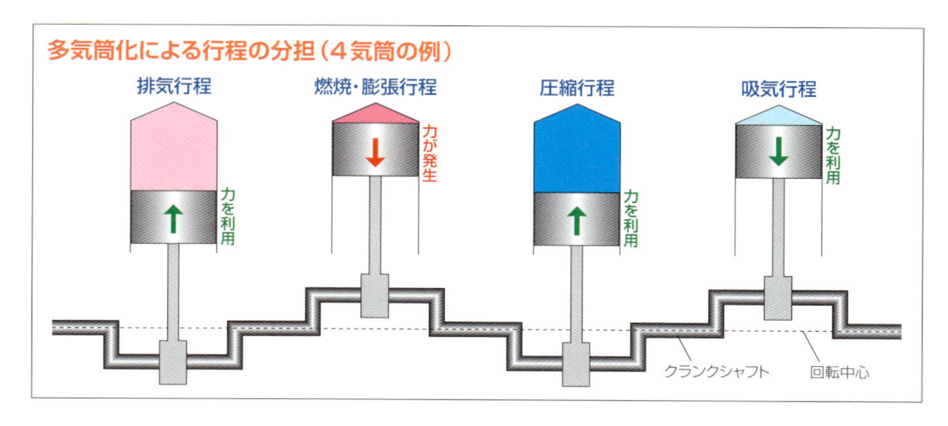

▶フライホイールは慣性モーメントで回り続けようとする

左ページでは、**4気筒**エンジンを例にして**多気筒化**を説明したが、実は気筒1つでもエンジンとして成立する。そこで重要な役割を果たすのが**フライホイール**だ。日本語では**弾み車**というフライホイールは金属製の円盤で、**クランクシャフト**の端に備えられる。物体には動き続けようとする**慣性**という性質があるが、回転する物体にも回転し続けようとする性質があり、これを**慣性モーメント**という。

フライホイールはいったん回転を始めると、慣性モーメントによって回り続けようとする。そのため、気筒が1つだけでも燃焼・膨張行程で発生した力によってクランクシャフトが回り続けるため、吸気や圧縮、排気を行うことができる。実際、オートバイでは気筒が1つしかない**単気筒**エンジンも使われているが、クランクシャフトの2回転の間に1回しか力が発生しないため振動は大きい（オートバイでは振動も一種の魅力になる）。もちろん、**2気筒**や**3気筒**でもエンジンとして成立する。

また、燃焼・膨張行程で力が発生するといっても、真に力が発揮されるのは勢いよく**燃焼ガス**が膨張しようとする前半部分だ。そのため、4気筒エンジンであってもクランクシャフトの回転に**トルク変動**が生じてしまう。フライホイールは慣性モーメントによってこうしたトルク変動を抑えることができるため、4気筒以上のエンジンにも使われている。

フライホイールはエンジンにとって必要不可欠なものだが、慣性モーメントはエンジンの回転数をかえる際には**損失**となる。また、フライホイールの重さ自体も**燃費**に影響を及ぼす。そのため、軽量であり最適な慣性モーメントを得られるようにフライホイールは設計される。

エンジンの主運動系

エンジンの中で力を発生する際に動作する部分を**主運動系**といい、ピストン、コンロッド、クランクシャフト、フライホイールなどが含まれる。写真はV6エンジンの主運動系。右端がフライホイールで、こちら側がエンジンの出力になる。

空燃比

大気汚染対策や燃費のためには
空気と燃料の比率が重要になる

▶ガソリンエンジンは理論空燃比での燃焼が基本になる

燃料を燃焼させるためには空気中の**酸素**が必要だ。燃料の燃焼とは燃料中の**炭化水素**と空気中の酸素の化学反応なので、燃料中の**炭素**と**水素**の量がわかれば必要な酸素の量がわかる。こうした空気と燃料の重量の比率を**空燃比**という。**ガソリン**の成分から**完全燃焼**に必要な酸素の量を算出すると空燃比は14.8：1になる。これを**理論空燃比**（**ストイキオメトリー空燃比**）といい、理論空燃比での燃焼を**ストイキオメトリー燃焼**という。

理論空燃比より燃料が多い状態を**リッチ**、少ない状態を**リーン**というが、8〜20：1の範囲内の空燃比であれば、シリンダー内で燃焼させることができる。出力の面で有利になる**出力空燃比**は少しリッチ傾向であり、燃費の面で有利になる**経済空燃比**は少しリーン傾向である。しかし、**ガソリンエンジン**の排出ガス浄化に使われている**三元触媒**（P102参照）はストイキオメトリー燃焼の時にもっとも効率が高くなるため、現在では理論空燃比が基本とされている。ただし、燃料は**気化**して気体の状態にならないと燃焼できないため、燃

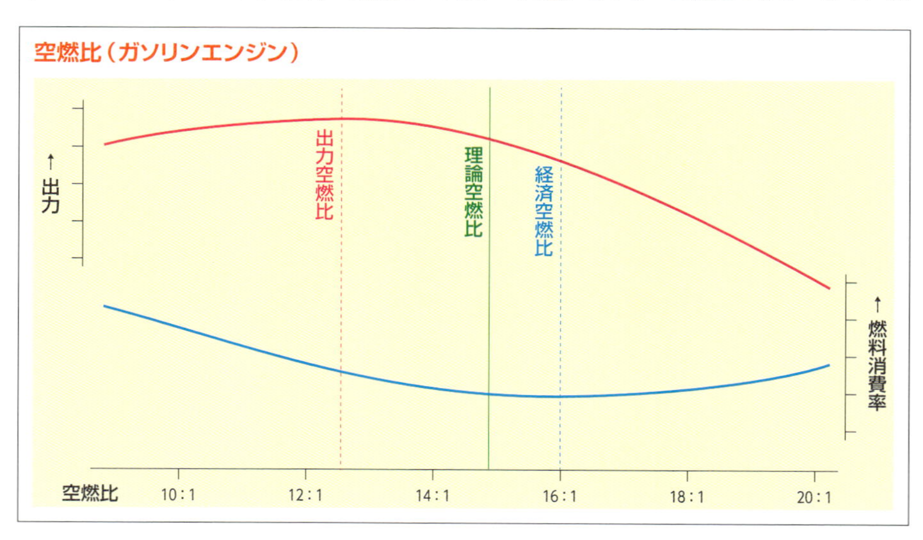

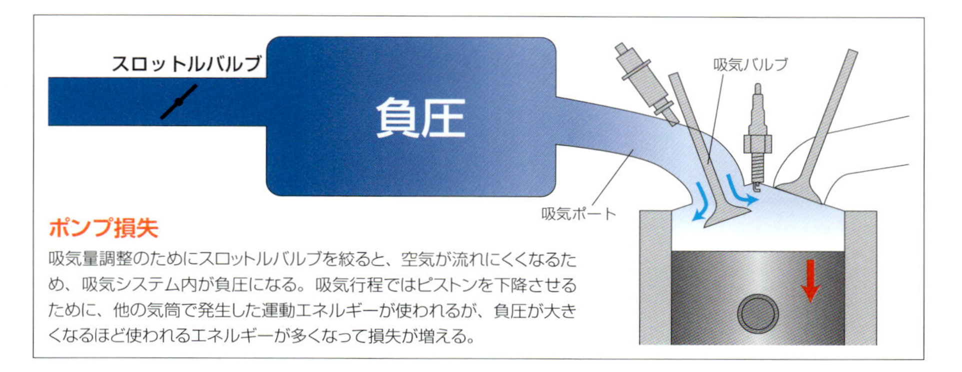

料が気化しにくい**冷間始動時**には空燃比をリッチにせざるを得ない。すると、余った**炭化水素**（**HC**）が排出されるし、**不完全燃焼**による**一酸化炭素**（**CO**）の排出量も増える。そのため、大気汚染対策として素早いエンジンの**暖機**が求められる。

また、エンジンは求められている出力やトルクに応じて使用する燃料が増減する。ガソリンエンジンでは適正な空燃比を維持するために、吸気システムの途中に**スロットルバルブ**を備えて**吸気量**を調整している。しかし、スロットルバルブが絞られると空気が流れにくくなるため、**吸入負圧**（**吸気負圧**）が生じて、吸気行程で大きな力が必要になる。これを**ポンプ損失**といい、その低減のためにさまざまな省燃費技術が開発されている。

1990年代には空燃比が20：1よりリーンな状態で燃焼を行う**リーンバーンエンジン**（**希薄燃焼エンジン**）が開発された。シリンダー内に直接燃料を噴射する**直噴式**によって**リーンバーン**（**希薄燃焼**）が実現された。これにより省燃費は達成されたが、高温状態の**燃焼ガス**内に**酸素**（O_2）と**窒素**（N_2）が存在するため、**窒素酸化物**（NO_x）の排出が多くなった。当時の技術では浄化が難しかったため、排出ガス規制の強化によって消えていった。しかし、現在の技術であれば浄化は不可能ではない。また、当時とは異なる技術によるリーンバーン技術も開発されている。さらに、1990年代のリーンバーンエンジン開発の過程で培われた直噴技術は、さまざまな形で現在のエンジンの効率向上に役立っている。

▶ディーゼルエンジンのポンプ損失は小さいがNO_xは必ず出る

ディーゼルエンジンの場合、高温高圧のシリンダー内に噴射された**軽油**は、**気化**して周囲の酸素と出会うと順次燃焼していく。軽油の**理論空燃比**はガソリンとほぼ同じだが、出力の調整は燃料の噴射量だけで行われるため、スロットルバルブは基本的に不要だ。そのため**ポンプ損失**が小さい。これが、ガソリンエンジンより効率が高くなる要因の1つだ。しかし、リーンな状態での燃焼であり、高温状態の**燃焼ガス**内に**酸素**（O_2）と**窒素**（N_2）が存在するため、**窒素酸化物**（NO_x）の生成を抑えることは難しい。

排気量と過給

排気量によって燃焼できる燃料の量が決まるが過給を行えば燃焼できる燃料の量を増やせる

▶過給すればエンジンの排気量以上の出力が得られる

ピストンが**下死点**にある時の**気筒**内の容積を**シリンダー容積**、**上死点**にある時の容積を**燃焼室容積**という。その差が**気筒当たり排気量**になる。これに、そのエンジンの**気筒数**をかけたものが**総排気量**だ。一般的には単に**排気量**という。燃焼させることができる**燃料**の量は、シリンダー内の空気の量で決まるため、エンジンの出力の上限は排気量で決まるのが基本だ。通常、車格が大きくなるほど排気量の大きなエンジンが搭載される。

シリンダー内に排気量以上の空気を送りこむことを**過給**という。空気が増えれば燃焼させることができる燃料も増えるため、エンジンの出力を向上させられる。**ターボチャージャー**や**スーパーチャージャー**のように過給を行う装置を**過給機**といい、過給機を採用したエンジンを**過給エンジン**という。いっぽう、吸気で過給しない方式を**自然給気**（Naturally Aspirated）といい、**自然給気エンジン**は英語の頭文字から**NAエンジン**とも呼ばれる。

日本でも1980年代にはターボチャージャーを搭載した過給エンジンの車種が多数存在し、出力を競っていた。その背景には、3ナンバー車の自動車税が5ナンバー車に比べて非常に高かったこともある。そのため、5ナンバー車枠の排気量のエンジンで3ナンバー車並みの出力を狙ったわけだ。しかし、ターボエンジンは燃費が悪いうえ、扱いにくいものであったため、1989年に税制がかわったこともあり、次第にターボ車は消えていった。

排気量

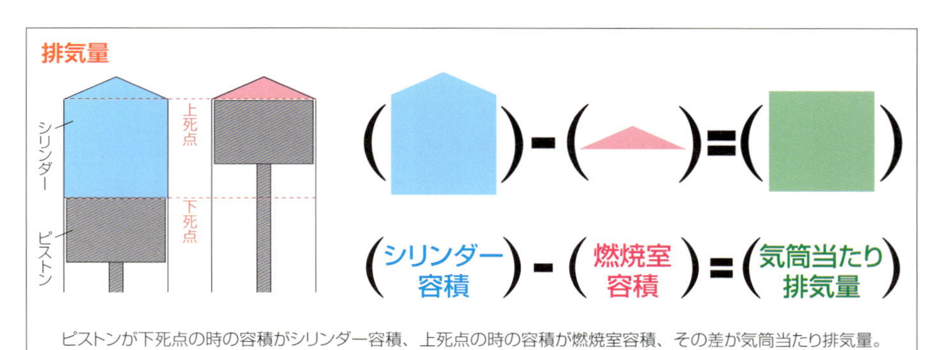

ピストンが下死点の時の容積がシリンダー容積、上死点の時の容積が燃焼室容積、その差が気筒当たり排気量。

2000年代に入るとヨーロッパで**ダウンサイジング**というエンジンの設計思想が生まれた。**過給ダウンサイジング**ともいい、排気量を小さくする代わりに過給で補おうという発想だ。過給機の分だけ重くなるが全体としては小型軽量化でき、燃費が向上するなどさまざまなメリットがある。たとえば、従来は排気量2000ccのNAエンジンが搭載されていた車種が、モデルチェンジによって1600ccの過給エンジンにかえられたりしている。

ただし、従来は車格に応じて排気量がほぼ決まっていて、**排気量神話**(はいきりょうしんわ)とでもいうべき消費者心理があると思われていた。そのため、モデルチェンジの際に排気量を下げると人気が落ちるのではないかと自動車メーカーは危惧(きぐ)していた。しかし、若者のクルマ離れが進んでいたし、クルマのメカニズムに対する興味が薄れ、燃費以外のスペックを意識しない消費者が増えていたため、ダウンサイジングを受け入れる土壌はできていた。2010年代になると、日本でも省燃費(しょうねんぴ)を目指した過給ダウンサイジングのガソリンエンジンが登場するようになり、問題なく受け入れられている。

また、**ディーゼルエンジン**は過給すればするほど燃焼させられる燃料が増え、出力を高められるため過給機との相性がいい。そのため、現在ではディーゼルエンジンにターボチャージャーは欠かせない存在だ。また、ディーゼルエンジンは**ポンプ損失**(そんしつ)が小さいのでダウンサイジングとは無縁といわれていたが最近では軽量化のために採用されることもある。

過給ダウンサイジングエンジン

⬆国産初の過給ダウンサイジングエンジンといわれる日産のHR12DDRエンジン。国内には2012年に投入。直列3気筒で排気量1198ccだが、スーパーチャージャーを組み合わせることで1.5ℓクラスの走りを実現。各種技術の組み合わせで省燃費と低エミッションも達成。

⬇トヨタ初の過給ダウンサイジングエンジンである8AR-FTS。2014年から採用されている。直列4気筒で排気量1998ccだが、ターボチャージャーとの組み合わせによって3.5ℓエンジン並みのトルクと、2.5ℓエンジン並みの出力を発揮。省燃費も実現している。

気筒数

同じ排気量でもさまざまな気筒数があったが
今後は気筒数と排気量の関係が整理されていく

▶排気量と同じように気筒数も減っていく傾向がある

同じ**排気量**でも、さまざまな**気筒数**のエンジンを作ることが可能だ。日本では従来、軽自動車（排気量660cc）が**3気筒**、排気量1000〜2000ccが**4気筒**、それ以上の排気量では**6気筒**以上が採用されるのが一般的だった。いっぽう、**気筒当たり排気量**を400〜500ccにすると、エンジンの効率を高めやすいことが判明している。たとえば、排気量1600cc未満の4気筒エンジンは効率の面では3気筒エンジンより不利だとされる。

2000年代に入ると、ダウンサイジングとともに**レスシリンダー**という設計思想も広がり始めた。同じ排気量であっても、気筒当たり排気量を適正化して気筒数を減らせば、効率が高まる。部品点数が減るのでコストを抑えられ、小型軽量化によって燃費を抑えられる。

しかし、排気量の場合と同じように、**気筒数神話**とでもいうべき消費者心理があると思わ

3気筒エンジン

写真はどちらも排気量1000ccクラスの直列3気筒エンジン。ダイハツのKR-FE（左）はNAエンジン、スズキのKC10C（右）はターボエンジン。ほかにもホンダが排気量1000ccの3気筒エンジンの開発を発表している。また、排気量1200ccクラスの直列3気筒エンジンには、日産のHR12DEやHR12DDR、三菱の3A92がある。

れていた。従来は気筒数が多いほど高級なエンジンであると考えられていて、特に日本では3気筒エンジンは軽自動車のものだというイメージが強かった。事実、2〜6気筒のエンジンについては、気筒数が多いほど回転が滑らかになる傾向がある。過去には2000ccで6気筒というエンジンもあり、同じ2000cc車でも高級な車種に搭載されたりしていた。しかし、さまざまな技術によって現在では気筒数による振動などの違いは、普通の人には認識しにくいレベルまで抑えられるようになっている。さらに、燃費以外のスペックをあまり意識しない消費者が増えてきたため、1990年代末からは日本でも1000ccの3気筒エンジンが採用され始め、問題なく受け入れられていった。2010年代に入ると、3気筒エンジンは1200ccまで排気量を拡大。海外では1500ccの3気筒エンジンも登場している。3気筒エンジンには効率以外にも**排気干渉**（P100参照）が起こりにくいといったメリットもあるため、今後増えていく可能性が高い。

▶2気筒エンジンが復活する可能性もある?

2気筒エンジンのクルマへの採用も再び始まっている。現在でこそ2気筒エンジンというとオートバイのエンジンだが、過去には世界各国の小排気量車に使われていた。しかし、振動や騒音が激しく、決して乗り心地のよいクルマではなかったため、姿を消していった。日本では軽自動車に採用されていたが、1990年に排気量の規格が550ccから660ccに切り替わった際に3気筒に移行し、2気筒エンジンがクルマから消えていった。

確かに2気筒エンジンには振動対策が必要だが、排気量1000cc前後までは3気筒より効率の面で有利だとされる。2010年にはフィアットグループが排気量875ccの2気筒エンジンを世に送り出した。このガソリンエンジンは**過給ダウンサイジング**であり、ターボによる過給が行われている。また、2015年にはスズキが排気量793ccの**2気筒ディーゼルエンジン**を開発。日本国内には導入されていないが、インドで搭載車種を販売している。現状、振動などのデメリットは十分には解消されていないが、今後の技術革新によっては2気筒が本格的に復活する可能性がないわけではない。

2気筒エンジン

スズキの直列2気筒ディーゼルエンジンE08A。ターボチャージャーによる過給が行われている。コンパクトで軽量なエンジンを実現している。

圧縮比

ガソリンエンジンは圧縮比を高くしたいが
ディーゼルエンジンは圧縮比を低くしたい

▶ガソリンエンジンの圧縮比は上昇傾向にある

シリンダー容積と**燃焼室容積**の比率を**圧縮比**といい、**圧縮行程**において、どれだけ吸気が圧縮されるかを意味する。圧縮比は14:1といったように「:」を使って表記される場合と、「14÷1」と計算した**比の値**で14と表記されることもある。

いっぽう、**燃焼・膨張行程**では**燃焼ガス**が膨張することになるが、その比率である**膨張比**は、通常のエンジンの基本構造では圧縮比と等しい。ある程度までなら膨張比を高くしたほうが、取り出せるエネルギーが大きくなり、エンジンの効率が高まる。**ガソリンエンジン**の場合、圧縮比14程度が理想といわれているが、従来は圧縮比10〜12が一般的だ。過給エンジンでは圧縮比8というものもある。それ以上に圧縮比を高くすると燃焼室内の温度が高くなりすぎて、**ノッキング**や**プレイグニッション**という異常燃焼が起こってエンジンが不調になってしまうためだ。

エンジンの効率を高めるために、ノッキングの起こらない限界まで圧縮比を高めているが、それでも状況によってはノッキングが起こってしまうことがある。そのため、ガソリンエンジンにはノッキング特有の振動を感知する**ノックセンサー**が備えられていて、ノッキングを感知すると**点火プラグ**で着火するタイミングを遅らせている。これでは燃焼・膨張行程のすべてのストロークを使えないことになり、効率が落ちてしまう。

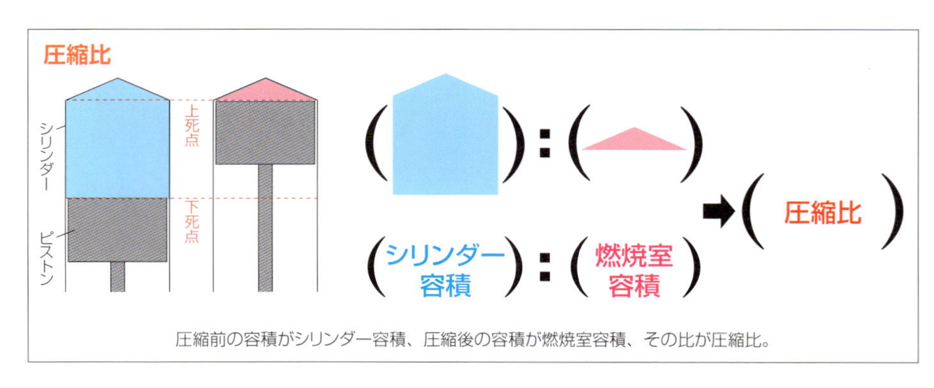

圧縮前の容積がシリンダー容積、圧縮後の容積が燃焼室容積、その比が圧縮比。

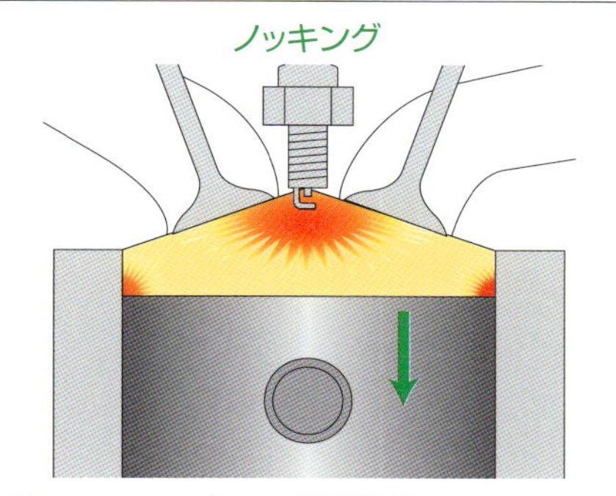

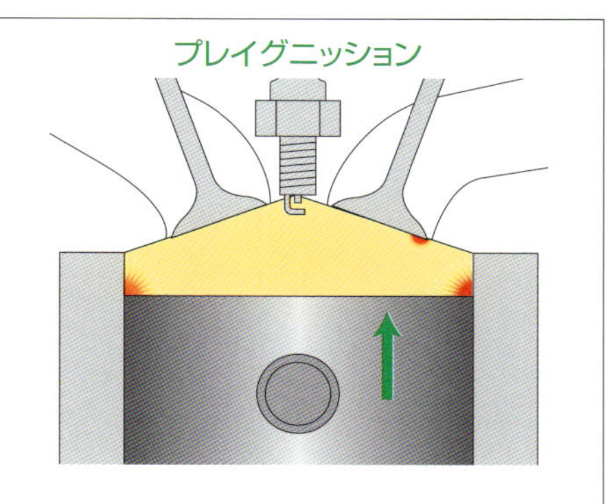

ガソリンエンジンの異常燃焼

ノッキングとは点火プラグによる着火以降に起こる意図しない異常燃焼だ。点火プラグで混合気に着火し火炎が広がっていくと燃焼ガスの膨張も始まり、まだ燃焼していない混合気を圧縮していく。この時、混合気の温度が高かったりシリンダーの壁面などが過熱状態だったりすると、圧縮された混合気が自然着火し、そこでも燃焼ガスの膨張が始まる。この双方の膨張する燃焼ガスがぶつかると、衝撃が発生し、ノッキング特有のキンキンとした音がする。エンジンの回転が不調になるうえ、衝撃によってピストンなどがダメージを受けてしまう。いっぽう、点火プラグによる着火以前に起こる異常燃焼は**プレイグニッション**という。シリンダー内の過熱によって付着していたススが発火して火種になったり、過熱した点火プラグの電極が混合気を着火させたりする。プレイグニッションが起こると、エンジンが不調になるのはもちろん、シリンダー内の温度をさらに高め、ノッキングが起こりやすい状況を作り出す。

しかし、現在ではさまざまな技術によって燃焼室内の温度が必要以上に高くならないようにすることで、ノッキングの抑制が可能になっている。そのため、最近では圧縮比14を採用することで効率を高めたガソリンエンジンも登場してきている。

▶ディーゼルエンジンの圧縮比は低下傾向にある

ディーゼルエンジンも理想の**圧縮比**は14程度といわれている。この程度まで圧縮すれば、燃焼室内を**軽油**が**自然発火**する温度まで高めることができる。しかし、**冷間始動時**の始動性を高めるために圧縮比17〜18程度にされていることが多い。すると、暖機後は必要以上に燃焼室内の温度が高くなってしまう。燃料を自然発火させるディーゼルエンジンなら、温度が高くなりすぎても問題ないように思うかもしれないが、燃焼が速く進みすぎるので、上死点をすぎピストンが下降を始めてから燃焼を噴射している。これでは燃焼・膨張行程のすべての**ストローク**を使えないことになり、効率が落ちてしまう。燃焼に使える時間も短くなるので、燃焼が不十分になって大気汚染物質が発生しやすくなる。また、温度が高いと、**窒素酸化物**（NO_x）が生成されやすくなる。さらに、圧縮比を高くすると、それだけエンジンを丈夫にする必要がある。結果、エンジンが重くなって燃費に悪影響を及ぼす。

しかし、現在では噴射する燃料を微細化し噴射するタイミングをきめ細かく制御するなどの技術によって圧縮比14のディーゼルエンジンも登場してきている。効率が高く、燃費にも優れるうえ、排出ガス対策もさほど必要のないエンジンになっている。

エンジン本体と補機類

エンジンはエンジン本体とさまざまな補機類で構成される

▶エンジン本体が同じでも補機類などが異なると性格や性能がかわる

エンジンは**高効率化**と**低エミッション化**のためにさまざまな技術開発が進められてきたが、もはや特定の装置をかえたり加えたりするだけで大きな効果を得ることは難しい。そのため、エンジン各所で技術開発が進められている。1つ1つの改善では小さな効果しか得られないことも多いが、それでも数多くの改善を積み重ねることで効果が高められている。こうしたエンジンを構成する装置は、大別すると**エンジン本体**と**エンジン補機類**になる。

エンジン本体とは、金属のかたまりのように見える部分で、**シリンダー**の筒の部分を備えた**シリンダーブロック**と、シリンダーの天井部分を備えた**シリンダーヘッド**で構成される。シリンダーブロック内にはエンジンが力を発生する際に動作するピストンやクランクシャフトなどの**主運動系**が備えられ、シリンダーヘッド内には吸排気を制御する**動弁系**（**バルブシステム**）が備えられる。シリンダーブロックが同じでも、異なる動弁系を備えたシリンダーヘッドにすることで、燃費重視や出力重視など性格や性能の異なるエンジンにできる。

エンジン補機類は、単に**補機類**ということも多く、個々の装置は**エンジン補機**や単に**補機**という。その名の通りエンジンを補助する機械だが、エンジンの動作には欠かせない装置ばかりだ。エンジン本体と独立した装置であるとは限らず、一部やそのすべてがエンジン本体内に存在する補機もある。エンジン本体が同じであっても補機類を異なるものにすることで、エンジンの性格や性能をかえることができる。

補機には、燃焼に必要な空気を導く**吸気装置**（**インテークシステム**）、**燃焼ガス**を排出する**排気装置**（**エキゾーストシステム**）、燃焼させる**燃料**をエンジンに供給する**燃料装置**（**フューエルシステム**）、ガソリンエンジンで混合気に着火を行う**点火装置**（**イグニッションシステム**）、エンジン内の部品がスムーズに動けるようにする**潤滑装置**、エンジンの過熱を防ぐ**冷却装置**、エンジンを始動させる**始動装置**、点火や始動に必要な電力を発電して蓄えておく**充電装置**があり、エンジンによっては**過給機**が備えられる。点火装置や**充電始動装置**などのように電気を扱う装置については**電装品**や単に**電装**ともいう。ライト類など**ボディ電装品**と区別する場合には**エンジン電装品**や**エンジン電装**という。

エンジンの構成部品 上の写真のエンジンを分解すると、下の写真のようになる。まだまだ分解の途中であり、さらに細かく分解できる。一般的にエンジンの部品点数は1〜2万点に及ぶといわれる。

エンジンの効率

燃料の化学エネルギーのすべてを運動エネルギーに変換できるわけではない

▶さまざまな損失によってエンジンの効率が低下する

エンジンが**燃料**の**化学エネルギー**を**運動エネルギー**に変換する際には、**損失**が生じる。損失が大きくなるほど**効率**が低く、すなわち燃費が悪くなる。従来、エンジンの効率は30%台であったが、40%に達するエンジンも開発され、将来的には50%を目指して開発が進められている。ただし、こうした数値は、**最大効率**や**最大熱効率**といわれるもので、限られた状態でしか成立しない。実際の走行での効率は20%前後といったところだ。

エンジンの損失には、**排気損失**、**冷却損失**、**機械的損失**、**ポンプ損失**、**未燃損失**、**補機駆動損失**、**放射損失**といったものがある。それぞれの損失はエンジンの運転状況によって変化する。たとえば、負荷が大きくなるほど**スロットルバルブ**が大きく開かれるため、ポンプ損失は小さくなる。機械的損失も負荷が大きくなるほど割合が小さくなる。

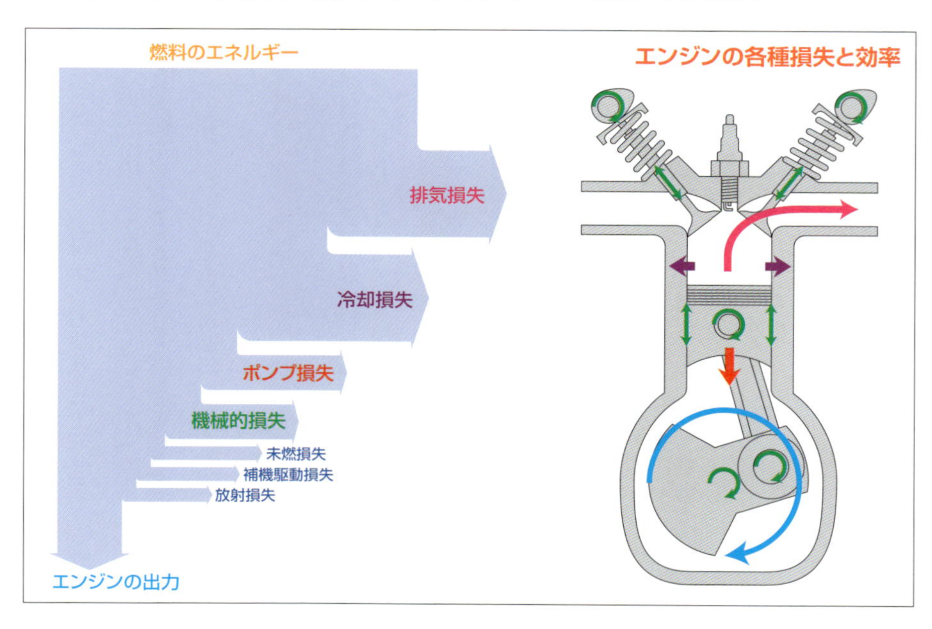

◆排気損失

排気ガスは吸気より温度や圧力が高く流れる勢いがある。これは**熱エネルギー**と運動エネルギーが捨てられているということになる。これを**排気損失**という。

◆冷却損失

燃料の燃焼によって発生した熱はエンジンの各部にも伝わる。その熱でエンジンが過熱状態になると、燃焼状態が悪化したりノッキングが起こりやすくなったりする。そのため、**冷却装置**で**放熱**して適温に保っている。その際に捨てられる熱エネルギーが**冷却損失**だ。

◆ポンプ損失

吸気行程で空気（または混合気）を吸入する際に使われる運動エネルギーが**ポンプ損失**（**ポンピングロス**）だ。**排気行程**で使われる運動エネルギーもポンプ損失に含める。ガソリンエンジンの場合、スロットルバルブで吸気経路を絞るとポンプ損失が大きくなる。**圧縮行程**で使われる運動エネルギーは**燃焼・膨張行程**で戻るためポンプ損失に含めない。

◆機械的損失

エンジン内には数多くの動く部品があるが、これらの部品が動く際の摩擦で生じる損失を**機械的損失**や**機械抵抗損失**、**摩擦損失**という。摩擦によって運動エネルギーは熱エネルギーに変換され、周囲に放出される。

◆未燃損失

燃焼・膨張行程で燃料が燃え残ったり**不完全燃焼**したりすると、燃料の化学エネルギーが使われずに排出されることになる。これを**未燃損失**という。

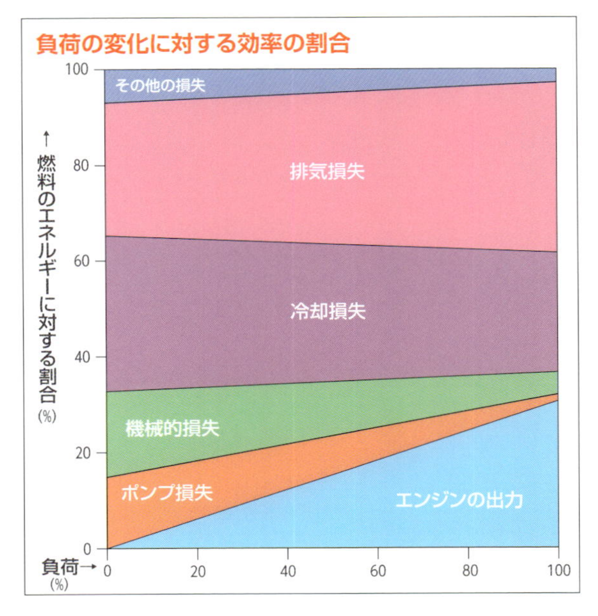

◆補機駆動損失

補機のなかには動力が必要なものがある。その補機の駆動に使われる運動エネルギーが**補機駆動損失**になる。補機ではないがエアコンのコンプレッサーの駆動も補機駆動損失に含めるのが一般的だ。

◆放射損失

高温になったエンジンから放射（輻射）によって周囲に放出される熱エネルギーが**放射損失**（**輻射損失**）だ。冷却装置による放熱で生じる損失とは区別して扱われることが多い。

エンジン特性

エンジンが発生するトルクや出力は そのままではクルマの動力に使えない

▶エンジンは低回転では小さなトルクしか発生できない

エンジンの基本的な性能を示すグラフが**エンジン性能曲線**だ。エンジンの**回転数**に対して**トルク**の変化を示した**トルク曲線**と、**出力**の変化を示した**出力曲線**が描かれている。**燃料消費率**の変化を示した**燃料消費率曲線**も描かれていることがある。

エンジンの**トルク特性**は、回転数が低いうちはトルクが小さく、回転数の上昇につれてトルクが大きくなっていき、一定の回転数で**最大トルク**になる。それ以上の回転数ではトル

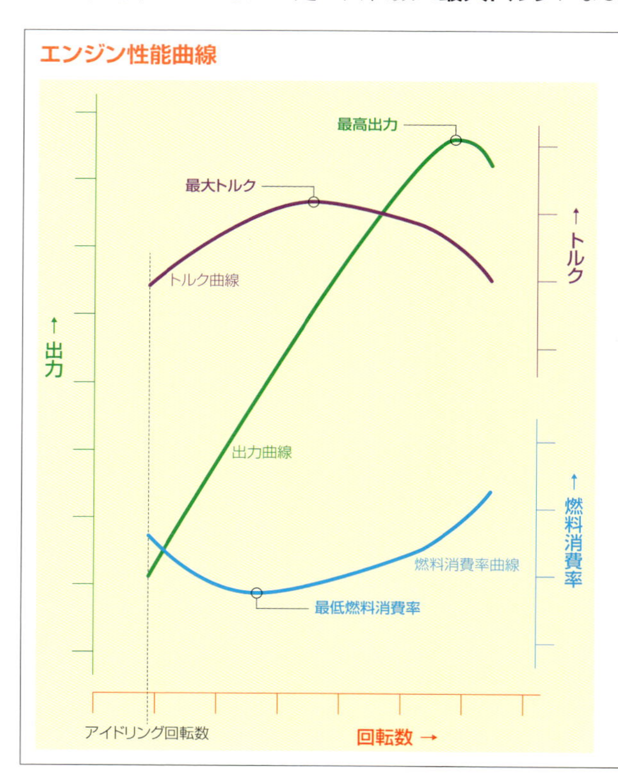

回転数
エンジンや車輪などの機械の**回転速度**はその単位である**回転数**で表現されるのが一般的だ。エンジンの場合、1分間の回転数が通常使われ、単位は[r.p.m.]になる。

トルク
トルクとは軸を回転させせようとする力のこと。一般的に力には作用する方向が明示されていないが、トルクの場合は回転という方向が明示されていることになる。単位は[N-m]で、以前は[kg-m]が使われていた。

出力
エンジンの**出力**とは、一定時間にどれだけの仕事ができるかを意味するもので、**仕事率**ともいう。トルクと回転数をかけ合わせたものになる。単位は[W]だが、クルマでは長い間、**馬力**が使われてきた。馬力の単位は[ps]または[HP]で、1psは735.5Wになる。

クが小さくなっていくので、トルク曲線は山を描くのが基本形だ。最近では幅広い回転数で最大トルクが利用できるエンジンが目指されており、こうした場合、トルク曲線は台形になる。トルクと回転数をかけ合わせたものである出力が描く出力曲線も、トルク曲線と同じように山形になるが、最大トルクを越えてトルクの低下が始まっても、回転数の上昇によって出力の増大が続くため、出力曲線の頂点である**最高出力**は、最大トルクより高い回転数になる。

▶走行に必要なトルクと回転数にするトランスミッション

クルマは発進からの加速の際に大きな力が求められるが、エンジンが低回転では十分なトルクが得られない。そのため**変速**が必要になる。変速を行う機械を**変速機**（**トランスミッション**）といい、**マニュアルトランスミッション**（**MT**）や**オートマチックトランスミッション**（**AT**）などさまざまなものが使われている。変速前後の**回転数**の比を**変速比**という。

発進の際には、必要な出力を得られるようにエンジン回転数を高め、これを減速することでトルクを高めている。しかし、変速比が一定では、車速が高まるにつれてエンジン回転数が上昇しすぎてしまう。そのため、変速機にはある程度の変速比の幅が必要になる。

また、エンジンは停止状態（回転数0）から、いきなりトルクを発揮させながら回転を始めることができない。連続した安定した動作を続けられる回転数には下限がある。下限の回転数で動作している状態を**アイドリング**、その時の回転数を**アイドリング回転数**という。アイドリングを維持するために、始動時や停車中はエンジンと車輪を切り離す必要がある。

さらに、発進時にはある程度回転数を高めたエンジンと、停止している車輪をつながなければならない。この時、一気に両者をつなぐと、急に高い負荷がかかることでエンジンが停止してしまうこともある。そのため、少しずつ徐々につないでいく必要がある。このように状況に応じてエンジンと車輪を切り離したり、徐々に回転を伝えていく装置を**スターティングデバイス**といい、**摩擦クラッチ**や**トルクコンバーター**などが使われている。

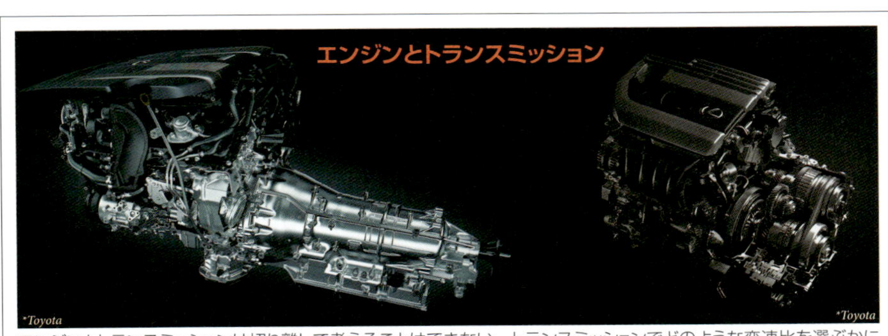

エンジンとトランスミッションは切り離して考えることはできない。トランスミッションでどのような変速比を選ぶかによって燃費が大きく変化する。ハイブリッド自動車ではトランスミッションの代わりにモーターが使われることもある。

燃費の目玉

エンジンの効率にはスイートスポットといえる回転数やトルクが存在する

▶エンジンの効率がよいのは特定の回転数とトルクに限られる

エンジン性能曲線（P42参照）は、エンジンのすべての状態を表わしているものではない。**全負荷**の状態、ガソリンエンジンであればスロットルバルブ全開の状態を示したものだ。**トルク曲線**が示しているのは、それぞれの回転数におけるトルクの上限だといえる。実際には、それぞれの**回転数**においてトルク曲線より低い位置のどこかが使われている。たとえば、ガソリンエンジンであれば、同じ回転数であっても、スロットルバルブが絞られて、使用する**燃料**が少なければ、トルクも上限に達しないことになる。この時、スロットルバルブが絞られているので**ポンプ損失**が大きくなり、効率も低下しているわけだ。

トルク曲線より低い位置のそれぞれの点について同じ**燃料消費率**の点をつないだものを**燃料消費率等高線**という。**燃料消費率曲線**はエンジン性能曲線にも描かれていることが多いが、燃料消費率とは一般にいう**燃費**とは別のものだ。一定の出力を発揮するのに必要な燃料の量を示している。燃料の量と出力の関係が示されるので、大まかにいえばエンジンの効率を表わしているといえる。つまり、燃料消費率等高線は**効率等高線**や**燃費等**

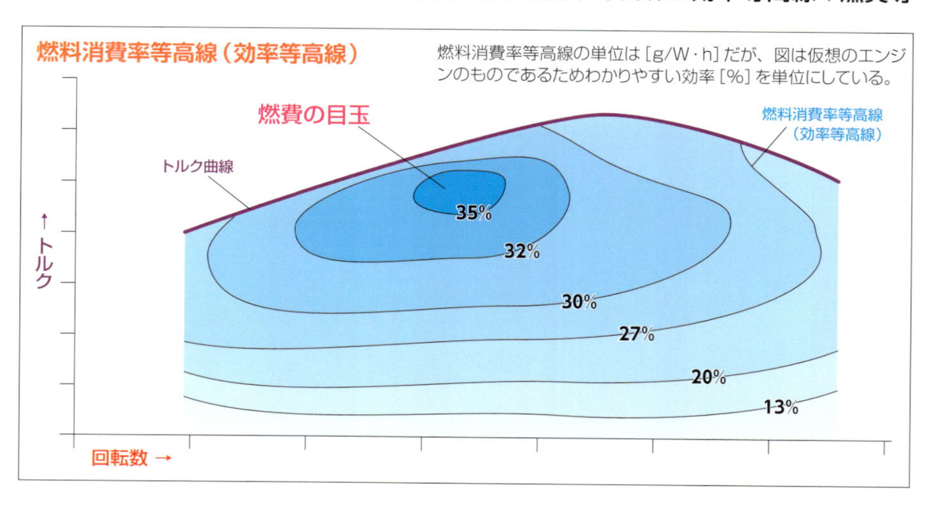

高線だともいえる。この等高線では燃料消費率がもっとも低い部分、つまり効率がもっとも高い部分が目のような形になることが多いので、この部分を**燃費の目玉**という。省燃費技術においては、単に**最大効率**を高めるだけではなく、燃費の目玉を大きくすることが重要だ。

▶変速機が常に燃費のよい回転数とトルクで走行できるようにする

常に**燃費の目玉**の範囲内にある回転数とトルクを使って走行することができれば、クルマの燃費がもっともよくなる。そのためには、**トランスミッション**の性能が重要だ。

マニュアルトランスミッション（**MT**）や**オートマチックトランスミッション**（**AT**）などは**多段式変速機**といい、複数の**変速比**を備えている。備えている変速比の数を**段数**というが、段数を多くしてきめ細かく変速比を刻むほど、使用する回転数の範囲を狭くすることができ、燃費を向上させることができるため、変速機の**多段化**が進んでいる。たとえば、ATでは4段の時代が長かったが、現在では9段や10段のものも登場してきている。

また、もっとも低速を担当する変速比を大きくすれば、発進時の回転数を高めて燃費の目玉に近づけることができる。逆にもっとも高速を担当する変速比を小さくすれば、高速走行時の回転数を低くして燃費の目玉に近づけることができる。変速機のもっとも高い変速比をもっとも低い変速比で割った値を**スピードレシオカバレッジ**（または**ギヤレシオカバレッジ**）というが、たとえばATでは**レシオカバレッジ**が5程度という時代が長かったが、現在では7程度が一般的で、10に近いものもある。

CVTは変速比を連続的に変化させることができる**無段式変速機**であるため、ATなどの多段式変速機に比べると燃費の面で有利になる。しかし、実際には変速機自体の効率の問題があり、無段であることのメリットを最大限に活かしきれているとはいえない。また、構造上、レシオカバレッジを大きくしにくいこともCVTのデメリットだといえる。

多段化とレシオカバレッジの拡大

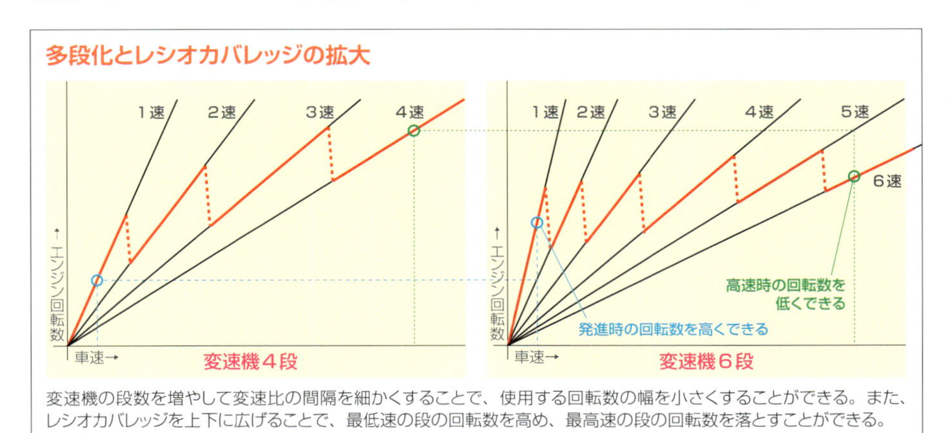

変速機の段数を増やして変速比の間隔を細かくすることで、使用する回転数の幅を小さくすることができる。また、レシオカバレッジを上下に広げることで、最低速の段の回転数を高め、最高速の段の回転数を落とすことができる。

伝達効率と走行抵抗

動力を発生するエンジンの効率だけでクルマの燃費が決まるわけではない

▶エンジン以降の動力伝達装置でも損失が発生する

ガソリンエンジンやディーゼルエンジンを使用する**エンジン自動車**の場合、エンジンで発生したトルクは、**トランスミッション**によって変速された後に、車輪に伝えられ、路面との摩擦によって**駆動力**(くどうりょく)が発揮される。トランスミッションと車輪の間には、**ディファレンシャルギヤ**や**ファイナルギヤ**といった歯車装置や、回転を伝達する**シャフト類**が使われている。これらエンジンと車輪との間に配される装置を総称して**動力伝達装置**(どうりょくでんたつそうち)という。

理想的な**歯車**の場合、変速前後の出力は一定、つまりトルクと回転数をかけ合わせたものが一定と説明されるが、現実の歯車では**損失**が生じる。回りながら歯が噛み合う際にはわずかな滑り(すべ)が生じるので、摩擦によって運動エネルギーが熱エネルギーに変換されてしまう。1組の歯車で1%程度の損失が生じることもある。**CVT**のように**プーリー**と**ベルト**で変速を行う際にも、やはり損失が生じる。また、自動変速を行うトランスミッションでは**油圧**(ゆあつ)によって制御を行っているものが多いが、その油圧を発生させるポンプにもエンジンのトルクが使われることが多い。これも損失になる。クルマの燃費を向上させるためには、こうした動力伝達装置で生じる損失を低減し、**伝達効率**を高める必要がある。

動力伝達装置

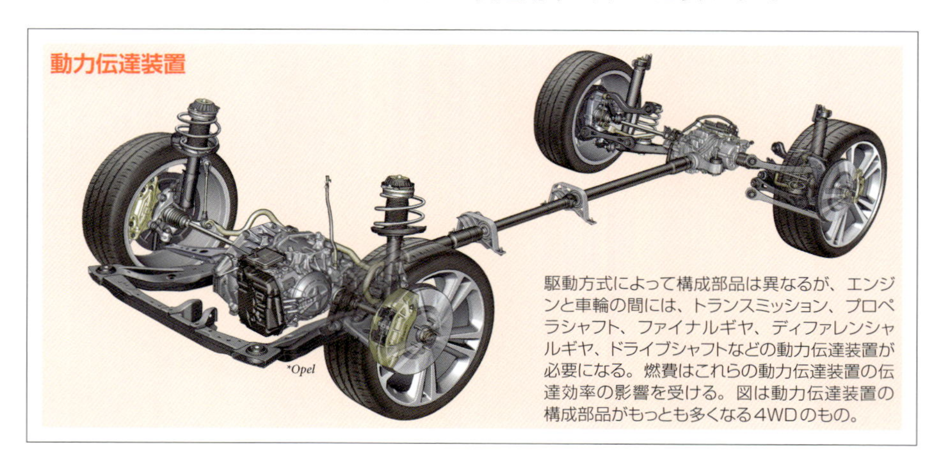

駆動方式によって構成部品は異なるが、エンジンと車輪の間には、トランスミッション、プロペラシャフト、ファイナルギヤ、ディファレンシャルギヤ、ドライブシャフトなどの動力伝達装置が必要になる。燃費はこれらの動力伝達装置の伝達効率の影響を受ける。図は動力伝達装置の構成部品がもっとも多くなる4WDのもの。

▶走行抵抗と車重がクルマの燃費に影響を与える

クルマが走行していると、**走行抵抗**というものが発生する。この走行抵抗によってクルマの**運動エネルギー**がおもに**熱エネルギー**に変換されてしまう。いくらエンジンの**熱効率**や動力伝達装置の**伝達効率**が高くても、走行抵抗が大きいと**燃費**が悪くなってしまう。

走行抵抗には、タイヤに生じる**転がり抵抗**と、ボディ全体に生じる**空気抵抗**がある。転がり抵抗は車速の影響をあまり受けないが、空気抵抗は車速の2乗に比例して大きくなるので、特に高速走行時の燃費に大きく影響する。タイヤの転がり抵抗については、抵抗の小さい**省燃費タイヤ**の開発が続いている。空気抵抗を低減するためにボディのデザインに際しては**エアロダイナミクス**（**空気力学**）に基づいた検証が行われている。

また、燃費は**車重**にも大きな影響を受ける。軽いクルマほど小さな力で動かすことができるので燃費がよくなる。そのため、クルマを構成するすべての部品について軽量化が求められる。特に、運動する部品は効率にも影響を与えるため、いっそうの軽量化が求められる。たとえば、往復運動するエンジンのピストンが軽量であれば、それだけ損失が軽減される。回転する部品については、軽量であることに加えて**慣性モーメント**の小ささも求められる。

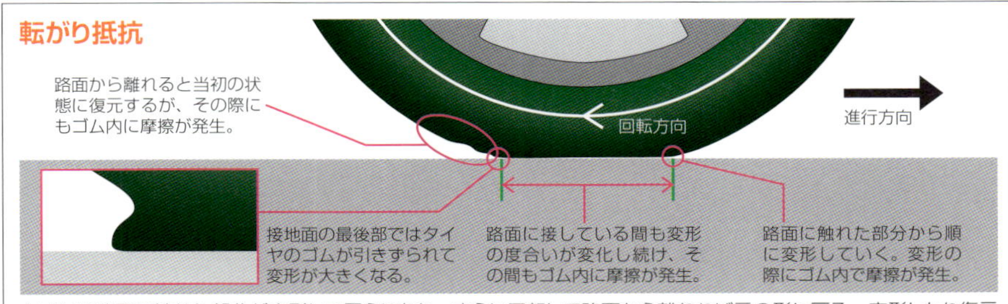

タイヤは路面に触れた部分が変形して平らになり、さらに回転して路面から離れれば元の形に戻る。変形したり復元したりするということは、何かの力が加わったということだ。つまり、クルマの運動エネルギーが使われたことになる。これがタイヤの転がり抵抗であり、運動エネルギーはゴム内の摩擦によって熱エネルギーに変換される。

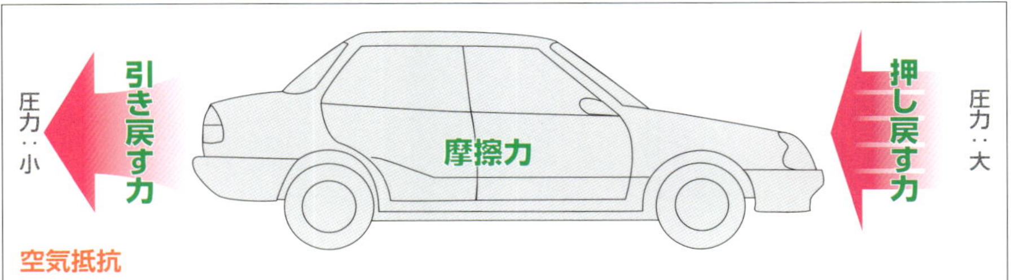

空気抵抗

空気抵抗は**圧力抵抗**と**摩擦抵抗**で構成される。クルマが進行すると前方の空気が押されて圧力が高くなり、クルマを押し戻そうとする。後方では、それまで存在した場所からクルマがなくなるため、圧力が低くなり、クルマを引き戻そうとする。この前方から押し戻そうとする力と後方に引き戻そうとする力が圧力抵抗だ。また、空気中を移動する物体は空気との間に摩擦が発生する。これが摩擦抵抗であり、運動エネルギーが熱エネルギーに変換される。

同期モーター

三相交流で回転磁界が作られると
その回転に同期してモーターが回転する

▶交流の周波数に同期して回転する同期モーター

モーターにはさまざまな構造のものがあるが、クルマの動力源に使われているのはおもに**交流モーター**の**同期モーター**（**シンクロナスモーター**）だ。海外には同じく交流モーターの**誘導モーター**（**インダクションモーター**）を使う自動車メーカーもあるが、限られた例だ。

コイルに電流を流すと**磁石**になる。いわゆる**電磁石**だ。磁石には**N極**と**S極**があるが、電磁石はコイルの巻き方と電流の流れる方向でN極とS極の位置が決まる。このコイルに**交流**を流すと、磁力が強くなったり弱くなったりしながらN極とS極が入れ替わる。交流とは周期的に流れる方向と電圧が変化する電流のことで、一般的には電圧の時間的変化のグラフが**サインカーブ**（**正弦曲線**）を描く。交流のサインカーブの山1つと谷1つのセットを**サイクル**、1サイクルに要する時間を**周期**、1秒間のサイクルの回数を**周波数**という。

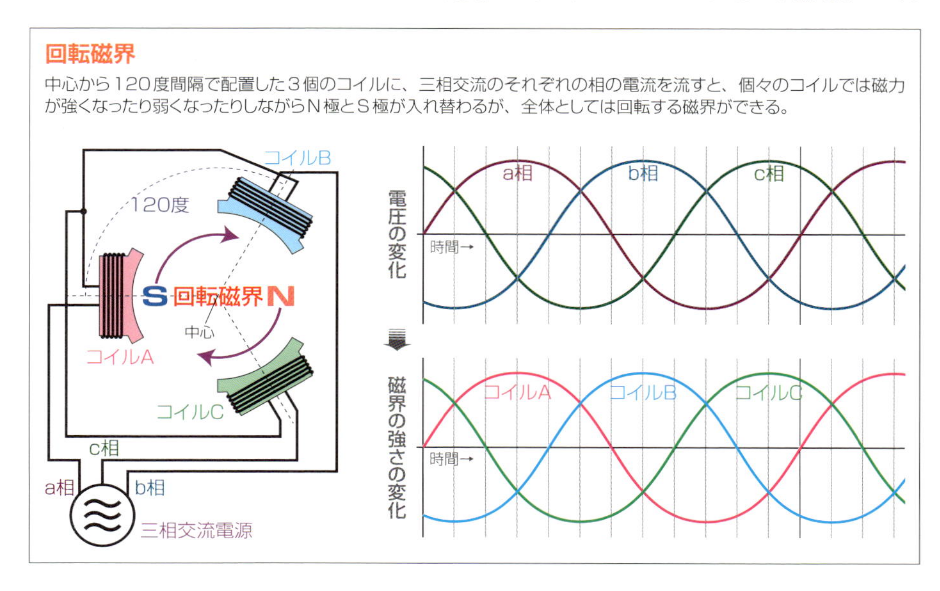

回転磁界

中心から120度間隔で配置した3個のコイルに、三相交流のそれぞれの相の電流を流すと、個々のコイルでは磁力が強くなったり弱くなったりしながらN極とS極が入れ替わるが、全体としては回転する磁界ができる。

永久磁石型同期モーター

ステーターの回転磁界が回転すると、永久磁石のローターが回転する。ローターの磁極と回転磁界の磁極は正対しておらず、磁気の吸引力でローターが引っぱられる。この磁気の吸引力がモーターに発揮されるトルクになる。

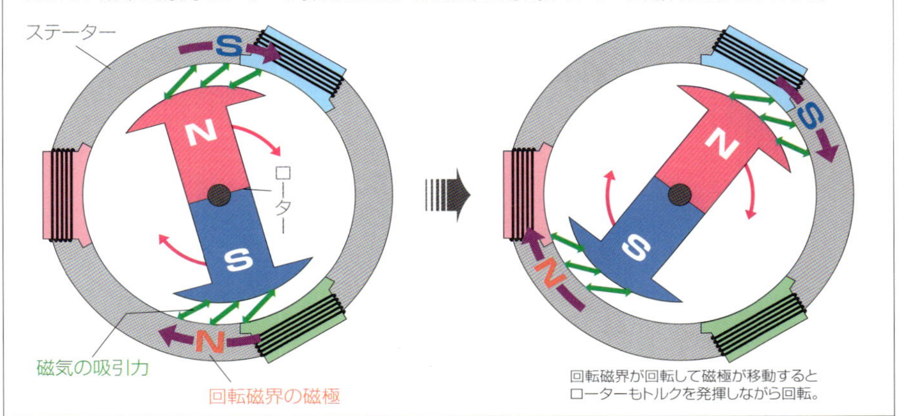

周波数の単位が［**Hz**］だ。こうした単独の交流を**単相交流**という。家庭などに供給されている商用電源は、単相交流で、電圧は100Vまたは200Vで、周波数は地域によって50Hzまたは60Hzだ。

3つのコイルを中心から120度間隔で配置し、それぞれに周期が1/3ずつずれた交流を流すと、それぞれのコイルで磁力が強くなったり弱くなったりしながらN極とS極が入れ替わるが、その周期が1/3ずつずれているので、中心の周囲をN極とS極が回転するようになる。これを**回転磁界**という。回転磁界の中心に、回転できるようにした**永久磁石**を置くと、回転磁界に引かれて磁石が回転する。これが同期モーターの回転原理だ。モーターは回転する部分を**ローター**（**回転子**）といい、固定されて回転磁界を作っている部分を**ステーター**（**固定子**）という。ローターに永久磁石を使用する同期モーターを、**永久磁石型同期モーター**という。

なお、周期が1/3ずつずれた3つの交流のセットを**三相交流**といい、三相交流を電源とする同期モーターを**三相同期モーター**という。三相同期モーターのそれぞれのコイルに電球などの負荷をつないで、永久磁石を回転させると、コイルに交流が発生する。これが**三相同期発電機**だ。三相交流とは、そもそも発電所の三相同期発電機で作られたもので、家庭などに供給される単相交流は、三相交流のそれぞれの相をバラバラにしたものだ。

同期モーターの**回転数**は交流の周波数で決まる。回転数が周波数に同期するため、同期モーターという。一般に回転数は単位に［r.p.m.］を使って1分当たりの回数を示すが、周波数は単位に［Hz］を使って1秒当たりの周期を示すため、周波数を60倍したものが回転数になる。

モーターの特性

同期モーターは停止状態から最大トルクを発揮して回り始めることができる

▶定トルクで回転を始め一定回転数以上では定出力になる

同期(どうき)**モーター**は、停止状態（**回転数**0）から**トルク**を発揮しながら動作を始めることができ、その時のトルクが**最大トルク**だ。回転数が上昇しても、そのまま最大トルクが維持され、回転数に比例して**出力**が大きくなっていく。ある回転数になると、トルクの低下が始まる。これは電源の出力の限界によって生じるもので、トルクの低下が始まると出力が一定になる。さらに回転数を高めると、モーターの限界である**最高回転数**の直前で急激にトルクが低下

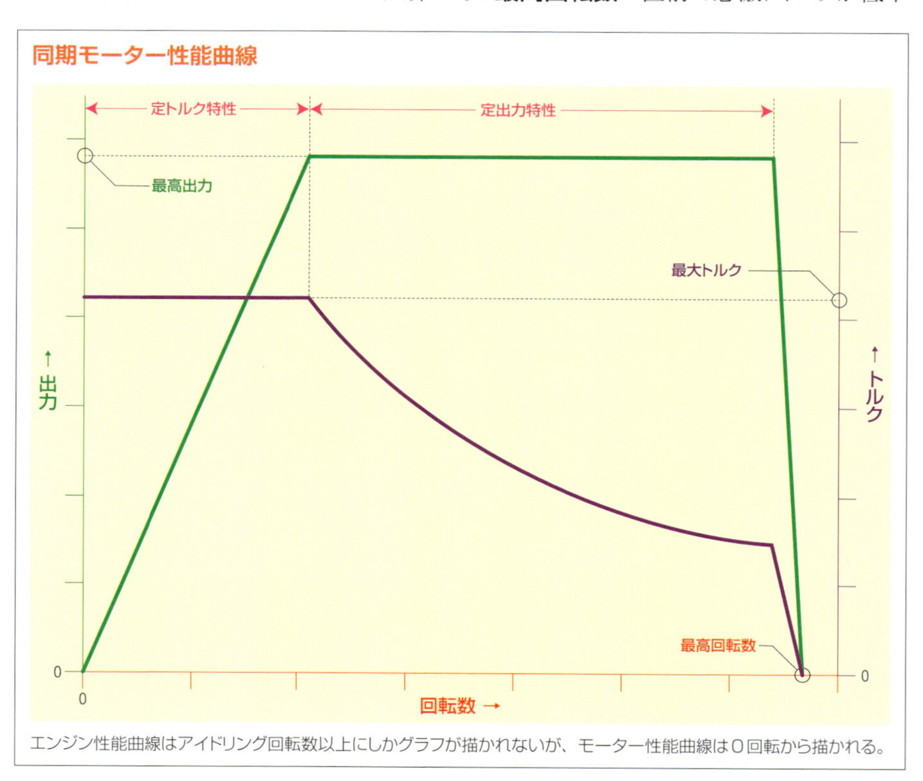

エンジン性能曲線はアイドリング回転数以上にしかグラフが描かれないが、モーター性能曲線は0回転から描かれる。

する。このトルクの低下が始まる回転数で**最高出力**になる。**モーター性能曲線**では**トルク曲線**が一定値の範囲を**定トルク特性**、**出力曲線**が一定値の範囲を**定出力特性**という。

クルマは発進からの加速時には大きなトルクが必要だが、平坦な道路を定速で走行しているような状況では大きなトルクは必要ない。エンジンの場合、その特性からクルマの動力源として使うためには、**変速機**が必要になるが、モーターのトルク特性は、クルマの動力源に求められるトルク特性そのままであるため、変速機が必要ない。

また、回転方向が一定であるエンジンには、**前後進切替機構**が不可欠であり、変速機にその機能を盛りこむ必要がある。同期モーターの場合、それぞれのコイルに流す電流の順番を入れ替えれば逆転させられる。さらに、モーターは停止状態から最大トルクで動作を始めることができるため、**スターティングデバイス**も必要ない。

2台のモーターで左右駆動輪をそれぞれ駆動するのであれば、**動力伝達装置**をまったく使わずに済ませることもできる。一般的には1台のモーターで駆動を行っているので、**ディファレンシャルギヤ**（P170参照）は必要になり、そこから車輪に回転を伝達する**ドライブシャフト**（P176参照）が使われている。また、クルマの駆動に求められるトルクと回転数に適合させるために、歯車による減速機構が使われることもある。

それでも、モーターだけでクルマを駆動する場合、動力伝達装置は非常に少ないものになり、**車重**の面で有利になる。また、同程度の出力のエンジンとモーターを比較した場合、モーターの重量はエンジンの重量の半分程度になることが多い。こうした動力源自体の重量では、エンジン駆動よりモーター駆動のほうが有利だ。

無駄に動力伝達装置を増やさないように、モーターは左右駆動輪の間に配置されることが多い。写真の電動駆動システムではモーターと減速機構、ディファレンシャルギヤが一体化されている。

モーターの効率

モーターの効率は非常に高いが まったく損失がないわけではない

▶モーターの最大効率は95%にも達する

モーターはエンジンに比べると**効率**が高い。クルマの駆動用モーターの主流になっている**永久磁石型同期モーター**では、95%にも達している。この効率の高さが、モーター駆動の大きなメリットであり、ハイブリッド自動車の省燃費にも役立っている。しかし、**損失**がまったくないというわけではない。同期モーターの損失は、**銅損**、**鉄損**、**機械損**に大別される。なお、モーターの分野では伝統的に○○損失といわず、○○損という。

モーターの巻線には**銅線**が使われるが、この銅線で生じる損失が銅損だ。銅線には**電気抵抗**が小さなものが使われるが、**抵抗**が0というわけではないので、抵抗によって**ジュール熱**という発熱が起こってしまう。この**熱エネルギー**が損失になる。

モーターのコイルは**鉄心**に巻かれるのが一般的で、この鉄心で生じる損失が鉄損だ。**ヒステリシス損**と**渦電流損**というものがあるが、本書では詳しい電磁気の解説を省略してモーターの原理を説明しているため、鉄損の原理の説明は省略するが、磁気が吸引力を発揮する以外にも鉄心に対して作用を及ぼして熱を発生させるため損失になる。

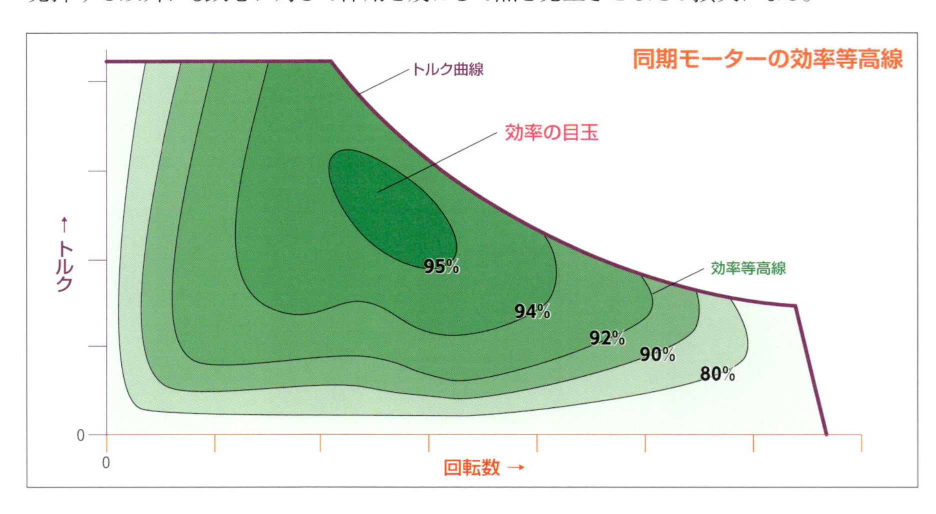

機械損はモーターで**電気エネルギー**が**運動エネルギー**に変換された後に生じる損失で、**摩擦損**と**風損**がある。摩擦損はローターの**軸受**などの摩擦、風損はローターと周囲の空気との摩擦によって発生する。どちらも運動エネルギーが熱エネルギーに変換される。

▶全般的に効率が高いが効率の目玉は存在する

永久磁石型同期モーターの**効率**は95%に達すると説明したが、この数値もエンジンの場合と同じように、**最大効率**を示している。実際にはそれぞれの回転数においてトルク曲線より低い位置のどこかが使われることもある。燃費等高線と同じように、モーターの**トルク曲線**に対して**効率等高線**を描くと、**効率の目玉**というべき部分が存在する。ただし、エンジンの効率等高線の場合、燃費の目玉を少し外れるだけで効率が数%も落ちてしまうが、モーターの場合は落ちていく割合が小さい。かなり広い範囲が効率90%以上になる。こうした高効率な範囲の広さも、モーター駆動のエンジン駆動に対する大きなアドバンテージだ。

高効率の範囲が広いため、**変速機**を使わなくても、実走行における効率を高く維持することができるわけだが、突き詰めて考えれば、効率の目玉に近い部分を使い続けたほうが、さらに実走行の効率を高めることができる。しかし、変速機の分だけ**車重**が増加し、変速機における損失も発生するため、効率向上分がこれらを上回る必要がある。変速機を使わないのが一般的だったモーター駆動に変速機を最初に採用したのは、電気自動車のレースである**フォーミュラE**だ。海外ではすでに市販車にも2段変速機を組みこんだモーター駆動システムが採用されている。今後、変速機の採用が増えていく可能性は高い。

変速機付モーター駆動システム

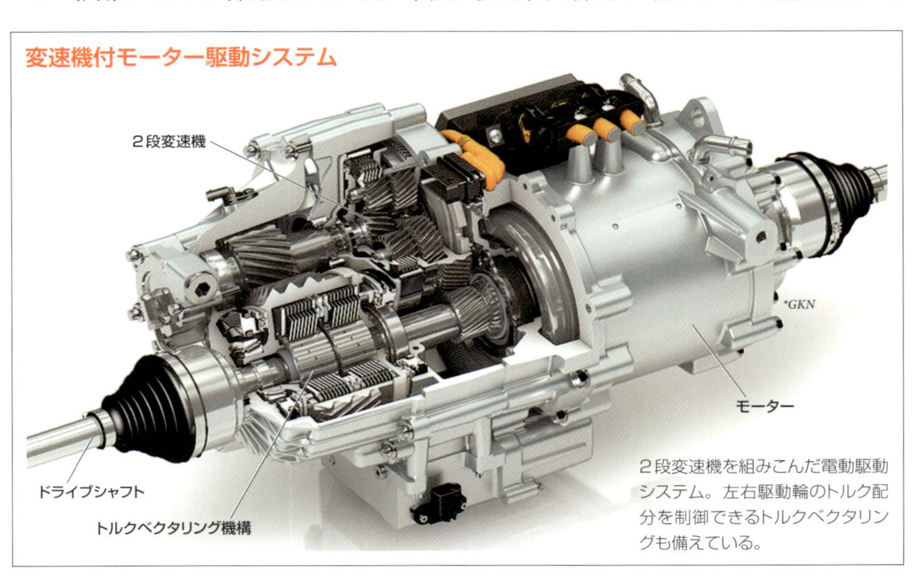

２段変速機を組みこんだ電動駆動システム。左右駆動輪のトルク配分を制御できるトルクベクタリングも備えている。

二次電池

電池は蓄えておいた化学エネルギーを電気エネルギーに変換して放出できる

▶一般的な電池は化学反応を利用して電気を発生させる

モーターをクルマの動力源として使用する場合、**電池**は不可欠な存在だ。電池には、**太陽電池**のような**物理電池**もあるが、多くの電池は**化学電池**だ。化学電池は化学反応によって**化学エネルギー**を**電気エネルギー**に変換して放出する。このように電池が電気を放出することを**放電**という。なお、電池が扱うことができるのは**直流**だけだ。

化学電池には**一次電池**、**二次電池**、**燃料電池**がある。一次電池とは**乾電池**のような使い切りタイプの電池のことだ。二次電池とは**充電**して繰り返し使用できる電池のことで、**蓄電池**ともいう。一般には**充電池**ともいう。化学反応によって電気エネルギーと化学エネルギーを相互に変換することで**充放電**を行う。燃料電池とは化学エネルギーを**燃料**として供給することで、連続して使い続けられる電池だ。

▶放電と充電を行うことができる二次電池

二次電池は、**電極**になる2種類の物質と**電解液**(または**電解質**)との組み合わせで構成されている。充電状態などによって多少は変化するが、使用する物質の組み合わせによって電池の基本的な電圧が決まる。その電圧を**公称電圧**という。クルマでは古くから**鉛蓄電池**が**電装品**の電源として使われてきている。単に**バッテリー**と呼ばれることが多い。

一部のハイブリッド自動車では鉛蓄電池が駆動用の電源としても使われているが、おもに駆動用に使われるのは**リチウムイオン電池**と**ニッケル水素電池**だ。リチウムイオン電池はスマートフォンやパソコンなどさまざまな電子機器に使われている。使われる物質の組み合わせには各種あるが、代表的な構成では公称電圧3.6Vになる。優れた能力を備えているが、材料に**レアメタル**が使われるためコストが高い。また、充電しすぎると破裂や発火の危険性があり、逆に放電させすぎると性能が低下してしまうため、充放電を電子回路で制御する必要があり、コストがかかる。ニッケル水素電池は、公称電圧が1.2Vで、乾電池タイプの二次電池として身近でも使われている。リチウムイオン電池に比べると性能は劣るが、安全性が高く取り扱いが容易であるうえ、コストも安い。

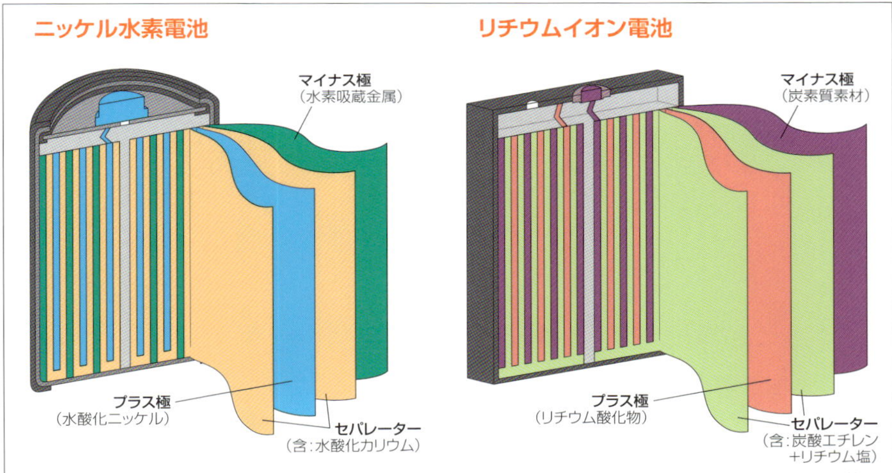

二次電池の化学反応は難しいため省略するが、一般的に両電極になる物質はシート状にされ、間に同じくシート状のセパレーターが挟まれる。これが何層にも重ねられる。セパレーターには電解液が含まれていて、充電や放電の際に化学反応が生じる。全体としての形状には、円筒型、角型、ラミネート型などがある。

▶大電力を素早く充放電できる電気二重層キャパシター

一部のハイブリッド自動車では**電気二重層キャパシター**(でんきにじゅうそう)が**二次電池**のように使われている。**キャパシター**とは電気部品の**コンデンサー**のことだ(コンデンサーとは日本だけで通用する用語で英語圏ではキャパシターという)。電気二重層キャパシターは、**ウルトラキャパシター**や**スーパーキャパシター**ということもある。従来のコンデンサーに比べると大量の電力を蓄えられるので、二次電池のように使える。キャパシターは**電気エネルギー**をそのまま電気エネルギーとして蓄えるため、化学反応を利用する二次電池に比べると、一気に大量の電力を**充放電**することができる。ただし、電池はほぼ一定の電圧で充放電を行うが、キャパシターは充電量が少なくなるほど放電電圧が低下していく。充電の際には、充電量が多くなるほど充電電圧を高くする必要がある。

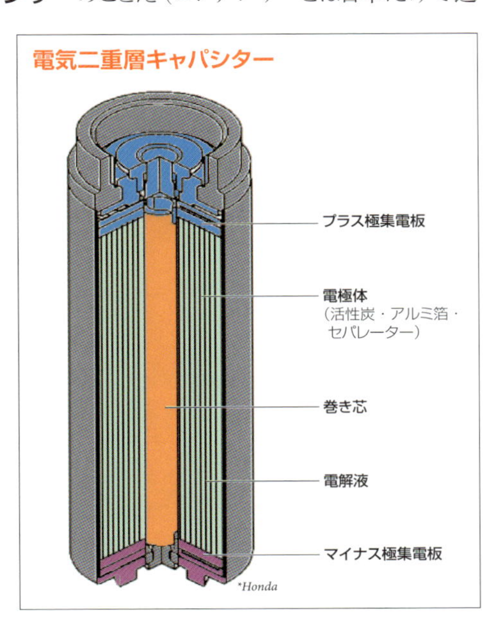

燃料電池

燃料の水素と空気中の酸素の化学反応で化学エネルギーを電気エネルギーに変換する

▶燃料電池が排出するのは無害な水だけ

燃料電池自動車（**FCV**）の電源として注目を集めている**燃料電池**だが、家庭用のものも少しずつ普及している。燃料電池は、**化学エネルギー**を**燃料**として供給することで、連続して**電気エネルギー**を発生させることができる。**化学電池**に分類されているが、電池というよりは**発電システム**と考えたほうがわかりやすい。燃料電池の燃料には**水素**、**炭化水素**、**アルコール**などを用いることができるが、自動車に使われる燃料電池の燃料は水素だ。燃料という言葉に「燃」という文字が入っているため、燃料を燃やしている電池だと誤解されやすいが、燃料電池は燃焼を利用していない。

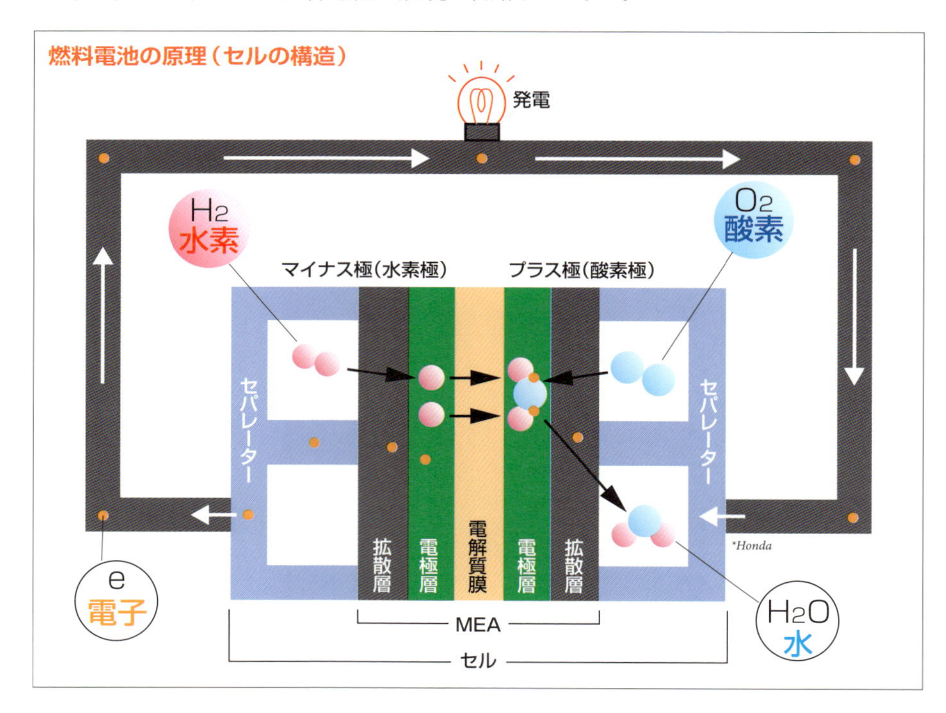

二次電池の化学反応は難しいものが多いが、燃料電池の化学反応は非常に簡単だ。中学校の理科でも実験することが多い水の**電気分解**の逆方向の化学反応だ。水の電気分解では、電気を使って**水**（H_2O）を**水素**（H_2）と**酸素**（O_2）に分解するが、この時、電気エネルギーが化学エネルギーに変換されている。そのため、水素と酸素を化学反応させると、反応のさせ方によっては化学エネルギーを電気エネルギーに変換できるわけだ。燃料電池の場合は、燃料として水素を供給し、酸素は空気中のものを使用する。反応の結果として生成されるのは水だけなので、環境にも優しい。

燃料電池にはさまざまな構造のものがあるが、燃料電池自動車で使われるのは**固体高分子型燃料電池**だ。それぞれの**電極**は、炭素などで作られた多孔質の素材で作られた**電極層**と**拡散層**で構成され、その間に特定のイオンだけを通過させる**電解質膜**が配置される。この発電を行う基本的な構造を**MEA**（Membrane Electrode Assembly）という。セパレーターの溝から水素と酸素が供給されると、MEAで化学反応が起こって水が生成され、電極間に電流が流れる。化学反応の際には熱が発生するため、生成された水は高温の湯となって排出される。この湯を熱源として利用することも可能だ。

こうした最小単位の電池を**セル**といい、1つのセルで得られる電圧は0.6〜0.8Vになる。これでは電圧が低すぎるため、必要な電圧を得るためにセルが重ねられる。セルが重ねられた燃料電池のユニット全体を**スタック**と呼ぶことが多い。スタック（stack）とは積み重ねたものという意味だ。

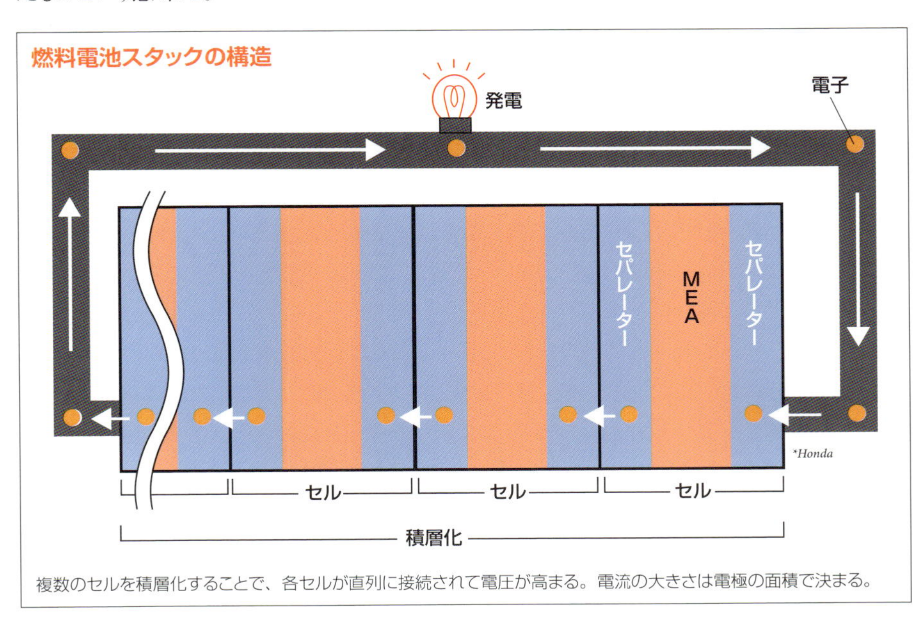

複数のセルを積層化することで、各セルが直列に接続されて電圧が高まる。電流の大きさは電極の面積で決まる。

電池の効率と密度

二次電池は効率が高いが
エネルギー密度では液体燃料より不利

▶二次電池や燃料電池にも損失があり発熱が起こる

二次電池にも**損失**が存在する。充電の際には、**電気エネルギー**のすべてが**化学エネルギー**には変換されず、一部が**熱エネルギー**になる。放電の際にもやはり一部が熱エネルギーになる。損失はあるものの、二次電池の**効率**は一般的に高い。こうした二次電池の効率を**充放電効率**という。**ニッケル水素電池**は80〜90%、**リチウムイオン電池**は85〜95%ある。損失の割合は小さいものの、**充放電**の際の発熱で電池が適温を超えた状態になると、効率が低下したり性能が劣化したりするため、冷却が行われることも多い。

いっぽう、**燃料電池**の効率はさほど高くない。発電の際に、化学エネルギーの多くが熱エネルギーに変換される。家庭用燃料電池では、排熱で作った温水を利用しているため、総合効率80%以上になるが、燃料電池自動車の場合は効率30〜40%程度だ。排熱を利用した車内暖房も行われるが、暖房が不要な時期には熱エネルギーは捨てられる。

▶二次電池はエネルギーと出力の密度で評価される

二次電池が最大に蓄えられる**電力量**のことを一般には**容量**といい、単位には［**Wh**］が使われるが、電圧が明示されている場合は単位［**Ah**］で示されることもある。［Ah］に電圧をかければ［Wh］が求められる。この二次電池の容量と、重量もしくは体積との関係を示したものが**エネルギー密度**だ。それぞれ**重量エネルギー密度**と**体積エネルギー密度**という。同じ容量であればエネルギー密度が高いほど軽くコンパクトになる。**リチウムイオン電池**は重量エネルギー密度も体積エネルギー密度も**ニッケル水素電池**より高い。

リチウムイオン電池はエネルギー密度が高いといっても、ガソリンなどの**液体燃料**に比べると非常に低く、1/50〜1/100しかない。これがモーター駆動の大きなデメリットだ。エンジンに比べて、モーターも二次電池も効率が高いが、**航続距離**を伸ばそうとすると大きく重い二次電池を積む必要があり、**車重**の面で不利になる。また、燃料電池に使われる**気体燃料**である**水素**は、重量エネルギー密度はガソリンなどを上回るが、体積エネルギー密度はさほどでもないため圧縮して車載される。ただし、高圧に耐えられる水素タンクは重くなる。

二次電池と燃料のエネルギー密度

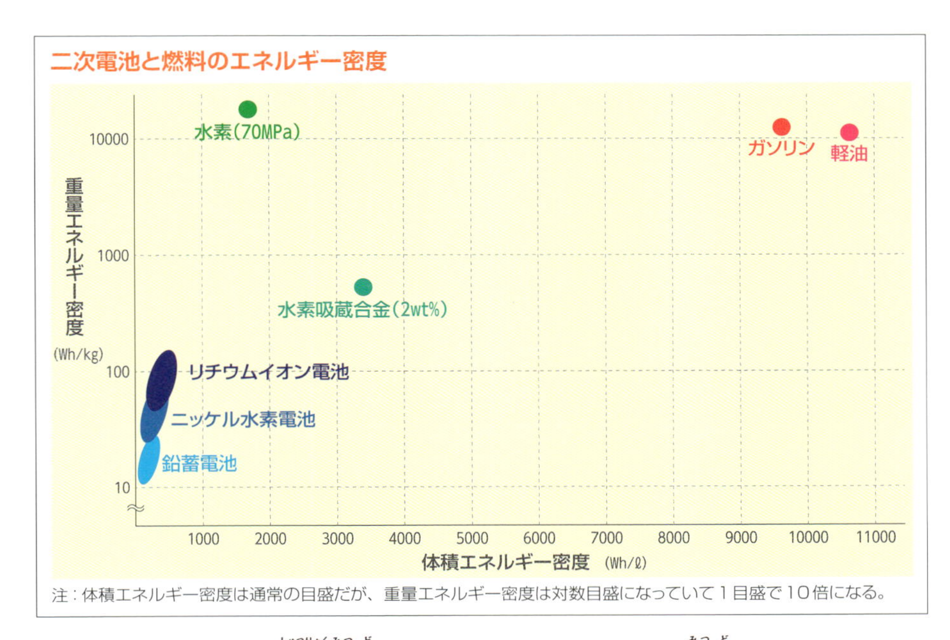

注：体積エネルギー密度は通常の目盛だが、重量エネルギー密度は対数目盛になっていて１目盛で10倍になる。

二次電池の性能では**出力密度**も重要だ。出力密度は**パワー密度**ともいう。瞬間的に放出できる電力と、重量もしくは体積との関係を示したもので**重量出力密度**（**重量パワー密度**）と**体積出力密度**（**体積パワー密度**）がある。この出力密度でもリチウムイオン電池がニッケル水素電池を上回る。そのため、電気自動車やEV走行の能力が重視されるハイブリッド自動車にはリチウムイオン電池が使われる。なお、**電気二重層キャパシター**の重量エネルギー密度はリチウムイオン電池と同程度だが、重量出力密度は10倍程度ある。

二次電池の配置

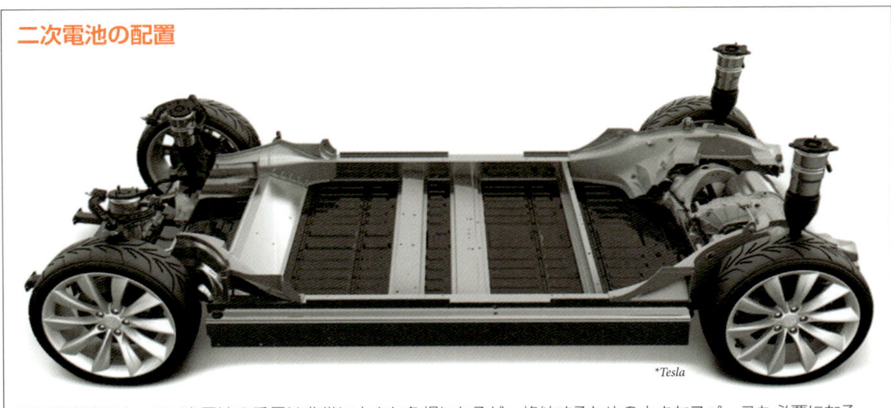

電気自動車にとって二次電池の重量は非常に大きな負担になるが、格納するための大きなスペースも必要になる。そのため、床全面に二次電池を敷き詰めるといった構造が採用されることもある。

パワーコントロールユニット

インバーターとコンバーターを コンピュータが制御する

▶インバーターが電池の直流を任意の電圧と周波数の交流にする

クルマの駆動に利用する**同期モーター**は**交流**で動作する。交流の**周波数**と**電圧**でモーターの**回転数**と**トルク**を調整することができる。いっぽう、**二次電池**や**燃料電池**は**直流**を**放電**するので、同期モーターを制御するためには、直流を交流に変換し、同時に任意の電圧と周波数にする必要がある。そのために使われる装置が**インバーター**だ。単に直流を交流に変換するだけのインバーターもあるが、モーターの制御では**VVVFインバーター**が使われる。VVVFとは**可変電圧可変周波数**の英語の頭文字だ。

インバーターは**スイッチング作用**のある**半導体素子**を使用する。**スイッチング素子**の

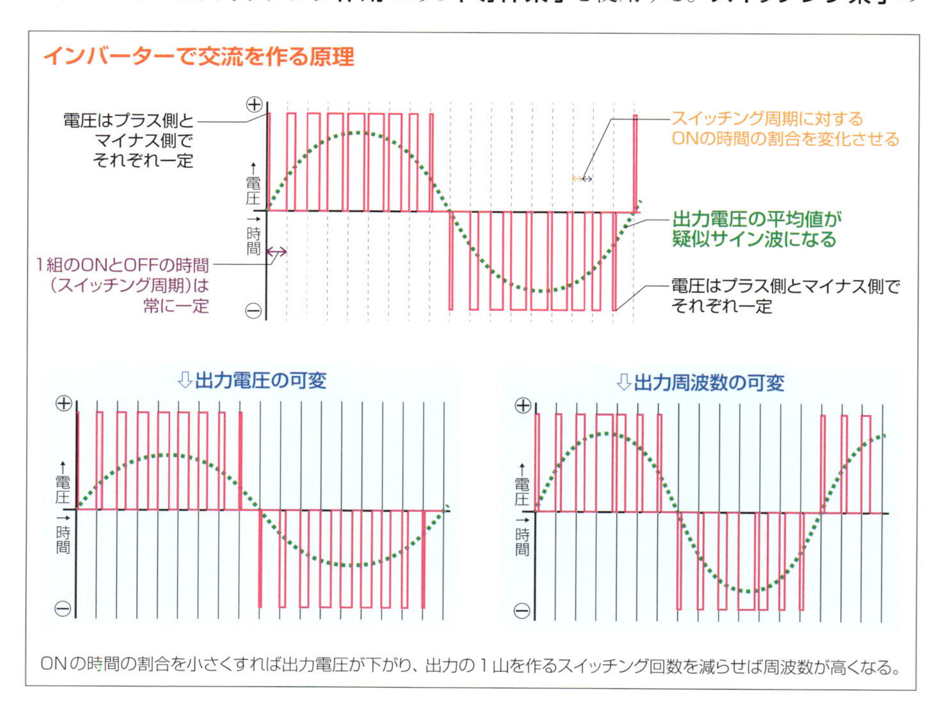

ONの時間の割合を小さくすれば出力電圧が下がり、出力の１山を作るスイッチング回数を減らせば周波数が高くなる。

スイッチング作用とは、ON/OFFを行う作用のことで、人間が操作する機械的なスイッチと違い、1秒間に何万回もON/OFFを行うことができる。スイッチがONの時間は電流が流れ、OFFの時間は電流が流れないが、高速でON/OFFを繰り返した場合、モーターの側では常に電流が流れたように動作する。ただし、ONの時間とOFFの時間を合わせた時間に対して平均値の電流が流れたように動作する。つまり、本来の電圧より低い電圧がモーターに流れたことになる。

インバーターでは、スイッチのON/OFFの1組の時間を一定にしておくのが一般的で、この時間を**スイッチング周期**といい、1秒間のスイッチング周期の回数を**スイッチング周波数**という。各周期において、ONの時間の割合を順番にかえていけば、電圧を順次変化させていくことができ、交流の山の部分のような出力を作ることができる。電流が逆方向に流れる回路をもう1つ用意し、同じようにスイッチング素子で制御すれば、交流の谷の部分のような出力にすることができる。これらを組み合わせれば、交流のような電流を出力することができる。これを、**疑似サイン波出力**といい、電流を切り刻んで直流を任意の電圧と周波数の交流に変換する方式を**パルス幅変調方式**、もしくは英語の頭文字から**PWM方式**という。このスイッチング素子2個1組の回路を3組用意すれば、任意の電圧と周波数の**三相交流**を作ることができ、**三相同期モーター**の制御が可能になる。

モーター駆動を制御するコンピュータは、その時点で必要なモーターの回転数やトルクを決定し、インバーターに信号を送る。その信号を受けてインバーターが電源の直流を決められた電圧や周波数の交流に変換しモーターに送る。

三相インバーター回路の基本形

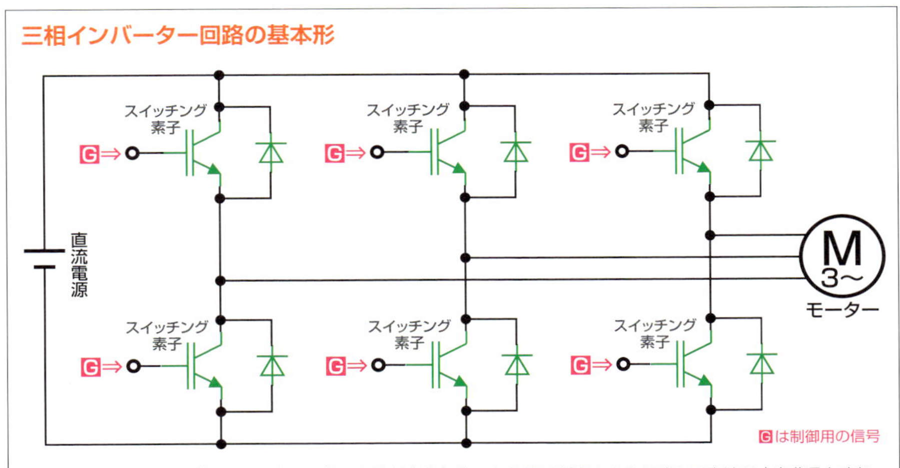

上下2個のスイッチング素子の回路で1相の交流が作られる。上の素子が順方向を担当して交流の山を作るとすれば、下の素子が逆方向を担当して交流の谷を作る。3組計6個の素子を使うことで可変電圧可変周波数の三相交流を作ることができる。それぞれのスイッチング素子にはコンピュータからON/OFFを制御する信号が送られる。

▶コンバーターが発電された交流を任意の電圧の直流にする

駆動にモーターを使用するクルマでは、制動時に**エネルギー回生**を行う。回生の際には同期モーターは**同期発電機**として**交流**を発電する。いっぽう、**二次電池**は**直流**でしか**充電**できない。そのため、交流を直流に変換し、同時に充電に適した電圧にする必要がある。そのために使われる装置が**コンバーター**だ。コンバーターにはさまざまな種類があるが、一般的には交流を直流に変換する**AC/DCコンバーター**を単にコンバーターということが多い。ほかに直流を直流のまま電圧を変換する**DC/DCコンバーター**などもある。

交流を直流にすることを**整流**といい、AC/DCコンバーターでは**整流作用**のある**半導体素子**を使用する。この**整流素子**で交流を直流に変換したうえで、スイッチング素子やコイルなどを組み合わせた回路で**昇圧**（電圧を高めること）や**降圧**（電圧を下げること）を行う。DC/DCコンバーターの場合は、整流を行わず昇圧や降圧だけを行う。

モーター駆動を制御するコンピュータは、回生の際には発電された交流の電圧や周波数の情報から制御内容を決定し、AC/DCコンバーターに信号を送る。その信号を受けて、コンバーターが、充電に最適な電圧に変換したうえで、二次電池に直流を送る。プラグインハイブリッドでは、充電の際にもAC/DCコンバーターが使われる。

いっぽう、DC/DCコンバーターは、**急速充電**の際の電圧制御や、**電気二重層キャパシター**の**充放電**の電圧制御、ボディ電装品に使用するための降圧などに使われる。

▶モーターや二次電池などをまとめて制御するPCU

インバーターや**コンバーター**とモーター駆動を制御するコンピュータをまとめて**パワーコントロールユニット**ということが多い。英語の頭文字から**PCU**ともいう。電気自動車の場合は、このPCUがモーターと二次電池を制御して走行を行う。燃料電池自動車の場合は、さらに燃料電池の制御が加わる。ハイブリッド自動車の場合は、エンジンを制御する**エンジンECU**とPCUがクルマの走行を**協調制御**することになる。

なお、パワーコントロールユニットでも**損失**が発生する。たとえば、現在のインバーターの効率は80～90%程度なので、効率の高い**半導体素子**の開発が続いている。また、素子が過熱すると正常に動作しなくなるため、冷却が行われていることが多い。

パワーコントロールユニット

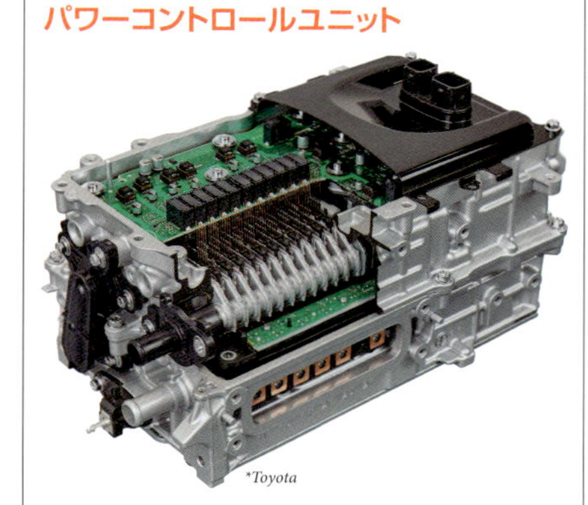

PCUは多数の半導体素子などの電子部品で構成されている。写真はハイブリッド自動車のPCU。

第2章

エンジン本体

シリンダーを作り出すのがエンジン本体であり、
その内部にはピストンやクランクシャフト、
バルブシステムなどエンジンが力を生み出す
基本要素が収められている。

シリンダー配列

エンジンのシリンダーの並べ方によって 全長全幅比や重心、振動などの性格がかわる

▶シリンダー配列には直列型、V型、水平対向型などがある

多気筒エンジンの**シリンダー**(**気筒**)の並べ方を**シリンダー配列**(**気筒配列**)といい、**直列型**、**V型**、**水平対向型**などがある。直列型は、各気筒を1列に並べたもので、英語のline(列の意)から**L型**ともいう。**気筒数**を含めて、**直3**(**L3**)、**直4**(**L4**)、**直6**(**L6**)などと略されることが多い。また、英語のin-line(列になったの意)から、**インライン型**ともいい**インライン4**(**I4**)や**インライン6**(**I6**)と略されることもある。直列型は気筒数が増えるほどエンジンの全長が長くなり、エンジンルームに収めにくくなるため2〜6気筒で採用される。エンジンが**横置き**されるFFでは、直6の採用は難しい。

V型は、直列型2組をV字形に配してクランクシャフトを共有するようにしたものだ。同じ気筒数なら直列型より全長を短くできるので、一般的に6気筒以上で採用される。**V6**、**V8**、**V10**、**V12**のように略されることが多い。それぞれの列を**バンク**といい、バンクがなす角度を**V角**という。V角は60〜90度のものが多い。気筒数とV角によって振動などの特性が決まる。直列型に比べると、2組必要になる部品が増えるので、コストがかかる。

V型のV角が180度のように見えるエンジンを水平対向型という。ただし、V角180度のエンジンを作った場合、向かい合うピストンは左右で同じ方向に動くが、水平対向型では向かい合うピストンが逆方向に動く。この動きがボクサーのパンチのようであるため、**ボクサーエンジン**ともいう。逆方向の動きがエンジンの振動を抑制してくれる。また、全高が抑えられ平坦になるため**フラットエンジン**ともいい、**F4**や**F6**のように略されることもある。全幅は大きくなってしまうが、重心は低くなる。クルマでは4気筒以上で採用される。

直6エンジンは上級車種に長く使われていたが、**前面衝突試験**の基準の強化によって一時期は姿を消し、6気筒エンジンはすべてV型になっていた。V6であれば縦置きにも横置きにも採用できるため、開発コストを抑えることができる。しかし、単体ではV6は直6よりコストがかかる。しかも、直6には回転が滑らかで振動が少ないといった捨てがたい魅力がある。最近では、設計技術が向上して直6でも衝突基準を満たすボディが作れるようになったため、再び直6エンジンが登場してきているが、限られた例だといえる。

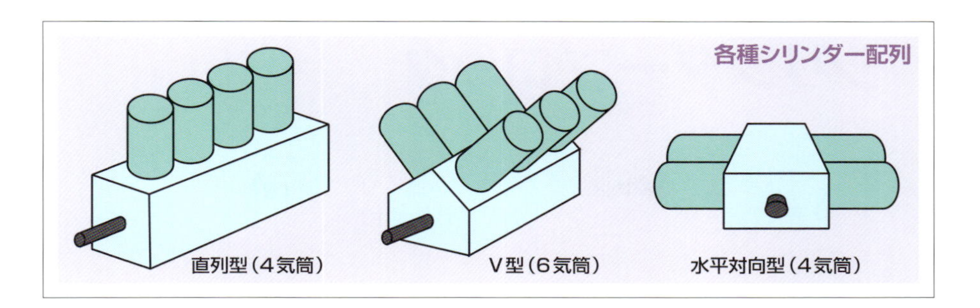

各種配列のシリンダーブロック

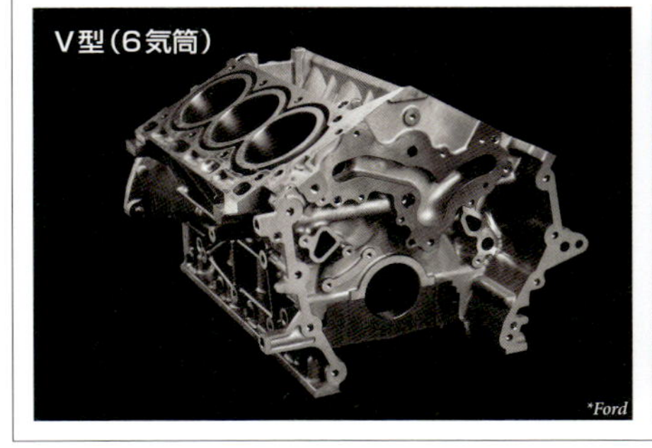

シリンダーブロック

単体ではもっとも重量が大きなパーツなので 省燃費のために軽量化が目指される

▶シリンダーの筒状の壁面を作り出すシリンダーブロック

エンジン本体は、**シリンダー**の筒になる**シリンダーブロック**と、シリンダーの天井になる**シリンダーヘッド**で構成される。間には気密性(きみつせい)を保つために**シリンダーヘッドガスケット**が挟まれる。さらに、シリンダーブロックの下には、**潤滑装置**(じゅんかつそうち)の**エンジンオイル**の受け皿である**オイルパン**が備えられ、シリンダーヘッドの上にはオイルの飛散や異物の進入を防ぐために**シリンダーヘッドカバー**が備えられ、全体としてエンジンの外観ができあがる。

一般的にはシリンダーブロック内部の**軸受**(じくうけ)に**クランクシャフト**を収め、下から**ベアリングキャップ**で固定するが、クランクシャフトを支える部分を別体にすることもある。この部分を**ラダーフレーム**や**ロアシリンダーブロック**といい、内部の軸受にクランクシャフトを収め、上からベアリングキャップで固定したうえで、シリンダーブロックの下に取りつける。

シリンダーブロックには**鋳鉄**(ちゅうてつ)を使ったものと**アルミ合金**を使ったものがあるが、ガソリンエンジンでは、省燃費(しょうねんぴ)のための軽量化が可能なアルミ合金製が主流になっている。アルミ合金のほうが**放熱**(ほうねつ)の面でも有利だ。ただし、強度は鋳鉄のほうが高いので、極力薄肉化してアルミ合金製に劣らない重量としている鋳鉄製ブロックもある。いっぽう、ディーゼルエンジンは**圧縮比**(あっしゅくひ)が高く強度が求められるため鋳鉄製が主流だが、低圧縮比を実現したディーゼルエンジンではアルミ合金製のものもある。

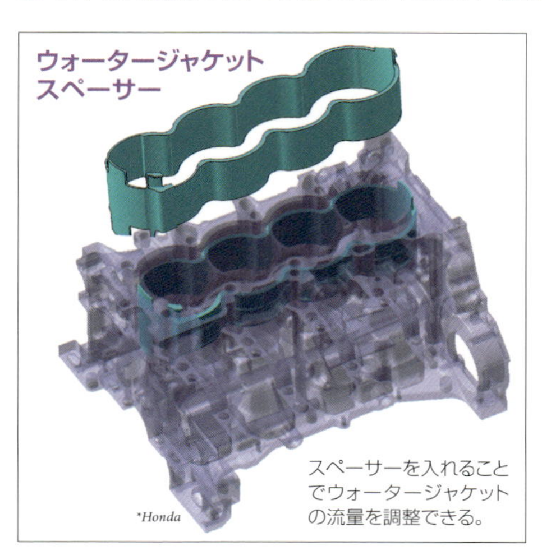

スペーサーを入れることでウォータージャケットの流量を調整できる。

アルミ合金は鋳鉄より軟らかいため、ピストンの上下動でシリンダー壁面が損傷しやすい。そのため鋳鉄の**シリンダーライナー**という筒をはめこむことが多いが、軽量化のために鉄系の素材を**金属溶射**(きんぞくようしゃ)することもある。**溶射**(ようしゃ)とは高温状態で溶けた金属を吹きつける加工技術だ。

シリンダーブロック内には、**冷却装置**(れいきゃくそうち)の**冷却液**の流路である**ウォータージャケット**や潤滑装置のエンジンオイルの流路である**オイルギャラリー**が作られる。過剰な冷却は**冷却損失**(れいきゃくそんしつ)を増大させてしまうが、冷却不足による過熱は燃焼状態を悪化させるため、部分部分で冷却能力に差をつけている。こうした温度制御のために**ウォータージャケットスペーサー**が使われることがある。シリンダーブロック製造時に複雑な構造の流路を作ることは難しいが、基本となるシンプルな構造の流路を作っておき、スペーサーを入れることで流量を調整するのであれば、きめ細かい温度制御が可能になる。また、シリンダーヘッドや補機類(ほきるい)などによる仕様違い(しようちがい)にも同じシリンダーブロックで対処することができる。

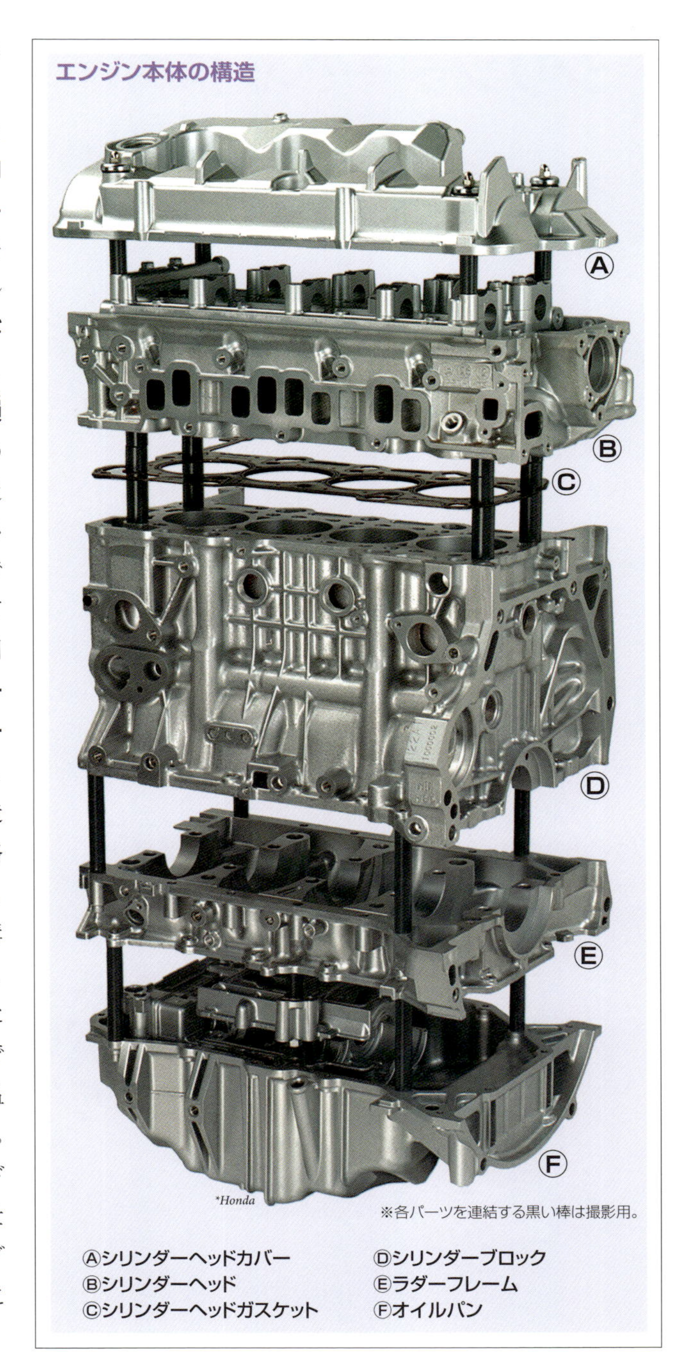

Ⓐシリンダーヘッドカバー
Ⓑシリンダーヘッド
Ⓒシリンダーヘッドガスケット
Ⓓシリンダーブロック
Ⓔラダーフレーム
Ⓕオイルパン

シリンダーヘッド

燃焼室の冷却は重要だが冷やしすぎると冷却損失が増大する

▶シリンダーの天井を作り出すシリンダーヘッド

シリンダーヘッドにも**鋳鉄**か**アルミ合金**が使われるが、シリンダーブロックほどの剛性は必要なく、**燃焼室**という高温になる部分があるため、軽量で放熱性が高いアルミ合金製が主流だ。シリンダーブロックが鋳鉄製の場合でも、ヘッドはアルミ合金製のことが多い。

シリンダーヘッドの燃焼室には**吸排気ポート**の開口部である**バルブホール**と、**点火プラグ**や**インジェクター**などエンジンの種類に応じて必要な部品を取りつけるための穴がある。ポートの開口部にはバルブが備えられ、**バルブシステム**によって開閉が行われる。また、シリンダーブロック同様に、**冷却液**や**エンジンオイル**の流路もある。もっとも高温になる燃焼室の周囲は水路が多いが、不必要な冷却によって**冷却損失**を増大させないために、**排気ポート**の周囲より**吸気ポート**の周囲のほうが水路が少なかったり細かったりする。

現在の主流は、1気筒に**吸気バルブ**2と**排気バルブ**2を備える**4バルブ式**だ。吸気ポート（**インテークポート**）の場合、シリンダーヘッドの側面に気筒数分の開口部があり、それぞれの吸気ポートは燃焼室直前で2本に枝分かれして、バルブホールに導かれる。

シリンダーヘッド（4気筒）

排気ポート（**エキゾーストポート**）も同様な構造が一般的だが、最近では排気ポートをシリンダーヘッド内で集合させ、シリンダーヘッド側面の開口部が1つにされることもある。こうしたシリンダーヘッドを**排気マニホールド内蔵シリンダーヘッド**ともいう。ガソリンエンジンの排気を浄化する**三元触媒**（P102参照）は、温度が高まらないと能力が発揮されない。燃焼室の近くに三元触媒を配置するほど素早く活性化され、**冷間始動時**の**低エミッション化**が可能になるため、シリンダーヘッド内で排気ポートを集合させている。直3エンジンであれば問題ないが、直4の場合は**排気干渉**（P100参照）が起こりやすくなる。

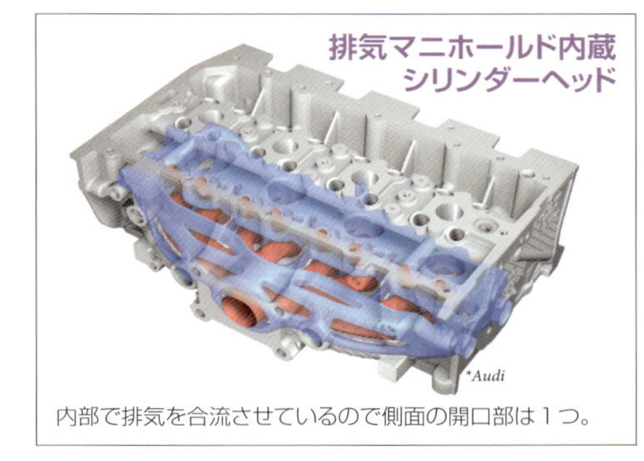

排気マニホールド内蔵シリンダーヘッド

内部で排気を合流させているので側面の開口部は1つ。

▶燃焼室の形状はガソリンエンジンとディーゼルエンジンで異なる

ガソリンエンジンは**ペントルーフ型燃焼室**が一般的だ。**屋根型燃焼室**ともいい、2個の吸気バルブと、2個の排気バルブが、三角屋根の両スロープを構成する。吸気バルブと排気バルブの軸の部分がなす角度を**バルブ挟み角**という。挟み角が大きいと吸排気の流れがよくなるが、燃焼室の容積が大きくなりやすい。高効率化のために**圧縮比**を高めたい現在では、バルブ挟み角を小さくして、コンパクトな燃焼室にすることが多い。

ディーゼルエンジンの場合、上死点付近で**燃料**を噴射して燃焼を行う。ある程度の噴射距離がないと十分に燃焼させることができないため、ディーゼルエンジンではピストンに**キャビティ**と呼ばれる凹みを作り、その内部を燃焼室として利用する。そのため、シリンダーヘッドの側には凹みがほとんどなく平坦だ。結果、**吸排気バルブ**はどちらも直立している。

ガソリンエンジンの燃焼室

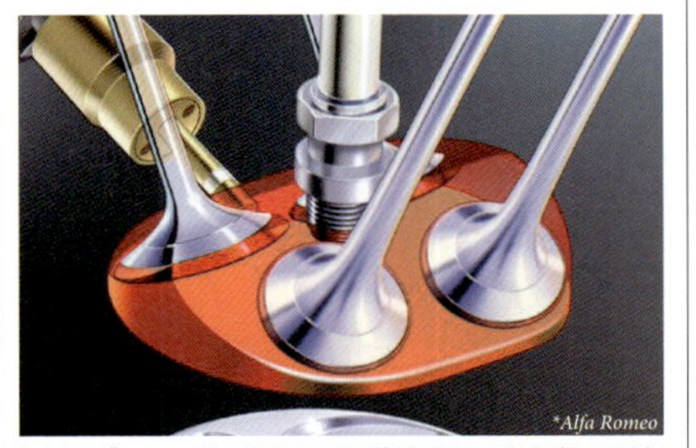

シリンダーヘッドに備えられる燃焼室は三角屋根の形をしたペントルーフ型。吸排気バルブには挟み角がある。

ディーゼルエンジンの燃焼室

燃焼室はピストン内に作られている。シリンダーヘッドの天井はほぼ平面で、吸排気バルブは直立している。

ピストンとコンロッド

大きな力や高熱を受けることになるが
高効率化のためには軽量であることが求められる

▶高温高圧に耐えながら気密性を保持するピストン

ピストンは燃焼・膨張行程で**燃焼ガス**の圧力と高熱にさらされる。また、エンジンの効率向上のためには軽量であることが求められる。そのため、ピストンは軽量で放熱性に優れた**アルミ合金**で作られるのが一般的だ。

ピストンは頭部を**ピストンヘッド**または**ピストンクラウン**といい、外周が下方に伸ばされた部分を**ピストンスカート**という。内部には**コンロッド**と連結する**ピストンピン**の穴があり、その周囲を**ピストンボス**という。ガソリンエンジンではピストン冠面が平面であることが理想だが、バルブとの接触を避けるために**バルブリセス**という三日月形の凹みが設けられることがある。内部の気体や噴射された**燃料**の動きを制御するために、独特の凹みが作られることもある。ディーゼルエンジンの場合は、**燃焼室**になる**キャビティ**と呼ばれる大きな凹みが作られる。こうした構造であるため、ガソリンエンジンのピストンより厚くなる。

ピストンはコンロッドによって上下動されるが、コンロッドは真下からピストンを押したり引い

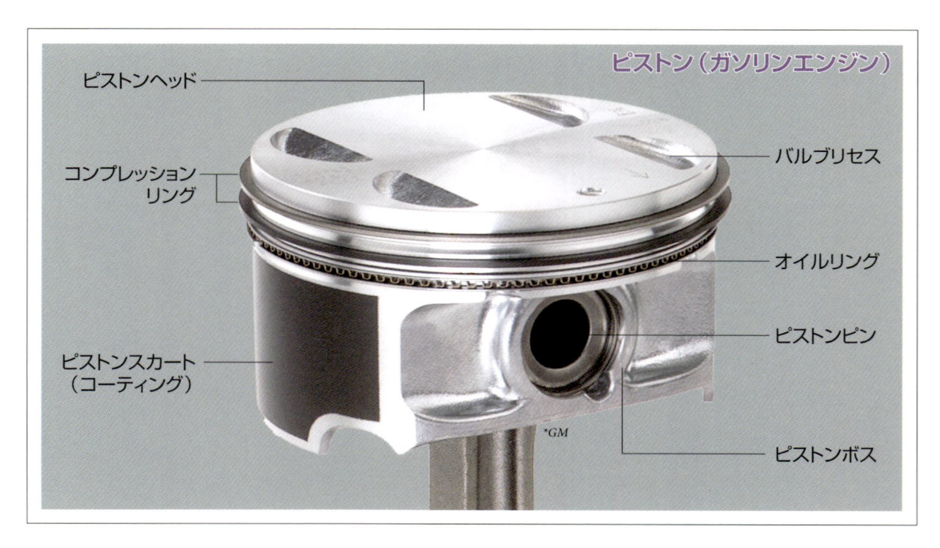

たりできないため、ピストンには傾こうとする動きが生じる。ピストンスカートはこの傾きを防止するために、ピストンピンに直交する側だけに備えられる。スカートにはシリンダーに熱を逃がす役割もあるが、軽量化のために短くなる傾向だ。また、摩擦による**機械的損失**低減のために、スカート部分にはコーティングなどの表面処理が施される。

ディーゼルエンジンのピストンは頭部にある大きな凹み（キャビティ）があり、その内部が燃焼室になる。

ピストンはシリンダー内を上下に動かなければならないため、シリンダーの直径よりピストンの直径がわずかに小さい。そのままでは気密性が保持できず、燃焼ガスなどの気体が漏れる。また、エンジンオイルが燃焼室側に入ると問題が起こる。そのため、ピストンの外周に溝が備えられ、そこに**ピストンリング**がはめられる。ピストンリングにはばね性がありシリンダー壁面に密着する。通常、気密性を保持する**コンプレッションリング**2本と、オイルの進入を防ぐ**オイルリング**1本が使われる。ピストンリングにはピストンの熱をシリンダーに逃がす役割もあるが、ピストンが上下動する際には摩擦が発生するので、機械的損失低減のためにピストンリングは極力薄くされ、さまざまな表面処理が施される。

▶さまざまな方向から複雑に大きな力がかかるコンロッド

コンロッド（**コネクティングロッド**）は、**ピストンピン**がはまる部分を**スモールエンド**（**小端部**）、**クランクピン**がはまる部分を**ビッグエンド**（**大端部**）といい、両者をつなぐ部分を**ロッド部**という。ビッグエンドは分割されていて、クランクシャフトにはめたうえでボルトで固定するのが一般的だ。コンロッドは大きな力がさまざまな方向からかかるため十分な強度が求められる。**炭素鋼**や**クロームモリブデン鋼**などの**特殊鋼**が使われ、ロッド部は軽量化のために断面がI字もしくはH字の形状にされる。

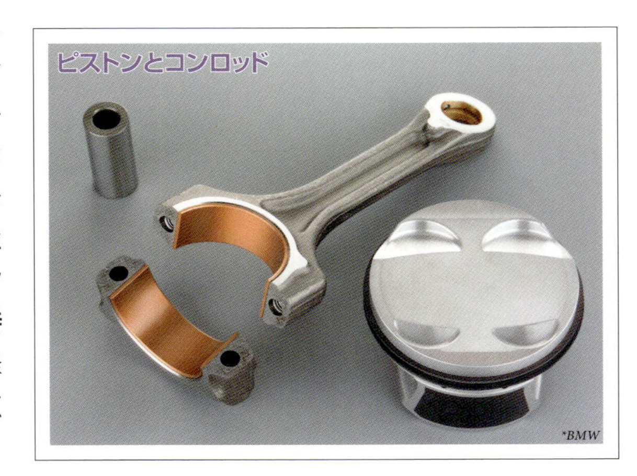

クランクシャフト

ピストンの往復運動を回転運動にしつつ さまざまな方法で振動が低減される

▶さまざまな方向から力を受けながら回転するクランクシャフト

クランクシャフトはさまざまな方向から力を受け、ねじるように力が作用することもあるため、高い強度や剛性が求められる。**鋳造クランクシャフト**もあるが、**炭素鋼**や**クロームモリブデン鋼**などの**特殊鋼**で作られた**鍛造クランクシャフト**が一般的だ。回転軸になる部分を**クランクジャーナル**または**メインジャーナル**、コンロッドのビッグエンドが取りつけられる部分を**クランクピン**といい、両者をつなぐ部分を**クランクアーム**という。クランクアームのピストンピンの反対側には、**バランスウエイト**が備えられる。バランスウエイトはピストンの上下動とは逆方向に動くことになるため、エンジンの振動を軽減することができる。

クランクシャフト内には**エンジンオイル**を通すための流路が作られていて、クランクジャーナルとクランクピンの部分に**オイル穴**があけられている。クランクジャーナル部から入ったオイルは遠心力によってクランクピンに到達し、コンロッドのビッグエンドの潤滑を行う。

クランクシャフトは、シリンダーブロックまたはラダーフレームの**軸受**に**ベアリングキャップ**で固定されるが、クランクジャーナルの上下には**クランクシャフトメインベアリング**が入れられる。アルミ合金などの金属製のものが一般的なので、**クランクメタル**ともいわれる。

クランクシャフト（4気筒）

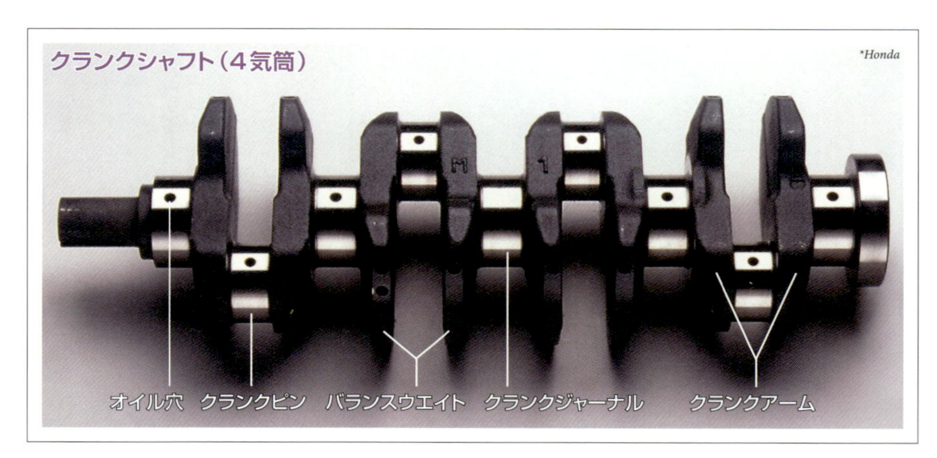

*Honda

▶慣性モーメントで回転を滑らかにするフライホイール

クランクシャフトの端には、エンジンの**トルク変動**を抑えるために**フライホイール**が備えられる。鋳鉄製のフライホイールのほか、軽量化のために特殊鋼やアルミ合金で作られたものもある。**慣性モーメント**が大きいほど、回転が滑らかになるが、エンジンの効率やレスポンスが悪くなる。重量が大きければ、エンジンが重くなり、燃費の面で不利になる。

現在では、トルク変動による衝撃や振動を抑えるために、**フライホイールダンパー**を備えたものも多い。**トーショナルダンパー付フライホイール**ともいい、スプリングやゴムの弾性を利用して振動を吸収する。クランクシャフトの振動は両端でもっとも大きくなるため、同じ目的でフライホイールの反対側に**クランクシャフトダンパー**が備えられることもある。ダンパーは補機類をベルト駆動する**クランクシャフトプーリー**に内蔵されることが多い。

バランスシャフト

トーショナルダンパー付
フライホイール

▶逆方向の振動でエンジンの振動を打ち消すバランスシャフト

バランスシャフトはエンジンの振動を打ち消すために備えられる。エンジンの振動はクランクシャフトの回転位置に対応して周期的に発生する。この振動とは逆方向の振動を周期的に発生するバランスシャフトを作り、クランクシャフトの回転を伝えると振動を打ち消すことができる。バランスシャフトはクランクシャフトの側面や下面に配置されるのが一般的。

バランスシャフトを備えると、シャフトや回転を伝達する歯車などの重量も加わり、燃費の面で不利になる。バランスシャフトを回転させること自体も損失になる。また、エンジンの振動がもっとも気になるのは停車時（アイドリング時）だが、**アイドリングストップ**が一般的になったため、従来ほど振動に配慮する必要がなくなった。フライホイールのダンパーの性能が向上したこともあり、現在ではバランスシャフトを採用するエンジンは少なくなっている。

バルブとカム

スプリングで閉じた状態が保持されたバルブを カムを回転させることで押し開く

▶バルブの開閉はテコを介したロッカーアーム式が主流になっている

吸気バルブ（**インテークバルブ**）と**排気バルブ**（**エキゾーストバルブ**）の開閉には、**カム**が使われる。カムとは基本的な機械要素の1つで、回転運動を直線運動に変換できる。クランクシャフトは回転運動と往復運動を相互に変換できるが、カムの場合は対象を押して直線運動させることしかできないので、一般的には引き戻すためのばねと組み合わせることで往復運動を行わせる。また、カムは往復運動を回転運動に変換することはできない。

直動式　ベースサークルの部分がバルブの後端に接している間はバルブが閉じているが、カムが回転してカムノーズの部分になるとバルブが押されて開いていく。カムノーズの部分が終わると再びバルブが閉じる。

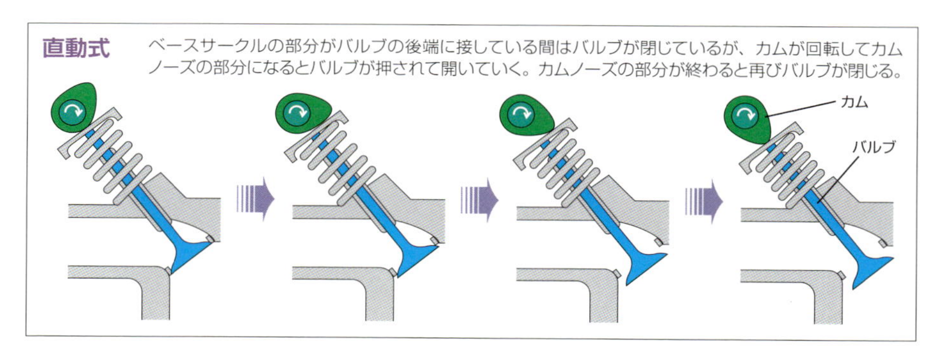

カムプロフィール

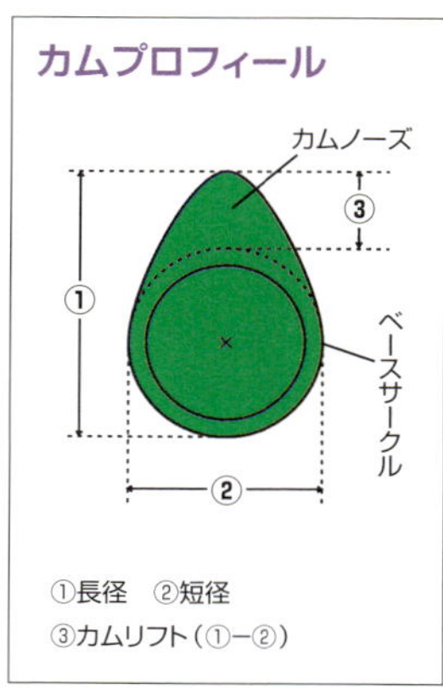

ロッカーアーム式

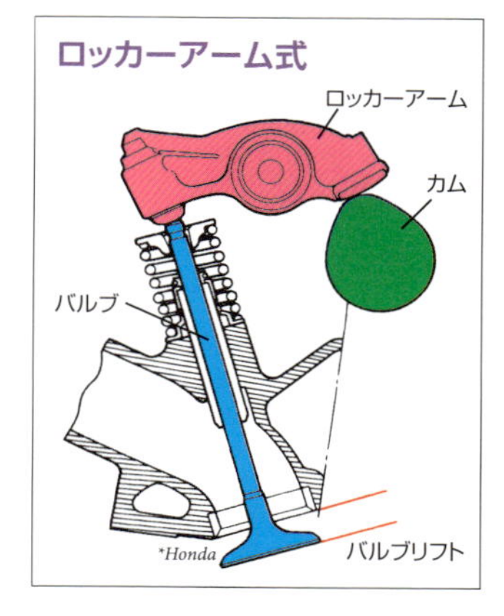

スイングアーム式

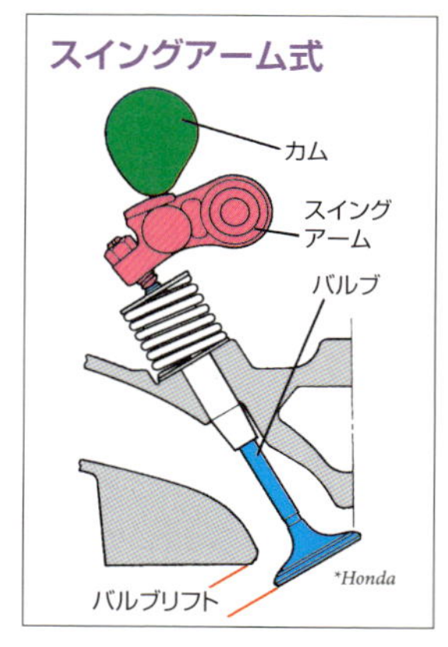

直動式

スイングアーム式

エンジンの**吸排気バルブ**の開閉に使われるカムは、断面形状が卵形をしている。卵形のカムは回転中心から外周までの距離が一定でなく、突出している部分がある。この突出した部分を**カムノーズ**、突出していない部分を**ベースサークル**という。いっぽう、吸排気バルブは**ポペットバルブ**と呼ばれる傘形のバルブが使われる。燃焼室の**吸排気ポート**の開口部に備えられ、**バルブスプリング**で閉じた状態が保たれている。

バルブの後端にベースサークルが接するようにカムを配置して回転させると、カムノーズの部分ではバルブの後端を押すことになり、バルブスプリングを縮めながらバルブを開いていく。さらにカムが回転していくと、バルブが閉じていき、ベースサークルの部分になるとバルブが完全に閉じる。この時、カムノーズによってバルブが開く距離を**バルブリフト**といい、カムの形状を**カムプロフィール**という。

このようにカムがバルブの後端を直接押す方式を**直動式**というが、**ロッカーアーム**と呼ばれるアームを介してバルブを押す方式もある。**ロッカーアーム式**には、カムが当たる力点、アームの回転軸である支点、バルブが当たる作用点の配置によって2種類あり、力点−支点−作用点の順に並ぶものを**内支点タイプ**、支点−力点−作用点の順に並ぶものを**外支点タイプ**という。外支点タイプは**スイングアーム式**と呼ばれることもある。

ロッカーアーム式のほうが直動式より部品点数が多いので重量面とコスト面で不利なうえ、支点の摩擦で**機械的損失**も増える。しかし、カムとバルブの配置の自由度が高くテコの作用も利用でき、燃焼状態の改善による効率向上を目指しやすいため、現在ではロッカーアーム式の採用が多い。機械的損失を低減するために、ロッカーアームの力点にベアリングで支持されたローラーを配した**ローラーロッカーアーム**が採用されることもある。

マルチバルブ

2バルブ式より4バルブ式のほうが吸排気の流れがスムーズになる

▶バルブを大きくしたりリフトを高くしたりするには限界がある

吸気バルブからの混合気(または吸気)の導入や、**排気バルブ**からの**燃焼ガス**の排出はスムーズに行われる必要がある。**バルブリフト**を大きくすれば、バルブと開口部の隙間が大きくなって、吸排気がスムーズに行えるようになるが、バルブの移動距離が長くなり、カムを回すのに大きな力が必要になるため**機械的損失**が増える。ピストンと接触する可能性

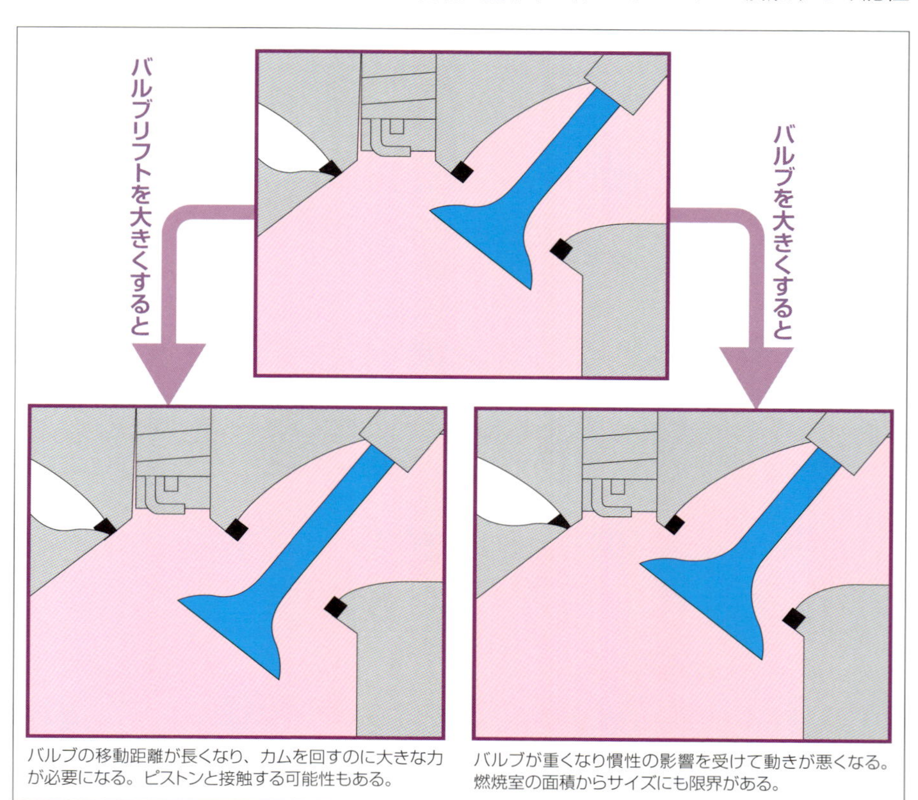

バルブの移動距離が長くなり、カムを回すのに大きな力が必要になる。ピストンと接触する可能性もある。

バルブが重くなり慣性の影響を受けて動きが悪くなる。燃焼室の面積からサイズにも限界がある。

もあるため、バルブリフトを大きくすることには限界がある。

吸排気ポートの開口部を大きくして、バルブの傘部を大きくすることでも、吸排気がスムーズに行えるようになる。しかし、バルブが重くなるため、カムの回転に大きな力が必要になるうえ、バルブに働く**慣性**が大きくなるため、バルブの閉まりが遅れたりして、カムプロフィールに追従しなくなることがある。もちろん機械的損失も大きくなる。

吸気バルブ1つと排気バルブ1つを使用する**2バルブ式**の場合、シリンダーヘッドの燃焼室の面積には限りがあるため、バルブを大きくすることには限界がある。そこで、現在では吸気バルブ2つと排気バルブ2つを使用する**4バルブ式**が主流になっている。4バルブ式のほうが2バルブ式よりトータルでの開口部の面積が大きくなり、吸排気をスムーズに行うことができる。部品点数が増えるのでバルブシステムの総重量やコスト面では不利だが、個々のバルブは軽くなるため慣性の影響を受けにくくなる。また、ガソリンエンジンの点火プラグやディーゼルエンジンのインジェクターは、燃焼室の中央に配置したほうが有利なことが多いが、2バルブ式の場合は偏った位置にしか配置できない。しかし、4バルブ式であれば中央に配置することができる。

なお、排気は高温で膨張した燃焼ガスの圧力でも流れ出ていこうとする。そのため、吸気バルブと排気バルブを比べると、吸気バルブのほうが大きくされることが多い。

このように、吸気バルブと排気バルブのどちらか、もしくは双方を複数使用するシステムを**マルチバルブ**という。過去には吸気バルブ2つと排気バルブ1つを使用する**3バルブ式**もあったが、効率面から4バルブ式が主流になった。また、吸気バルブ3つと排気バルブ2つを使用する**5バルブ式**もあったが、燃焼室の構造が複雑になり吸気が流れにくくなったり**冷却損失**が増大するなどのデメリットが存在するため一般的にはならなかった。

2バルブ式の燃焼室

2バルブ式の場合、燃焼室の中央に点火バルブを配置することができない。燃焼室は多球型。

4バルブ式の燃焼室

4バルブ式の場合、燃焼室の中央に点火バルブが配置できる（写真は未装着）。燃焼室はペントルーフ型。

バルブシステム

効率向上のため設計の自由度を優先して DOHC式でロッカーアームを使うことが多い

▶カムシャフトを１本使うSOHC式と２本使うDOHC式がある

吸排気バルブをピストンの位置に対応して開閉させるシステムを**バルブシステム**や**バルブメカニズム**、**動弁系**、**動弁機構**という。バルブシステムでは複数の**カム**を1本のシャフトにまとめた**カムシャフト**が使用される。さまざまなシステムが開発されてきたが、現在の主流は**オーバーヘッドカムシャフト式**で、略して**OHC式**ともいう。カムシャフトがピストンの頭上（オーバーヘッド）にあるため、この名で呼ばれる。OHC式にはカムシャフトを1本使用する**シングルオーバーヘッドカムシャフト式**（**SOHC式**）と、2本使用する**ダブルオーバーヘッドカムシャフト式**（**DOHC式**）があり、DOHC式は**ツインカム式**ともいう。

SOHC式

SOHC式の場合、1本のカムシャフトに吸気バルブ用のカムと排気バルブ用のカムが備えられる。吸気バルブと排気バルブのどちらかを**直動式**にし残るもう一方を**ロッカーアーム式**にする方法もあるが、双方をロッカーアーム式にすることが多い。DOHC式より部品点数が少なく軽量でコストが抑えられるうえ、シリンダーヘッドがコンパクトになる。しかし、カムシャフトが燃焼室の真上付近になるため、点火プラグやインジェクターの配置に悪影響を与えることもあり、周辺の設計の自由度がDOHC式より低いため、採用は少なくなっている。

DOHC式の場合、**吸気カムシャフト**（**インテークカムシャフト**）と、

DOHC式

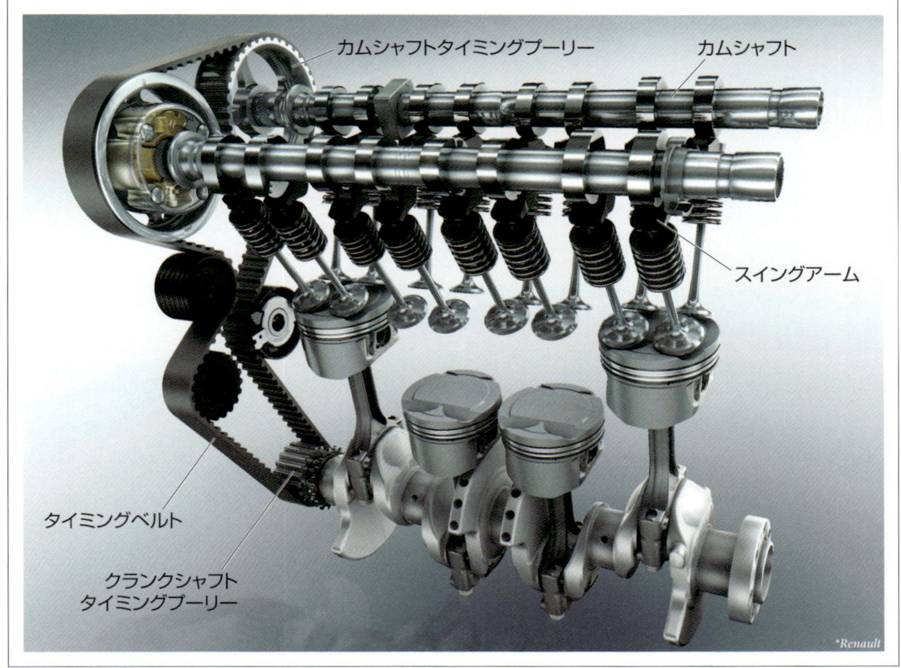

排気カムシャフト（**エキゾーストカムシャフト**）の計２本のカムシャフトを使用する。双方ともに直動式もロッカーアーム式も使うことができるが、設計の自由度が高く、燃焼状態の改善による効率向上を目指しやすいため、現在ではロッカーアーム式の採用が多い。

▶カムシャフトはクランクシャフトの半分の速度で回転する

カムシャフトには**クランクシャフト**の回転が伝達される。クランクシャフトの端には**クランクシャフトタイミングスプロケット**（または**クランクシャフトタイミングプーリー**）が備えられ、カムシャフトの端には**カムシャフトタイミングスプロケット**（または**カムシャフトタイミングプーリー**）が備えられ、スプロケットの場合は**タイミングチェーン**によって、プーリーの場合は**タイミングベルト**によって回転が伝えられる。

エンジンが４行程(こうてい)を行う間に、クランクシャフトは２回転するが、カムシャフトは１回転する必要があるため、**カムシャフトスプロケット**（または**カムシャフトプーリー**）は**クランクシャフトスプロケット**（または**クランクシャフトプーリー**）の２倍の直径にする必要がある。DOHC式ではカムシャフトスプロケットが２個並ぶためシリンダーヘッドが大きくなりやすく、その配置によって吸排気カムシャフトの間隔が決まってしまうこともある。

バルブタイミング

吸気バルブも排気バルブも早めに開き始め遅めに閉じられることが多い

▶吸気バルブと排気バルブの双方が開いている時期がある

吸排気バルブの開閉時期を**バルブタイミング**という。4サイクルエンジンの原理を説明する場合、ピストンが上死点にある時か下死点にある時に吸排気バルブが開閉するが、実際のエンジンでは少し早めに開き、遅めに閉じられていることが多い。

吸気バルブが開き始めても、カムで開かれるバルブはすぐには大きく開かないし、それまで止まっていた空気は**慣性**の影響ですぐには動き始めない。そのため、吸気バルブはピストンが上死点に達する少し前に開き始めたほうが、スムーズに**吸気行程**が始まる。また、吸気行程の最後の部分では、ピストンの上昇が始まっても、まだしばらくは吸気バルブを開いている。それまで流れていた空気は慣性で流れ続けようとするため、内部の圧力上昇より流れこむ勢いのほうが強ければ、吸気を続けることができるためだ。

排気行程でもピストンが下死点に達する以前に**排気バルブ**を開いている。これではピストンを押す**燃焼ガス**の圧力が逃げてしまいそうだが、下死点付近ではすでに圧力の上昇

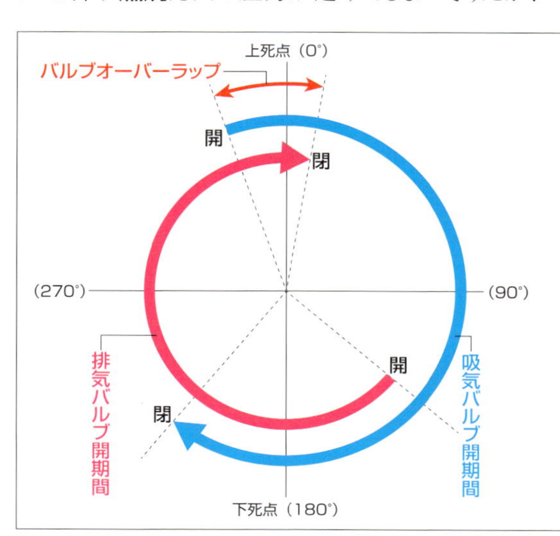

バルブタイミングダイヤグラム

クランクシャフトの回転角度に応じた吸排気バルブの開いている時期を示したものがバルブタイミングダイヤグラム。ピストンが上死点にある時のクランクシャフトの回転角度0°として右回りに進む。最下点が下死点（180°）になる。エンジンの4行程に相当するクランクシャフト2回転分を示している。上死点付近で吸気バルブと排気バルブの双方が開いている時期がバルブオーバーラップ。下死点付近にもオーバーラップがあるように見えるが、吸気バルブはクランクシャフトの1回転目に開き、排気バルブはクランクシャフトの2回転目に開くので、実際は開時期が重なっていない。

バルブリフト特性

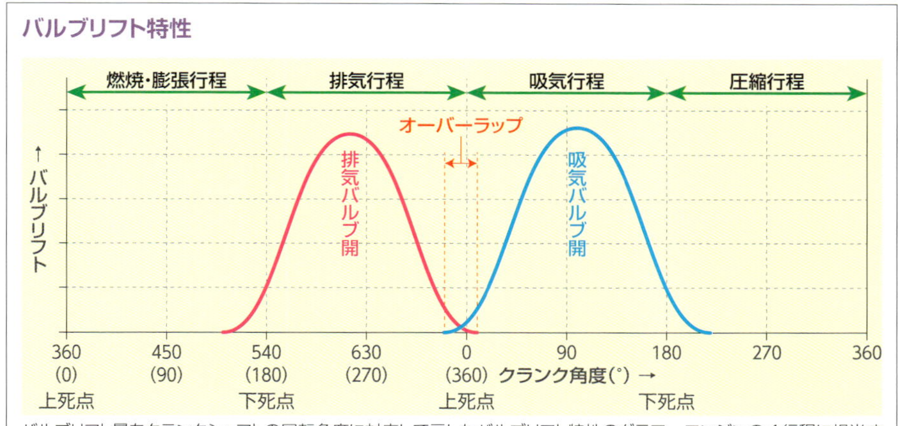

バルブリフト量をクランクシャフトの回転角度に対応して示したバルブリフト特性のグラフ。エンジンの４行程に相当するクランクシャフトの２回転分（720°）を示しているが、オーバーラップをわかりやすくするために、ピストンが上死点にある吸気行程が始まるクランクシャフトの回転角度を0°とし、横軸の中央に位置させてある。

は終わっているので、損失にはならない。また、ピストンが上死点に達して下降を開始しても、まだしばらくは排気バルブを開いている。この状態では両バルブが開いていることになる。これを**バルブオーバーラップ**という。これでは吸気バルブから入った空気が、排気バルブから出てしまいそうだが、流れこみ始めた空気が燃焼ガスを押し出したり、勢いよく流れ出していた燃焼ガスが吸気を引きこむことで、吸排気がスムーズに行われる。ただし、最適なバルブの開閉時期や**オーバーラップ**の量はエンジンの回転数などで変化する。

バルブタイミングは**バルブタイミングダイヤグラム**で図示される。吸排気バルブそれぞれの開いている時期をクランクシャフトの回転角度に対応して描いたもので、オーバーラップがどの程度なのかが確認できる。縦軸にバルブリフト量、横軸にクランクシャフトの回転角度を描いた**バルブリフト特性**のグラフで、さらに詳しくバルブの動作を示すこともある。

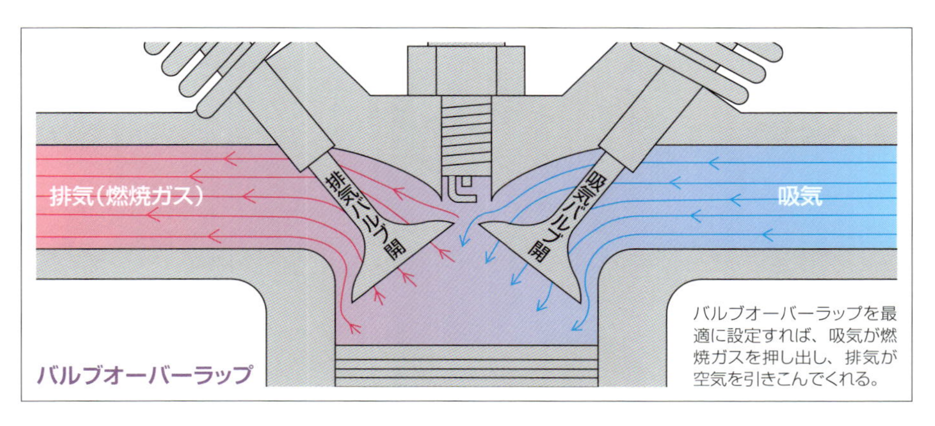

バルブオーバーラップ

バルブオーバーラップを最適に設定すれば、吸気が燃焼ガスを押し出し、排気が空気を引きこんでくれる。

可変バルブタイミングシステム

最適なバルブタイミングは
エンジンの回転数や負荷によって変化する

▶可変バルブシステムは燃費改善の目玉技術の１つになっている

バルブタイミングや**バルブリフト**は求められるエンジンの性能などに応じて、燃費重視やパワー重視で設定されるが、実際にはエンジンの回転数や負荷によって最適なタイミングやリフトは変化する。そのため、現在では**可変バルブシステム**を採用するエンジンが多い。燃費への効果が大きいため、カタログの諸元表にある主要燃費向上対策という項目には可変バルブシステムが記載されることが多い。可変バルブシステムには、バルブタイミングを変化させる**可変バルブタイミングシステム**とバルブリフトを変化させる**可変バルブリフトシステム**があり、双方が可能な**可変バルブタイミング&リフトシステム**もある。

▶カムシャフトをスプロケットに対して回転させてタイミングをかえる

もっとも多くのエンジンで採用されているのが、**位相式可変バルブタイミングシステム**だ。回転位置のことを**位相**といい、これを英語でphaseというため、**カムフェイザー**ともいう。通常、**カムシャフト**は**カムシャフトスプロケット**（または**カムシャフトプーリー**）に固定されているが、カムシャフトをカムシャフトスプロケットに対して回転させることでバルブタイミング

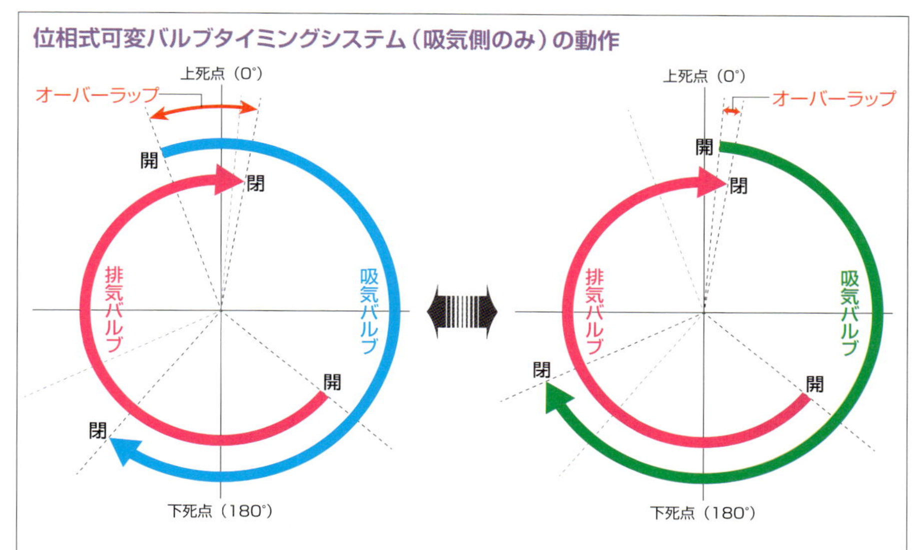

位相式可変バルブタイミングシステムでは、カム自体は変化しないので、バルブの開いている時期がずれるだけだ。ダイヤグラムとグラフの例では約25°バルブタイミングが変化している。油圧式の場合は、ダイヤグラムやグラフの青い線と緑の線の2種類の状態しかとれないものもあるが、電動式であれば両者の間のさまざまな位置にできる。

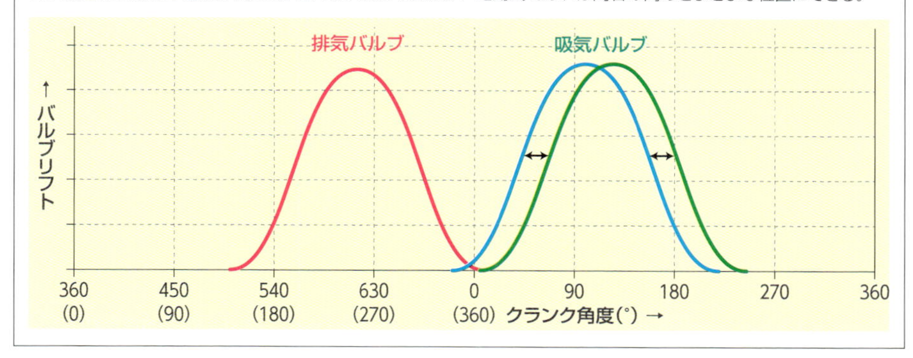

を変化させる。吸排気のカムが同時に回っては意味がないため、DOHC式にしか採用できない。回転には油圧を使うものとモーターを使うものがある。

油圧式可変バルブタイミングシステムは、2つの位置を切り替えるものが一般的だが、現在では中間の位置でも固定できるものが登場してきている。エンジンオイルの油圧を利用しているが、大きな油圧が必要になるため損失が増大する。**電動式可変バルブタイミングシステム**は任意の位置で固定できるのできめ細かい制御が可能なうえ、応答性が高いので瞬時に切り替えることができるが、大型化しやすくコストも油圧式より高くなる。吸排気バルブの双方に可変バルブタイミングシステムを採用すれば、エンジンの効率向上の効果をより高めることができるが、コスト面から吸気側のみに採用されることが多い。

切替式可変バルブシステム

異なったカムプロフィールのカムを複数備え 状況に応じて使用するカムを切り替える

▶バルブリフトもタイミングも一気に大きく切り替えられる

可変(かへん)**バルブシステム**のなかで、もっとも古くから実用化されているのが**切替式可変**(きりかえしきかへん)**バルブシステム**だ。カムシャフト上に高速用/低速用など**カムプロフィール**が異なる複数のカムを備え、状況に応じて使用するカムを切り替える。カムを切り替えるため、バルブリフトの可変もバルブタイミングの可変も可能だ。吸気(きゅうき)カムシャフトと排気(はいき)カムシャフトが独立したDOHC式だけでなく、SOHC式に採用可能な構造のものもある。ロッカーアームでカムの切り替えを行うホンダの**VTEC**のほか、海外では直動式(ちょくどうしき)のカムとバルブの間に配置するバルブリフターで切り替える構造のものや、カムシャフトを回転軸方向にスライドさせて切り替える構造のものなどがある。

切替式可変バルブシステムの場合、バルブリフトやバルブタイミングを大きくかえることが

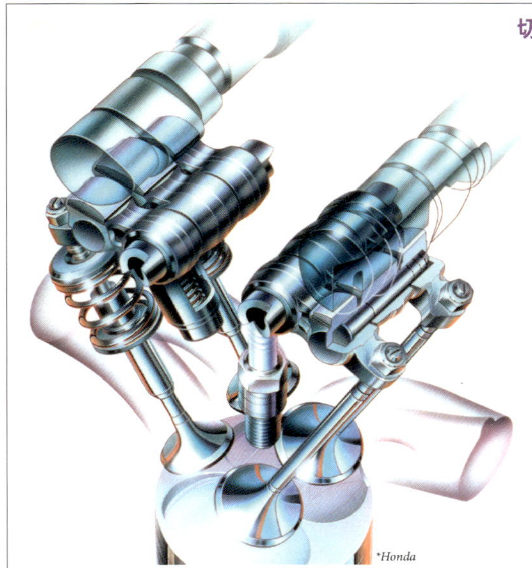

*Honda

切替式可変バルブシステム（吸排気）

切替式可変バルブシステムであるVTECにはさまざまなバリエーションがあるが、図は吸排気双方で高速用と低速用のカムを切り替えるもの。カムは2個ではなく、中央の高速用カムを挟むように2個の低速用カムが配置され、計3個のカムが使われる。それぞれに対応するロッカーアームも3分割され、個々のアームが独立した状態では低速用カムでバルブが駆動され、アームが合体すると高速用カムでバルブが駆動される。

*Honda

切替式可変バルブシステム（吸気側のみ）の動作

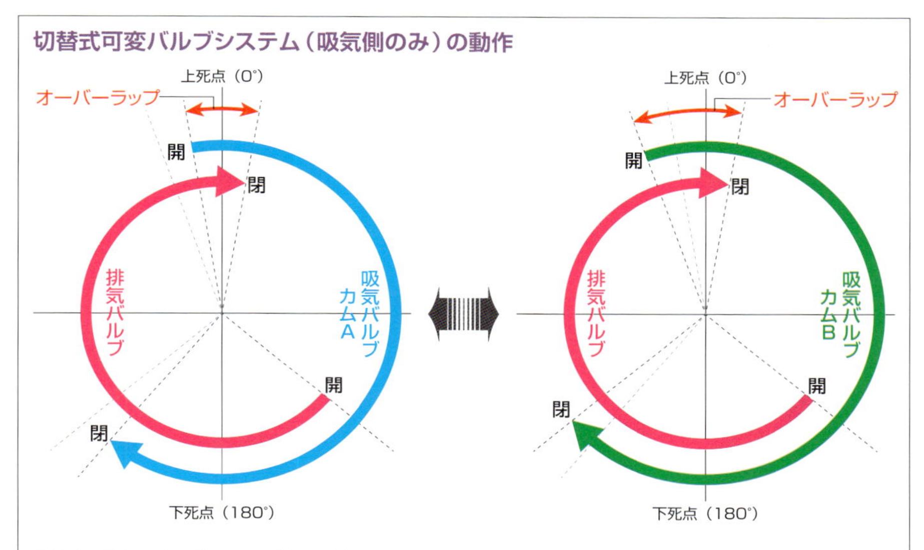

位相式の場合、バルブタイミングダイヤグラムだけでも可変システムの内容が理解できるが、切替式の場合、バルブタイミングダイヤグラムだけでは内容がはっきりしない。ダイヤグラムを見れば、バルブタイミングやオーバーラップの違いを確認することはできるが、バルブリフトの違いはバルブリフト特性のグラフを見なければわからない。

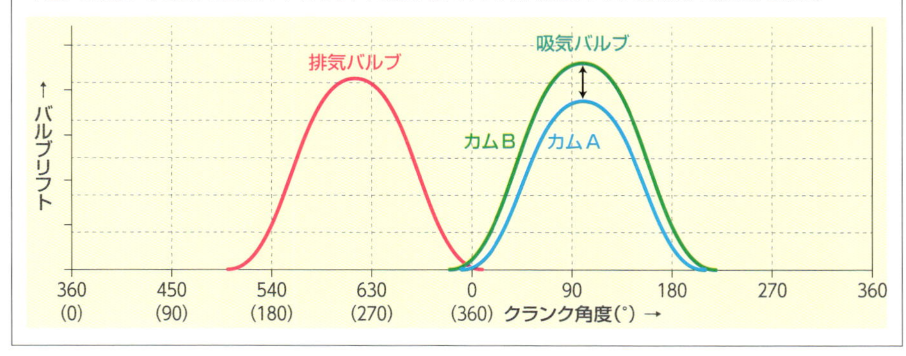

可能なため、大きな効果を狙うことができるが、2つの状態しか作り出せないため、切り替えポイント付近では出力やトルクの谷間ができやすい。カムシャフトを回転させる**位相式可変バルブタイミングシステム**と組み合わせることで、よりきめの細かいバルブリフトやバルブタイミングの制御を行うこともある。

また、切替式可変バルブシステムを発展させることで、バルブの動作を停止させられるようにしたものもある。2つの吸気バルブのうち一方を停止すると、偏った位置から吸気が流れこむことになり、シリンダー内に**スワール**と呼ばれる渦状の流れができる。こうした**渦流**は混合気の混合を促進するため、燃焼状態を改善することができる。すべてのバルブの動作を停止することで、**気筒休止**させることも可能だ（P88参照）。

連続式可変バルブリフトシステム

カムからバルブへの力の伝達過程を変化させ バルブリフトを変化させる

▶バルブリフトは幅広く連続的に変化させることができる

切替式可変(きりかえしきかへん)バルブシステムでは高/低のように2種類の**バルブリフト**を切り替えることができるが、さらに幅広く無段階に高〜低のようにバルブリフトをかえられるのが**連続式可変(れんぞくしきかへん)バルブリフトシステム**だ。バルブリフト0まで連続的に変化させられるシステムが多い。トヨタの**VALVEMATIC**や日産の**VVEL**、三菱の**MIVEC**のほか、海外ではBMWの**Valvetronic**などがある。いずれもテコとして作用する**揺動(ようどう)カム**などと呼ばれる部品をカムシャフトとバルブの間に配し、テコの支点(してん)や力点(りきてん)の位置を移動させることで、バルブリフトを変化させている。

連続式可変バルブリフトシステムは、バルブリフトを可変とすることが目的のシステムだが、リフト量を小さくするとバルブが開いている期間が短くなるものがほとんどだ。たとえば、リフト量を小さくすると遅く開き早く閉じるものであれば、低リフト量の時はピストンが下降してシリンダー内の**吸入負圧(きゅうにゅうふあつ)**が高まってから吸気(きゅうき)バルブが開くため、吸入速度が高まる。また、吸入行程中に早くバルブが閉じると**ポンプ損失(そんしつ)**が軽減され、さらにはシリンダー内の圧力

連続式可変バルブリフトシステム（吸気側のみ）の動作

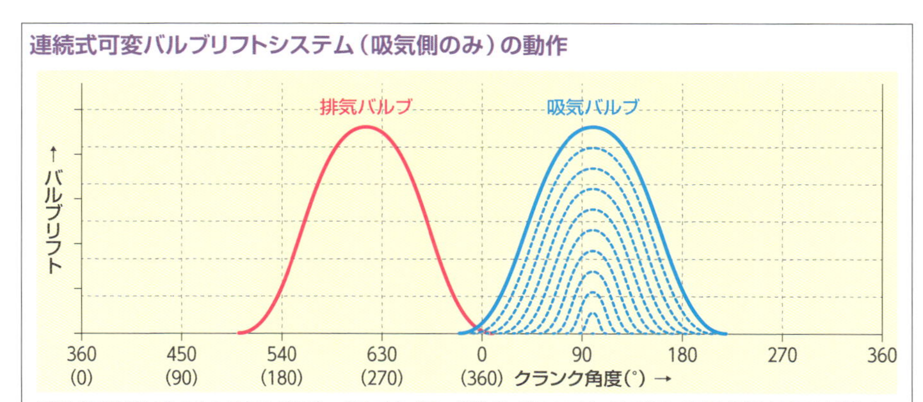

連続式可変バルブリフトシステムの場合、バルブタイミングダイヤグラムでは、その動作内容を確認することが難しい。バルブリフト特性のグラフで確認する必要がある。グラフの例は、バルブルブリフトが変化しても、バルブ全開のタイミングは変化しないもの。リフト量が小さいほど、開いている期間が短くなるので、遅く開き早く閉じるようになる。

がピストンの下降によって低下して温度が下がるという効果も得られる。

連続式可変バルブリフトシステムは、リフト量を変化させるとバルブタイミングも変化するが、その関係は一定である。そのため、**位相式可変バルブタイミングシステム**と併用されることもある。両システムを使えばバルブリフトとバルブタイミングの双方を幅広く可変することができ、さまざまなエンジンの状態に対して、常に最適な状態を選択することができる。また、連続式可変バルブリフトシステムは、スロットルバルブによって生じるポンプ損失を低減させることも可能だ（P89参照）。

気筒休止とスロットルレス

可変バルブシステムを利用して ポンプ損失を低減することで効率を高める

▶低負荷の時には特定の気筒を休止して小排気量のエンジンにする

平坦な道路を一定速度で走り続けるような低負荷の領域では、**スロットルバルブ**が絞られて**ポンプ損失**が増大し、エンジンの効率が低下するが、状況に応じて気筒を休止して排気量をかえることができれば効率が高められる。たとえば、4気筒エンジンを低負荷の時に2気筒休止させると、排気量が半分になるので、高負荷の状態になりスロットルバルブを大きく開けることになり、ポンプ損失が低減する。**冷却損失**も抑えられるため、効率が高まる。こうした**気筒休止**を**可変バルブシステム**を応用して実現しているエンジンもあり、**気筒休止エンジン**や**可変シリンダーエンジン**、**可変排気量エンジン**という。

休止中の気筒は吸排気バルブがともに閉じられている。たとえば、下死点付近で閉じられた場合、ピストン上昇時には圧縮のために力が使われるが、ピストン下降時にはその圧力がピストンを押すため、大きな損失は生じない。上死点付近でバルブが閉じられた場合は負圧が同じように作用する。こうした効果を**フライホイール効果**ということもある。

気筒休止では摩擦による**機械的損失**には変化がなく振動が問題になることもある。**気筒数**の可変時には**トルク変動**が生じるため、トランスミッションとの**協調制御**が必要になる。

気筒休止エンジン1

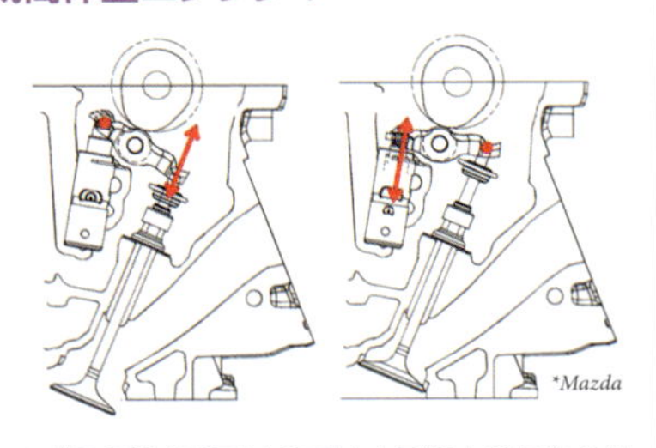

マツダのSKYACTIV-Gでは4気筒中2気筒の休止を行う。通常はロッカーアームの支点になる位置にS-HLAを採用。休止時には**S-HLA**が伸縮できるようにされロッカーアームの作用点になる。バルブエンドが支点になるのでバルブは開かない。

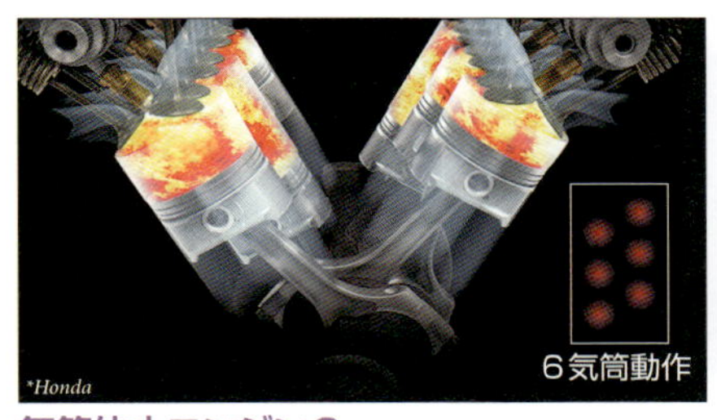

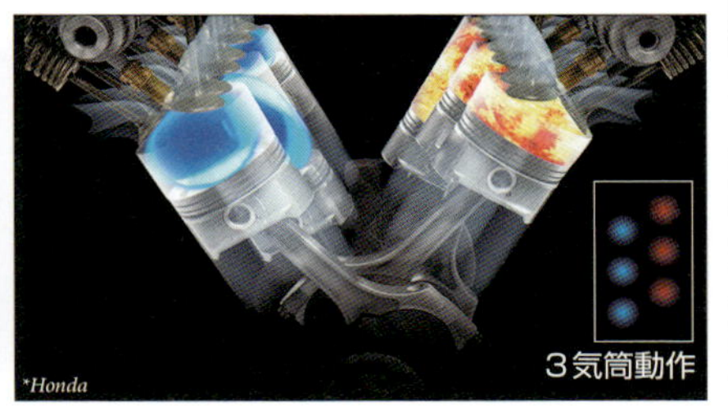

気筒休止エンジン2

ホンダの気筒休止エンジンはV型6気筒のうち、片バンクの3気筒を休止する。3ステージVTECと呼ばれ、高/低2種類のカムの切り替えに加えて、ロッカーアームが空振りしてカムの回転がバルブに伝わらないポジションを設けている。このポジションにされた気筒はバルブが開かず休止する。このシステムを**VCM**という。

▶吸気バルブをスロットルバルブの代用にしてポンプ損失を低減

ガソリンエンジンは、**スロットルバルブ**が絞られる低負荷の領域で吸気システム内に大きな**吸入負圧**（きゅうにゅうふあつ）が発生するため、**ポンプ損失**が大きくなる。吸気（きゅうき）バルブを全開から全閉まで無段階で可変できる**連続式可変**（れんぞくしきかへん）**バルブリフトシステム**にすれば、スロットルバルブと同じように**吸気量**（きゅうきりょう）を制御することができる。この場合、吸気システム内に負圧が発生しないため、ポンプ損失が低減される。こうしたシステムを、**スロットルレス**や**スロットルバルブレス**、または**ノンスロットル**や**ノンスロットルバルブ**という。

また、バルブリフト量を小さくした場合、バルブが開いている期間が短くなるため、ピストンがある程度まで下降してから吸気を行うことができる。この時、シリンダー内はすでに負圧になっているため、吸気の流速が増す。これにより**燃料**と空気の混合が促進され、燃焼状態が改善される。また、吸気バルブが開いている期間が短ければ、バルブが閉じてからもピストンの下降が続く。すると、圧力の低下によって混合気（こんごうき）の温度が下がるため、**冷却損失**が低減され、ノッキングを防止することもできる。

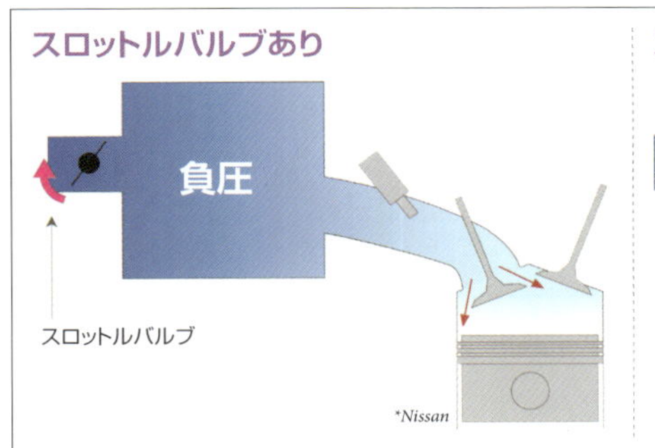

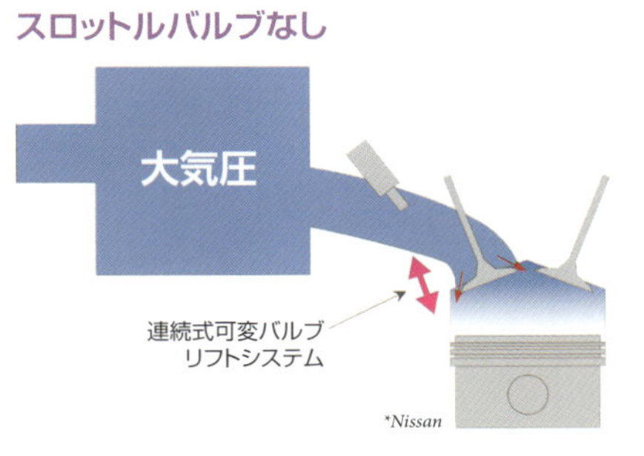

スロットルバルブで吸気量の調整を行う場合、以降の吸気システムはバルブが絞られた際に負圧になりポンプ損失が生じるが、連続式可変バルブリフトシステムで吸気量の調整を行う場合は、吸気システムは大気圧の状態が保たれる。

アトキンソンサイクル

実質的な吸気量を減らすことで
膨張比を圧縮比より大きくして効率を高める

▶アトキンソンサイクルとミラーサイクル

可変バルブシステムは、現在では**アトキンソンサイクル**を利用するために使われることもある。アトキンソンサイクルは**ミラーサイクル**と呼ばれることもある。

ガソリンエンジンは、ある程度までなら**膨張比**を大きくしたほうが取り出せるエネルギーが大きくなり、エンジンの効率が高まる。しかし、通常のエンジンは構造上、**圧縮比**=膨張比であり、膨張比を大きくすれば圧縮比も大きくなって**ノッキング**という問題が発生するため、膨張比を大きくすることには限界がある。しかし、1882年にイギリスのアトキンソン氏が発明したエンジンは、クランクシャフトとコンロッドの間にリンク機構を設けることで圧縮比<膨張比を実現した。このエンジンの燃焼のサイクルをアトキンソンサイクルという。効率が高いことは実証されたが、高回転への対応が難しく、構造が複雑であるため、クルマのエンジンに採用されることはなかった。1947年にはアメリカのミラー氏が吸気バルブのタイミングをかえることで擬似的にアトキンソンサイクルと同じ効果が得られるミラーサイクルを考案したが、実用化までには時間がかかった。世界初のミラーサイクルエンジンは、1993年にマツダがユーノス800に搭載した。こうした歴史があるため、ミラーサイクルとも呼ばれるわけだ。

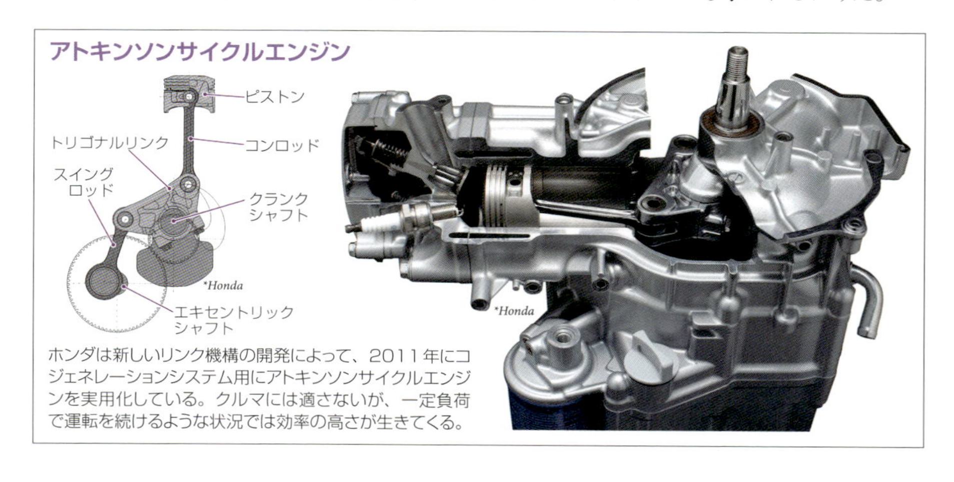

ホンダは新しいリンク機構の開発によって、2011年にコジェネレーションシステム用にアトキンソンサイクルエンジンを実用化している。クルマには適さないが、一定負荷で運転を続けるような状況では効率の高さが生きてくる。

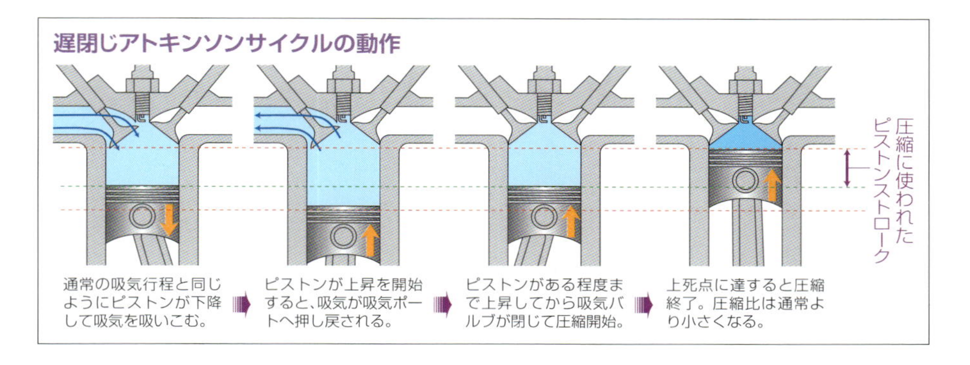

▶早く閉じるアトキンソンサイクルと遅く閉じるアトキンソンサイクル

アトキンソンサイクルには**早閉じ**と**遅閉じ**の2種類がある。**早閉じアトキンソンサイクル**では、吸気バルブを下死点以前に閉じることで**吸気量**を少なくして、実質的な**圧縮比**を低くする。**遅閉じアトキンソンサイクル**では、**圧縮行程**に入ってもしばらくは吸気バルブを開いておき、いったん吸いこんだ空気を吸気ポートに押し戻すことでシリンダー内の空気を減らして、実質的な圧縮比を低くする。国内では、おもに遅閉じが採用されている。

アトキンソンサイクルは圧縮比<膨張比に加えて、吸気量が少なくなるので**ポンプ損失**が低減され効率が高まるが、燃焼可能な**燃料**の量が減りトルクが小さくなる傾向がある。そのため、常にアトキンソンサイクルにしておくことは難しいので、**位相式可変バルブタイミングシステム**などによって通常運転と切り替えている。なお、ハイブリッド自動車の場合はモーターでトルク不足を補えるため、効率優先でアトキンソンサイクルを利用できる。

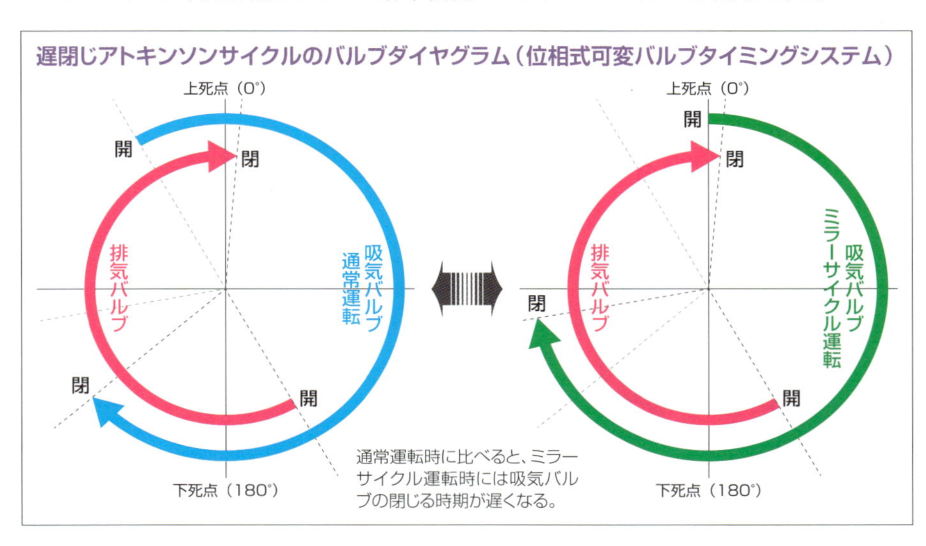

可変圧縮比システム

運転状況に応じて圧縮比を変化させ燃費と出力の両立を図る

▶ピストンとクランクを複数のリンクで結び可変圧縮比を実現

エンジンの効率は回転数やトルクによって変化する。こうした状況に対応するために、現在のエンジンにはさまざまな可変システムが採用されている。こうしたなか、新たに登場した可変システムが**可変圧縮比システム**だ。アトキンソンサイクルのように可変バルブシステムを利用して**圧縮比**と**膨張比**の関係を擬似的に変化させるシステムはすでに一般化して

日産・VC-Turboエンジン（KR20DDET）

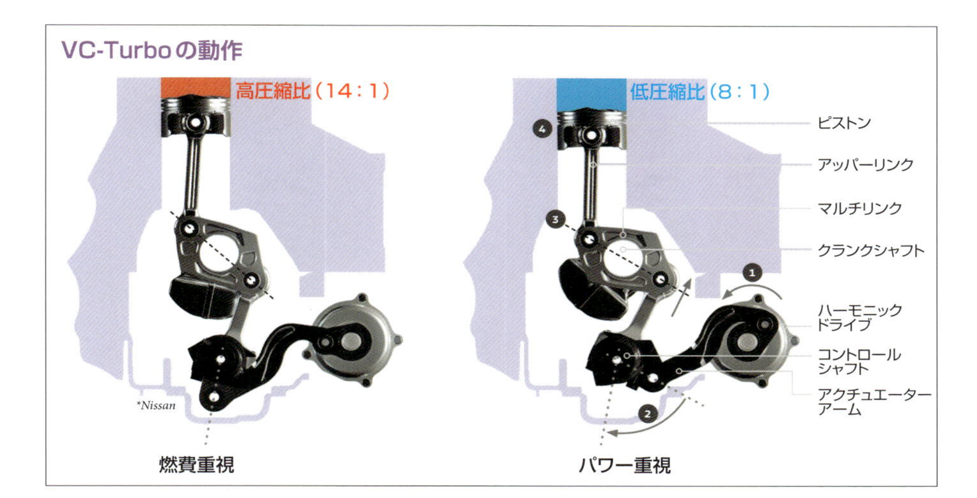

いるが、可変圧縮比システムでは**主運動系**の構造によって決まる圧縮比を可変としている。

ガソリンエンジンは圧縮比を高めると効率が上がるが、**ノッキング**などの問題が起こるため、圧縮比を高めることには限界がある。そこで考え出されたのが可変圧縮比システムだ。いくつかの企業が開発を行っているが、最初に実用化したのは日産だ。国内にはまだ投入されていないが、海外市場モデルに**可変圧縮比エンジン**を採用している。

日産の可変圧縮比システムは、**ターボチャージャー**との組み合わせで**VC-Turbo**と呼ばれる。通常の主運動系ではピストンとクランクシャフトがコンロッドでつながれるが、VC-Turboでは3本のリンクでつながれる。このうち中央のリンクの角度をかえると、コンロッドに相当するリンクの下端の位置が変化し、ピストンの位置がかわる。可変幅は約6mmあり、圧縮比にすると8〜14の範囲になる。圧縮比が変化しても、**排気量**はかわらない。

市街地走行や高速道路を一定速度で走行しているような負荷が小さくエンジン回転数があまり高くない領域では、ターボチャージャーによる**過給**の効果はあまり得られないが、高圧縮比にすることでエンジンの効率を高めることができる。いっぽう、急加速や登坂のように高負荷でエンジン回転数が高くなる領域ではノッキングを回避するために低圧縮比にするが、ターボチャージャーによる過給の効果が十分に得られる。

また、VC-Turboでは通常のコンロッドのように傾いた状態でピストンを押したり引いたりすることが少なくなるため、摩擦による**機械的損失**が軽減され、振動も軽減される。そのため、振動対策のバランスシャフトが不要になり、リンク機構による重量増が相殺される。

なお、燃料供給は直噴式とポート噴射式を併用している。高圧縮比運転でノッキングを防止する場合は直噴式を、低負荷時の効率を上げる場合はポート噴射式を、高負荷高回転時には両方を使用する。

ライトサイジング

過度のダウンサイジングから適正な排気量への回帰

▶モード燃費と実走行燃費との乖離を縮小する

近年のエンジンのトレンドは**過給ダウンサイジング**だったが、最近になって**ライトサイジング**という設計思想が登場してきた。その背景には、EUにおける燃費測定モードの変更がある。実は**ダウンサイジング**されたエンジンには、中負荷以上で効率の悪くなる領域があるが、従来の**モード試験**にはその領域があまり含まれていなかったため、**モード燃費**で良好な結果が得られた。ところが、新たに採用された**WLTCモード**には、効率の悪くなる領域も含まれているため、モード燃費の数値が悪化する。実際、以前から過給ダウンサイジングエンジンのクルマはモード燃費と**実走行燃費**の乖離が大きいといわれていた。今後、**RDE**が行われるようになると、さらに燃費値が悪化する恐れがある。

ライトサイジングのライトとは軽い（light）ではなく、適正な（right）を意味する。ダウンサイジング以前の排気量に戻すという考え方もあるが、現在では効率向上の方法は各種ある。たとえば、効率の悪い領域にアトキンソンサイクルを適用すれば効率が高まる。しかし、実質的な吸気量が小さくなり、トルクが小さくなるため、やはり多少は排気量を大きくする必要がある。それでも、以前に比べればダウンサイジングだ。

ダウンサイジングからライトサイジングへ

*Volkswagen

2005年に過給ダウンサイジングの先駆けとなったフォルクスワーゲンの1.4ℓツインチャージャーエンジンは2ℓエンジンからのダウンサイジングだった。以降、過給方法などが変更されたりしたが、1.4ℓを続けていた。しかし、2017年にはライトサイジングが行われ排気量が1.5ℓにされ、幅広い領域でアトキンソンサイクルが使われている。

第3章

エンジン補機類

エンジンは本体だけでは動作できない。
さまざまな補機類の助けが必要だ。
補機類の種類や能力によって
エンジンの性能や性格が異なったものになる。

吸気装置

空気がスムーズに流れるようにして損失が発生しないようにする

▶燃焼に必要な空気をエンジンに供給する装置

吸気装置（**インテークシステム**）は、燃焼に必要な空気をエンジンに供給する**補機**だ。空気取り入れ口、**エアクリーナー**、**スロットルボディ**、**吸気マニホールド**（**インテークマニホールド**）の順に配置され、**エアダクト**と呼ばれる樹脂製のパイプでつながれている。途中に**過給機**が配されることもある。スロットルボディはガソリンエンジンにのみ配置されるもので、内部に**スロットルバルブ**を備える。吸気装置はその経路が大きく折れ曲がったり急激に太さが変化したりすると、空気が流れにくくなり、**ポンプ損失**が増大する。

空気中には肉眼では見えないような微細な異物が存在し、そのなかには硬いものや、燃えると硬い燃えカスになるものもある。こうしたものがエンジン内に入ると、部品を摩耗させたり、バルブの気密性を低下させたりする。そのため、樹脂製のエアクリーナーケース内に収めた不織布の**フィルター**で異物を取り除いている。現在ではエアクリーナーケースに空気取り入れ口が設けられることもある。

エアクリーナーのフィルター

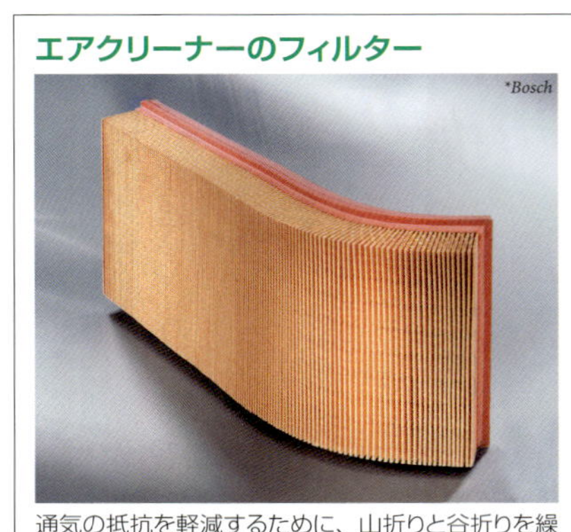

通気の抵抗を軽減するために、山折りと谷折りを繰り返した蛇腹状にされていることが多い。

▶他の気筒の吸気を邪魔しないように空気を分配するマニホールド

1本の**エアダクト**で送られてきた空気を、気筒ごとに分配するのが**吸気マニホールド**だ。**マニホールド**は日本語では**多岐管**といい、1本の幹から枝分かれするように入口側が1本、出口側が複数本のパイプになっている。幹の部分を**コレクター**、それぞれの枝を**ブランチ**という。以前は金属製が一般的だったが、現在では軽量化が可能な**樹脂製吸気マニホールド**（**樹脂製インテークマニホールド**）が主流になっている。

吸気マニホールドは、吸気装置のなかでも空気の流れへの影響が大きい。吸気バルブ

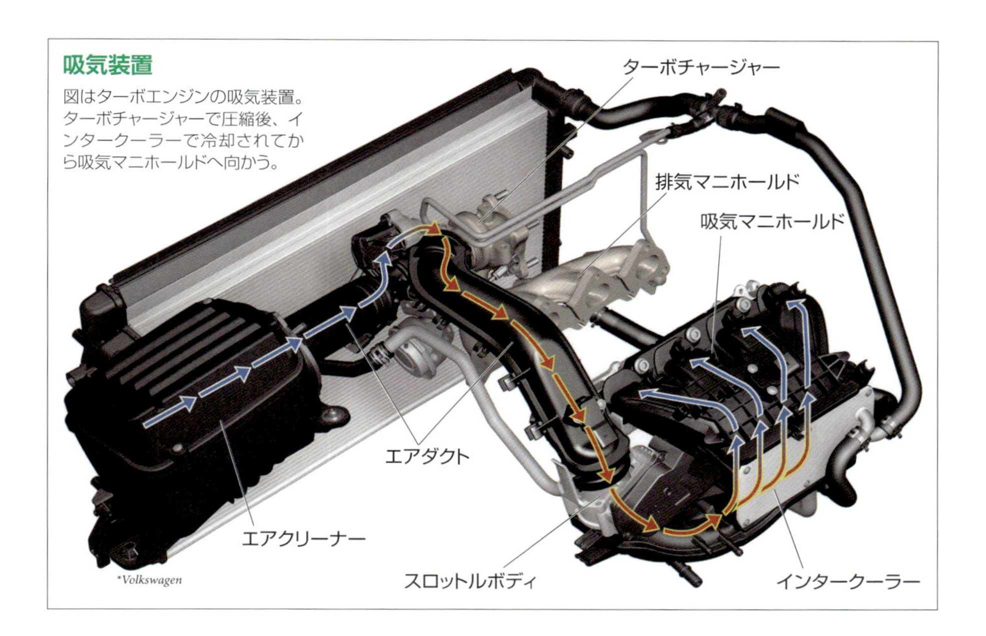

吸気装置

図はターボエンジンの吸気装置。ターボチャージャーで圧縮後、インタークーラーで冷却されてから吸気マニホールドへ向かう。

は上死点以前に開き下死点以降も開いているため、たとえば4気筒エンジンでは2つの気筒の吸気のタイミングが重なる。ある気筒のブランチで空気が勢いよく流れている状態では、他の気筒のブランチの空気を吸いこんでしまっている。この状態で次の気筒の吸気バルブが開いても、空気が流れにくい。こうした気筒間相互に生じる悪い影響を**吸気干渉**という。そのため、吸気のタイミングが重ならない1番と4番、2番と3番の気筒を組にして順番に分岐していく**1-2-4タイプ**の吸気マニホールドが使われることもある。また、分岐以前に広い空間があると、気筒間の影響が軽減されるため、コレクターを大きくすることもある。こうした空間を**サージタンク**ということもあり、ブランチは非常に短いものにされることも多い。

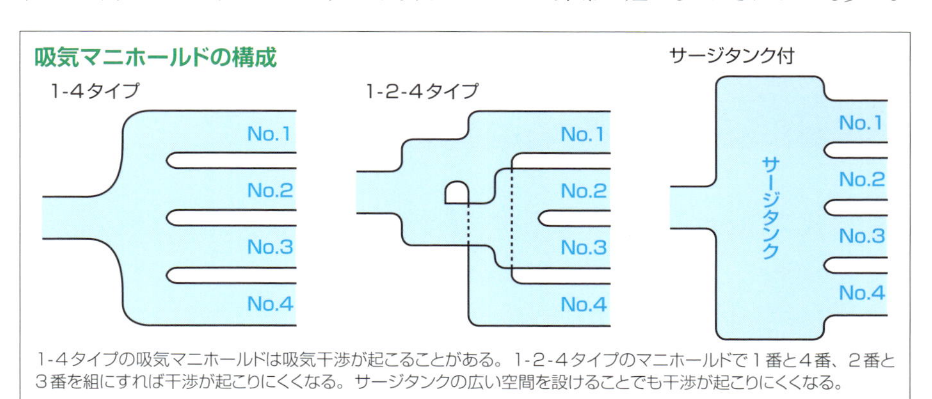

吸気マニホールドの構成

1-4タイプの吸気マニホールドは吸気干渉が起こることがある。1-2-4タイプのマニホールドで1番と4番、2番と3番を組にすれば干渉が起こりにくくなる。サージタンクの広い空間を設けることでも干渉が起こりにくくなる。

スロットルバルブ

バルブを開閉して吸気量を制御するが バルブを絞るとポンプ損失が増大する

▶円板状のバルブを回転させて吸気量を制御するスロットルバルブ

スロットルバルブは、ガソリンエンジンの**吸気量**(きゅうきりょう)を調節するバルブだ。**スロットルレス**のエンジンも登場してきているが、まだまだ主流はスロットルバルブだ。スロットルバルブは、吸気の通路が円筒状(えんとうじょう)にされた**スロットルボディ**内に円板状のバルブを備える構造のものが一般的だ。円板状のバルブは、その面に沿って中心を通る回転軸があり、この軸を回転させることで吸気量を制御する。バルブの形状と動きが蝶に似ているため、こうした構造のバルブを**バタフライバルブ**という。スロットルバルブの開き具合を**スロットルバルブ開度**(かいど)や**スロットル開度**といい、大きくなるほど吸気量が多くなる。バルブが絞られると、**吸入負圧**(きゅうにゅうふあつ)が大きくなって**ポンプ損失**(そんしつ)が増大する。

スロットルバルブと吸気マニホールド

*BMW

▶機械式スロットルバルブから電子制御式スロットルバルブへ

従来のスロットルシステムは**機械式スロットルバルブ**と呼ばれるもので、**アクセルペダル**の動きは**アクセルワイヤー**や**アクセルケーブル**で機械的にスロットルボディに伝えられている。アクセルペダルを大きく踏みこむほど**スロットル開度**が大きくなるという一定の関係があり、クルマの加速と減速は、アクセルペダル操作で吸気量を増減させることで行う。

しかし、現在のエンジンにはさまざまな可変システムが採用されていたり、エンジンとトランスミッションの**協調制御**が行われていたりするため、アクセルペダルの踏みこみ具合とスロットル開度の関係が一定では無理が生じることがあり、状況に応じてスロットル開度を変更する必要がある。もっともわかりやすい例が**気筒休止エンジン**だ。一定速度での走行では気筒を休止してエンジンの効率を高めたいが、一定速度を保っているということは、ドライバーのアクセルペダルの踏みこみ具合も一定だ。しかし、気筒休止の瞬間には、ドライバーのアクセルペダル操作がなくても、一気にスロットル開度を大きくする必要がある。

こうしたスロットルバルブの制御を実現しているのが、**電子制御式スロットルバルブ**だ。スロットルボディにはモーターが備えられ、その回転が減速機構を介してスロットルバルブの回転軸に伝えられる。いっぽう、アクセルペダルの操作は**アクセルポジションセンサー**によって検出され、エンジンを制御する**エンジンECU**にその情報がドライバーの意思として送られる。ECUは車速をはじめさまざまな情報から最適なスロットル開度を決定し、バルブを駆動するモーターに指示を送る。スロットルバルブ回転軸にはスロットル開度を検出する**スロットルポジションセンサー**が備えられていて、指示が確実に実行されているかをECUが確認できるようにされている。電子制御式スロットルバルブはスロットルバルブとアクセルペダルが電線（ワイヤー）で接続されているため**ドライブバイワイヤー**ともいう。

排気装置

気筒ごとの排気ガスが干渉すると燃焼状態が悪化してしまう

▶新しい吸気がスムーズに導入できるように排気ガスを排出する

排気装置(**エキゾーストシステム**)は、不要になった**燃焼ガス**を**排気ガス**としてエンジンから排出する**補機**だ。現在ではEGR(P116参照)のように排気ガスを活用する方法もあるが、排気ガスがシリンダー内に残ると、次の燃焼に必要な空気を十分に取りこむことができなくなってしまうので、スムーズに完全に排出することが基本だ。排気は**排気マニホールド**(**エキゾーストマニホールド**)でまとめられ、**排気管**(**エキゾーストパイプ**)で車両後方に導かれ、**マフラー**から排出される。途中には**排気ガス浄化装置**が備えられる。**ターボチャージャー**で**過給**を行う場合は、途中に**タービンハウジング**が備えられる。

排気装置は吸気装置以上に気筒ごとの排気の流れが相互に影響を与えやすい。順に排出された2つの気筒の排気が排気装置内でぶつかるような**排気干渉**が起こると、排気装置の圧力(**背圧**)が高まり、排気が流れにくくなる。

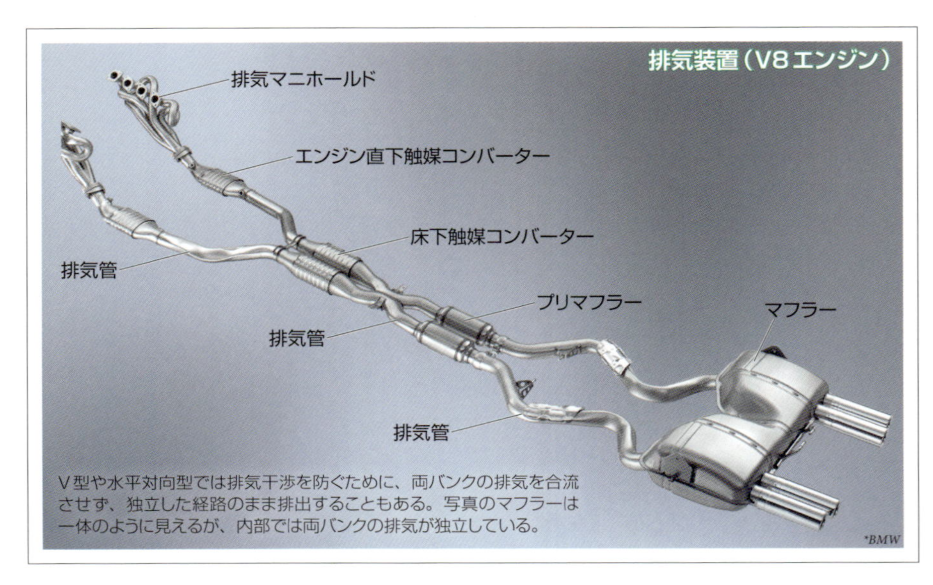

V型や水平対向型では排気干渉を防ぐために、両バンクの排気を合流させず、独立した経路のまま排出することもある。写真のマフラーは一体のように見えるが、内部では両バンクの排気が独立している。

▶排気干渉が起こらないように長さや集合順が配慮されたマニホールド

排気マニホールドも吸気マニホールドと同じような**多岐管**だ。**排気干渉**を防ぐために、各気筒のブランチの長さを揃えた**等長排気マニホールド**（**等長エキゾーストマニホールド**）が使われたり、4気筒エンジンの場合は排気干渉が起こりにくい気筒同士を順にまとめていく**4-2-1タイプ**のものが使われたりする。**ターボチャージャー**の**タービンハウジング**は、エンジンに近い位置に配置するほど、排気の勢いが強くなって過給の効率が高まる。そのため、排気マニホールドの直後に配置されることが多いが、なかにはタービンハウジングを一体化した排気マニホールドもある。また、**三元触媒**（P102参照）が一体化された排気マニホールドもある。

排気マニホールド（4-2-1タイプ）

1番と4番、2番と3番をそれぞれ合流させてから1本にまとめている。合流部分には触媒コンバーターが配置されている。

▶排気を段階的に膨張させて騒音と温度を下げるマフラー

排気ガスは高温高圧であるため、そのままの状態で放出すると危険であり、一気に膨張して騒音を発する。こうした騒音を抑制したり、排気の温度を低下させるのが**エキゾーストマフラー**だ。単に**マフラー**ということも多い。**消音器**を意味する**サイレンサー**と呼ばれることもある。マフラーは段階的に少しずつ膨張させることで発生する騒音を小さくしたり、**吸音材**に触れさせたり音と音をぶつけ合わせたりすることで音のエネルギーを小さくしたりする。マフラーは排気装置の最終段階に配置されるのが一般的だが、消音能力を高めるために途中にも別のマフラーが配置されることがある。こうしたものを**プリマフラー**という。

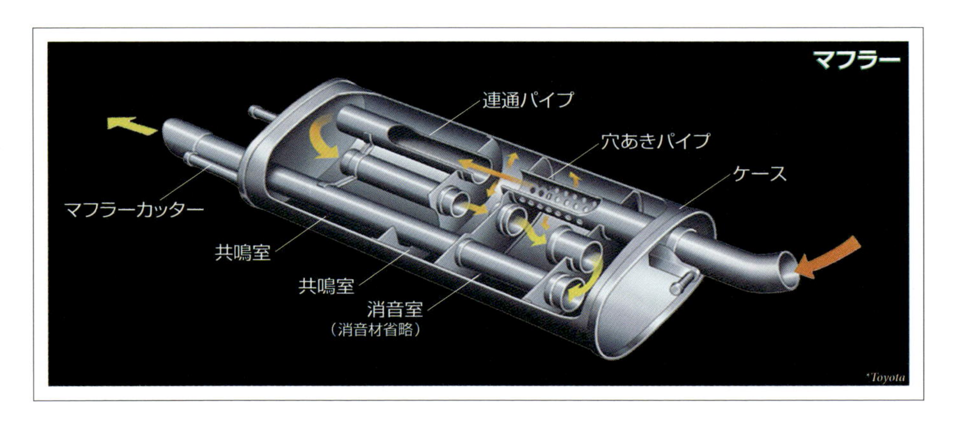

触媒コンバーター

理論空燃比で燃焼させないと排気ガスを効果的に浄化することができない

▶3種類の大気汚染物質同士を反応させて無害な物質にする

ガソリンエンジンから排出される**大気汚染物質**は**一酸化炭素**（CO）、**炭化水素**（HC）、**窒素酸化物**（NO_x）の3種類だ。これらの浄化に**触媒**が利用されている。触媒とは、その物質自体は化学変化しないが、周囲の物質の化学反応を促進する物質のことだ。ガソリンエンジンの**排気ガス浄化装置**に使われている触媒は、3種類の物質の化学反応を促進するため**三元触媒**という。3種類の大気汚染物質が三元触媒に触れると相互に化学反応し、**水**（H_2O）、**二酸化炭素**（CO_2）、**窒素**（N_2）という無害な3種類の物質になる。

三元触媒によって排気ガスを浄化する装置を**触媒コンバーター**（**キャタリティックコンバーター**）や**キャタライザー**という。触媒物質には**白金**（**プラチナ**）に**ロジウム**もしくは**パラジウム**を加えたものが使われる。各種構造のものがあるが、現在は**モノリス型触媒コンバーター**が一般的で、**セラミックス**や**アルミナ**で作られた格子状の担体の表面に触媒物質が付着させてある。触媒物質はいずれも**レアメタル**であるためコストが大きい。

三元触媒で大気汚染物質を浄化するためには、3種類の大気汚染物質が一定の比率で存在している必要がある。その比率になるのは、**理論空燃比**（P30参照）で燃焼が行われ、排気ガス中に**酸素**が残っていない状態だ。そのため、現在のガソリンエンジンでは理論空燃比での燃焼が基本とされている。実際に理論空燃比で燃焼が行われたかを確認するために、排気装置には**空燃比センサー**（**A/Fセンサー**）や**酸素濃度センサー**（**O_2センサー**）が備えられ、エンジンを制御する**エンジンECU**が燃料噴射量などを調整する。

三元触媒で起こる化学反応

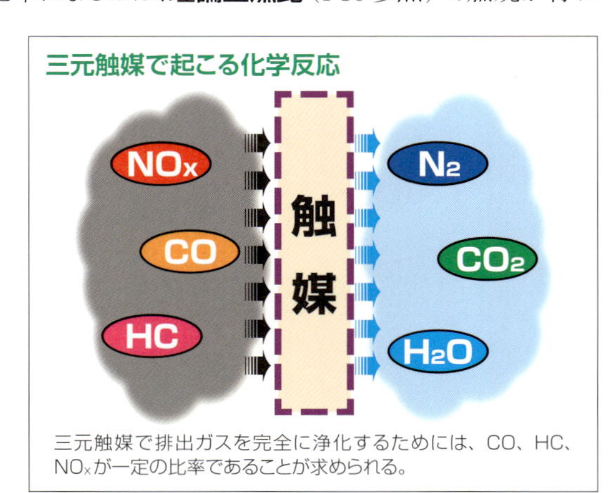

三元触媒で排出ガスを完全に浄化するためには、CO、HC、NO_xが一定の比率であることが求められる。

▶冷間始動時には触媒をいち早く暖機する必要がある

三元触媒は一定以上の温度にならないと正常に作用しないが、**冷間始動時**の**低エミッション化**も求められているため、いち早く**触媒コンバーター**を**暖機**して活性化する必要がある。燃焼室に近いほど温度上昇が早まるため、現在ではエンジン近くに触媒コンバーターを配置するのが一般的だ。こうした配置を**エンジン直下触媒コンバーター**という。処理能力を高めるために**床下触媒コンバーター**も備え、2段階で浄化を行うことも多い。**触媒コンバーター一体型排気マニホールド**が採用されたり、さらに燃焼室に近づけるために**排気マニホールド内蔵シリンダーヘッド**が採用されたりすることもある。

三元触媒は過熱状態でも正常に作用しない。特に未燃焼の燃料が流れこんだりすると、触媒コンバーター内部で燃焼して過熱する。車両火災の原因になることもあるため、排気装置には**排気温センサー**が備えられ、温度が監視されている。

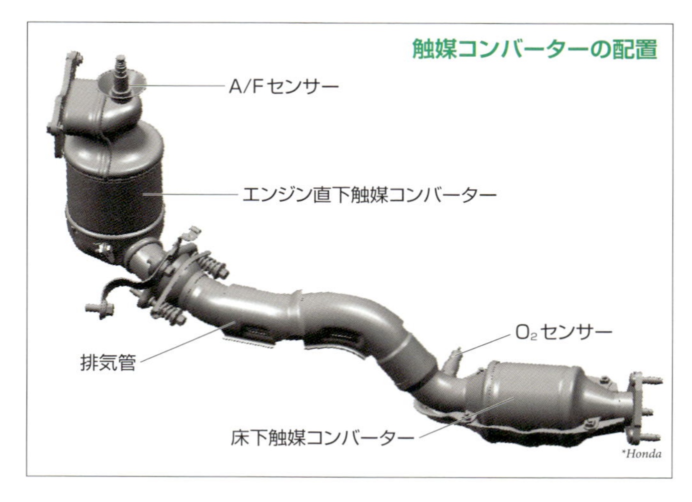

DPF

フィルターに溜まったPMを取り除く再生処理が定期的に必要になる

▶ディーゼルエンジンの排出ガス浄化は２段階で行われる

ディーゼルエンジンでは**環境対策**として、**粒子状物質**（**PM**）と**窒素酸化物**（**NOx**）の浄化が必要になる。一般的にPMとNOxの発生量はトレードオフの関係にあり、燃焼の温度が低く**燃料**が多い状態ではPMが増え、燃焼の温度が高く燃料が少ない状態ではNOxが増える。ガソリンエンジンの三元触媒のように複数の大気汚染物質を同時に浄化することは難しいため、PMとNOxの浄化は別々の**排気ガス浄化装置**で行われる。PMについてはフィルターで取り除く**DPF**（**ディーゼルパティキュレートフィルター**）、NOxについては**NOx後処理装置**で浄化するのが一般的だ。

▶粒子状物質をフィルターで捕集したうえで燃焼させるDPF

ディーゼルエンジンから排出される**粒子状物質**（**PM**）は、**DPF**というフィルターで取り除かれる。フィルターというと不織布のような柔らかい素材がイメージされることが多いが、DPFでは硬質なフィルターが使われている。採用が多いのは多孔質の**セラミックス**などで作られた**ウォールフロー型DPF**だ。格子状に多数の通路が作られていて、入口側と出口側の穴が交互にふさがれている。入口側が開かれた通路から入った排気ガスは、通路同士を区切る壁を抜けて、出口側が開かれた通路に入り、排出されていく。この壁がフィルターとしてPMを取り除く。コスト削減のためにステンレスで作られたDPFも登場してきている。

DPFではPMを捕集しているため、長く使っているとフィルターが詰まって排気の流れが悪くなり燃焼状態が悪化する。そのため、溜まったPMを取り除く必要がある。こうした処理を**DPF再生**や単に**再生**という。PMを取り除くといってもフィルターを掃除するわけではなく、PMを燃焼させることで取り除いている。

フィルターに白金などの触媒物質を含ませておき、フィルターを300℃程度の高温にすると、PMが燃焼して**二酸化炭素**（**CO_2**）になり、気体として排出され、フィルターの詰まりが解消される。フィルターを高温にさせる方法には、排気ガスを高温にする方法と、排気

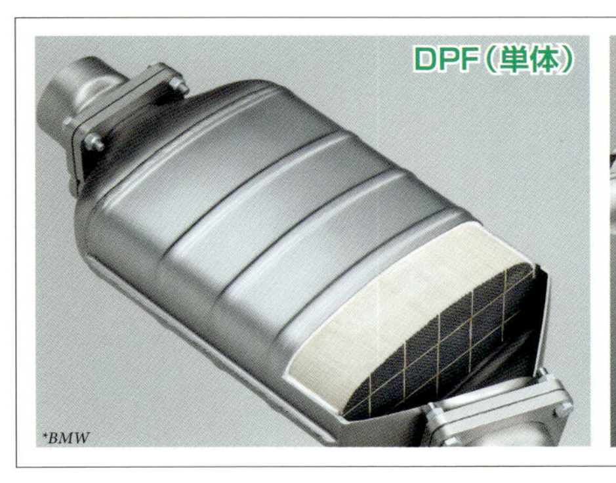

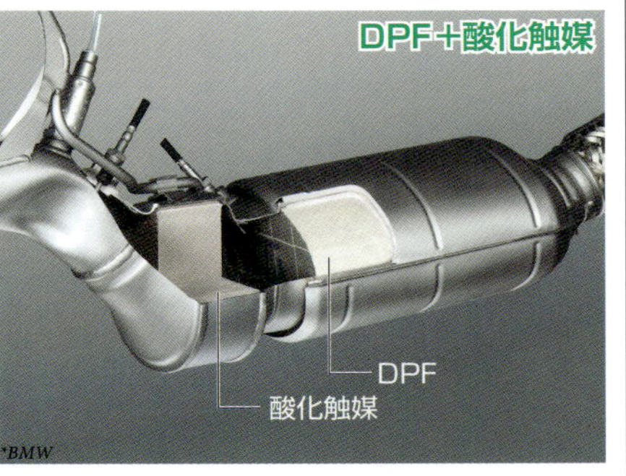

ガスに燃料を混ぜて燃焼させる方法がある。排気ガスを高温にする場合は、**コモンレール式燃料装置**の制御によって**ポスト噴射**（P125参照）という燃料の噴射を行う。

また、**酸化触媒**を利用してPMを燃焼させる方法もある。酸化触媒は**一酸化炭素**（**CO**）と**炭化水素**（**HC**）の浄化も行えるが、同時に**窒素酸化物**（**NO_x**）のなかの**二酸化窒素**（**NO_2**）の割合を高めることができる。二酸化窒素には非常に強い酸化力があるため、PMを酸化させて（燃焼させて）二酸化炭素にすることができる。

なお、**排出ガス規制**は強化が続いており、従来は規制対象になっていなかった、より微細なPMも規制しようとする動きがあり、EUではすでに規制が始まっている。こうした微細なPMは燃焼状態によってはガソリンエンジンでも発生する。その除去に使われるのが**GPF**（**ガソリンパティキュレートフィルター**）だ。基本的な構造はDPFと同じで、GPFに**三元触媒**の機能をもたせたものも開発されている。

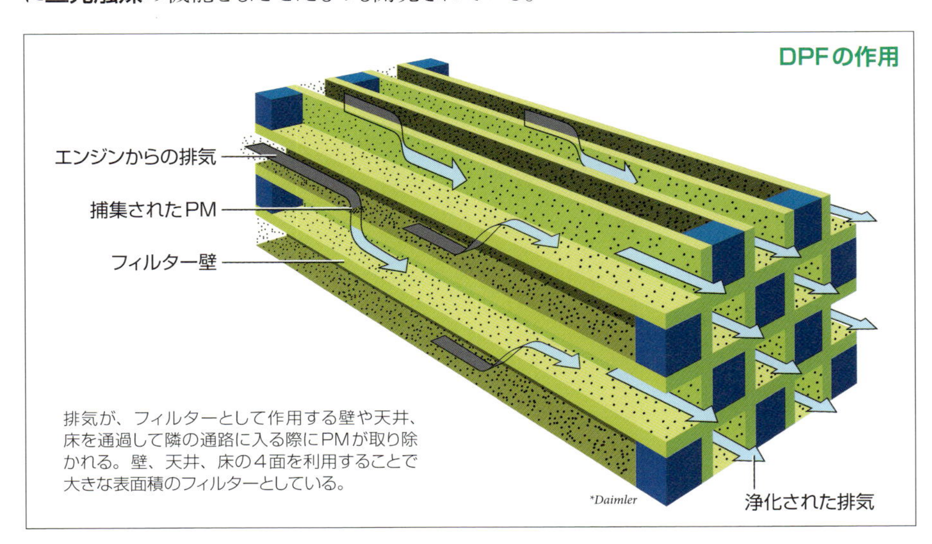

排気が、フィルターとして作用する壁や天井、床を通過して隣の通路に入る際にPMが取り除かれる。壁、天井、床の4面を利用することで大きな表面積のフィルターとしている。

NO_X後処理装置

触媒を使って化学反応で窒素酸化物を無害な物質に変化させる

▶尿素水をアンモニアに変化させて窒素酸化物を浄化する

ディーゼルエンジンの**NO_X後処理装置**には、**尿素SCR**や**NO_X吸蔵触媒**が使われている。どちらも**窒素酸化物**（**NO_X**）を無害な**窒素**（**N_2**）に**還元**する。

SCRは日本語では**選択式還元触媒**といい、**尿素**（**$CO(NH_2)_2$**）を使って窒素酸化物の還元を行うため尿素SCRと呼ばれるが、実際に還元に使われるのは**アンモニア**（**NH_3**）だ。アンモニアと窒素酸化物が反応すると、無害な窒素と水になる。ただし、アンモニアは人体や環境に悪影響を与えることもあるため、尿素を水に溶かした**尿素水**を利用する。尿素水を排気ガス中に噴射すると、高温下で水と尿素が反応して、アンモニアと**二酸化炭素**（**CO_2**）が生成される。このアンモニアが窒素酸化物を浄化する。

尿素SCR

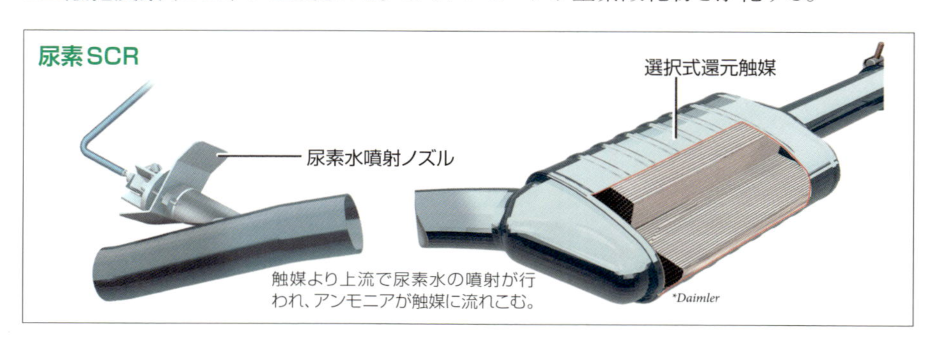

触媒より上流で尿素水の噴射が行われ、アンモニアが触媒に流れこむ。

▶一時的に窒素酸化物を蓄えておき後でまとめて浄化する

NO_X吸蔵触媒は、**NO_Xトラップ触媒**ともいい、通常運転時には内部に**窒素酸化物**（**NO_X**）を吸蔵しておく。メーカーによって化学反応の内容は異なるが、吸蔵量が増えてくると一時的に燃焼状態を変化させて、NO_X浄化のための化学反応に必要な物質の発生量を増やし、NO_Xを無害な物質に変化させる。燃焼状態を変化させるだけで浄化が行えるため、尿素SCRのように尿素水補充の手間や重量増がない。**DPF**にNO_X吸蔵触媒の機能を追加し、NO_XとPMを一体で浄化できるシステムも開発されている。

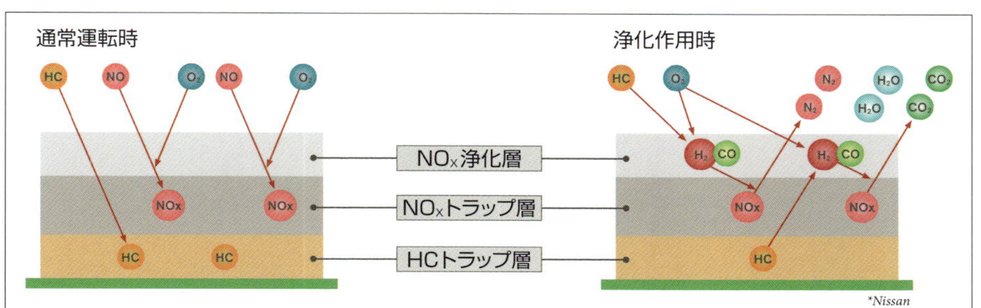

HC・NO_xトラップ触媒（日産）

窒素酸化物（NO_x）の吸蔵層だけでなく炭化水素（HC）の吸蔵層も備えていて、通常運転時にそれぞれを吸蔵。浄化の際にはリッチ燃焼を行い排気中の炭化水素の量を増やす。この炭化水素と酸素によって、水素（H_2）と一酸化炭素（CO）が生成される。これらが吸蔵されていた窒素酸化物と炭化水素と反応することによって、窒素（N_2）、水（H_2O）、二酸化炭素（CO_2）という無害な物質に浄化される。

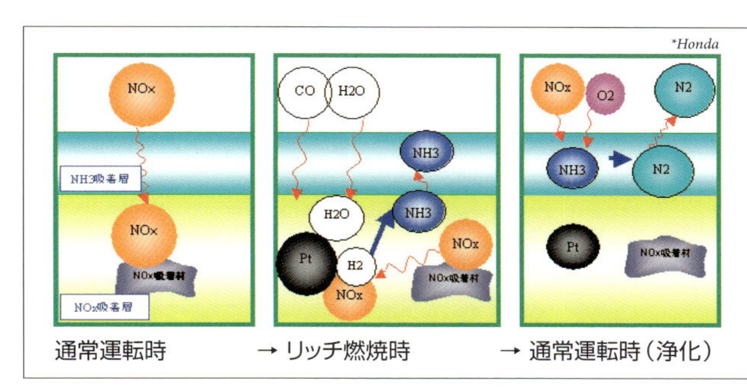

NO_x触媒（ホンダ）

窒素酸化物（NO_x）の吸蔵層とアンモニア（NH_3）の吸蔵層を備える。通常運転時に窒素酸化物を吸蔵。浄化の際にはリッチ燃焼を行い炭化水素（HC）の量を増やすと、そこに含まれる水素（H_2）と窒素酸化物が反応してアンモニアが生成され、NH_3吸蔵層に蓄えられる。この状態で通常運転に戻すと、アンモニアと窒素酸化物が反応して浄化が行われる。

DPNR（トヨタ）

多孔質セラミックスで作られたウォールフロー型DPFの細孔内部にまで窒素酸化物（NO_x）の吸蔵還元型触媒が塗布されている。通常運転時には窒素酸化物を吸蔵。浄化の際にはリッチ燃焼を行い、炭化水素（HC）と一酸化炭素（CO）の発生量を増やす。ここに吸蔵された窒素酸化物が加わると、三元触媒と同じような化学反応が起こり浄化が行われる。

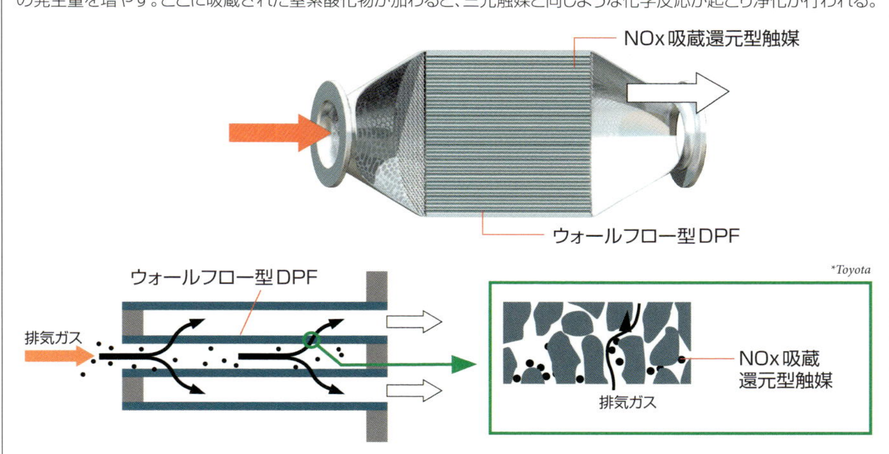

過給とインタークーラー

圧縮した吸気が高温のままだと過給した意味がなくなってしまう

▶過給機の動力源には排気、エンジン出力、モーターがある

ガソリンエンジンは**ダウンサイジング**で**ポンプ損失**を低減されられるが、トルクが不足するため、**過給**が必要になる。**ディーゼルエンジン**は過給するほど燃焼させられる**燃料**が増え、出力を高められるうえ、酸素濃度が高くなって燃料が酸素と出会いやすくなり、**粒子状物質**（**PM**）の発生も抑えられる。

過給を行う**過給機**には、排気の圧力を動力源にする**ターボチャージャー**と、エンジンの出力を動力源にする**機械式スーパーチャージャー**（**メカニカルスーパーチャージャー**）が一般的だったが、モーターを動力源にする**電動スーパーチャージャー**も登場してきている。なお、過給機の英訳がスーパーチャージャーだが、日本では単にスーパーチャージャーといった場合には機械式をさすことがほとんどだ。

吸気の経路（空冷式インタークーラー）

▶インタークーラーには空気で冷やす空冷式と水で冷やす水冷式がある

過給機で吸気を圧縮すると温度が上昇する。そのままエンジンに送りこむと、**ガソリンエンジン**の場合は燃焼室内の温度が高くなり、**ノッキング**が起こりやすくなる。**ディーゼルエンジン**の場合は温度が高いと燃焼が速く進みすぎるので、ピストンが下降を始めてから燃料を噴射しなければならず、効率が落ちる。温度が高いと、**窒素酸化物**（**NOx**）の発生も増えてしまう。そのため、過給後に冷却してからエンジンに送るのが一般的だ。

過給後の吸気を冷却する装置を**インタークーラー**という。インタークーラーには**空冷式**と**水冷式**がある。**空冷式インタークーラー**の場合、走行風が当たりやすい場所に設置する必要があるため、過給後の吸気の経路が長くなりやすい。いっぽう、**水冷式インタークーラー**の場合は設置場所の自由度が高く、過給後の吸気の経路を最短にすることができる。しかし、冷却に**冷却装置**の**冷却液**を使用するため、**ウォーターポンプ**の能力を高める必要があり、**補機駆動損失**が増えることになる。

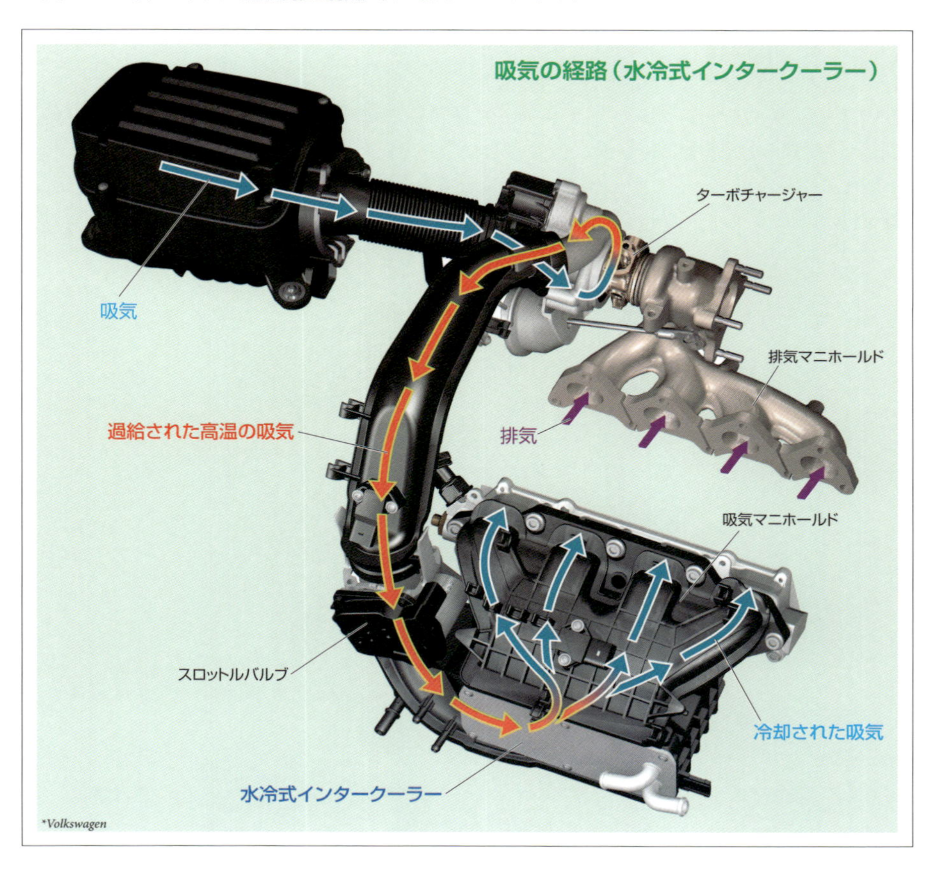

ターボチャージャー（ガソリンエンジン）

過給ダウンサイジングでは燃費悪化を防ぐため必要な時にだけ過給が行われる

▶小さめのターボチャージャーで低回転域から過給を行う

ターボと略されることも多い**ターボチャージャー**は、**排気駆動式過給機**や**排気タービン式過給機**ともいう。本来は捨てていた排気のエネルギーを利用するため、効率が高くなるが、状況によっては**背圧**が高まったり**排気干渉**が起こったりして燃費が悪化することもある。ターボチャージャーは1本の回転軸の両端に羽根車を備え、一方の羽根車を排気の勢いで回し、もう一方の羽根車の回転で吸気を圧縮する。排気で回る羽根車を**タービンホイール**、吸気を圧縮する羽根車を**コンプレッサーホイール**といい、それぞれが収められる部屋を**タービンハウジング**、**コンプレッサーハウジング**という。

ターボチャージャー

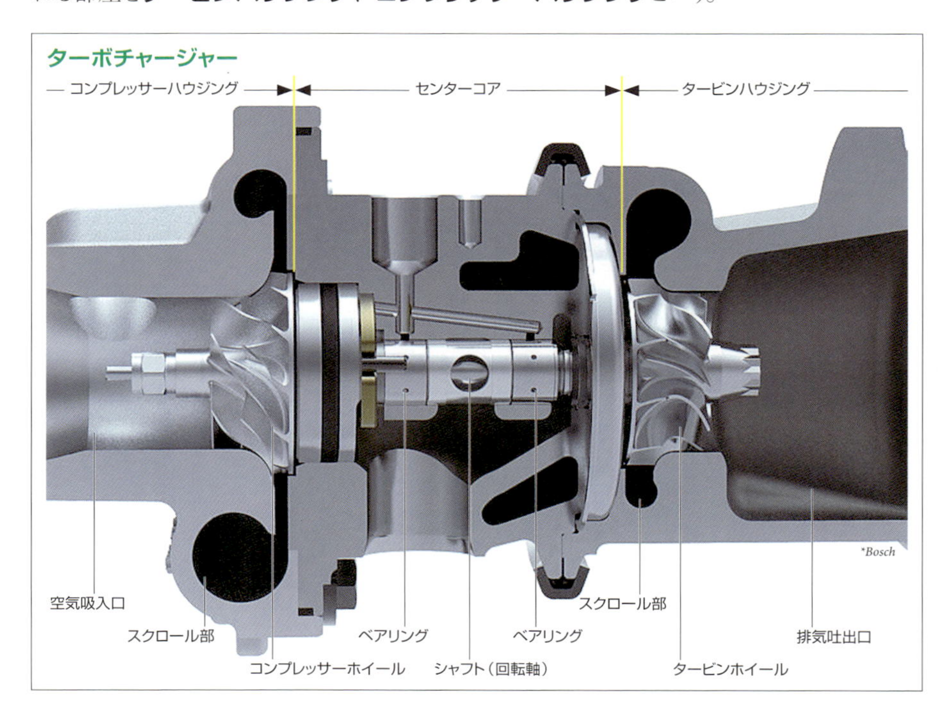

出力の上昇を狙った20世紀のターボチャージャーでは、ある程度の大きさのタービンホイールを使っていたため、エンジンの回転数が上がり排気の量が多くならないと、**過給**による効果が得られなかった。そのため、急加速しようとしても過給の効果が現れるのに時間的な遅れがあった。これを**ターボラグ**という。いっぽう、現在の**過給ダウンサイジング**に採用されるターボは、エンジンが低回転でも過給の効果を得たいため、小さめのタービンホイールが採用される。これにより排気の量が少なくても、過給を行うことができる。

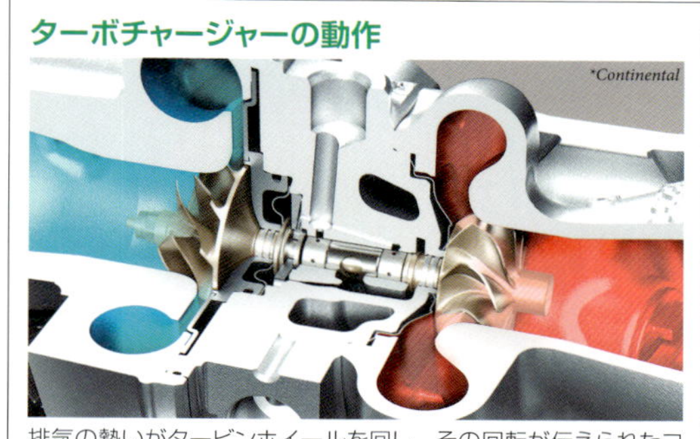

ターボチャージャーの動作

排気の勢いがタービンホイールを回し、その回転が伝えられたコンプレッサーホイールが吸気を圧縮して送り出す。

エンジンの回転数が高まり排気の量が多くなるほど、ターボチャージャーは高回転になり、**過給圧**が高くなって過給効果が高まるが、同時に吸気の温度も高くなる。インタークーラーによる冷却も十分でなくなり、**ノッキング**などの異常燃焼が起こってしまうため、**過給圧制御**が必要になる。排気の経路の途中にタービンハウジングが備えられるが、それより上流と下流をつなぐバイパス経路が設けられ、そこに**ウェイストゲートバルブ**が備えられる。従来のウェイストゲートバルブは機械的に動作するもので、過給圧が設定値を超えると、その圧力でバルブが開かれる。つまり、基本はバルブ閉で、必要に応じてバルブ開にされる。

しかし、過給ダウンサイジングの**ガソリンエンジン**の場合、常時過給を行っていると燃費が悪化してしまうため、通常はバルブ開にしておき、加速などでトルクが必要になった時にバルブ閉にする。従来の**機械式ウェイストゲートバルブ**ではこうした制御が難しいため、現在では**電動ウェイストゲートバルブ**が採用されることも多い。

ウェイストゲートバルブ

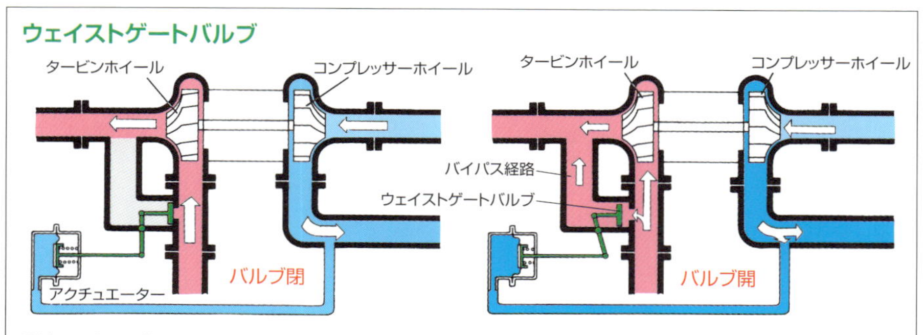

過給圧によって動作するウェイストゲートバルブ。過給圧が低い間は排気のすべてがタービンホイールに導かれるが、過給圧が高くなると、その圧力によってアクチュエーターが動作してバルブを開き、排気をバイパス経路に逃がす。

ターボチャージャー（ディーゼルエンジン）

出力を高めPMの発生を抑えるために常に過給が行えるようにする

▶複数の過給機を使ったり可変容量タイプで幅広い回転数に対応

過給ダウンサイジングされたガソリンエンジンでは、必要に応じて過給を行うことが望ましいが、**ディーゼルエンジン**の場合は常に過給を行ったほうが都合がよい。小さな**ターボチャージャー**を使えば、エンジンが低回転から過給できるが、高回転には対応できない。そのため、複数の**過給機**を組み合わせたり、エンジンが低回転から高回転まで対応できるターボチャージャーを採用したりすることで、常に過給が行えるようにしている。こうした手法はスポーツタイプのクルマに搭載されるガソリンエンジンに採用されることもある。

一連の排気系統で複数のターボチャージャーを使い分けたり併用したりすれば、幅広い回転数への対応が可能になる。こうした手法を**シーケンシャルターボチャージャー**といい、2基を使用する**シーケンシャルツインターボチャージャー**が一般的だが、なかには

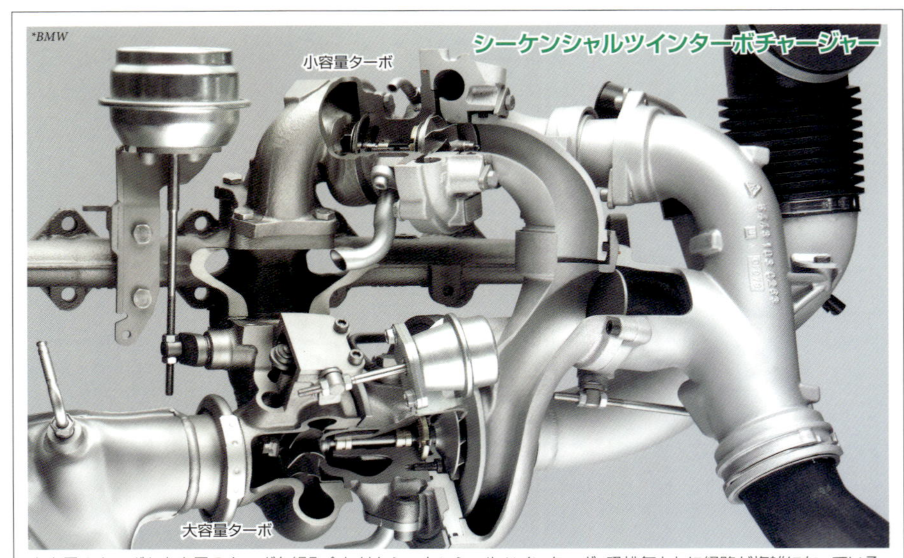

小容量のターボと大容量のターボを組み合わせたシーケンシャルツインターボ。吸排気ともに経路が複雑になっている。

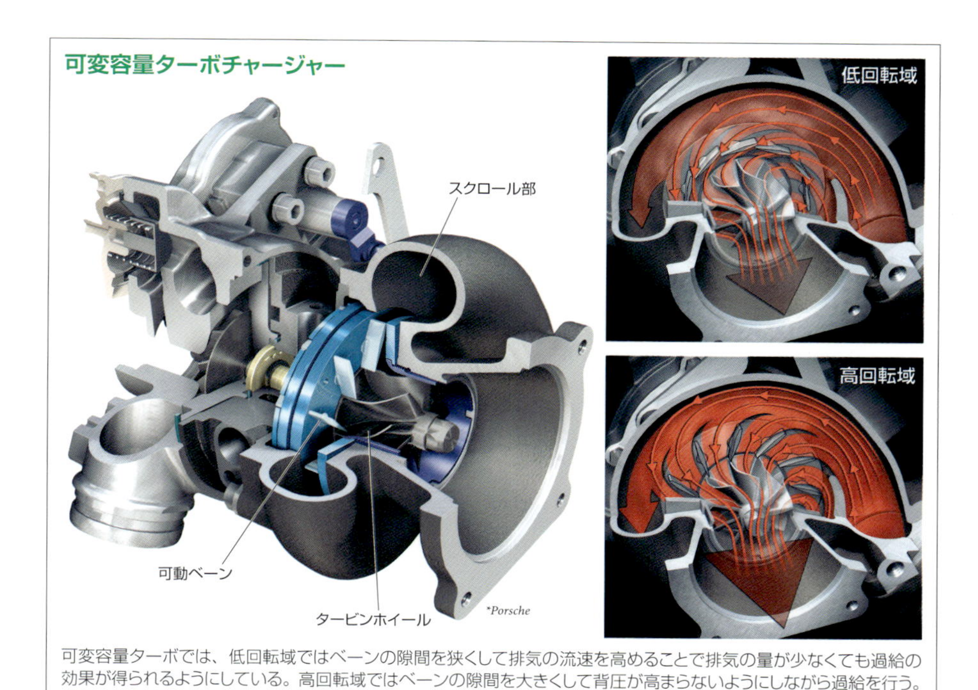

可変容量ターボでは、低回転域ではベーンの隙間を狭くして排気の流速を高めることで排気の量が少なくても過給の効果が得られるようにしている。高回転域ではベーンの隙間を大きくして背圧が高まらないようにしながら過給を行う。

3基を使用する**シーケンシャルトリプルターボチャージャー**もある。**シーケンシャルツインターボ**の場合、小容量と大容量のターボが組み合わされることが多い。低回転域では小容量ターボ、高回転域では大容量ターボというのが、もっとも単純な使い分けだが、2基を直列にして2段階で圧縮を行うなど、さまざまな方法が採用されている。

同じように2基のターボチャージャーを使用するが、それぞれ独立した排気系統で使用する**パラレルツインターボチャージャー**もある。単に**ツインターボチャージャー**といわれることも多く、**排気干渉**が起こりやすい6気筒以上のエンジンに採用される。1基の場合より個々のターボチャージャーを小型化できるため、低回転域から過給の効果が得られる。

可変システムを採用することで、1基で幅広い回転数に対応できるようにされたものもある。タービンハウジングの外周部を**スクロール部**というが、この部分での絞りこみを強くすると、排気の流速が高まり、低回転域から過給の効果が得られるようになる。しかし、絞りこみが強いと**背圧**が大きくなり、高回転域では使用できない。そこで絞りこみを可変にしたものが**可変容量ターボチャージャー**だ。タービンホイールの外周部に可動式のベーンを備え、その隙間を大きくしたり小さくしたりすることで絞りこみを可変にしている。**可変ジオメトリーターボチャージャー**（**VGターボチャージャー**）や**可変ノズルターボチャージャー**ということもあり、現在のディーゼルエンジン過給の主流になっている。

スーパーチャージャー

ターボチャージャーが苦手とする領域を
カバーするために使われる過給機

▶エンジンの出力を動力源に利用して過給を行う

機械式スーパーチャージャー（**メカニカルスーパーチャージャー**）には各種構造のものがあるが、現在ではおもに**ルーツ式スーパーチャージャー**が使われている。独特なひねりがある羽根を備えた**ローター**同士を噛み合わせて回転させると、隙間の容量（ようりょう）が順次変化していき、吸いこんだ吸気（きゅうき）が圧縮（あっしゅく）されて送り出される。ローターには羽根を４枚備えた**４葉ローター**と、３枚備えた**３葉ローター**がある。ローターを回転させる動力源はエンジンの出力であり、クランクシャフトからベルトなどで回転が伝達される。

機械式スーパーチャージャーはターボチャージャーに比べると、エンジンの低回転域から**過給**（かきゅう）の効果を得ることができる。回転を伝達するプーリーの大きさの比率を工夫したり歯車機構を利用すれば、ローターの回転数を高めることも可能だ。しかし、クランクシャフトの回転を利用しているため、エンジンの**補機駆動損失**（ほきくどうそんしつ）は大きくなる。この損失より過給の効果

機械式スーパーチャージャー

４葉のローターを採用する機械式スーパーチャージャー。インタークーラーも内蔵されている。

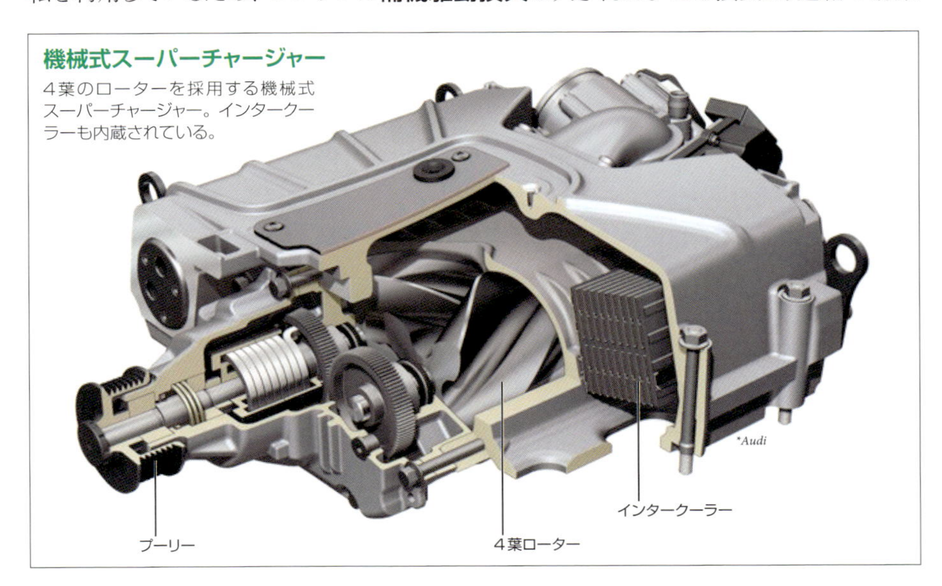

のほうが大きければ使用する価値があるが、高回転域ではエンジン全体としての効率を低下させることもある。そのため、クランクシャフトから回転が伝達されるプーリーにはクラッチが備えられ、状況に応じて過給を停止できるようにされていることが多い。

20世紀には機械式スーパーチャージャーで大出力を狙ったエンジンもあったが、現在ではターボチャージャーと組み合わせて使用されることが多い。発想はシーケンシャルツインターボチャージャーと同じで、低回転域を機械式スーパーチャージャーに担当させ、高回転域を大容量のターボチャージャーに担当させる。こうした方式を**ツインチャージャー**という。

▶モーターで駆動される過給機はどんなタイミングでも使える

ターボチャージャーも機械式スーパーチャージャーもエンジン回転数の影響を受ける。こうした影響なしに、過給を行える装置として開発されたのが**電動スーパーチャージャー**だ。**電動コンプレッサー**や**電動ターボチャージャー**（**電動ターボ**）と呼ばれることもある。電動スーパーチャージャーであれば、**背圧**に影響を与えたり、直接的に**機械的損失**を増大させたりすることはない。エンジンで発電した電力を使用するため、燃費には影響するが、それを上回る過給効果が得られれば問題ない。また、必要な時にだけ過給を行えることや、配置の自由度が高いことも電動スーパーチャージャーの魅力だ。

現状、電動スーパーチャージャーは**ツインチャージャー**の一方の**過給機**としてターボチャージャーをアシストしていることが多い。エンジンの電装品と同じ**12V電装**で駆動されているものもあるが、電圧が低いため過給能力には限りがある。そこで**48V電装**に対応したものも登場してきていて、過給の能力が大幅に向上されている。

電動スーパーチャージャー

48Vで駆動される電動スーパーチャージャー。モーターの回転数をかえることで過給圧をコントロールすることも可能。コンプレッサーホイールにはターボチャージャーと同じような羽根車が使われている。

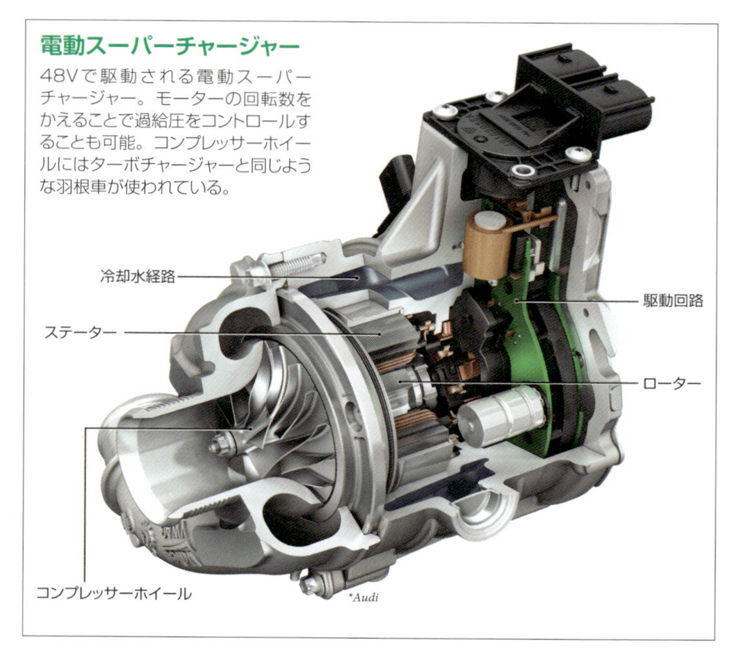

EGR

排気ガスを燃焼室に導くことで効率向上や低エミッション化を実現する

▶排気を吸い戻すことで燃焼行程で利用する内部EGR

排気ガスは次の燃焼に備えて完全に排出することが基本だが、その排気ガスを吸気に混ぜることで効率向上や**低エミッション化**を目指す技術が**EGR**だ。**排気ガス再循環**の英語の頭文字をとったもので、**排気ガス還流**ということもある。EGRには、**可変バルブシステム**などを利用して排気ガスをシリンダー内に残したり吸い戻したりする**内部EGR**と、排気装置と吸気装置の間に還流用の経路を設けて還流させる**外部EGR**がある。

内部EGRでは、排気バルブの閉じるタイミングを遅くして吸気行程で排気を排気ポートから吸い戻したり、吸気バルブの開くタイミングを早くして排気を吸気ポートに送りこみ吸気行程で吸気とともに吸いこんだりすることで排気を再利用する。吸気行程で再度排気バルブを開いて排気を吸いこむ方法もある。内部EGRを行うと、高温の排気がシリンダー内にあるため**冷間始動時**の**暖機**が早まり、燃焼状態も安定する。暖機が早まると、ガソリンエンジンでは**三元触媒**の暖機が早まり、低エミッション化が可能になる。ディーゼルエンジンでは低圧縮比化が可能になる。しかし、高温の排気が存在すると燃焼温度が高くなるため、ガソリンエンジンではノッキングが起こりやすくなり、ディーゼルエンジンでは**窒素酸化物**（**NO_x**）の発生量が増えてしまう。そのため、内部EGRは使える状況が限られる。

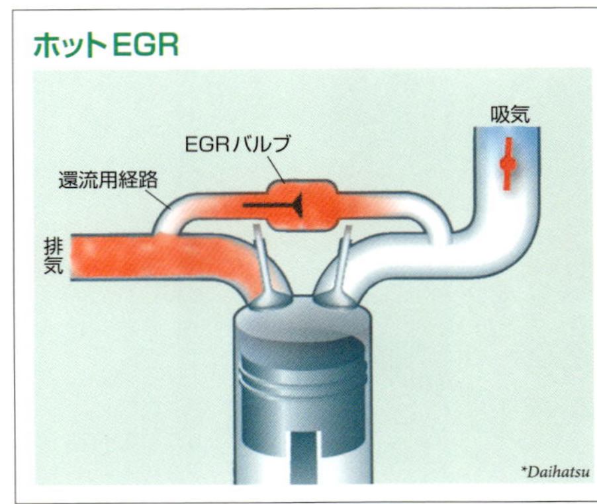

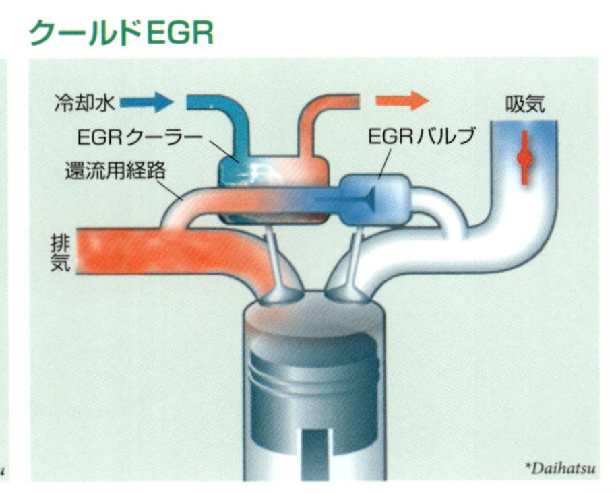

▶取り出した排気を冷却してから吸気系統に戻す外部EGR

外部EGRでは、還流用経路に**EGRバルブ**を設けることで、還流させる排気ガスの量を調整する。排気をそのまま還流させる方式を**ホットEGR**というが、排気の熱による問題が生じるため、現在では冷却装置(れいきゃくそうち)の冷却液を利用した**EGRクーラー**で**還流排気ガス**(かんりゅうはいき)を冷却してから戻すのが一般的だ。こうした方式を**クールドEGR**や**クールEGR**という。

ガソリンエンジンで排気をスロットルバルブより下流に還流させた場合、吸気に還流排気ガスが加わるため、**吸入負圧**(きゅうにゅうふあつ)が小さくなり、**ポンプ損失**(そんしつ)が低減される。スロットルバルブより上流に還流させた場合は、スロットルバルブ開度(かいど)が大きくなり、ポンプ損失が低減される。

EGRを行うと、吸気内の酸素(さんそ)の濃度が低くなるため、燃焼温度が低下する。さらに、排気のなかには**比熱**(ひねつ)が大きい水（水蒸気）や二酸化炭素(にさんかたんそ)が存在する。比熱が大きいほど温まりやすく冷めにくいため、EGRによって**燃焼ガス**内の水や二酸化炭素の比率が高まると、それだけエンジンの熱を奪うようになる。こうした効果によって、ガソリンエンジンでは**ノッキング**が起こりにくくなり、ディーゼルエンジンでは**窒素酸化物**（**NO_x**）の発生量が抑えられる。現在では状況によっては吸気に20%程度の排気が混ぜられることもある。

なお、ターボチャージャーを搭載したエンジンの場合、タービンハウジングより上流で排気を取り出すことが多い。これを**ハイプレッシャーEGR**（**高圧EGR**）というが、還流排気ガスの量を増やすと、排気の圧力が低くなり過給能力(かきゅうのうりょく)が低下する。そのため、タービンハウジングより下流で取り出す**ロープレッシャーEGR**（**低圧EGR**）も登場してきている。

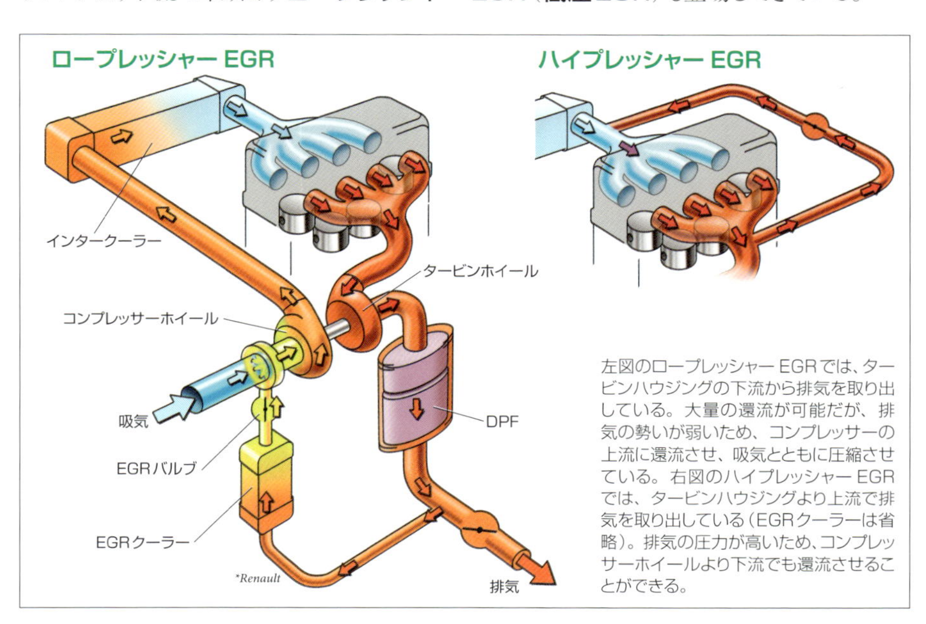

左図のロープレッシャーEGRでは、タービンハウジングの下流から排気を取り出している。大量の還流が可能だが、排気の勢いが弱いため、コンプレッサーの上流に還流させ、吸気とともに圧縮させている。右図のハイプレッシャーEGRでは、タービンハウジングより上流で排気を取り出している（EGRクーラーは省略）。排気の圧力が高いため、コンプレッサーホイールより下流でも還流させることができる。

燃料装置

噴射される燃料を微細な粒子にするほど素早く気化して燃焼状態が改善される

▶燃料ポンプの圧力でタンクの燃料をエンジン近くまで運ぶ

エンジンに**燃料**を供給する**補機**が**燃料装置**（**フューエルシステム**）だ。現在のエンジンでは**フューエルインジェクター**から燃料を噴射することでエンジンに供給するため、**燃料噴射装置**（**フューエルインジェクションシステム**）ということも多い。燃料の供給方法には、**ガソリンエンジン**では**ポート噴射式**と**直噴式**があり、**ディーゼルエンジン**では直噴式の一種である**コモンレール式**が一般的になっている。

燃料装置のうち、燃料をエンジン近くまで運ぶ部分を**フューエルデリバリーシステム**という。走行に使用する燃料は**燃料タンク**（**フューエルタンク**）に蓄えられている。タンクは軽量化のために樹脂製が主流だ。ここから**燃料ポンプ**（**フューエルポンプ**）によって圧力が高められ、金属製の**燃料パイプ**（**フューエルパイプ**）やゴム製の**燃料ホース**（**フューエルホース**）によってエンジン近くまで運ばれる。燃料ポンプは燃料タンク内に収められるのが一般的だ。燃料の圧力を一定に保つ**フューエルプレッシャーレギュレーター**や燃料の残量を測定する**フューエルゲージユニット**、燃料内の異物を取り除く**フューエルフィルター**などが一体化され、**フューエルポンプユニット**としてタンク内に収められる。

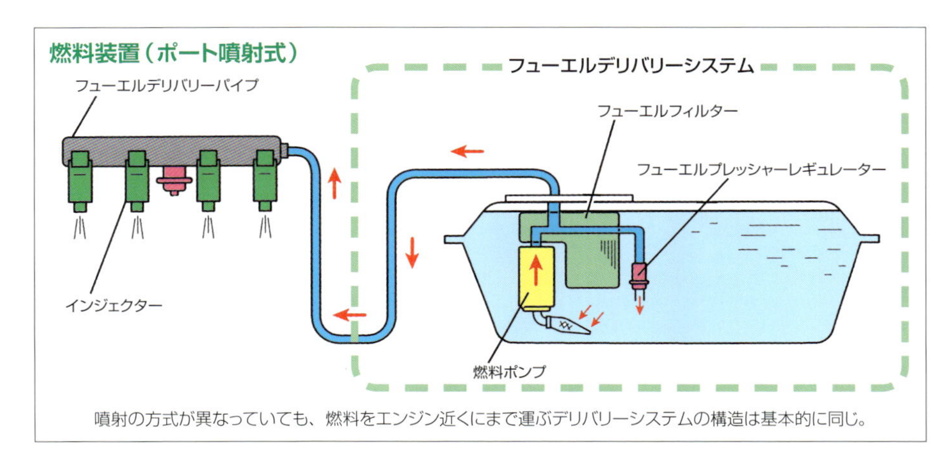

噴射の方式が異なっていても、燃料をエンジン近くにまで運ぶデリバリーシステムの構造は基本的に同じ。

▶燃料を噴射するインジェクターにはソレノイド式とピエゾ式がある

燃料を最終的に噴射する部品を**フューエルインジェクター**といい、**インジェクター**と略されることも多い。電気信号で内部のバルブが開くと、細い孔(こう)にされた先端のノズルから圧力が高められた燃料が噴射される。この燃料の圧力を**燃圧**(ねんあつ)（**フューエルプレッシャー**）という。燃圧を一定にしておけば、バルブを開く時間で燃料の噴射量を制御できる。

インジェクターには**電磁石**(でんじしゃく)で動作する**ソレノイドフューエルインジェクター**と、電圧を力にかえることができる**ピエゾ素子**(そし)（**圧電素子**(あつでんそし)）で動作する**ピエゾフューエルインジェクター**がある。**ソレノイドインジェクター**より**ピエゾインジェクター**のほうが反応速度が高く、高圧にも耐えられる。1/1000秒単位でバルブの開閉を行うことができるがコストが高い。

噴射された燃料は液体の状態のままでは燃焼できない。**気化**(きか)することで燃焼が可能になる。燃料を微細な粒子にするほど速く気化するが、そのためには**噴射孔**(ふんしゃこう)を細くしなければならない。孔が細くなると、一定時間の間に通過できる燃料が少なくなるため、同じ量の燃料を同じ時間で噴射するには燃圧を高める必要がある。また、複数の噴射孔を備えることでも個々の孔を細くすることができ、噴射範囲も広がるため、2方向に燃料を噴射する**2ホールインジェクター**や、さらに多数の孔を備えた**マルチホールインジェクター**もある。

ソレノイドインジェクター

ガソリン直噴エンジン用のソレノイドインジェクター。電磁石の作用でバルブの開閉を行う。先端のノズルに6個の孔を備えるマルチホールタイプ。

ピエゾインジェクター

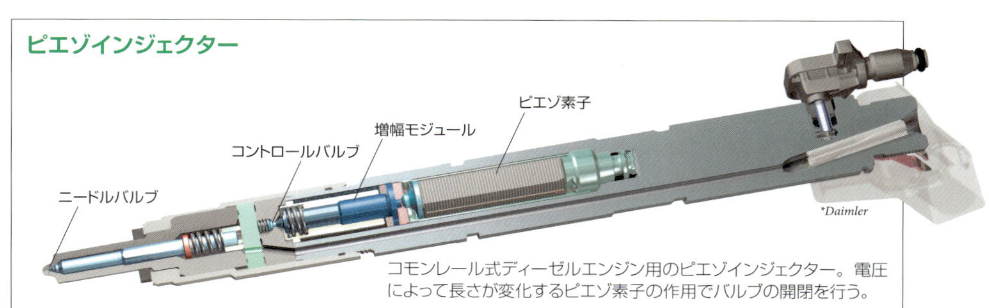

コモンレール式ディーゼルエンジン用のピエゾインジェクター。電圧によって長さが変化するピエゾ素子の作用でバルブの開閉を行う。

ポート噴射式燃料装置

時間をかけて燃料と空気が均質に混ざるため燃焼しやすい良質な混合気になる

▶燃料は吸気ポートに噴射され空気と混合されながらシリンダーに入る

ガソリンエンジンに採用される**ポート噴射式燃料装置**は、英語の頭文字から**PFI**と略されることが多い。気筒ごとの**吸気ポート**に**インジェクター**が備えられるのが一般的で、**ソレノイドインジェクター**が使われる。**フューエルデリバリーシステム**の**燃料ポンプ**の**燃圧**をそのまま使って噴射が行われる。噴射は**吸気行程**で行われるのが基本で、噴射された**燃料**は吸気とともにシリンダー内に吸いこまれる。燃料と空気が混合されながらシリンダーに入り、圧縮行程の間も混合が続くので、燃料が十分に**気化**された均質な**混合気**になる。燃料の気化を促進するために、吸気バルブが開く以前から噴射が行われることもある。

ポート噴射式では、噴射された燃料が吸気ポートの壁面や吸気バルブの裏側に付着することがある。こうした燃料が遅れてシリンダーに入ることもあるため、エンジンのレスポン

ポート噴射式燃料装置

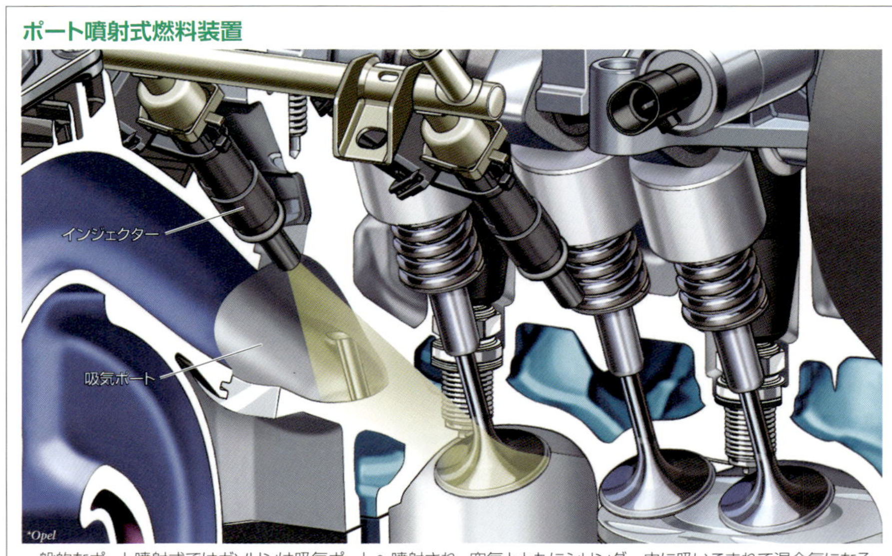

一般的なポート噴射式ではガソリンは吸気ポートへ噴射され、空気とともにシリンダー内に吸いこまれて混合気になる。

スが悪く、厳密な燃料噴射の制御が難しい。想定外の**空燃比**になり、排出ガス浄化に悪影響を与えることもある。現在主流の4バルブ式では吸気ポートは枝分かれしているため、**2ホールインジェクター**を採用してポート壁面への付着が減らされることもある。

▶気筒当たりのインジェクターを2本にすると各種メリットがある

エンジンの効率を高めるために、1気筒に2本の**インジェクター**を配置する**デュアルインジェクター**が採用されることもある。噴射位置をバルブに近づけることができるため、吸気ポート壁面への燃料の付着が減少し、レスポンスや燃費が向上する。一部の燃料は液体状態のままシリンダー内に入るので、燃料が**気化**する際の**気化熱**によって内部が冷却される。これにより**ノッキング**が防がれるので、**圧縮比**を高めることが可能になる。

現在のエンジンは、**バルブオーバーラップ**を可変することで効率向上や低エミッション化を目指しているが、**オーバーラップ**を大きくしすぎると燃料がシリンダー内を吹き抜けてしまい、**炭化水素**(**HC**)が排出されてしまうため、オーバーラップの大きさには限界がある。しかし、デュアルインジェクターであれば、個々のインジェクターの噴射量は半分になるので、噴射時間を短くすることができる。吸気行程後半で噴射するようにすれば、さらにオーバーラップを大きくすることができる。また、インジェクター1本の場合と同じ時間を使って噴射するのであれば、**噴射孔**を細くして燃料の粒子を微細にすることも可能だ。これにより、燃料の気化や混合を促進して、燃焼状態を改善することができる。

デュアルインジェクター

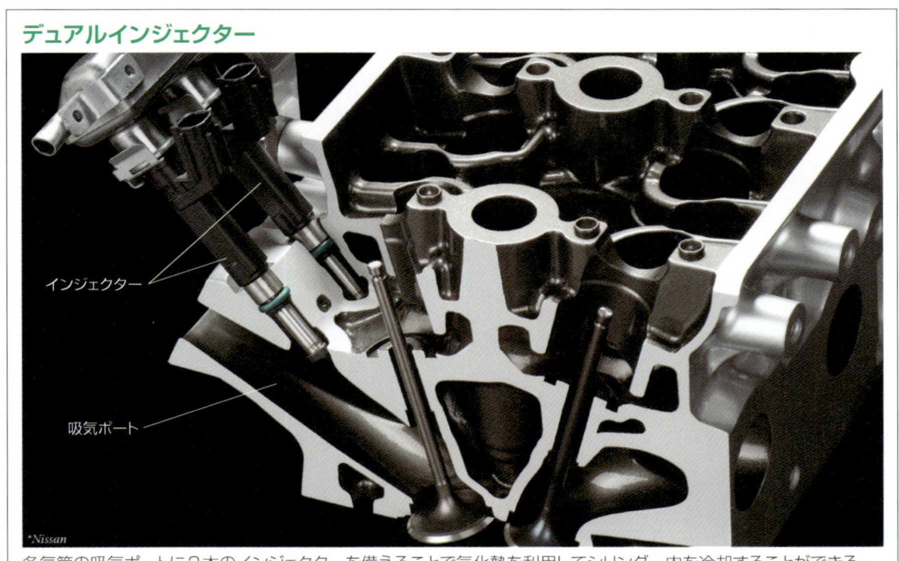

各気筒の吸気ポートに2本のインジェクターを備えることで気化熱を利用してシリンダー内を冷却することができる。

直噴式燃料装置

ガソリンが気化する際の気化熱によって燃焼室の温度を下げノッキングを抑制する

▶圧力が高まったシリンダー内にも噴射できるように燃圧を高める

直噴式燃料装置(ちょくふんしきねんりょうそうち)は**直接噴射式**(ちょくせつふんしゃしき)を略したもので、シリンダー内に直接**燃料**を噴射する。**筒内噴射式**(とうないふんしゃしき)ともいわれる。採用するエンジンを**直噴エンジン**(ちょくふん)や**筒内噴射エンジン**(とうないふんしゃ)という。

直噴式では、シリンダー内の圧力が高まる圧縮行程(あっしゅくこうてい)後半に燃料を噴射することもあり、**フューエルデリバリーシステム**の**燃料ポンプ**の**燃圧**(ねんあつ)では噴射できないこともあるため、**燃料噴射ポンプ**（**フューエルインジェクションポンプ**）を利用する。2種類のポンプが使われるため、区別する場合はデリバリーシステムのポンプを**フューエルフィードポンプ**という。燃料噴射ポンプはカムシャフトで駆動(くどう)されるのが一般的だ。

ソレノイドインジェクターが使われることがほとんどだが、高度な燃料噴射制御を行うために**ピエゾインジェクター**が採用されることもある。燃料の噴射は、燃焼室側面(ねんしょうしつそくめん)から行う**サイド噴射**と、燃焼室中央から行う**トップ噴射**がある。トップ噴射は**センター噴射**ともいうが、点火プラグとの兼ね合いで多少中心からずれた位置にされることもある。

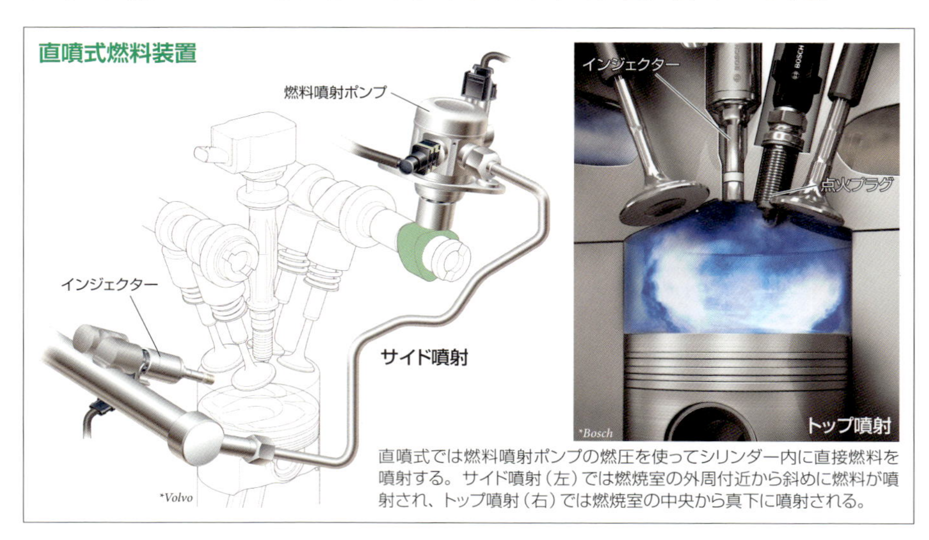

直噴式では燃料噴射ポンプの燃圧を使ってシリンダー内に直接燃料を噴射する。サイド噴射（左）では燃焼室の外周付近から斜めに燃料が噴射され、トップ噴射（右）では燃焼室の中央から真下に噴射される。

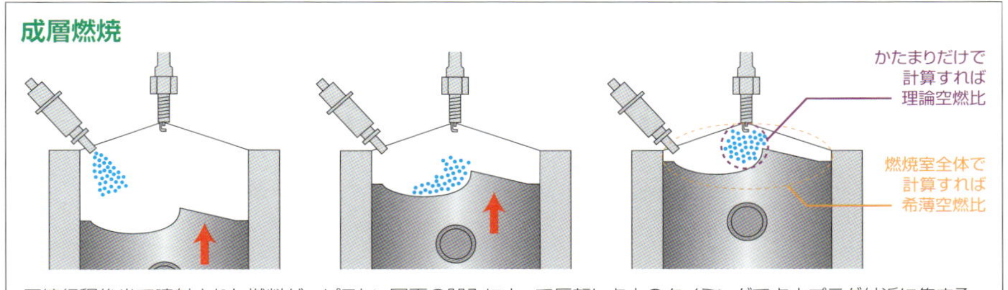

圧縮行程後半で噴射された燃料が、ピストン冠面の凹みによって反転し点火のタイミングで点火プラグ付近に集まる。

▶シリンダー内に燃料を噴射することで内部を冷却する

直噴式は**リーンバーン**（**希薄燃焼**）によって**ポンプ損失**を低減するために導入された技術だ。**空燃比**を20：1より**リーン**にすると通常は正常に燃焼できないが、**燃料**をシリンダー内に分散させず、点火のタイミングに合わせて**点火プラグ**付近に**気化**した燃料のかたまりを作り、その部分だけを**理論空燃比**付近にすれば燃焼が可能になる。こうした燃焼方法を**成層燃焼**というが、燃料のかたまりを作るためには、圧縮行程でシリンダー内に燃料を噴射する必要がある。直噴式による成層燃焼は1990年代に実現され省燃費に成功したが、希薄燃焼では**窒素酸化物**（**NO_x**）の排出が増える。当時の技術では浄化が難しくコスト高でもあったため、**排出ガス規制**の強化とともに採用されなくなった。ちなみに、ポート噴射式のようにシリンダー内全体に均一に燃料を分散させる燃焼方法を**均質燃焼**という。

21世紀に入ると、シリンダー内の冷却のために直噴式が採用されるようになった。直噴式の場合、燃料の気化がシリンダー内で行われるため、**気化熱**によって混合気が冷却される。これにより**ノッキング**が起こりにくくなるため、**圧縮比**を高めてエンジンの効率を高めることができる。また、**冷間始動時**に点火プラグ付近を成層燃焼ぎみにして空燃比を**リッチ**にすると、低温でも燃焼が安定し、**暖機**が早く行える。

現在の直噴式はおもに吸気行程で燃料を噴射し均質燃焼を行うが、燃料が気化して空気と混ざる時間が少ないため、ポート噴射式に比べると燃焼面で不利だ。そのため、ポート噴射式と直噴式双方のインジェクターを備え、状況に応じて使い分けたり併用したりするエンジンもある。

ポート噴射＋直噴

コモンレール式燃料装置

効率向上や低エミッション化に加えて ディーゼル特有のカラカラ音も低減できる

▶高圧にした燃料を蓄えておき噴射タイミングをきめ細かく制御する

ディーゼルエンジンは基本となる燃料噴射方式が**直噴式**(ちょくふんしき)だ。過去さまざまな構造のものが開発されてきたが、現在では噴射タイミングのきめ細かい制御や**燃料**の微粒子化が可能な**コモンレール式燃料装置**(しきねんりょうそうち)が一般的だ。**コモンレール式**では、ガソリンエンジンの直噴式に比べると10倍程度高い**燃圧**(ねんあつ)が使用される。ガソリンエンジンの直噴式と同じように噴射のたびにポンプで燃圧を高める方式では、噴射タイミングの自由度が低く、燃圧が変動(へんどう)する可能性もある。そこで、燃圧を高めた燃料を**アキュムレーター**（**蓄圧室**(ちくあつしつ)）に蓄えておき、そこからインジェクターに燃料を供給する。アキュムレーターにある程度の量を蓄えておけば、1回の燃焼(ねんしょう)・膨張行程(ぼうちょうこうてい)で何度にも分けて噴射することが可能になり、燃圧も

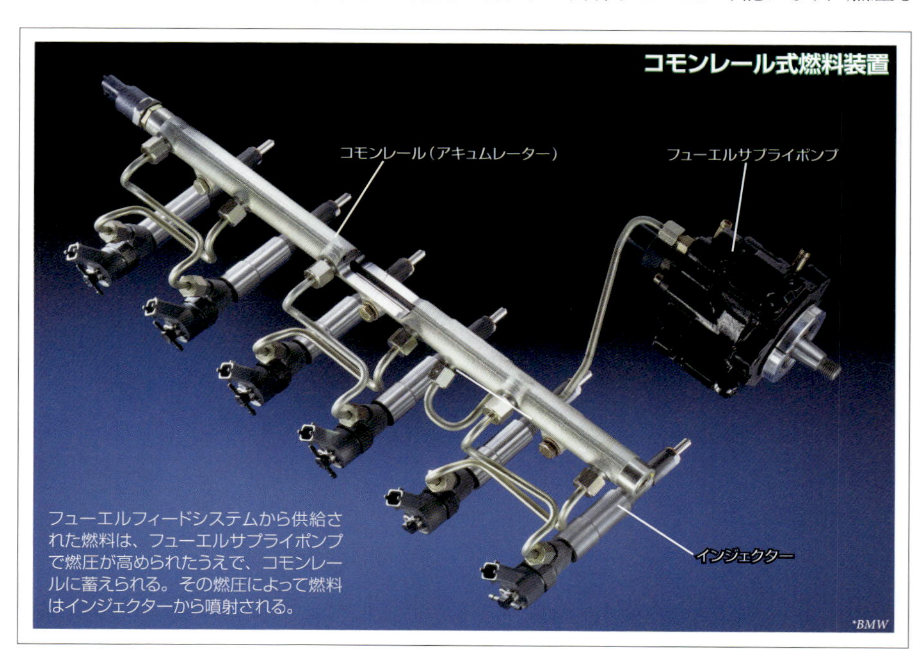

フューエルフィードシステムから供給された燃料は、フューエルサプライポンプで燃圧が高められたうえで、コモンレールに蓄えられる。その燃圧によって燃料はインジェクターから噴射される。

常に高い状態が維持できる。アキュムレーターはレールのようにシリンダーヘッドに沿って配置され、各気筒に共通（Common）の存在であるため、コモンレール式と呼ばれる。

燃圧を高めるポンプは**フューエルサプライポンプ**といい、カムシャフトによって駆動されるのが一般的だ。**インジェクター**には反応速度が高い**ピエゾインジェクター**が使われることがほとんどだが、コモンレール式に対応した**ソレノイドインジェクター**も開発されている。多少性能は劣るもののコストを抑えることができる。

▶何度にも分けて噴射される燃料にはそれぞれに役割がある

コモンレール式では、効率向上や低エミッション化、低騒音化のために、1回の燃焼・膨張行程で何度にも分けて噴射する。これを**多段噴射**や**複数回噴射**という。5〜6回に分けて噴射するのが一般的で、8回に分けて噴射が行われることもある。最初に行われる**パイロット噴射**は、少量の混合気を作って着火性を高めるために行われる。着火性が悪いと、噴射された**燃料**が一瞬の間をおいて瞬時に燃焼し、圧力が急上昇するため、ディーゼルエンジン特有のカラカラという燃焼音が生じてしまう。続く**プレ噴射**は、少量の噴射で火種を作り、急激な燃焼になるのを防ぐ。急激な燃焼を抑えることで、**窒素酸化物**（NOx）の発生と燃焼音が低減される。そして、**メイン噴射**が本来の出力を得るための噴射だ。**アフター噴射**は少量の燃料を**燃焼ガス**に噴射することで、燃え残りの燃料を完全に燃焼させて**粒子状物質**（PM）の発生を低減する。**ポスト噴射**はシリンダー内での燃焼が目的ではなく、DPFに溜まったPMを燃焼させるために行われる。

ディーゼルエンジンの燃焼

*Bosch

メイン噴射で噴射された燃料は勢いよく燃焼していく。

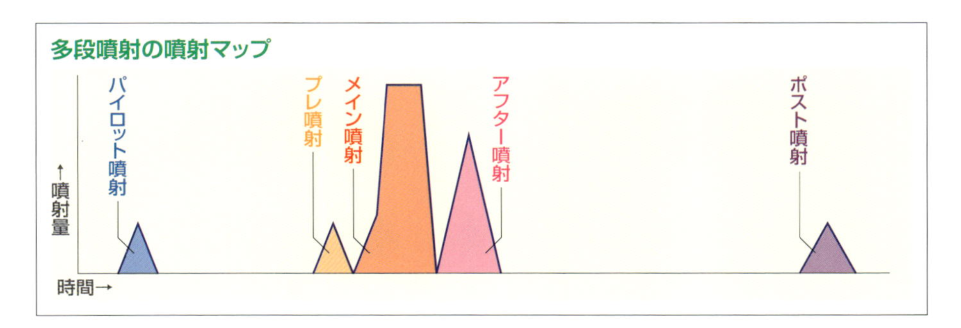

HCCIとSPCCI

リーンバーンに加えて低エミッション化も実現する ガソリンエンジンの新しい燃焼方法

▶希薄な混合気を高圧縮することで各所で自己着火を始めさせる

ガソリンエンジンの**リーンバーン**（**希薄燃焼**）の方法として注目を集めているのが**HCCI**（Homogeneous Charge Compression Ignition）だ。日本語では**均一予混合圧縮着火**や**予混合圧縮着火**という。予め**燃料**と空気を均一に混合しておき、圧縮によって着火させる燃焼方式であるため、このように呼ばれる。

HCCIでは、通常のガソリンエンジンと同じように、吸気とともに燃料をシリンダーに送りこむ。リーンバーンを行うため、スロットルバルブ開度は大きく、燃料は少なめになる。空気と燃料は吸気行程と圧縮行程を使って十分に混合され均一な状態になる。この**混合気**を高い**圧縮比**で圧縮すると温度が上昇し、混合気は各所で**自己着火**し始め、燃焼・膨張行程になる。これがHCCIの**圧縮着火**による燃焼だ。混合気を作るガソリンエンジンの燃焼方法と、自己着火を利用するディーゼルエンジンの燃焼方法を混ぜた方法だといえる。

HCCIでは、燃料が少なく各所で順次燃焼するので燃焼温度が一気に上昇しないため**冷却損失**が抑えられる。スロットルバルブが絞られないので**ポンプ損失**も抑えられる。加えて高圧縮比であるため、エンジンの効率が高くなる。また、燃料と空気がよく混合されているので燃え残りが少なくなり、**粒子状物質**（**PM**）の排出が低減される。燃焼温度が低い

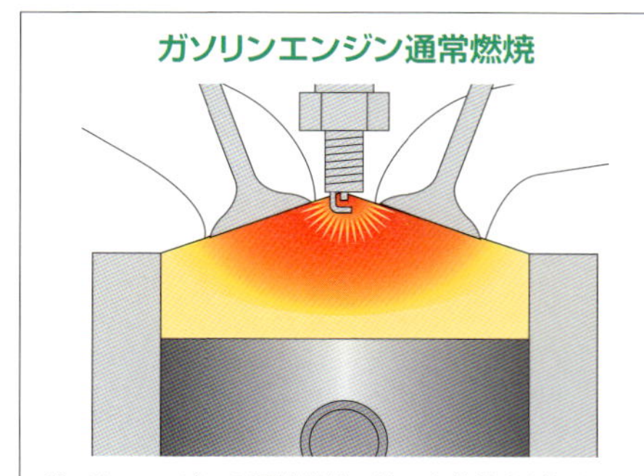

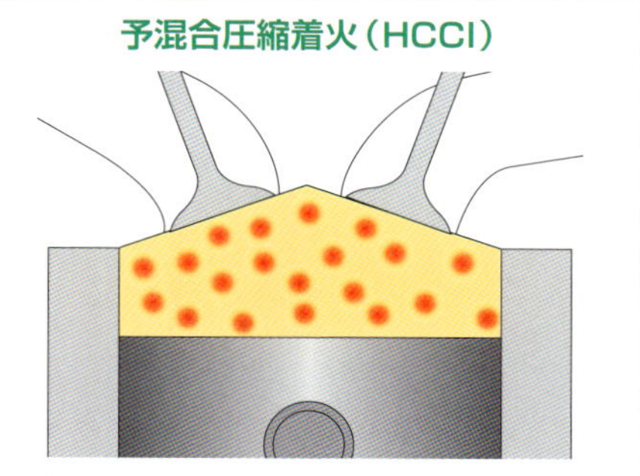

ガソリンエンジンの通常燃焼では、火花着火が行われると火炎が伝播して順次燃え広がっていく。HCCIでは、混合気のあらゆる場所で自己着火による燃焼が起こるが、温度が低いと失火し、温度が高いとノッキングが起こってしまう。

ので、**窒素酸化物**（**NOx**）の排出も少なくなる。

HCCIは1980年代から研究が続いていて、理想的な燃焼だということが実証されているが、低負荷域では燃焼状態が安定せず失火してしまうことも多く、高負荷域では異常燃焼である**ノッキング**が生じてしまう。現状では、安定して使用できるのは、低中負荷の一定の領域に限られていて、HCCIエンジンの実用化にはまだ至っていない。使用できる領域を広げる研究開発が多くの企業で行われている。

▶火花着火した火球の圧力を利用して周囲に圧縮着火を起こさせる

HCCIの研究開発が世界各国で進むなか、マツダがガソリンエンジンの**圧縮着火**の実用化に成功した。純粋なHCCIではなく、**点火プラグ**による**火花着火**を加えることで実現している。点火プラグを使ったのでは、従来のガソリンエンジンとかわりないように思えるが、火花着火から圧縮着火へと発展させている。点火プラグで着火を行うと、球状の火炎ができ膨張を開始する。その膨張が周囲の混合気をさらに圧縮することになり、各所で圧縮着火が始まるという仕組みだ。この燃焼方式を**SPCCI**（Spark Controlled Compression Ignition）、日本語では**火花点火制御圧縮着火**という。

圧縮着火できる領域が広がったとはいえ、SPCCIは**リーンバーン**であるため、高負荷域や高回転域では使えない。こうした領域では、通常のガソリンエンジンと同じように動作する。燃料噴射には**コモンレール式燃料装置**が採用され、実質的な**圧縮比**を高めるために**機械式スーパーチャージャー**による**過給**が行われる。まだ、詳細が明らかにされていない部分も多いが、現行のガソリンエンジンに比べて20〜30%程度燃費を向上させることが可能になるという。

火花点火制御圧縮着火（SPCCI）

火花着火で生じた火球が周囲の混合気を圧縮し、圧縮されたことで各所で自己着火が起こる。

SPCCIはSKYACTIV-Xエンジンに採用される。

点火装置

ECUが最適なタイミングの着火を制御し 強い火花放電で燃焼状態を改善させる

▶コイルで高圧電流を作り出し点火プラグの放電で着火を行う

点火装置（**イグニッションシステム**）は、**ガソリンエンジン**で**混合気**に**火花着火**を行う**補機**だ。着火は**点火プラグ**の**電極**間に**火花放電**を起こさせることで行う。ガソリンエンジンの原理の説明では、圧縮行程が終わりピストンが上死点にある時に着火を行うが、実際には着火から燃え始めるまでにわずかに時間がかかるため、ピストンが上死点に達する少し前に着火を行うのが基本だ。こうした着火の時期を**点火時期**や**点火タイミング**というが、最適な時期はエンジンの回転数や負荷で変化する。また、**ノッキング**が起こった際には、点火時期を遅らせるといった対処が必要になる。そのため、エンジンを制御する**エンジンECU**が各種センサーからの情報をもとにして点火時期を決定している。

火花放電に必要な電力は**充電装置**から供給される。放電には高圧電流が必要だが、充電装置から供給されるのは12Vの低圧電流であるため、**コイル**を利用して高圧電流にしている。これを**昇圧**という。2つのコイルが磁界を共有できるように置き、一方のコイルに

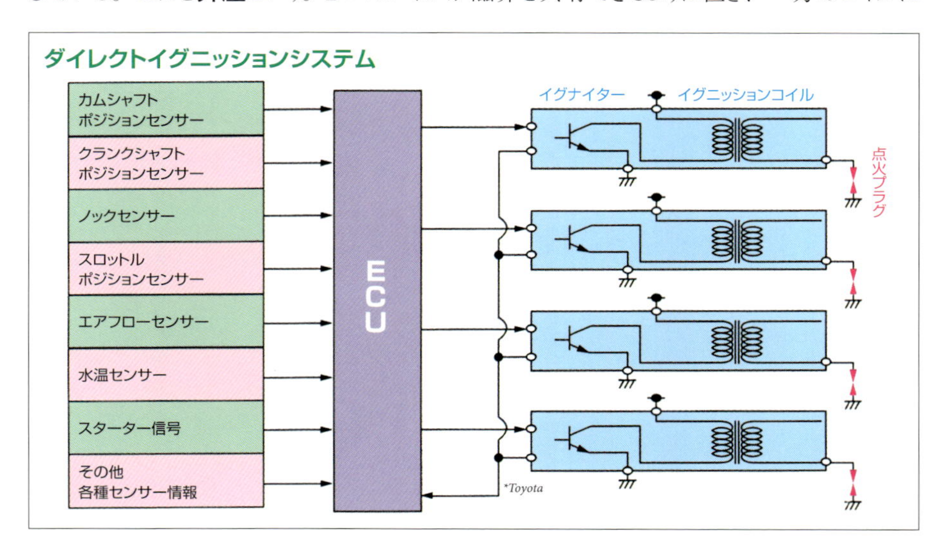

直流電流を流して止めると、もう一方のコイルに直流電流が流れる。双方のコイルの巻数をかえると、その比率に応じて電圧を変化させられる。これをコイルの**相互誘導作用**といい、点火装置に使われるコイルは**イグニッションコイル**という。電圧を高めるほど、火花を強くしたり、電極の間隔を広げて火種を大きくしたりして、燃焼状態が改善できる。そのため従来は1万～2万5000V程度だったが、現在では4万V以上が使われることもある。

最適な点火時期にECUが信号を発するが、信号は非常に微弱な電流であるため、**イグナイター**という電子回路で増幅してイグニッションコイルに送る。コイルで昇圧された電流は点火プラグに送られ、火花放電を起こす。現在ではイグナイターとイグニッションコイルは一体化され、**プラグキャップ**に備えられるのが一般的だ。このようにECUの信号を利用し高圧電流を最短距離で伝える点火装置を**ダイレクトイグニッションシステム**という。

点火プラグ

ターミナル
ガイシ
六角部
ネジ部
中心電極
接地電極

*Denso

点火プラグは**スパークプラグ**ともいい、先端部分に**中心電極**と**接地電極**という2つの電極がある。電極には**ニッケル合金**が使われることが多かったが、放電の際の衝撃や熱によって消耗してしまう。そのため、現在では**プラチナ**（**白金**）や**イリジウム合金**が使われることが増えている。こうしたプラグを**プラチナプラグ**（**白金プラグ**）や**イリジウムプラグ**といい、10万km走行メンテナンスフリーが実現されている。

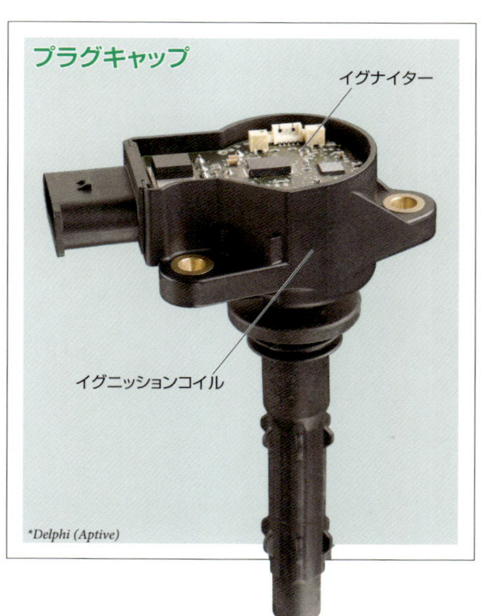

プラグキャップ

*Delphi (Aptive)

潤滑装置

機械的損失を低減させるために潤滑するが無駄な補機駆動損失を生じさせることがある

▶エンジンオイルを循環させて部品が滑らかに動けるように潤滑する

エンジン内にはピストンやバルブのように往復運動する部分や、クランクシャフトやカムシャフトのように回転運動する部分があるが、金属部品同士が触れ合っていてはスムーズに動けない。これらの金属部品が滑(なめ)らかに動けるようにする**補機**(ほき)が**潤滑装置**(じゅんかつそうち)（**ルブリケーションシステム**）だ。**潤滑**によって摩擦を小さくできれば、**機械的損失**(きかいてきそんしつ)を低減できる。

潤滑には**エンジンオイル**と呼ばれる油が使われる。エンジンオイルは、エンジン下部に備えられた**オイルパン**という皿状の部分に蓄えられ、**エンジンオイルポンプ**の力で吸い上げられ**油圧**(ゆあつ)が高められる。油圧が高められたオイルは、シリンダーブロックやシリンダーヘッド内に設けられた**オイルギャラリー**という経路でエンジン各部に送られ、潤滑が必要な部分で穴から流れ出たり吹きかけられたりする。部品を潤滑したオイルは、落下したりエンジンの内壁に沿って流れ落ち、オイルパンに戻る。潤滑経路の途中には**オイルフィルター**が備えられ、オイル内の汚れや異物が取り除かれる。オイルを吸い上げる部分にも**オイルストレーナー**という金属製の網があり、異物が潤滑経路に入らないようにしてある。

オイルポンプはエンジンのクランクシャフトで駆動(くどう)されるのが一般的なため、**補機駆動損失**(ほきくどうそんしつ)が生じる。エンジン回転数が高くなるほど油圧も高くなるが、必要以上に高くなり、わざわざ油圧を制限したうえでオイルギャラリーに送り出すこともあり、無駄が生じる。そのため現在では、補機駆動損失を低減するために、回転数に応じてオイルポンプの能力が変化する**可変容量オイルポンプ**(かへんようりょう)が採用されることも多い。

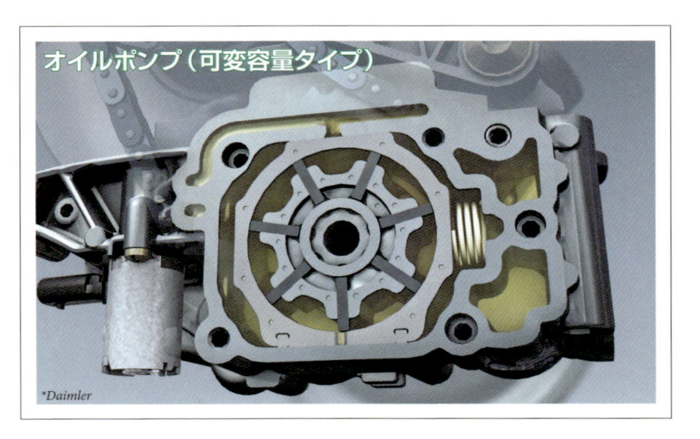

オイルポンプ（可変容量タイプ）

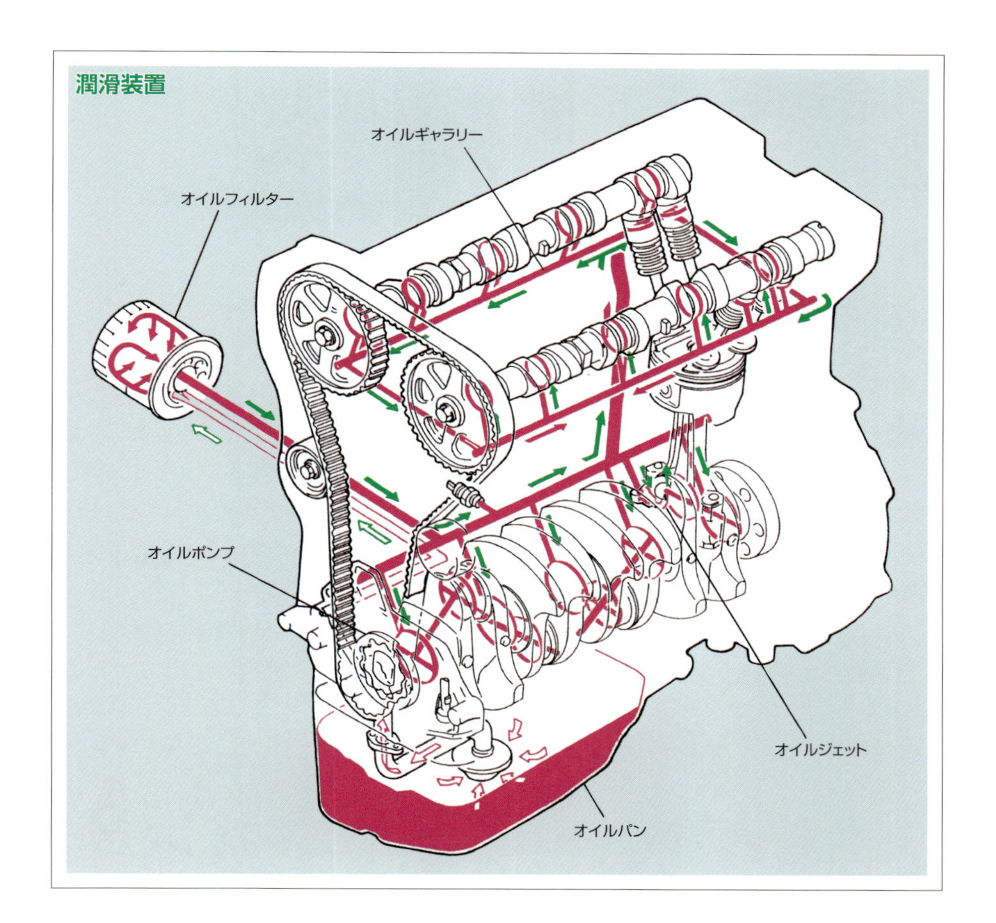

▶エンジンオイルはエンジンの冷却などにも役立っている

エンジンオイルには**潤滑作用**以外にもさまざまな役割がある。代表的なものが**冷却作用**だ。エンジン内を循環（じゅんかん）するエンジンオイルは、燃焼室周辺（ねんしょうしつしゅうへん）などの高温部分では周囲の熱を奪う。高温になったオイルはオイルパンに戻るが、オイルパンは高温部分から離れているうえ外側が外気に触れているので、**放熱**（ほうねつ）によってオイルが冷却される。この循環を繰り返すことでエンジンの高温部分を冷却することができる。

エンジンオイルはエンジン内を循環する際に、各部で生じた汚れや金属粉を洗い流すことができる。これを**清浄作用**（せいじょうさよう）といい、洗い流された異物はオイルストレーナーやオイルフィルターで取り除かれるため、再循環（さいじゅんかん）することはない。このほか、ピストンとシリンダーの隙間をふさぐ**気密作用**（きみつさよう）や、部品と部品が強くぶつかることを防ぐ**緩衝作用**（かんしょうさよう）、金属部品が錆びないようにする**防錆作用**（ぼうせいさよう）もエンジンオイルの役割だ。

冷却装置

エンジンに冷却は必要不可欠なものだが過度の冷却は損失を増大させる

▶冷却液がエンジンの熱を奪いラジエターで周囲に放熱する

燃焼行程で発生した熱の一部は周囲の部品にも伝わってしまう。この熱を放置しておくと、エンジンがどんどん高温になり、燃焼状態が悪化して効率が低下する。さらに過熱して**オーバーヒート**の状態になると、エンジンオイルの能力が低下して摩擦が増大して過熱が進む。最終的には部品が溶解して焼きついたりする。こうした事態を防ぐ**補機**(ほき)が**冷却装置**(れいきゃくそうち)だ。ただし、必要以上に冷却すると**冷却損失**(れいきゃくそんしつ)が増大する。適温以下の**オーバークール**の状態になると、燃焼状態が悪化して効率が低下し、大気汚染物質の排出も増える。

空冷式という冷却方法もあるが、**冷却液**を使用する**水冷式**が一般的に採用されている。

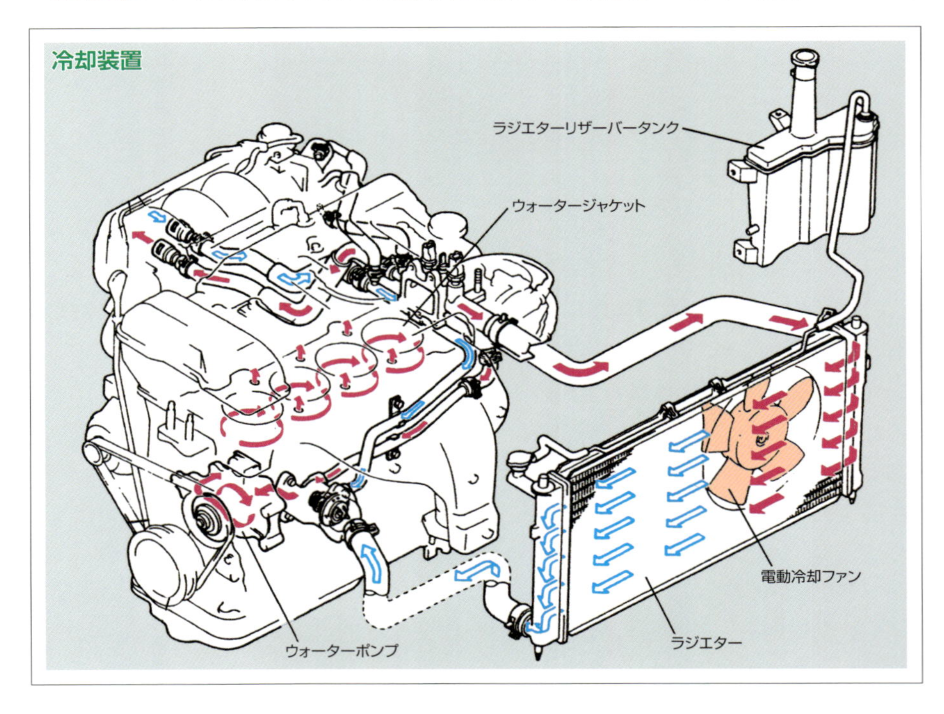

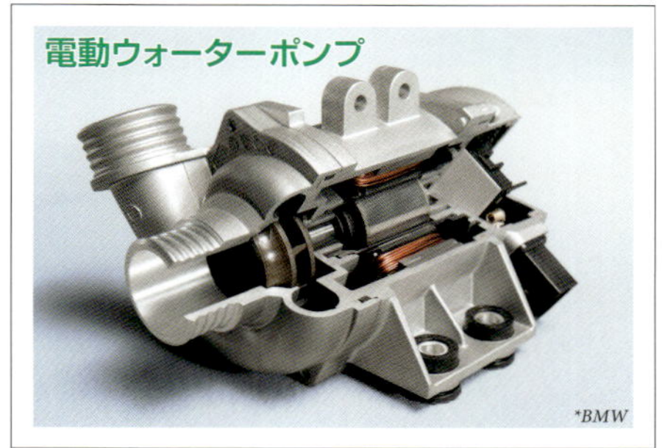

シリンダーブロックやシリンダーヘッド内には**ウォータージャケット**という冷却液の流路があり、内部を通過する際に冷却液が周囲の熱を奪う。高温になった冷却液は**ラジエター**に送られ、周囲に**放熱**(ほうねつ)することで冷却されエンジンに戻される。冷却液の循環(じゅんかん)には、**ウォーターポンプ**が使われる。クランクシャフトの回転で駆動(くどう)されるポンプが多いが、**電動ウォーターポンプ**の採用も始まっている。電動であれば、**補機駆動損失**(ほきくどうそんしつ)が低減されるだけでなく、状況に応じてポンプを動作させることができ、エンジン停止中でも冷却できる。

ラジエターは日本語では**放熱器**(ほうねつき)といい、表面積を増やして放熱効果を高めるために多数の細いパイプで構成され、さらに表面積を増やす**フィン**が備えられている。放熱効果をさらに高めるために**冷却ファン**（**クーリングファン**）も備えられる。状況に応じた制御が可能なためモーターで駆動する**電動冷却ファン**（**電動クーリングファン**）が一般的だ。

▶冷却液は0℃以下でも凍結せず100℃以上でも沸騰しない

ラジエター液や**冷却水**とも呼ばれる**冷却液**は、普通の水でも問題なく冷却を行うことができるが、水は0℃以下になると凍結(とうけつ)して膨張(ぼうちょう)し冷却装置を破損することがある。そのため、凍結温度を低下させる**不凍液**(ふとうえき)（**クーラント**）の混入が必要だ。また、水を長く使っていると腐敗(ふはい)して水アカが生じて放熱効果が低下したり部品を錆びさせたりするため、防腐(ぼうふ)や防錆(ぼうせい)の作用のある**ロングライフクーラント**（**LLC**）が使われるようになっている。

熱エネルギーは温度差が大きいほど素早く移動するため、冷却液の温度を高く設定したほうが**放熱**が速まり、冷却能力が高まる。通常、水は100℃になると沸騰して気体になり冷却液として使えなくなるが、冷却装置の循環経路を密閉すると、液体の膨張によって冷却液の圧力が高まり、100℃を超えても沸騰しなくなり、冷却能力が高まる。しかし、冷却装置が高い圧力にも耐えられるようにすると重くなって燃費が悪くなるし、コストもかかる。そのため、一般的には沸点120℃程度で使われている。それ以上に圧力が上がった際には、一部の冷却液を**ラジエターリザーバータンク**に逃がすことで圧力を調整している。冷却液の温度が下がれば、**リザーバータンク**から循環経路に戻される。

暖機

低エミッション化と効率向上のために いち早くエンジンを適温にする必要がある

▶冷却液がラジエターを迂回するようにして暖機を早める

冷間始動時にはエンジンは**オーバークール**の状態にある。**燃料**が**気化**しにくいため量を増やす必要があり、燃え残った**炭化水素**（**HC**）の排出が増える。燃焼状態も悪化するため、**粒子状物質**（**PM**）や**一酸化炭素**（**CO**）の排出も増えてしまう。しかも、ガソリンエンジンの**三元触媒**は一定以上の温度にならないと活性化しない。しかし、現在では冷間始動時の**低エミッション化**も求められているため、エンジンをいち早く**暖機**する必要がある。

冷間始動時の燃焼状態の悪さはエンジンの効率の面でも不利である。加えて、エンジンオイルは温度が低いと粘度が高いため、**機械的損失**が増大する。燃費の面でもエンジンの暖機を早くする必要がある。なお、**冷却装置**の**冷却液**は、車内を暖房する際の熱源にも利用されている。暖機が早くなれば、快適性も向上することになる。

そのため、冷却装置には暖機を早める機構が組みこまれている。冷却経路には、ラジエターを迂回して循環できるバイパス経路が備えられていて、**サーモスタット**で経路が切り替えられるようにされている。サーモスタットは温度によって動作するバルブ（弁）で、適

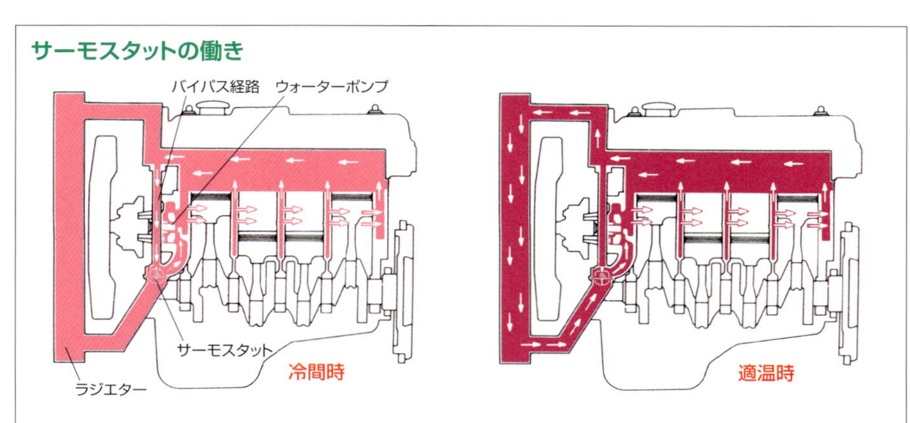

サーモスタットを使ったバイパス経路の設定には各種あるが、図はボトムバイパス式といい、エンジン入口側で冷却液の経路を制御する方法。サーモスタットが閉じていると、エンジン内だけで冷却液が循環するため放熱が行われない。

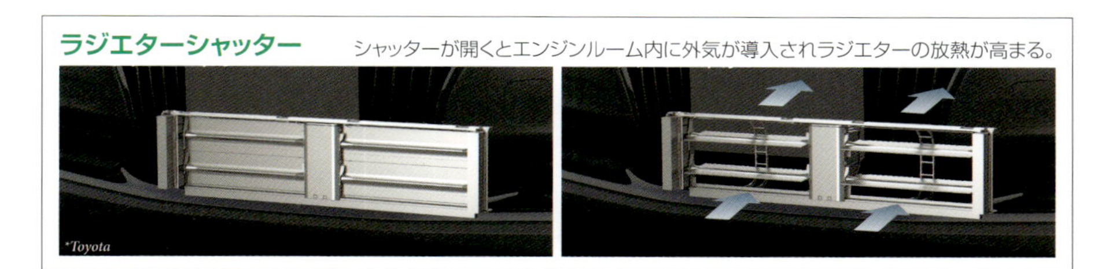

ラジエターシャッター　シャッターが開くとエンジンルーム内に外気が導入されラジエターの放熱が高まる。

温以下の場合は冷却液がバイパス経路を通るようにして、放熱能力を低下させて暖機を早めている。もちろん、適温以下の場合は**冷却ファン**の動作も停止される。

暖機を早めるために**ラジエターシャッター**が備えられるクルマもある。ラジエターへの空気の取り入れ口であるフロントグリルに備えられるため**グリルシャッター**などとも呼ばれる。シャッターを閉じると、ラジエターはもちろんエンジン本体に当たる走行風が少なくなるため、暖機が促進される。シャッターを閉じると**空気抵抗**が低減される効果もあるため、効率がよくない低温時の燃費を向上させることができる。

▶ディーゼルエンジンは専用の予熱装置で燃焼室内を高温にする

ディーゼルエンジンは吸気を圧縮して温度を高めることで燃料を**自己着火**させているが、外気温が低いと、燃焼室内を着火可能な温度まで高めることができず、始動できない。そのため、燃焼室の**予熱装置**として**グロープラグ**が備えられている。グロープラグに電流を流すと数秒で先端部分が1000℃以上に加熱され、燃焼室内の温度が高められる。最近では2～3秒で始動可能な温度にできるものもある。外気温が非常に低い場合は、始動後も燃焼状態を安定させるために、グロープラグが使い続けられることがある。

始動装置

補機駆動損失を増大させないように始動の際にのみエンジンにつながれる

▶始動のための最初の吸気と圧縮を直流モーターのトルクで行う

ガソリンエンジンやディーゼルエンジンは、いったん動作を始めてしまえば連続して4行程を行うことができるが、停止状態から始動する際には、外部から力を加えて最低限、吸気行程と圧縮行程を行う必要がある。そのために用意されている**補機**が**始動装置**だ。実質的には**スターターモーター**だけなので、充電装置とまとめて**充電始動装置**として扱われたり、さらに点火装置とまとめて**エンジン電装品**として扱われたりもする。

スターターモーターには直流モーターのなかでも始動トルクが大きい**直流直巻モーター**が使われる。モーターの回転をそのまま始動に使用するものを**ダイレクト型スターターモーター**、歯車機構を使ってトルクを増大させているものを**リダクション型ス**

スターターモーターの動作

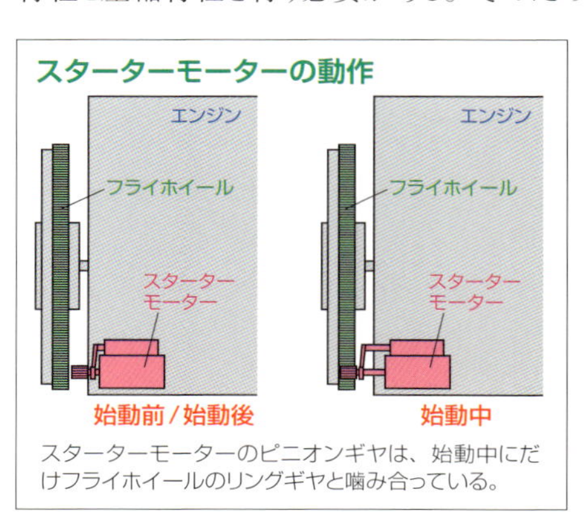

スターターモーターのピニオンギヤは、始動中にだけフライホイールのリングギヤと噛み合っている。

フライホイールのリングギヤと噛み合わせるためにエンジン側面に配置される。

スターターモーターの配置

ターターモーターという。歯車機構には**外歯歯車**か**プラネタリーギヤ**が使われる。

始動装置の回転軸の先端に備えられた小さな**ピニオンギヤ**を、**フライホイール**の外周の**リングギヤ**に噛み合わせて始動を行うが、始動と同時にエンジン側のほうが大きなトルクを発するため、スターターモーターが無理矢理速く回らされることになり損傷してしまう。そのため、回転軸にはスターターモーターの側が速く回っている時にだけ回転を伝達できる**ワンウェイクラッチ**が備えられている。このクラッチを**オーバーランニングクラッチ**という。

また、ピニオンギヤとリングギヤが始動後も噛み合っていると**補機駆動損失**になってしまうし騒音も発する。そのため、**電磁石**を利用した**ソレノイドスイッチ**によってピニオンギヤは回転軸方向に移動できるようにされていて、始動の際にのみ噛み合わされる。

▶オルタネーターにスターターモーターの機能を備えさせたものもある

現在では**充電装置**の**発電機**である**オルタネーター**(P142参照)の能力を高めて、**スターターモーター**としても使えるようにしたものもある。通常のオルタネーターより大きく重くなるが、全体としては軽量化を図ることができる。こうしたものを、**ISG**(Integrated Starter Generator)や**BSA**(Belt-Driven Starter Alternator or Belted Starter Alternator)、**BSG**(Belt-Driven Starter Generator or Belted Starter Generator)などという。ISGは**アイドリングストップ**に対応させやすく、**エネルギー回生**の能力も高く、**マイルドハイブリッド**(P199参照)に発展させることもできる。

アイドリングストップ

停車中のアイドリングを停止することで無駄な燃料の消費をなくしている

▶アイドリングストップを採用すると専用のスターターが必要になる

昔のクルマは始動の際に必ず燃料を多めに噴射していたため、信号待ちのような短時間の停車のために**アイドリング**を停止すると、かえって燃費が悪くなったが、現在の高度に電子制御されたエンジンでは、**暖機**(だんき)が十分に行われてからなら、始動に要する燃料は非常にわずかであるため、短時間の停車でもアイドリングを停止したほうが省燃費効果(しょうねんぴこうか)がある。これを**アイドリングストップ**や**アイドルストップ**という。通常、**エンジンECU**が判断して燃料噴射を停止することでエンジンを停止し、ブレーキペダルから足を離すなどのきっかけで**スターターモーター**によってエンジンが再始動される。

アイドリングストップ機構が採用され始めた当初は、クルマが完全に静止してからエンジンが停止したが、現在では減速していき車速が10km/h前後になるとエンジンが停止するクルマも多い。こうしたシステムの場合、赤信号で減速してアイドリングストップのために燃料噴射が停止されても、信号が青にかわれば再加速が必要だ。しかし、クルマが静止していないと、エンジンのクランクシャフトはまだ回転している。従来のスターターモーターでは、回転している**フライホイール**の**リングギヤ**とスターターモーターの**ピニオンギヤ**を噛み合わせようとしても、歯が弾かれるし、無理に噛み合わせると大きな騒音がし歯車に負担がかかる。そのため、アイドリングストップに対応したスターターモーターが必要になる。

アイドリングストップ対応スターターモーターには、**常時噛み合い式**(じょうじかみあいしき)や**タンデムソ**

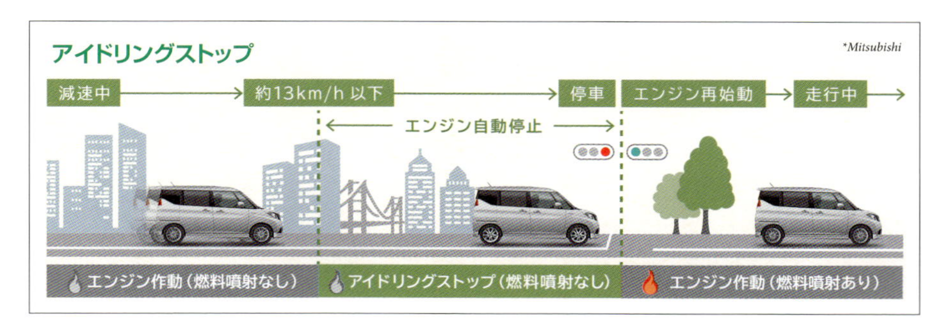

レノイド式がある。**常時噛み合い式スターターモーター**では、ピニオンギヤとリングギヤを常に噛み合わせているが、**補機駆動損失**を増大させないために、リングギヤに**ワンウェイクラッチ**を備える。**タンデムソレノイド式スターターモーター**では、ピニオンギヤの押し出しとモーターの動作開始を別々のソレノイドで行えるようにし、リングギヤが回転している状態で再始動しなければならない場合は、モーターの回転数を高めてから噛み合わせるようにしている。このほか、エンジン停止時にピストンを最適な位置に停止させることで、燃料の噴射と点火プラグによる着火で再始動できるシステムも開発されている。

アイドリングストップを採用すると、スターターモーターの使用頻度が飛躍的に大きくなる。そのため、従来のスターターモーターより大幅に耐久性が高められている。また、電力の使用も増大するため、**バッテリー**も能力の高いものが搭載される。

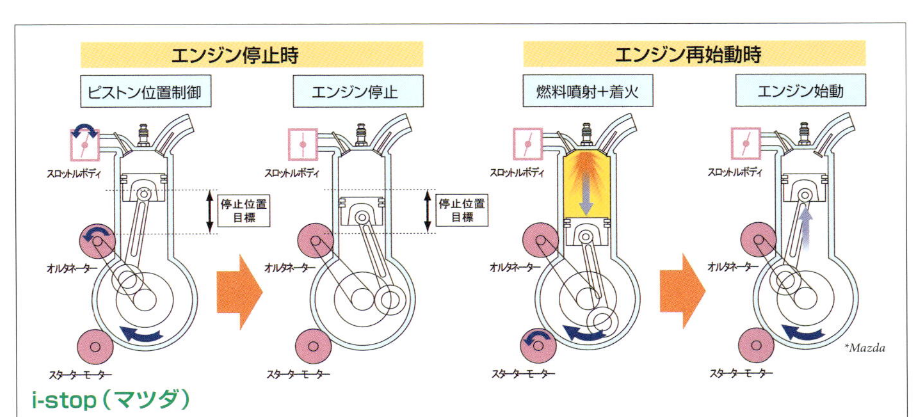

i-stop（マツダ）

i-stopでは、エンジンを停止する際に、オルタネーターを利用して、ピストンの位置を制御する。吸気量をスロットルバルブで制御したうえで、圧縮行程にあるシリンダーと燃焼・膨張行程にあるシリンダーのピストンを、上死点と下死点の中央付近で止める。再始動時には、すでにある程度まで圧縮が行われているため、燃料噴射と着火によって始動できることが多い。始動の確実性を高めるために、スターターモーターも動作させてはいる。

充電装置

クルマの消費電力は高まるばかりだが
補機駆動損失が増大しないように制御する

▶エンジンで発電する発電機と二次電池で電力を安定供給する

クルマに必要な電力を**発電**して蓄えておく**補機**が**充電装置**だ。エンジンの出力で発電を行う**発電機**と電力を蓄えておく**二次電池**で構成される。**始動装置**の**スターターモーター**に電力を供給するのはもちろん、エンジンの動作中はさまざまな**電装品**に電力を供給し続ける。**点火装置**や**燃料装置**が電力を必要とするのはもちろん、**エンジンECU**によって電子制御が行われている現在のエンジンは、電気がなくなってしまうと動作できなくなる。トランスミッションやブレーキシステム、ステアリングシステムも電気を使って制御される。加えて、ライト類やワイパーといった基本的な安全装置もその多くが電装品であるし、電子制御が行われる先進安全装置にも電気が欠かせない。カー AV やシートヒーターなどの快適装備も電気で動作するものがほとんどだ。また、従来はエンジンの出力で駆動されていた補機も、制御の高度化と**補機駆動損失**低減のために、電動化されているものが多い。こうしたクルマの電力事情によって、充電装置の負担はどんどん大きくなっている。

▶電力を蓄えておく鉛バッテリーの負担はどんどん増大している

充電装置の**二次電池**には**鉛蓄電池**が使われる。単に**バッテリー**ということが多い。本来、バッテリーとは電池を意味するが、クルマで使われる電池は長きにわたり鉛蓄電池だけだったため、バッテリーというのが一般的になった。しかし、ハイブリッド自動車では他の二次電池も使われるため、**鉛バッテリー**と呼ばれたりもするようになっている。鉛蓄電池はハイブリッド自動車で使われる二次電池に比べると**エネルギー密度**も**出力密度**も低いが、コストが安く、なにより長い歴史で培われた高い信頼性があるため、現在も使われている。

化学反応は難しいため説明は省略するが、鉛蓄電池では鉛と二酸化鉛が**電極**に、希硫酸が**電解液**に使われる。電解液は**バッテリー液**と呼ばれることが多い。鉛蓄電池の**公称電圧**は約 2.1V だが、バッテリーケース内は6槽になっていて、6組の電池が直列にされている。これにより**12V** 前後の電圧で放電と充電が行える。

従来、充電装置では常に**発電機**を作動させてフル充電の状態を目指すのが一般的だ

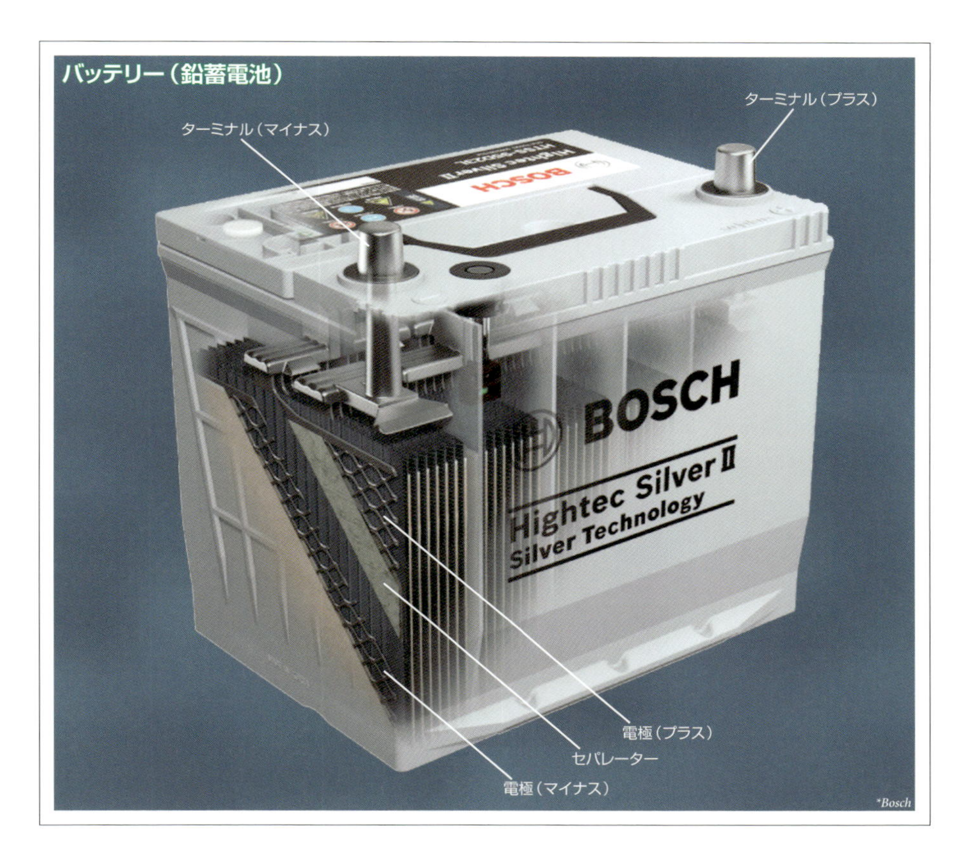

ったが、現在では**補機駆動損失**低減のために**充電制御**が行われることが多い。ECUがバッテリーの充電量を常に監視し、安全な一定量が充電されると発電を停止し、充電量が許容範囲を下回ると発電を開始するということを繰り返している。これにより損失は低減されるが、バッテリーにかかる負担は大きくなる。また、始動時には大きな電流を一気に放出する必要があるのでバッテリーに負担がかかるが、**アイドリングストップ**を採用すると始動の頻度(ひんど)が高まりバッテリーの負担がさらに増大する。こうした繰り返し**充放電**(じゅうほうでん)や始動頻度の増加に対応するために、バッテリーには従来より高い能力が求められるようになっている。

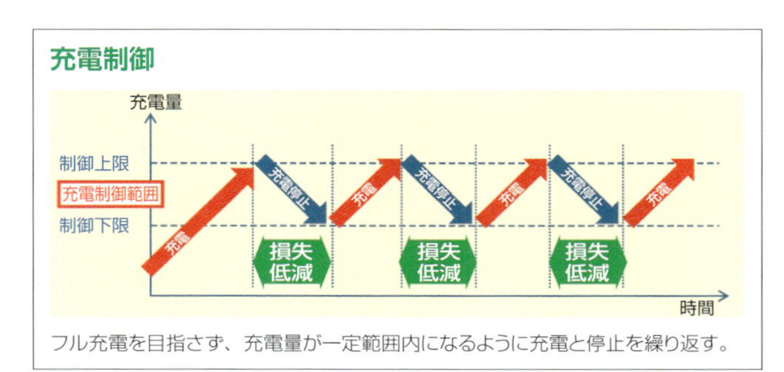

フル充電を目指さず、充電量が一定範囲内になるように充電と停止を繰り返す。

オルタネーター

クルマで使用する電力は
エンジンの出力を利用して発電する

▶制御が行いやすい巻線型の三相同期発電機で発電を行う

充電装置の**発電機**には**オルタネーター**が使われる。オルタネーターとは**交流発電機**のことで、**三相同期発電機**のなかでも**巻線型同期発電機**が使われることが多い。すでに説明したように、モーターと発電機は基本的に同じ構造のものだ。つまり、オルタネーターは**巻線型同期モーター**であるともいえる。電気自動車やハイブリッド自動車の動力源に使われる**同期モーター**は、永久磁石型同期モーターが多く、**固定子**に**コイル**、**回転子**に**永久磁石**を用いるが、巻線型の場合は、固定子にも回転子にもコイルが用いられる。バッテリーの電力が供給され**電磁石**になった**ローターコイル**がエンジンの力によって回転すると、**回転磁界**が生じ、3個の**ステーターコイル**に**三相交流**が発生する。**充電制御**で発電を停止する際には、ローターコイルに電流が流れないようにするだけでよい。

オルタネーターで発電された三相交流は**レクティファイアー**（**整流回路**）で**整流**を行っ

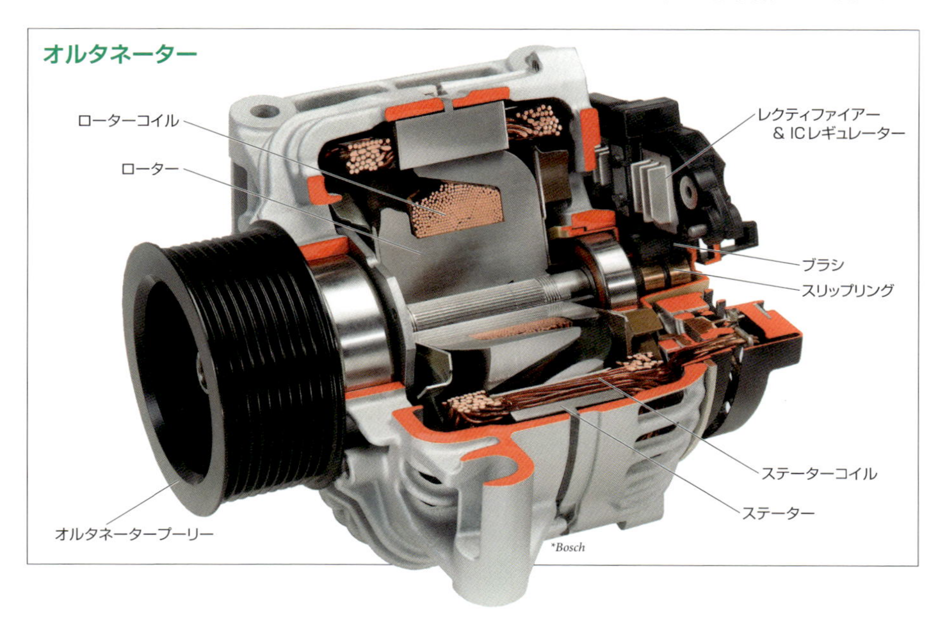

て**直流**にする。また、ローターコイルの電流が一定だと、発電電圧がエンジンの回転数で変化するため、**ICレギュレーター**という電子回路でローターコイルの電流を制御して、バッテリーへの充電に適した14V前後にしている。

▶オルタネーターを使ったエネルギー回生で省燃費が実現する

減速時に車輪側の回転をエンジンに伝え、**オルタネーター**の**ローターコイル**に電流を流せば、**エネルギー回生**を行える。こうして発電した電力を利用すれば、**補機駆動損失**を低減させられる。減速時にはかなり大きなエネルギーを回収できるが、**鉛蓄電池**は一気に大電力を充電することができない。そのため、こうした**減速エネルギー回生システム**では、**電気二重層キャパシター**や**リチウムイオン電池**を併用するのが一般的だ。

また、減速エネルギー回生システムでは、回生できるエネルギーを増やすために、オルタネーター自体も能力が高いものが採用されることが多い。さらに、能力を高めた**ISG**（P137参照）を採用すれば、**スターターモーター**として利用することができる。**マイルドハイブリッド**（P199参照）に発展させることも可能だ。

減速エネルギー回生システム（マツダ・i-ELOOP）

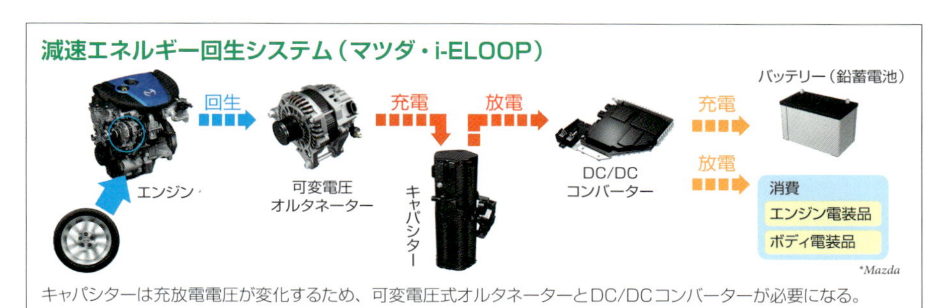

キャパシターは充放電電圧が変化するため、可変電圧式オルタネーターとDC/DCコンバーターが必要になる。

▶48V電装には数々のメリットがありハイブリッド化も容易になる

現在のクルマは直流12Vを使用する**12V電装**が基本だが、これを直流48Vにしようという動きがあり、すでにドイツでは**48V電装**の規格が制定され、採用するクルマも登場してきている。扱う電圧を高めればモーターなどの出力を高められ、同じ出力なら小型化できる。また、電流は配線を流れるだけでも損失が生じるが、損失は電流の2乗に比例するため、電圧を高めれば**補機駆動損失**を低減できる。いっぽう、現在のクルマでは配線の総延長は短い車種でも2kmに達し、重量も20kgに達するという。損失を許容するのであれば、配線を細く軽いものにでき、軽量化によって燃費を向上させることができる。

さらに、現在の**ハイブリッド自動車**では駆動モーター用の電源と電装品の電源は別系統にされるのが一般的だが、48V仕様であれば同一電源でのハイブリッド化が可能になる。

ECU

エンジンのすべてを制御すると同時に駆動装置や制動装置の制御と協調する

▶多数のセンサー類からの情報をもとにエンジンの動作を決定する

現在のエンジンは**ECU**と呼ばれるコンピュータで制御されている。Engine Control Unitを略したものとされていたが、クルマの各種装置が電子制御されるようになったため、現在ではElectronic Control Unitを略したものとされる。他のECUもあるため、正式には**エンジンECU**というが、単にECUといった場合はエンジンのものをさすことが多い。

ECUは燃料の噴射量や噴射タイミング、点火時期などの基本的なエンジンの制御はもちろん、可変(かへん)バルブシステムなどさまざまな可変(かへん)システムの制御も行う。そのために、エンジンをはじめクルマのさまざまな装置の情報を**センサー**やスイッチから集めている。制御内容が高度になるほど、センサーの数は多くなる。また、**トランスミッションECU**や**ブレーキECU**などとも情報を共有し、**協調制御**(きょうちょうせいぎょ)が行われている。

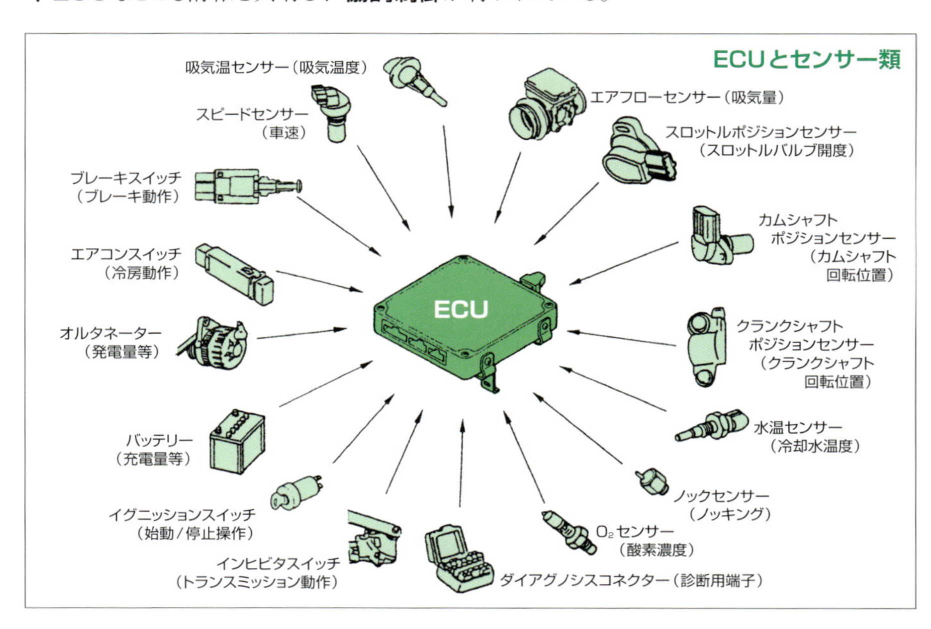

第4章

動力伝達装置

エンジンが発生するトルクや出力は
そのままではクルマを走らせることができない。
トランスミッションなどの動力伝達装置が必要だ。
これらの装置が燃費に与える影響は大きい。

動力伝達装置

エンジンの出力を走行状況に応じた回転数やトルクにして車輪に伝える

▶変速機での変速に加え最終的な減速が車輪近くで行われている

エンジンの出力を走行状況に応じた**回転数**や**トルク**にして車輪に伝える装置を**動力伝達装置**という。**パワートレイン**ということもあるが、パワートレインといった場合には動力源も含めていることも多い。**内燃機関**のエンジンの出力は、そのままではクルマを走らせることができない。エンジンの特性上、**前後進切替機構**を含めた**変速機**と**スターティングデバイス**が必要になる。英語の**トランスミッション**は変速機の意味だが、クルマではスターティングデバイスを含めてトランスミッションということが多い。

動力伝達装置にはトランスミッションのほか、**ディファレンシャルギヤ**や**ファイナルギヤ**、**シャフト類**、**トランスファー**などがある。クルマがコーナリングする際には、左右輪の旋回半径に差ができるため、コーナー外側の車輪（外輪）のほうが、内側の車輪（内輪）より移動距離が長くなる。これを**内輪差**という。左右駆動輪を同じ速度で回転させてしまうと、内輪が空転ぎみにスリップするか、外輪が引きずられてしまい、スムーズに曲がれなくなって

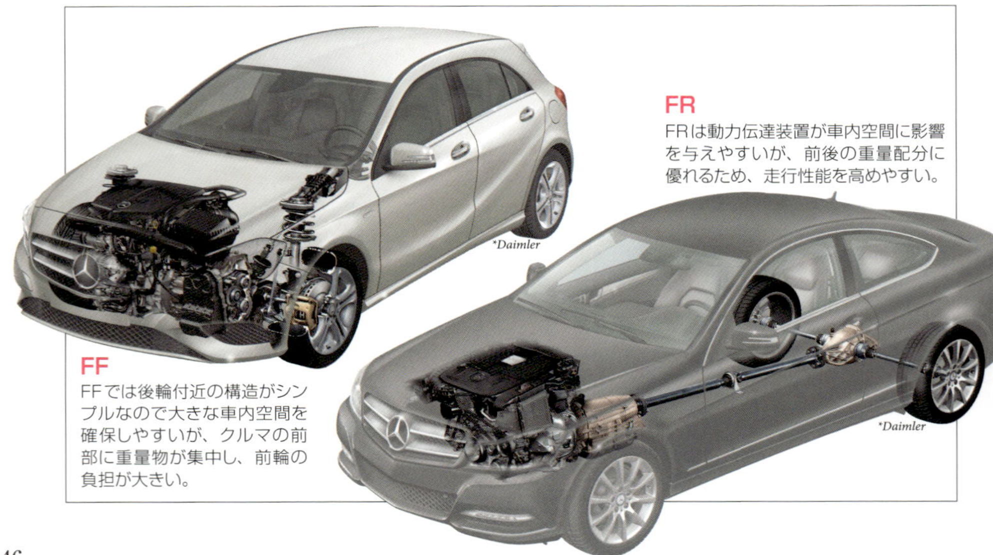

FR
FRは動力伝達装置が車内空間に影響を与えやすいが、前後の重量配分に優れるため、走行性能を高めやすい。

FF
FFでは後輪付近の構造がシンプルなので大きな車内空間を確保しやすいが、クルマの前部に重量物が集中し、前輪の負担が大きい。

しまう。こうしたコーナリング時に左右輪の移動距離に応じて回転数差を与える装置がディファレンシャルギヤだ。**デフ**と略されることが多く、通常、左右輪の中央付近に配置される。

また、トランスミッションで車輪の回転速度まで減速を行うと、扱うトルクが大きくなるため、歯車などを丈夫にする必要があり、トランスミッションが大きく重くなってしまう。そのため、トランスミッションではある程度までの減速を行い、最終的な減速は車輪近くに配置されたファイナルギヤで行われている。通常はデフに入力を行う歯車がファイナルギヤにされているため、まとめて**ファイナルドライブユニット**ともいう。なお、ファイナルドライブユニットはトランスミッションに内蔵されることもあり、一体化されたものは**トランスアクスル**という。

ディファレンシャルギヤからは**ドライブシャフト**によって車輪に回転が伝達される。動力伝達装置の配置によっては、車両の前後方向に回転を伝達する必要が生じるが、こうした場合は**プロペラシャフト**によって回転が伝達される。

▶動力伝達装置のレイアウトはFFが主流になっている

動力が伝えられ駆動に利用される車輪を**駆動輪**、駆動に使われない車輪を**非駆動輪**や**従動輪**という。2輪で駆動する方式を**2輪駆動**（**2WD**）、4輪で駆動する方式を**4輪駆動**（**4WD**）というが、4輪駆動は**全輪駆動**（**AWD**）ともいう。2輪駆動の場合、前輪が駆動輪であれば**前輪駆動**（**FWD**）、後輪が駆動輪であれば**後輪駆動**（**RWD**）という。日本では、駆動輪の位置に加えてエンジンの位置も含めて、**FF**、**FR**、**MR**、**RR**などと表現される。1文字目がエンジンの位置、2文字目が駆動輪の位置を示し、Fは前方、Rは後方、Mは中央配置を意味する**ミッドシップ**を略したものだ。FRよりFFのほうが動力伝達装置をコンパクトにまとめられるため、現在の主流になっている。

エンジンとトランスミッションの配置については、内部の回転軸が車両の前後方向になるものを**縦置き**、左右方向になるものを**横置き**という。FFの場合はエンジンとトランスミッションがともに横置きされることが多く、FRの場合は双方が縦置きされ、プロペラシャフトで後輪の左右中央に備えられたディファレンシャルギヤに回転が伝達される。

動力伝達装置の構成要素

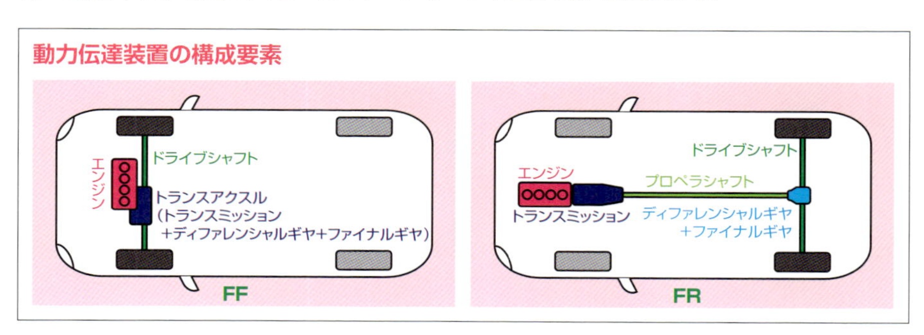

トランスミッション

クルマの走行状況に応じて
自動か手動で変速比を切り替える

▶変速機とスターティングデバイスには各種の組み合わせがある

トランスミッションは**変速機**(へんそくき)と**スターティングデバイス**で構成される。どちらにも複数の種類があり、その組み合わせ方によってさまざまなトランスミッションになる。

スターティングデバイスには、**摩擦クラッチ**か**トルクコンバーター**が使われる。摩擦クラッチには人間の操作で動作するものもあれば、油圧(ゆあつ)やモーターで動作するものもある。ハイブリッド自動車の場合は、**モーター**がスターティングデバイスの役割を果たすこともある。

変速機には用意された複数の**変速比**(へんそくひ)を切り替える**多段式変速機**(ただんしきへんそくき)と、連続して変速比を変化させせることができる**無段式変速機**(むだんしきへんそくき)がある。多段式は**ステップ式変速機**(しきへんそくき)ともいい、**外歯歯車**(そとばはぐるま)の組み合わせで変速を行う**平行軸歯車式変速機**(へいこうじくはぐるましきへんそくき)と、**プラネタリーギヤ**（**遊星歯車**(ゆうせいはぐるま)）の組み合わせを利用する**プラネタリーギヤ式変速機**(しきへんそくき)（**遊星歯車式変速機**(ゆうせいはぐるましきへんそくき)）がある。無段式は、過去に**トロイダル式無段変速機**(しきむだんへんそくき)が採用されたこともあるが、現在使われているのは**ベルト**と**プーリー**を利用する**巻き掛け伝動式変速機**(まきかけでんどうしきへんそくき)だ。

トランスミッションには、変速比の切り替え操作が必要な**マニュアルトランスミッション**（**MT**、**手動変速機**(しゅどうへんそくき)）と、走行状況に応じて自動的に変速比がかわる**オートマチックトラ**

トランスミッションの操作機構

MTは手動でシフトレバーを操作しなければ変速が行えない。同時にクラッチペダルの操作も必要になる。

AT、CVT、DCTなどの自動変速が可能なトランスミッションは、Dレンジにしておけば通常の走行が行える。

ンスミッション（**AT**、**自動変速機**）がある。MTには、摩擦クラッチと平行軸歯車式変速機を組み合わせたものが使われる。

ATには、**多段式AT**（**ステップAT**）と**無段式AT**がある。代表的なステップATが、トルクコンバーターとプラネタリーギヤ式変速機を組み合わせたものだ。他の形式にはそれぞれ略号があるため、単にATといった場合には、この形式をさすことがほとんどだ。また、MTの操作を自動化したものは**AMT**（**オートメーテッドMT**）といい、クラッチ操作だけを自動化したものは**2ペダルMT**という。平行軸歯車式変速機を2組の摩擦クラッチで制御する**DCT**（**デュアルクラッチトランスミッション**）もある。

無段式ATは巻き掛け伝動式変速機を採用するもので、過去にはさまざまなクラッチをスターティングデバイスに使うものがあったが、現在ではトルクコンバーターと組み合わせたものが一般的だ。**連続可変式変速機**の英語の頭文字から**CVT**と呼ばれる。

▶自動変速では省燃費のためにエンジンとの協調制御を行う

トランスミッションでどのような**変速比**を選択するかによって燃費は大きく変化する。MTの場合はドライバーの自己責任だが、自動変速が行われるトランスミッションの場合はどのように制御するかが重要になる。**燃費の目玉**やそれに近い領域を使うことが望ましいが、こうした制御はトランスミッションの変速比の選択だけでは行えない。そのため、トランスミッションを制御する**トランスミッションECU**は**エンジンECU**と**協調制御**を行っている。

また、動力伝達装置で動力を伝達する際にも**損失**が生じて**伝達効率**が低下する。効率が低下すれば燃費が悪化する。特にトランスミッションでは状況によって効率が大きく低下することもある。そのため、損失を増大させないように制御することも重要だ。

クラッチ

摩擦を利用して回転の断続を行うと損失が生じて伝達効率が低下する

▶クルマではさまざまな構造のクラッチが使われている

クラッチとは、回転する動力を断続する機構のことだ。**スターティングデバイス**の**摩擦クラッチ**はもちろん、**トルクコンバーター**もクラッチの一種だ。また、変速機をはじめクルマの各種装置でさまざまなクラッチが使われている。こうしたクラッチには、回転数の異なる回転軸の断続はできないが、双方の歯を噛み合わせることで断続を行う**ドグクラッチ**や、一定の回転方向にしか回転を伝えることができない**ワンウェイクラッチ**などがある。

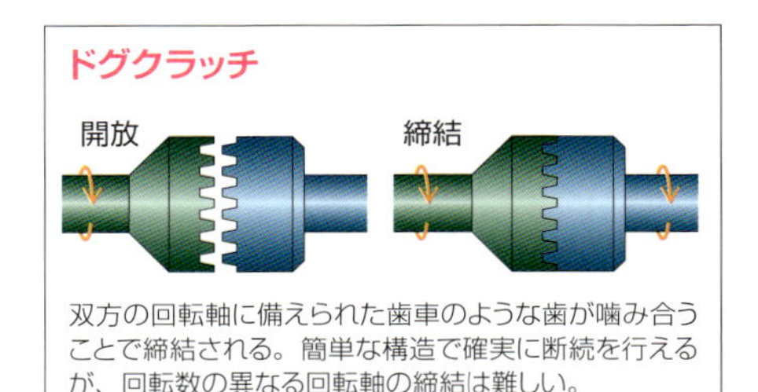

双方の回転軸に備えられた歯車のような歯が噛み合うことで締結される。簡単な構造で確実に断続を行えるが、回転数の異なる回転軸の締結は難しい。

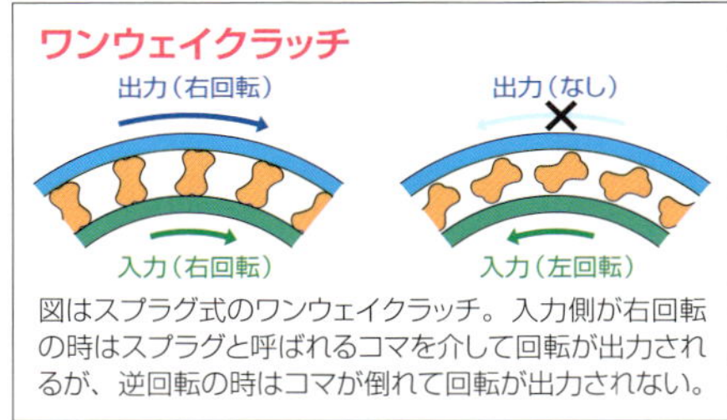

図はスプラグ式のワンウェイクラッチ。入力側が右回転の時はスプラグと呼ばれるコマを介して回転が出力されるが、逆回転の時はコマが倒れて回転が出力されない。

▶運動エネルギーの一部を熱エネルギーにしてスムーズに締結する

摩擦クラッチは入力側と出力側の回転数に差があっても、**摩擦**を利用することで回転の伝達を始めることができる。基本的な構造は向かい合うように配置された2枚の円板で、向かい合う面には摩擦が発生しやすいようにされている。2枚の円板が離れていれば、当然のごとく回転は伝達されない。この状態を**開放**という。円板を近づけて触れるか触れないかという位置にすると、円板同士が摩擦を起こし、出力側の円板にトルクが伝わり始める。この状態を**半クラッチ**という。円板をさらに近づけていくと回転数の差が小さくなり、完全に密着させるとすべての回転が伝達される。この状態を**締結**(ていけつ)という。

摩擦クラッチでは、すべての回転が伝達されない半クラッチ状態の時、伝わらなかった**運動エネルギー**は摩擦によって**熱エネルギー**になって周囲に放出される。これが**損失**になる。また、回転数差が大きい状態で無理に締結させると、クラッチが損傷したり、動力

摩擦クラッチの動作（乾式単板）

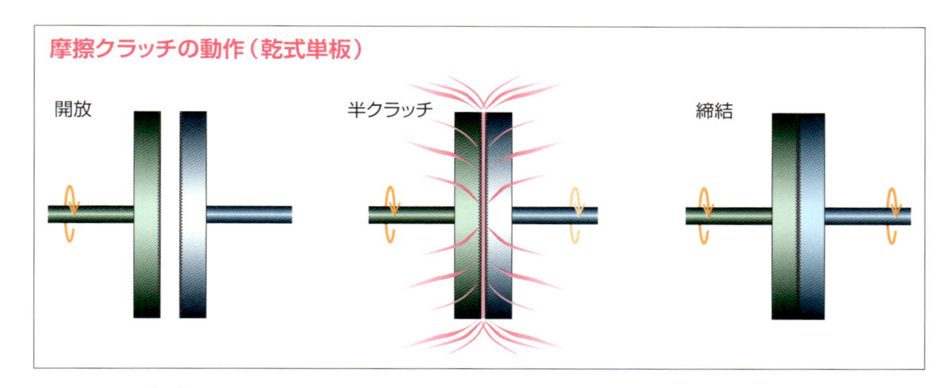

源に大きな負荷がかかったりする。MTであれば、クラッチペダル操作が雑だと、発進時にエンストを起こしたり、上手く変速できなかったりする。これがMTは操作が難しいといわれる理由だ。油圧やモーターでクラッチを動作させる場合は、損失を低減させるために、トランスミッションECUの制御によって可能な限り短時間で締結が行われる。

▶摩擦クラッチには単板と多板、乾式と湿式がある

摩擦クラッチは、2枚の円板で**開放**と**締結**を行うものを**単板クラッチ**という。素材が同じであれば、摩擦クラッチは触れ合う面積が大きいほど大きなトルクを伝達できるが、大きなトルクを伝達できるようにするとクラッチの直径が大きくなる。小型化が必要な場合は**多板クラッチ**が使われる。多板クラッチでは入力側と出力側の円板を複数使用し、交互に配置することで開放と締結を行う。回転軸方向には長くなるが、直径を小さくすることができる。

また、摩擦クラッチには**乾式クラッチ**と**湿式クラッチ**がある。乾式は大気中で使われ、湿式はオイルの中で使われる。湿式は乾式より大きなトルクを伝達でき、締結時のショックが小さくなるが、クラッチ全体が大きく重くなるうえ、円板とオイルの摩擦で損失が生じる。

乾式単板クラッチ

MT用の乾式単板クラッチ。フライホイールが入力側の円板になる。通常はクラッチカバーのスプリングで締結されている。

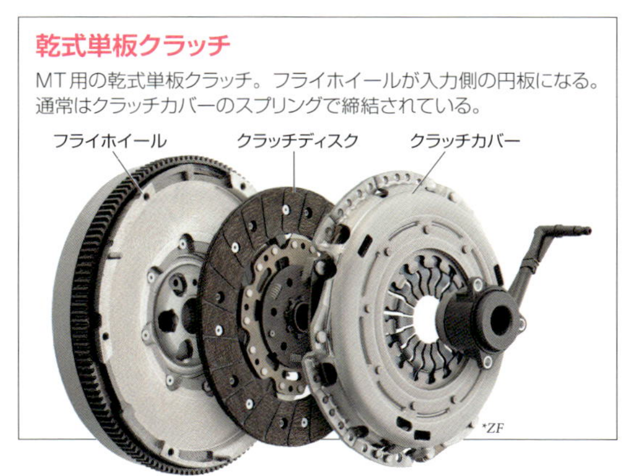

湿式多板クラッチ

2組の湿式多板クラッチが同軸上に収められたDCT用のクラッチユニット。

トルクコンバーター

発進や微速走行には都合がよいが
伝達効率が悪いため使いこなしが重要になる

▶オイルの流れを使って羽根車から羽根車へ回転を伝達する

トルクコンバーターは**流体**(りゅうたい)**クラッチ**の一種だ。コンバーターとは「変換するもの」という意味があり、トルクコンバーターでは**トルク**の増幅を行うことができる。

流体クラッチとは、液体や気体のような流体で回転する動力を伝達する機構のことだ。たとえば、扇風機の前に風車を置けば、空気という流体によって、扇風機のモーターの回転が風車の回転に伝達される。トルクコンバーターではオイルを満たした容器内に2枚の羽根車(はねぐるま)を入れている。入力側の羽根車である**ポンプインペラー**を回転させると、オイルに流れが生まれ、その流れで出力側の羽根車である**タービンランナー**が回転する。タービンランナーを回転させたオイルは、循環(じゅんかん)してポンプインペラーの回転を後押しする。結果、入出力に回転数差がある時は、トルクが増幅されることになる。

こうしたオイルの流れを作り出すために、2枚の羽根車の間には**ステーター**という羽根

トルクコンバーターの動作

①ポンプインペラーの外周側からオイルが送り出される。②容器に沿って流れたオイルがタービンランナーを回す。③容器で反転したオイルが流れ出る際にもタービンランナーを回す。④ステーターがオイルの流れる方向をかえポンプインペラーに向かう。⑤中心側に流れこむオイルがポンプインペラーを回転させた後、反転して外周側に回りこむ。

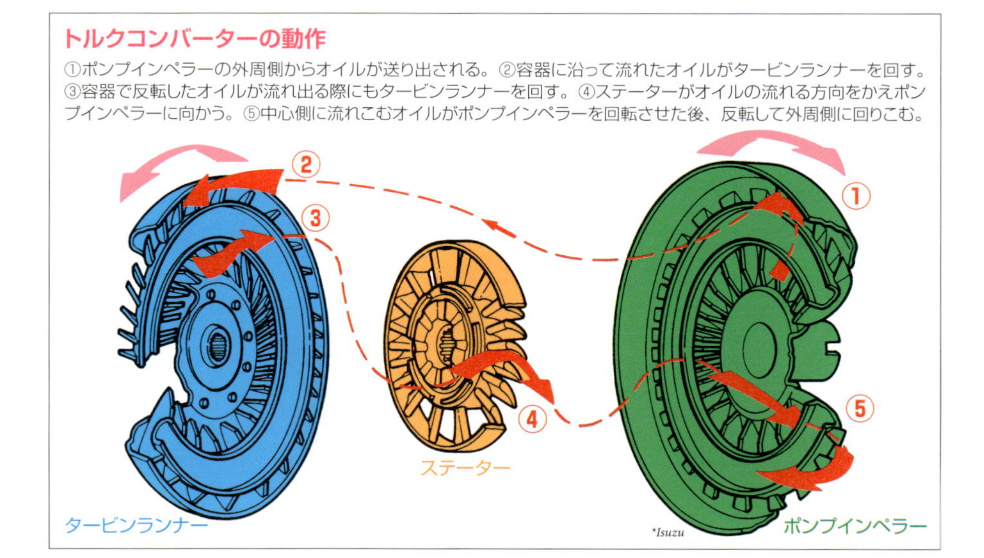

車が固定され、オイルの流れを制御する。入出力の回転数差が小さくなると、ステーターは備えられた**ワンウェイクラッチ**の作用によって空転(くうてん)し、オイルの流れを妨げなくなる。

▶効率を高めるために摩擦クラッチを併用してロックアップする

トルクコンバーターは**クラッチ**の一種だが、完全に**開放**されることはない。入力側のトルクが小さく、出力側の負荷(ふか)が大きいと、**ポンプインペラー**はオイルをかき混ぜるだけで、**タービンランナー**は回転しない。AT車でいえば、Dレンジでブレーキペダルを踏んで停車している状態だ。入力された**運動エネルギー**はオイルと羽根車などとの**摩擦**によって**熱エネルギー**に変換され、すべてが損失になる。

トルクコンバーターのトルク増幅比は最大で2〜3に設定されていることが多い。このトルク増幅作用があるため、アイドリング程度のトルクでもクルマを微速で動かすことができる。これを**クリーピング**といい、車庫入れなどの際には重宝なものだが、オイルと羽根車などとの摩擦があるため、**伝達効率**が非常に悪い。入出力の回転数差が小さくなっていくと効率は向上していくが、摩擦は常に存在するため、効率が100%になることはない。

そのため、現在のトルクコンバーターには**ロックアップクラッチ**が備えられている。さまざまな構造のものがあるが、入力回転軸と出力回転軸の間に**摩擦クラッチ**を備え、入出力の回転数差がある程度まで小さくなると、クラッチを締結(ていけつ)してトルクコンバーターによる損失が生じないようにしている。この状態を**ロックアップ**といい、最近では非常に早い段階でロックアップすることが増えている。また、ロックアップクラッチの**半クラッチ**状態も積極的に使用することで、トルクコンバーターのさらなる効率向上が目指されている。

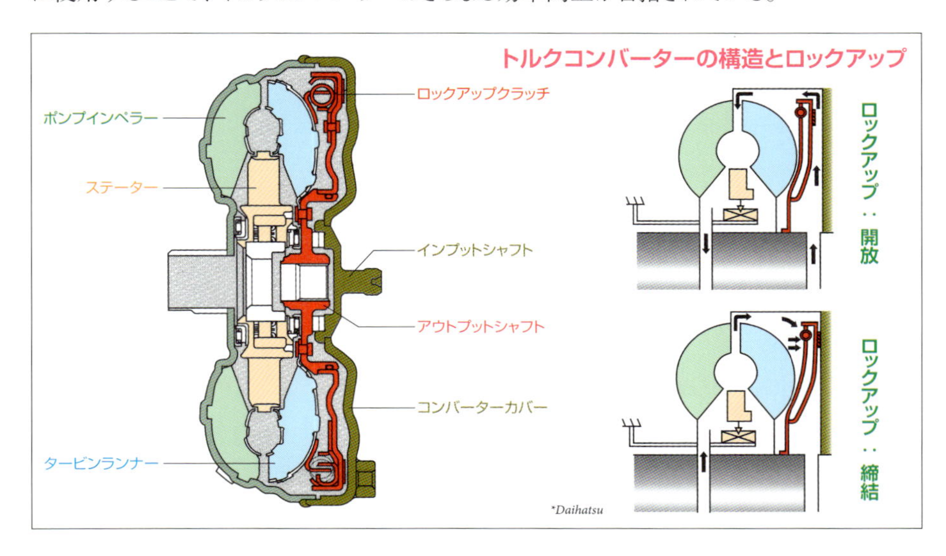

平行軸歯車式変速機

変速比が異なる外歯歯車の組み合わせから回転を伝達する歯車の組み合わせを選択する

▶歯車を組み合わせると減速増トルクや増速減トルクが行える

2個の**外歯歯車**を噛み合わせると回転を伝達でき、**歯車**の歯数に違いがあると、**変速**できる。歯数の少ない歯車から歯数の多い歯車に伝達すると**減速**が行われ、歯数の多い歯車から歯数の少ない歯車に伝達すると**増速**が行わる。また、減速が行われる場合はトルクが増大され、増速が行われる場合はトルクが減少する。理想的な歯車で損失を無視して考えれば、変速の前後で回転数とトルクをかけ合わせた値は一定になる。

変速前後の回転数の比を**変速比**や**スピードレシオ**といい、減速が行われる場合は**減速比**ともいう。クルマの世界では出力側の歯車の歯数と入力側の歯数の比率を**ギヤ比**や**歯車比**、**ギヤレシオ**といい、変速比と同じ値になる。変速比やギヤ比が1未満であれば**増速減トルク**が行われ、1より大きければ**減速増トルク**が行われる。なお、通常はギヤ比と歯車の直径の比がほぼ等しくなる。

外歯歯車による変速

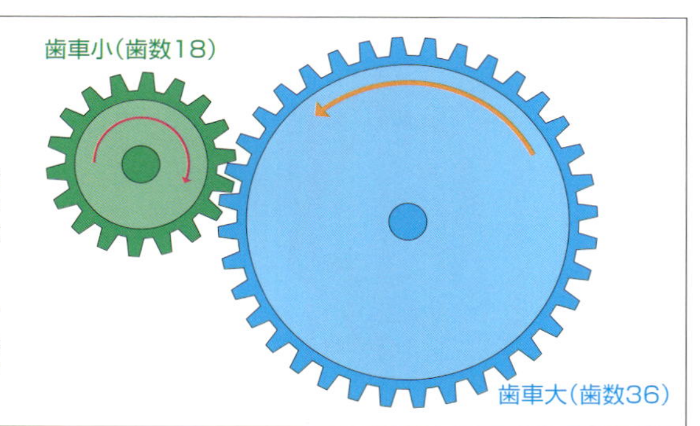

小さい歯車（歯数18）から大きい歯車（歯数36）に回転を伝達すると、減速増トルクが行われる。変速比は2なので、回転数は半分になり、トルクは2倍になる。

大きい歯車から小さい歯車に回転を伝達すると、増速減トルクが行われる。変速比は0.5なので、回転数は2倍になり、トルクは半分になる。

▶平行な回転軸の常時噛み合った歯車を同期させながら切り替える

外歯歯車の組み合わせで変速を行う**変速機**が**平行軸歯車式変速機**だ。各種構造のものがあるが、MTでは**常時噛み合い式変速機**を発展させた**同期噛み合い式変速機**が使われる。たとえば2段変速機であれば、入力シャフトと出力シャフトが平行に配置され、

トランスミッションでは歯が斜めに刻まれた**ヘリカルギヤ**（**斜歯歯車**）が使われることが多い。歯の接触部分が分散されるため大きなトルクを伝えることができ、騒音も小さくなるが、回転軸方向に力が加わるため対策が必要になる。

それぞれの変速比の**ドライブギヤ**（入力側の歯車）と**ドリブンギヤ**（出力側の歯車）が備えられて常時噛み合わされている。ただし、ドリブンギヤは出力シャフトに固定されているが、ドライブギヤはシャフトに固定されず、空転（くうてん）できるようにされている。両ドライブギヤの間には、入力シャフトとともに回転するが、回転軸方向に移動できる**スリーブ**という部品が備えられている。このスリーブとドライブギヤの側面には**ドグクラッチ**が備えられている。

スリーブを1速ドライブギヤ側に移動させてドグクラッチを噛み合わせると、入力シャフトとともに1速ドライブギヤが回転するようになり、1速ドリブンギヤを介して出力シャフトに減速増トルクされた回転が伝えられる。この時、2速ドリブンギヤも回転し、その回転が2速ドライブギヤに伝えられるが、入力シャフトに固定されていないので空転する。逆に、スリーブで2速ドライブギヤを入力シャフトに固定すれば、増速減トルクされた回転が出力される。

停止中ならば、この構造でも変速を行えるが、動作中だとドグクラッチを締結（ていけつ）することが難しい。そのため、摩擦を発生させながら両者の回転数を同期（どうき）させていく**同期機構**（どうききこう）がドグクラッチに備えられている。同期機構は**シンクロメッシュ機構**とも呼ばれる。

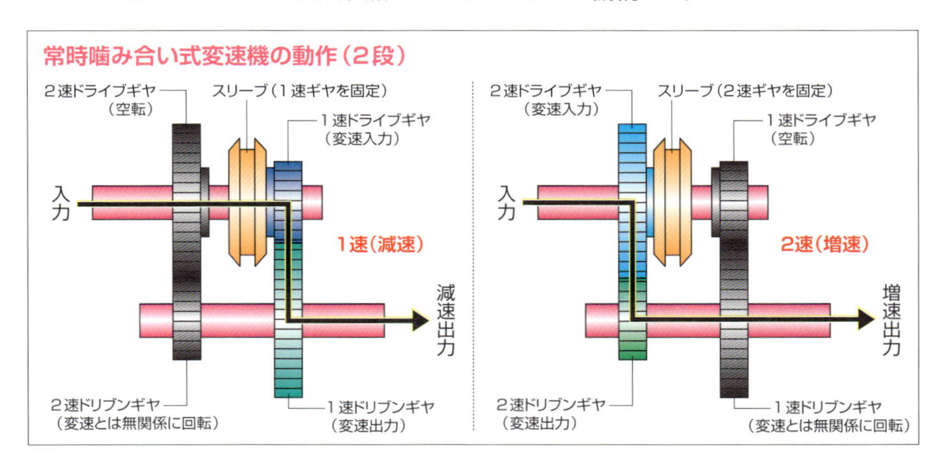

プラネタリーギヤ式変速機

3つの回転軸を備えたプラネタリーギヤの固定する歯車や入出力を切り替えて変速を行う

▶中心のサンギヤと周囲のリングギヤの間をピニオンギヤが回る

遊星歯車(ゆうせいはぐるま)ともいう**プラネタリーギヤ**は、歯車の形を示すのではなく、歯車の組み合わせ方を意味するものだ。中心に**サンギヤ**と呼ばれる**外歯歯車**(そとばはぐるま)、周囲に**リングギヤ**や**インターナルギヤ**と呼ばれる**内歯歯車**(うちばはぐるま)があり、両者に噛み合うように**ピニオンギヤ**と呼ばれる外歯歯車が配されている。ピニオンギヤは3～4個が使用され、それぞれの回転軸が**ピニオンギヤキャリア**という枠に固定され、回転軸として使用できるようにされている。ピニオンギヤはサンギヤの周囲を公転しながら自転することもでき、この公転の回転軸がピニオンギヤキャリアになる。結果、プラネタリーギヤにはサンギヤ、ピニオンギヤキャリア、リングギヤの3つの回転軸が備えられることになる。

3つの回転軸のうち、1つを固定し、残る2つを入出力にすると、6種類の組み合わせができ、**増速減トルク**(ぞうそくげん)や**減速増トルク**(げんそくぞう)の**変速**のほか**逆転**も可能になる。さらに、いずれか2つの回転軸をつなぐと、**等速**(とうそく)を出力できる。いずれの回転軸も固定しないと、回転が出力されない、いわゆる**ニュートラル**の状態も作り出すことができる。つまり、プラネタリーギヤが1組あれば、前進3速（減速、等速、増速）、後退1速（逆転減速）でニュートラルポジションを備えた**変速機**(へんそくき)にすることができる（逆転増速も可能だが現実的ではない）。

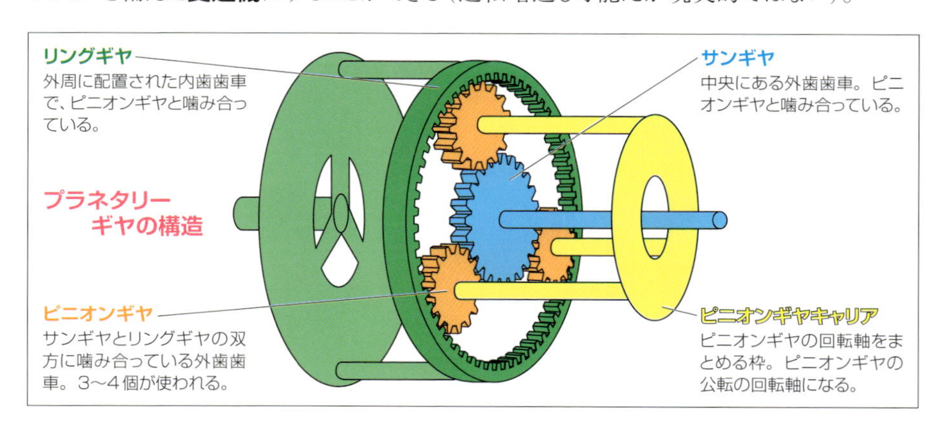

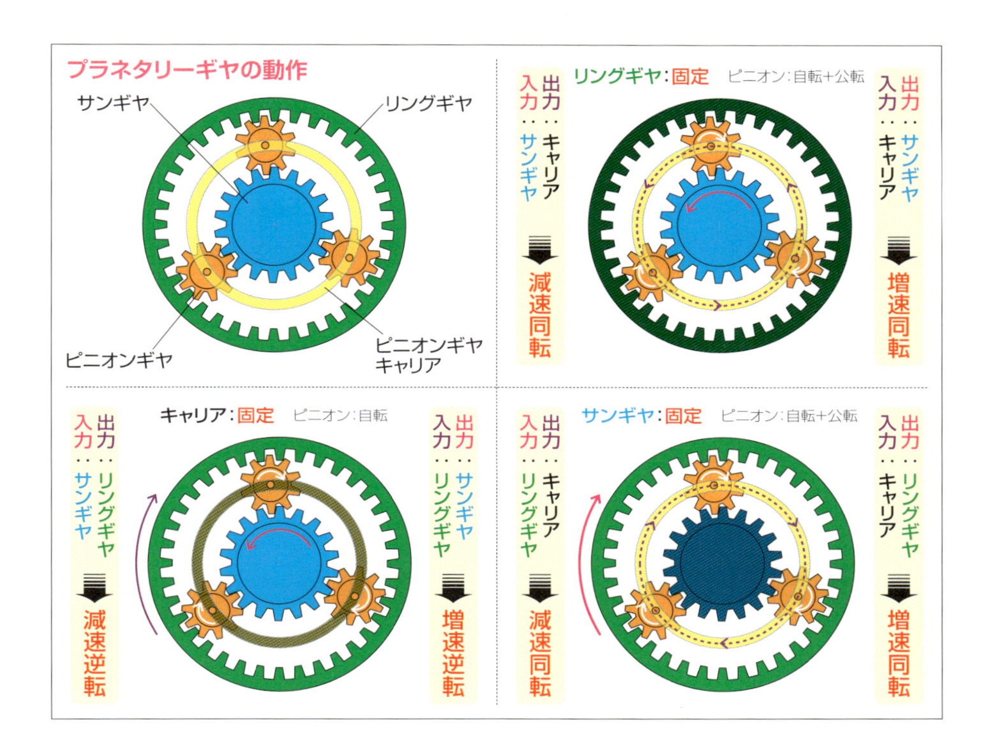

▶複数のプラネタリーギヤを組み合わせることで多段変速機にする

実際の**プラネタリーギヤ式変速機**では、複数組の**プラネタリーギヤ**が使われるのが一般的だ。2組のプラネタリーギヤがピニオンギヤを共有する**ラビニヨ式プラネタリーギヤ**といった特殊なものが使われることもある。変速段ごとに入出力になる回転軸を切り替えたり、固定する回転軸を切り替えたりするため、構造は非常に複雑になる。回転軸の断続には**湿式多板クラッチ**、回転軸の固定には**ブレーキバンド**が使われる。ブレーキバンドとは回転軸になる円筒の周囲に金属製のベルトを巻いたもので、ベルトを締めこんで回転軸を固定する。回転方向を制限するために**ワンウェイクラッチ**が使われることもある。

AT内部のプラネタリーギヤ

プラネタリーギヤ式変速機では、複数のプラネタリーギヤが使用される。イラストは3組を使用した8速AT。

巻き掛け伝動式変速機

ベルトがかかったプーリーの直径をかえることで連続的に変速比を変化させられる

▶巻き掛け伝動装置ではプーリーの直径の比率で変速比が決まる

ベルトと**プーリー**を使うと回転を伝達でき、プーリーの直径に違いがあると**変速**が行える。**チェーン**と**スプロケット**でも同じように、回転の伝達や変速が行える。こうした装置を**巻き掛け伝動装置**という。ベルトとプーリの場合はプーリーの直径の比で**変速比**が決まり、チェーンとスプロケットの場合はスプロケットの歯数の比で変速比が決まる。なお、ベルトとプーリーの場合は歯がないので、**ギヤ比**（**歯車比**、**ギヤレシオ**）と表現するのは正しくないが、実際には使われている。

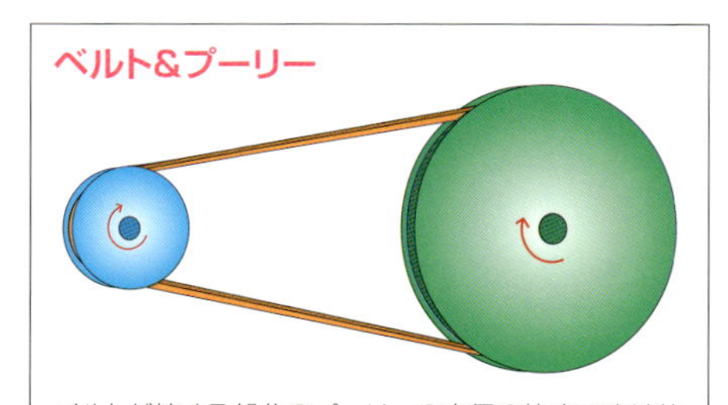

ベルトが接する部分のプーリーの直径の比率で変速比が決まる。入力と出力は同方向に回転する。

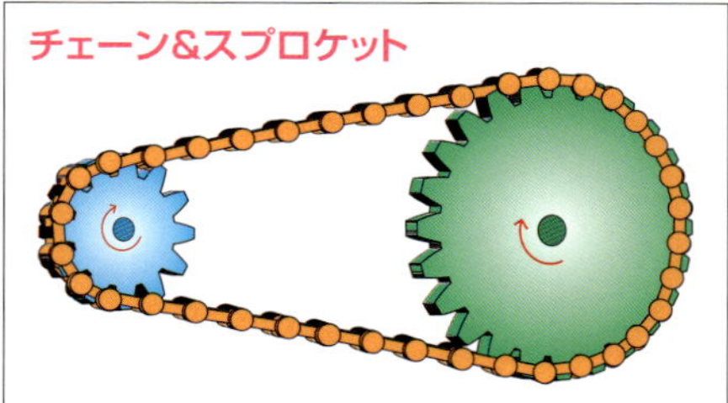

スプロケットの歯数の比率（直径の比率にほぼ等しい）で変速比が決まる。入力と出力は同方向に回転する。

▶V字形の溝の溝幅をかえると実質的なプーリーの直径が変化する

一般的な**ベルト**と**プーリー**を使う**巻き掛け伝動装置**では、プーリーの直径が一定なので変速比も一定だ。しかし、**CVT**に使われている**巻き掛け伝動式変速機**ではプーリーの直径を可変とすることで、連続的に変速比をかえることを実現している。

巻き掛け伝動式変速機に使われるプーリーの溝はV字形で、その溝幅がかえられるようにしてある。使用するベルトは断面形状が台形にされ、両側面がプーリーに接するようにされている。プーリーの溝幅を広くすると、ベルトは回転中心に近い位置で接することになり、プーリーの実質的な直径が小さくなる。逆に溝幅を狭くすると、ベルトは外周に近い位置で接することになり、プーリーの実質的な直径が大きくなる。

入力側のプーリーの溝幅を最大にし出力側のプーリーの溝幅を最小にすれば、小さな直径のプーリーから大きな直径のプーリーに回転が伝達されることになって、もっとも大きな変速比で**減速増トルク**が行われ、逆に入力側のプーリーの溝幅を最小にして出力側の溝幅を最大にすれば、もっとも小さな変速比で**増速減トルク**が行われる。ただし、ベルトがたるんだのでは回転が伝達できなくなるため、変速比をかえる際には両プーリーの溝幅を同時に調整する必要がある。

CVT内のベルト&プーリー

*Nissan

ベルトは金属製のコマが多数連ねられたものが使われることが多い。

巻き掛け伝動式変速機の動作

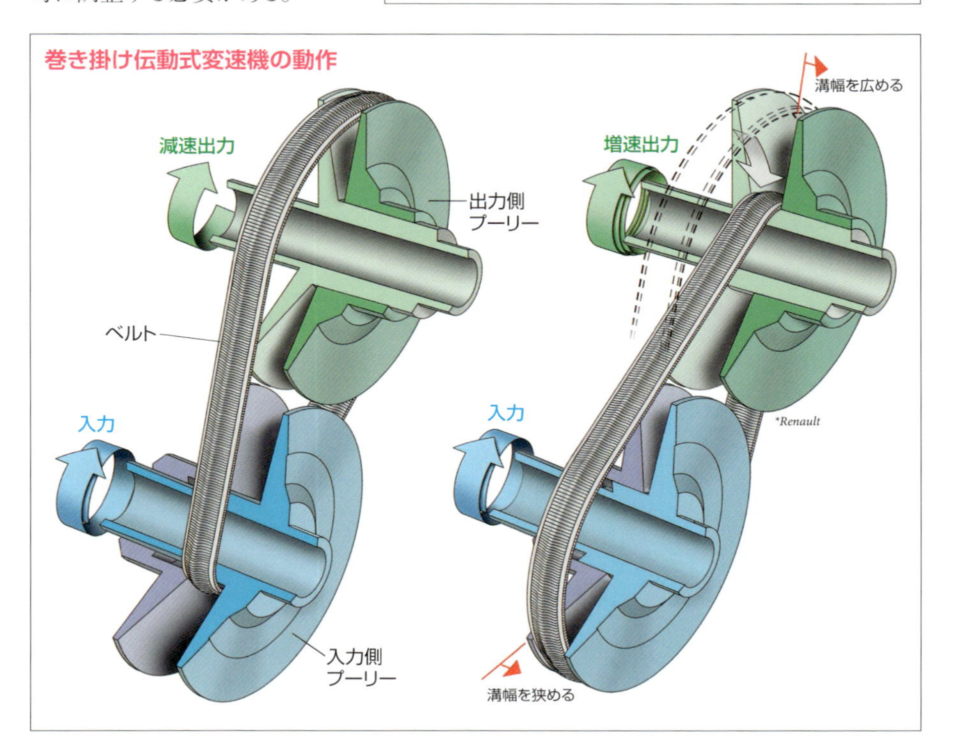

MT

操作することを楽しめるトランスミッションだが省燃費を極めることは難しくなってきている

▶摩擦クラッチと平行軸歯車式変速機で構成されるトランスミッション

MT（**マニュアルトランスミッション**）は、**摩擦クラッチ**と**平行軸歯車式変速機**で構成される。ヨーロッパでは現在でも人気が高いが、日本では少数派だ。コストを抑えた設定として用意されることもわずかにあるが、どちらかといえば走りを楽しみたい人のために設定されていることのほうが多い。とはいえ、マニュアルモードを備えた自動変速機でも十分に走りを楽しむことができるため、どんどん設定が減っている。また、昔はMTは燃費がよいといわれていたが、現在では各種自動変速機の省燃費性能が高まっているので、よほど燃費を意識して操作しないと好燃費を得ることは難しい。ただし、プラネタリーギヤ式変速機より平行軸歯車式変速機のほうが伝達効率が高いため、一定速度で長距離を走行するような状況では、ATやCVTより燃費がよくなる。

摩擦クラッチは単に**クラッチ**と呼ばれることが多く、**乾式単板クラッチ**が一般的に採用される。摩擦クラッチを構成する2枚の円板のうち、一方にはエンジンの**フライホイール**が使用され。もう一方の円板を**クラッチディスク**といい、表面には**摩擦材**が張ってある。

クラッチの操作は**クラッチペダル**で行われる。操作機構には、クラッチ本体まで**クラッチケーブル**で伝達する**機械式クラッチ**と、**油圧**で伝達する**油圧式クラッチ**がある。油圧

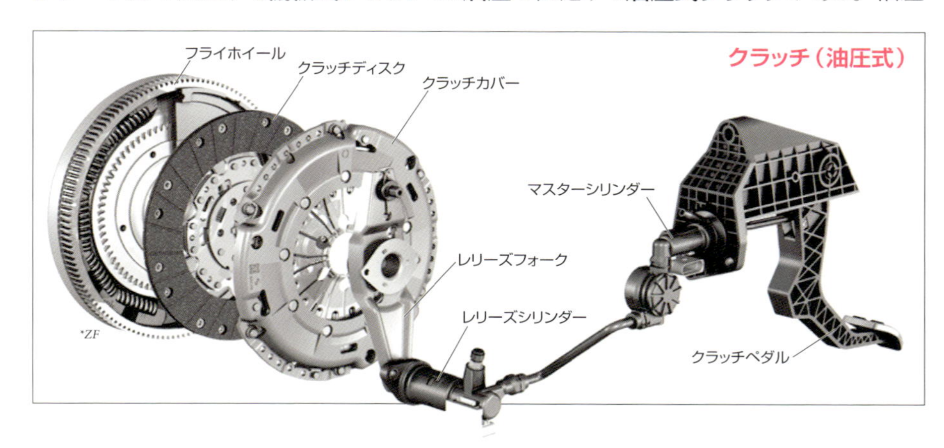

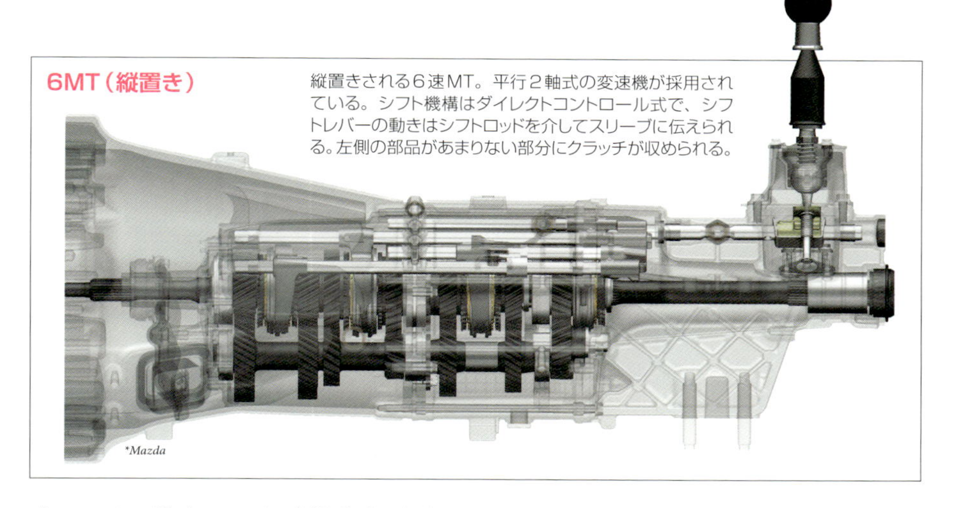
6MT（縦置き）

縦置きされる6速MT。平行2軸式の変速機が採用されている。シフト機構はダイレクトコントロール式で、シフトレバーの動きはシフトロッドを介してスリーブに伝えられる。左側の部品があまりない部分にクラッチが収められる。

*Mazda

式クラッチの場合、ペダルを操作すると**クラッチマスターシリンダー**に油圧が発生し、クラッチ本体の**クラッチレリーズシリンダー**に伝えられる。この操作によって、クラッチ本体の**レリーズフォーク**が動くと、クラッチが開放される。

平行軸歯車式変速機は前進4～6段、後退1段の**変速比**を備えるのが一般的だ。段数を含めて、**6速MT**や**6MT**と表現されることが多い。現在、省燃費化のためにトランスミッションは**多段化**される傾向があるが、人間が操作するMTでは操作が煩雑になってしまうため、6段までが一般的だ。2本の回転軸で変速機が構成される**平行2軸式変速機**が多いが、FFの場合は回転軸方向の長さを抑えてコンパクトにするために、3軸にして歯車の配置を分散させた**平行3軸式変速機**もある。

変速段の切り替えは**シフトレバー**で行う。シフトレバーを操作すると、該当する変速段の**スリーブ**が移動して、変速比が変化する。直接操作する**ダイレクトコントロール式**と、ケーブルで操作を伝達する**リモートコントロール式**がある。

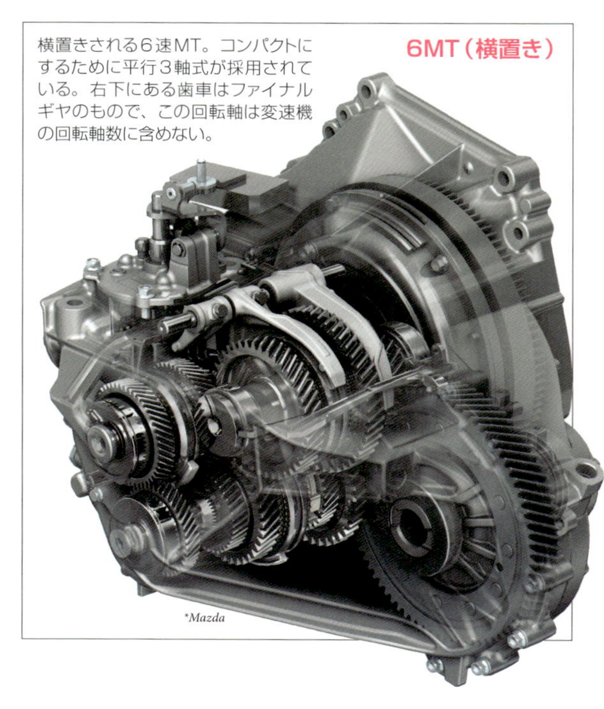
6MT（横置き）

横置きされる6速MT。コンパクトにするために平行3軸式が採用されている。右下にある歯車はファイナルギヤのもので、この回転軸は変速機の回転軸数に含めない。

*Mazda

AT

多段化とレシオカバレッジの拡大で環境性能と優れた乗り心地を実現している

▶日本ではCVTに押され気味の存在であるが…

クルマ関係者の間では、単に**AT（オートマチックトランスミッション）**といった場合には、**トルクコンバーター**と**プラネタリーギヤ式変速機**を組み合わせたものをさすことが一般的だが、クルマのメカニズムに興味をもつ人が少なくなった現在では、多くの人は自動変速が行われるトランスミッションはすべてATだと思っている。**CVT**であろうと**DCT**であろうと、**AT車限定免許**で運転できるものはATなのだ。ATの本来の意味は**自動変速機**なので、こうした認識のほうが正しいともいえる。ただし、この方式を示す定着した略語がないのも事実であるため、本書でもこれをATと呼ぶ。日本ではCVTの登場によって、ATの採用は減ってきているが、メーカーによって考え方はさまざまだ。熟成された技術の結晶として上級車種にATを採用するメーカーもあれば、未来のある技術としてATを使い続けるメーカーもある。ちなみに、アメリカでは現在でもATの人気が高い。

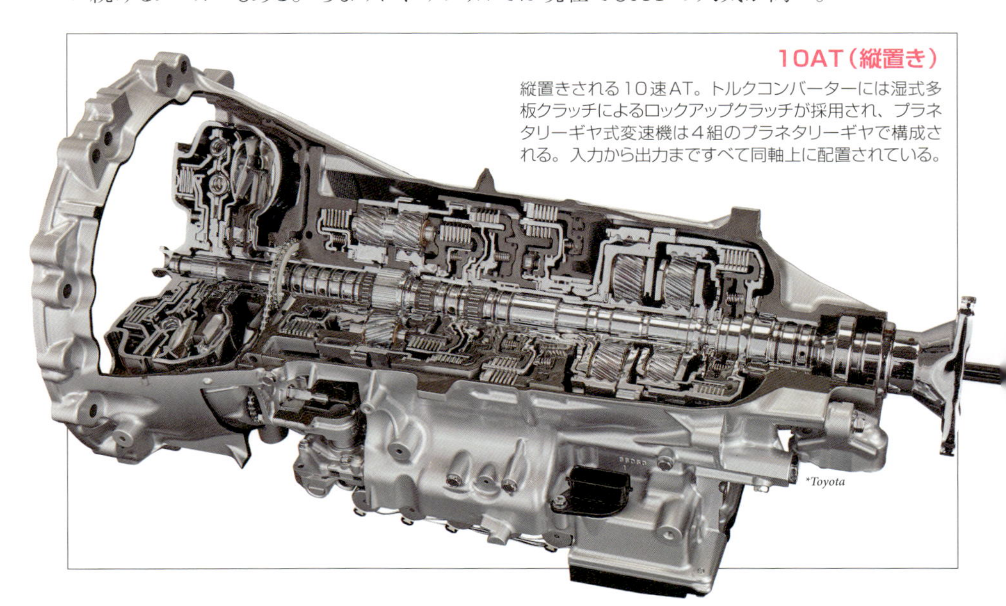

10AT（縦置き）

縦置きされる10速AT。トルクコンバーターには湿式多板クラッチによるロックアップクラッチが採用され、プラネタリーギヤ式変速機は４組のプラネタリーギヤで構成される。入力から出力まですべて同軸上に配置されている。

*Toyota

▶多段化とレシオカバレッジの拡大により9速ATや10速ATも登場

スターティングデバイスとして**トルクコンバーター**は非常に優れたものだが、**伝達効率**の悪さが大きな弱点になる。そのため、現在では、わずかな期間しかトルクコンバーターは使用されず、すぐに**ロックアップ**される。これでは**クリーピング**による微速走行ができなくなりそうだが、**多段化**（ただんか）とともに**レシオカバレッジ**を広げている現在では、従来より大きな**変速比**（へんそくひ）の変速段を備えているため問題なく微速走行が行える。実際、海外では**プラネタリーギヤ式変速機**に湿式多板クラッチを組み合わせたトランスミッションも登場している。

プラネタリーギヤ式変速機は、前進3〜5段、後退1段という時代が長かったが、燃費向上のための多段化によって、現在では**6速AT**（**6AT**）や**8速AT**（**8AT**）は普通に使われ、**9速AT**（**9AT**）や**10速AT**（**10AT**）も登場している。レシオカバレッジも5程度だったものが、現在では7程度が一般的で、なかには10に近いものもある。多段化とレシオカバレッジの拡大により、省燃費性能（しょうねんぴせいのう）も高まっている。段数（だんすう）が増えれば必要なプラネタリーギヤの数も増え、4組のプラネタリーギヤを使用するものもある。

変速段を切り替える際には、湿式多板クラッチやブレーキバンドを動作させることになるが、これらはすべて**油圧**（ゆあつ）で行われる。制御を行う**AT-ECU**の指示によって油路を開閉したり切り替えたりするバルブが動作する。このAT-ECUは**エンジンECU**と**協調制御**（きょうちょうせいぎょ）を行っている。たとえば変速段を切り替える際には、瞬間的にエンジンのトルクを弱め、変速ショックを抑えるといった制御が行われる。また、**エコノミーモード**や**パワーモード**といったように、変速制御を選択できるATもある。2方向操作によって任意の変速段を選択できるようにされたものもある。これらは**マニュアルモード**や**スポーツモード**、**シーケンシャルモード**などといわれ、スポーティな走行を楽しみたい時や山道走行の際に重宝する。

横置きされる8速AT。プラネタリーギヤは3組。全長を抑えるために、平行に配されたアウトプットギヤ（右上）を介してファイナルドライブユニットに回転を伝達。

CVT

加減速の繰り返しが多いと燃費を高めやすいが一定速度での長距離走行は苦手とする

▶国内では小型車の90%がCVTを採用している

現在の**CVT**は**トルクコンバーター**と**巻き掛け伝動式変速機**を組み合わせたものだ。過去には**トロイダル式CVT**も存在したため、**巻き掛け式CVT**や**ベルト式CVT**ということもある。なお、現在では**ベルト**ではなく**チェーン**を使用する**チェーン式CVT**もあるが、チェーン以外の**プーリー**などの構造は同じなのでベルト式CVTで総称されることが多い。国内では小型車の90%以上がCVTを採用している。

CVTが誕生した当初は他の**スターティングデバイス**を採用したものもあったが、当時の技術では**クリーピング**のような微速走行が上手く制御できなかったため、トルクコンバーターが使われるようになった。ATと同じく省燃費のために、トルクコンバーターの使用期間は最小限にされている。発進時のわずかな期間だけ使用され、すぐに**ロックアップ**される。また、**前後進切替機構**には**プラネタリーギヤ**が使われるのが一般的だ。

無段式変速機であれば、**変速比**をかえる続けることで、**燃費の目玉**を使い続けられそうだが、実際には異なる。変速比を固定した状態であれば、ベルトとプー

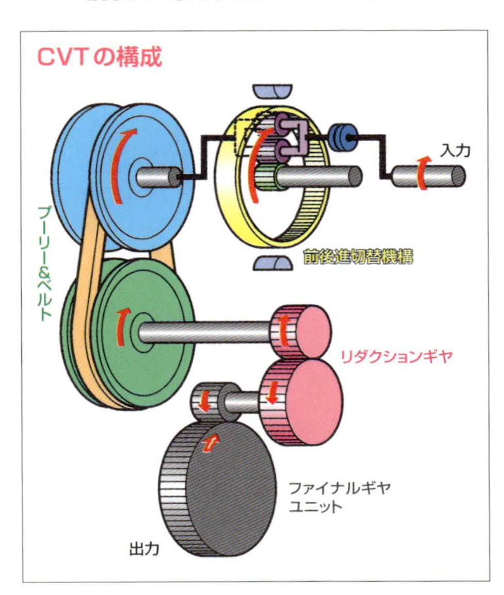

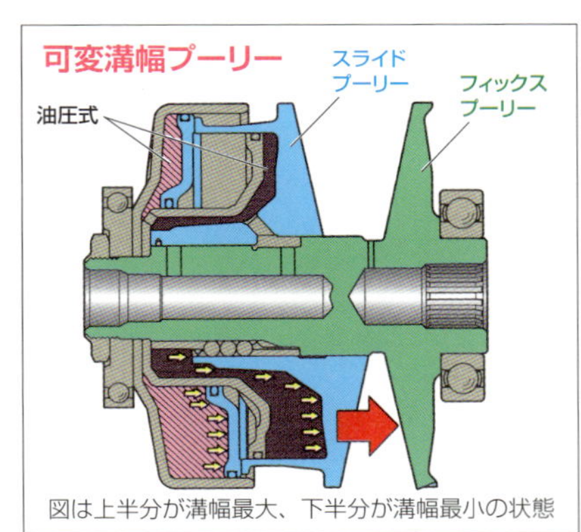

図は上半分が溝幅最大、下半分が溝幅最小の状態

リーの**伝達効率**は95%を超えるというが、変速比をかえている時はベルトとプーリーの摩擦が増大するため60%台になるという。こうした効率の低下を最小限にするために、**CVT-ECU**が**エンジンECU**と**協調制御**しながら、ドライバーの要求に応じてエンジン回転数と変速比をかえていく。たとえば、加速の際にはまずCVTの変速比をかえ、それからエンジン回転数を上げていくといった制御が行われる。結果、エンジン回転数と車速が感覚的に一致しないことに違和感を覚える人もいたが、現在はかなり改善されている。

巻き掛け伝動式変速機は構造上、変速範囲の半分が増速になるが、トランスミッションに求められる変速比は減速の領域が広く、増速の領域が狭い。そのため、CVTには**リダクションギヤ（減速ギヤ機構）**が組みこまれる。また、省燃費化のために**レシオカバレッジ**を大きくすると、プーリーの直径が大きくなりトランスミッションが大型化する。そのため、プラネタリーギヤによる2段変速の**副変速機**を組みこんだCVTもある。発進用のギヤを採用することで、発進時の変速比を大きくし、実質的なレシオカバレッジを広げたCVTもある。なお、CVTにも**マニュアルモード**を備えたものがあり、任意の変速比を選択できる。

CVTではプーリーをベルトに押しつけるために大きな**油圧**が必要になる。**オイルポンプ**はエンジンからの入力を利用しているが、負担が大きい。変速比を固定している時のベルトとプーリーの伝達効率は高いが、ポンプによる損失があるため、CVT全体としての効率が悪くなる。そのため、一定速度での長距離走行では他の形式のトランスミッションより燃費が悪い。結果、こうした走行が多いヨーロッパやアメリカではCVTに人気がない。なお、**ハイブリッド自動車**や**アイドリングストップ**車ではエンジン停止中も油圧を維持するために**電動オイルポンプ**が使用されることもある。

CVTは最低でも2本の回転軸が必要になるので横置きが多い。トルクコンバーターのほかリダクションギヤや前後進切替機構などが内蔵される。

AMT

MTにアクチュエーターを加えることで低コストに自動変速を実現できる

▶クラッチ操作と変速段の切り替えを電動や油圧で行う

AMT（**オートメーテッドマニュアルトランスミッション**、**オートメーテッドMT**）を日本語にすると自動化された**手動変速機**という意味になる。自動と手動という言葉が並ぶ不思議な名称だが、トランスミッションの基本構造は**MT**であり、それを自動化したという意味だ。**摩擦クラッチ**と**平行軸歯車式変速機**を組み合わせたものに、**アクチュエーター**を加えて電子制御を行っている。アクチュエーターとは動作させるものという意味になる。

AMTは、コスト重視で自動変速を実現するために採用されることがほとんどだ。専用のトランスミッションが設計されるということは少なく、既存のMTを流用することでコストを抑えている。比較的小型のクルマに採用されることが多く、横置きのものが大半だ。変速段はMTと同程度で、**5速AMT**（**5AMT**）が数多い。ヨーロッパでは多くの車種に採用されており、新興国向けの**自動変速機**はAMTになるのではないかといわれている。日本では採用例が極めて少なく、スズキが**AGS**（**オートギヤシフト**）の名称で軽自動車に採用している。

5AMT（電動+電動油圧）

5速MTをベースにした5速AMT。クラッチ用とシフト用にそれぞれモーターが備えられているが、クラッチは油圧を介して駆動される。

AMTには、クラッチを動作させる**クラッチアクチュエーター**と、変速機の変速段の切り替えを行う**シフトアクチュエーター**が備えられる。アクチュエーターにはモーターで動作させる**電動アクチュエーター**と、油圧で動作させる**油圧アクチュエーター**があり、さらに油圧の場合はモーターで駆動される**電動オイルポンプ**を使用するものと、エンジンからの入力で**オイルポンプ**を駆動するものがある。これらのアクチュエーターは**AMT-ECU**によって制御される。**マニュアルモード**も備えられていて、手動で任意の変速段を選べることが多い。

▶独特の走行感があり燃費に大きな期待はかけられない

AMTには独特の走行感がある。**MT**で低速の変速段に**シフトチェンジ**（**ダウンシフト**）する際には、エンジンの回転数を高める必要がある。AMTでは、その際に**ブリッピング**と呼ばれる制御が行われ、エンジン回転数が高められる。これにわずかだが時間がかかる。また、高速の変速段にシフトチェンジ（**アップシフト**）する際には、エンジンの回転数を落とす必要があるが、燃料噴射などを停止しても**慣性**で動き続けるため、わずかに待つ必要がある。その間は**トルク切れ**が起こり空走感が生じる。MTに乗り慣れているとあまり違和感を覚えないようだが、ATやCVTに乗り慣れているとギクシャクすると感じる人もいる。ヨーロッパではベースになるMTの設定も多く、MTに慣れ親しんでいる人が多いためAMTが受け入れられやすい。

燃費の面でもAMTに大きなメリットはない。スズキの例では、同車種に設定されているCVTに比べるとAMTのほうがモード燃費が大きく劣る。だが、一定速度で長距離を走行するような状況では、AMTのほうが有利になると考えられる。こうしたメリットもヨーロッパで受け入れられている理由といえる。

5AMT（電動油圧）
5速MTをベースにした5速AMT。電動ポンプで油圧を発生させ、その油圧でクラッチとシフトを駆動している。

DCT

MTのメリットを最大限に活かして省燃費性や加速性を高めることができる

▶2台の変速機を搭載して瞬間的に変速段を切り替えていく

DCT（**デュアルクラッチトランスミッション**）は、日本ではランサーエボリューションやGT-R、NSXが採用し、海外でもポルシェなどが採用しているため、スポーティな走行に適したトランスミッションと思われがちだが、省燃費性能を極めることも可能なものだ。構造的には、特殊な構造の**平行軸歯車式変速機**を2組の**摩擦クラッチ**で制御する。こうした組み合わせであるため、**AMT**に分類されることもある。日本ではまだまだ小数派だが、ヨーロッパでは幅広い車種に採用されるようになっている。

一般的なMTでは変速段を切り替える際に、わずかな時間が必要になる。自分が操作している場合はあまり意識しないが、AMTだと空走感として感じられるようになる。また、この瞬間にはトルクが伝達されない。いわゆる**トルク切れ**になるため、加速が一瞬途切れることになる。こうした平行軸歯車式変速機のトルク切れを最小限にしたものがDCTだ。

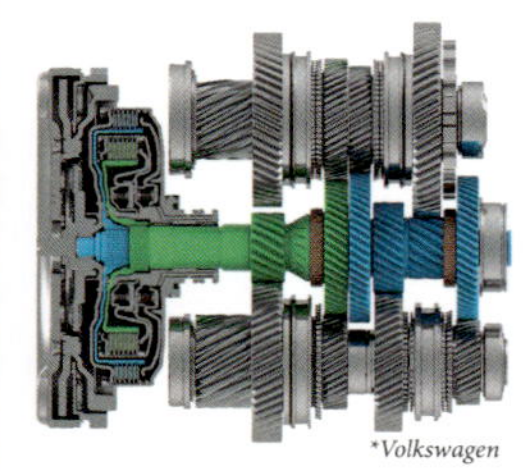

横置きされる7速DCT。上図のように、インプットシャフト（入力回転軸）の両側に奇数段と偶数段のカウンターシャフト（出力回転軸）が配置される。インプットシャフトは中空シャフトを利用した二重構造。クラッチは径の異なるものを二重に配置。外側のクラッチは内側のインプットシャフトに接続され、内側のクラッチは外側の中空にされたインプットシャフトに接続される。

DCTでは、奇数段を担当する**平行2軸式変速機**と偶数段を担当する平行2軸式変速機を組み合わせ、それぞれに**クラッチ**が用意されている。たとえば、変速比が奇数段の時は、奇数段のクラッチが締結され、偶数段のクラッチが開放されているが、変速比を切り替える際に、あらかじめ偶数段のクラッチを**半クラッチ**のスタンバイ状態にしておけば、奇数段のクラッチを開放するとほぼ同時に偶数段のクラッチを締結することができる。これによりトルク切れや空走感を解消することが可能だ。

実際の構造にはさまざまなものがあるが、たとえば2基の変速機の入力側の回転軸を、中空シャフトを利用して二重にすることで同軸上に配置し、それぞれの変速機の出力側の回転軸を平行に配置すれば、外観上は3つの回転軸を備える構造になる。出力側の回転軸も二重構造にすれば、外観上は2つの回転軸を備える構造にもできる。二重になった入力軸上に配置される2基のクラッチは、**乾式単板クラッチ**のこともあれば、**湿式多板クラッチ**のこともある。AMTと同じようにクラッチの操作と変速段の切り替えは**アクチュエーター**によって行われる。**油圧アクチュエーター**や**電動アクチュエーター**、**電動油圧アクチュエーター**が使われる。これらは**DCT-ECU**によって制御される。

DCTの変速動作例

4速状態では内側のクラッチが締結されている。5速への変速時期が近づくと、外側のクラッチが半クラッチにされて内側のインプットシャフトが回転を始め、内側のクラッチが開放されると同時に、外側のクラッチが締結される。

▶ATやCVTからの乗り換えでも違和感なくDCTを使える

DCTの変速段数は当初は前進6〜7段、後退1段が多かったが、現在では**9速DCT**(**9DCT**)を搭載するクルマもあり、**10速DCT**(**10DCT**)も開発されている。**多段化**され**レシオカバレッジ**も大きくとれるため、**エンジンECU**との**協調制御**によって省燃費を目指した変速制御が可能だ。**トルク切れ**がほとんどないため、加速性能を高めることも可能だ。変速比の大きな変速段とクラッチの電子制御によって**クリーピング**のような微速走行も可能とされているため、ATやCVTと使用感に大きな差はない。また、**プラネタリーギヤ式変速機**より**平行軸歯車式変速機**のほうが**伝達効率**が高いため、変速段をかえず一定速度で長距離を走行するような状況では、ATより燃費がよくなる。**マニュアルモード**が備えられていて、手動で任意の変速段を選べることも多い。

ファイナルドライブユニット

ディファレンシャルギヤが備えられていないと クルマはカーブをスムーズに曲がれない

▶最終的な減速はディファレンシャルギヤへの入力で行われる

内輪差による問題を解消する**ディファレンシャルギヤ**（**デフ**）と、トランスミッションの負担を軽減し最終的な減速を行う**ファイナルギヤ**は一体化されるのが一般的で、まとめて**ファイナルドライブユニット**と呼ばれる。

ファイナルギヤは**終減速装置**や**最終減速装置**ともいう。その**変速比**を**ファイナルギヤレシオ**（**終減速比**、**最終減速比**）といい、4〜6が一般的だ。FFの横置きトランスミッションでは変速出力の回転軸と車輪の回転軸が平行なので、ファイナルギヤは**外歯歯車**で構成される。歯を斜めに刻んだ**ヘリカルギヤ**（**斜歯歯車**）が使われることが多い。FRのようにプロペラシャフトから入力が行われる場合は、車輪の回転軸と直交するため、**ベベルギヤ**（**傘歯歯車**）が使われる。歯が曲線を描く**スパイラルベベルギヤ**や、スパイラルベベルギヤの回転軸が交わらないようにした**ハイポイドギヤ**が使われる。

ファイナルギヤの種類

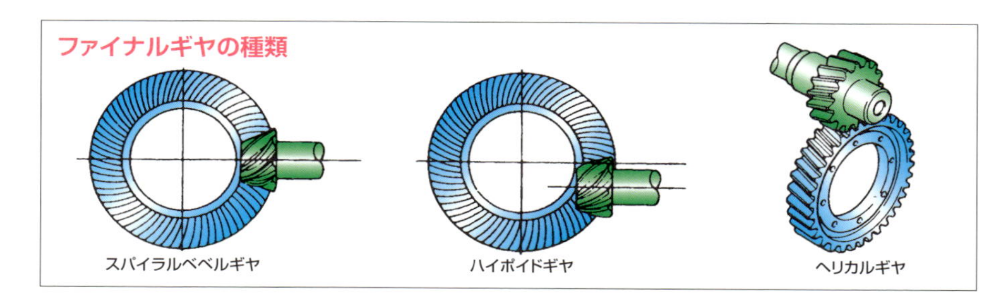

▶左右輪の抵抗差を利用して左右輪に回転数差を与える

デフと略されることが多い**ディファレンシャルギヤ**は、コーナリングの際にコーナー内側の車輪（内輪）と外側の車輪（外輪）に生じる抵抗の差を利用して、駆動輪に回転数差を与える。このように回転数差を与えることを**差動**というため、**差動歯車**や**差動装置**ともいう。一般的な**ベベルギヤ式ディファレンシャルギヤ**は、4個の**ベベルギヤ**と**ディファレンシャルギヤケース**（**デフケース**）で構成される。デフケースはファイナルギヤに固定さ

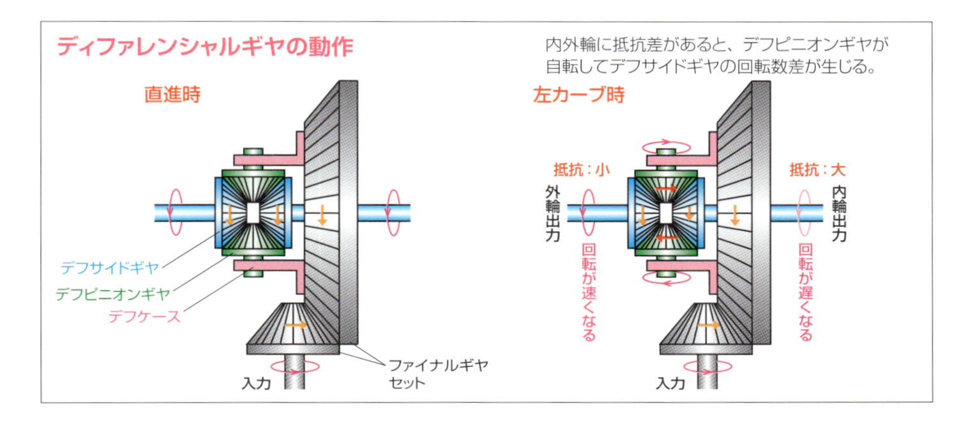

れ、そこに**ディファレンシャルピニオンギヤ**（**デフピニオンギヤ**）の回転軸が固定される。それぞれのデフピニオンギヤは両側の**ディファレンシャルサイドギヤ**（**デフサイドギヤ**）に噛み合っている。デフサイドギヤは**ドライブシャフト**を介して車輪に回転を伝達する。

直進状態で内輪と外輪に抵抗差がない場合は、ファイナルギヤとともにデフケースが回転するとデフピニオンギヤが公転し、左右のデフサイドギヤに回転を伝達する。この時、どちらの車輪も抵抗が同じであるため、デフピニオンギヤは自転することができない。

コーナリングを始めると、移動距離が短くなる内輪のほうが抵抗が大きくなる。すると、内輪側のデフサイドギヤがデフピニオンギヤを押し返そうとする。この力でデフピニオンギヤが自転すると、内輪側のデフサイドギヤの回転が遅くなる。逆に、外輪側のデフサイドギヤはデフピニオンギヤの自転によって回転が速くなる。結果、内輪と外輪の回転数に差が生じ、スムーズにコーナーを曲がっていけるようになる。

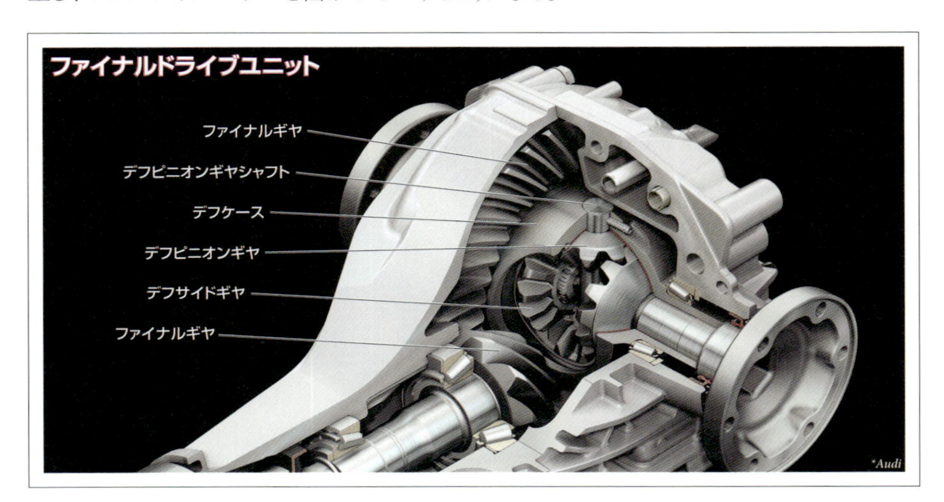

デフロックとLSD

ディファレンシャルギヤの弱点をカバーして差動を停止したり制限したりする

▶片輪の抵抗が極端に小さいと走行不能になったり挙動が乱れたりする

ディファレンシャルギヤ（**デフ**）はクルマには欠かせない装置だ。普通の人が整地された道路を走行していて不都合を感じることはないが、弱点がないわけではない。不整地走行で駆動輪（くどうりん）の片輪が浮くと、反対側の接地している車輪に比べて抵抗が極端に小さくなる。そのため、回転はすべて浮いている駆動輪に伝達されて空転（くうてん）し、接地している車輪は停止してしまう。これでは走行不能だ。不注意で側溝などに脱輪したり、ぬかるみや氷雪路でスタックしたりした場合にも同じように走行不能の状態になる。

また、高速でコーナリングすると遠心力によってクルマがコーナー外側に傾き、内輪が浮きぎみになる。これにより抵抗が小さくなるため、内輪が空転ぎみに速く回転し、外輪が遅く回転する。しっかり接地している外輪の回転が遅くなるため、コーナリング速度が低下するうえ、曲がりにくくもなる。直進時でも、路面が部分的に濡れていて左右の駆動輪が滑り（すべり）やすい路面と滑りにくい路面にあると、片輪が瞬間的に空転ぎみになったりする。すると、**駆動力**（くどうりょく）が低下したり、直進安定性が低下しクルマの挙動（きょどう）が乱れたりする。

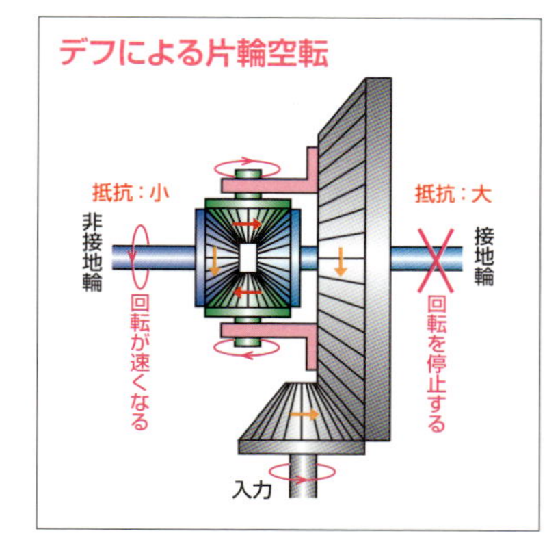

こうした事態に対処するためには、一時的に**差動**（さどう）を停止したり制限したりする必要がある。そのための装置が**差動停止装置**（さどうていしそうち）や**差動制限装置**（さどうせいげんそうち）だ。

▶一時的に差動を停止すると悪路走破性が高まる

オフロード走行を特に重視したクルマに採用されるのが**差動停止装置**だ。**ディファレンシャルロック**（**デフロック**）や**ロッキングディファレンシャル**（**ロッキングデフ**）といい、ディファレンシャルギヤの**デフケース**と一方の**デフサイドギヤ**もしくは双方のデフサイドギヤを**ドグクラッチ**などで締結（ていけつ）して差動を停止する。差動を停止しても不整地ではタイヤがスリップしやすいので曲がる際に**内輪差**の問題が生じにくい。しかし、走行場所に応じて**差動**と**差動停止**を切り替える必要があるため操作性が悪い。

▶状況に応じて作動を制限すると走行性能が高まる

差動制限装置は、**リミテッドスリップディファレンシャル**（**リミテッドスリップデフ**）の頭文字から**LSD**と略される。**差動制限**することでコーナリング性能を高めたり、直進安定性を高めることができる。さまざまな構造のものがあるが、左右輪のトルクの差に応じて差動制限する**トルク感応型LSD**と、左右輪の回転数差に応じて差動制限する**回転差感応型LSD**がある。トルク感応型には**多板クラッチ式LSD**や**トルセンLSD**、**ヘリカルギヤ式LSD**、**スーパーLSD**などがある。構造や動作の説明は省略するが、歯車に生じる回転軸方向の力で摩擦を発生させたり歯車の特性を利用したりしている。回転差感応型には**ビスカスカップリング**（P183参照）を利用する**ビスカスLSD**がある。いずれもスポーツタイプの車種に採用されている。回転差感応型は比較的反応が穏やかだが、トルク感応型は反応が機敏で使いこなすにはある程度の技術が必要になる。

電子制御ディファレンシャル

駆動輪のトルク配分を制御することで
クルマの挙動を積極的にコントロールする

▶湿式多板クラッチを利用して左右駆動輪のトルク配分をかえる

数多くのクルマの装置が電子制御されているが、**ディファレンシャルギヤ**（**デフ**）も例外ではない。**電子制御ディファレンシャル**（**電子制御デフ**）が開発されている。**アクティブLSD**と呼ばれることもある。従来のLSDは使いこなしが難しいが、電子制御デフであれば普通の人でも意識せずに使うことができ、さらに高い能力を備えられる。左右駆動輪の**トルク配分**を制御すれば、積極的にクルマの挙動をコントロールでき、**オーバーステア**や**アンダーステア**（P234参照）を抑制し、狙った通りのラインでコーナリングできる。

電子制御デフには、従来同様のディファレンシャルギヤに、**圧着力**を電子制御できる**湿式多板クラッチ**を備えることで、**差動制限**の度合いを状況によって可変できるもののほか、

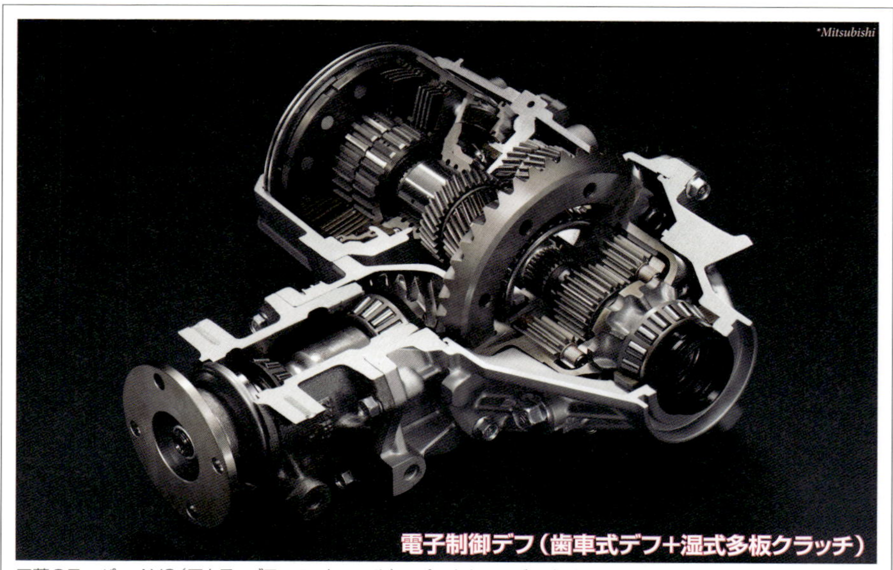

三菱のスーパー AYC（アクティブヨーコントロール）。プラネタリーギヤ式ディファレンシャルギヤに増速用／減速用ギヤを組み合わせ、2組の湿式多板クラッチの圧着力を調整することで、左右輪の回転数とトルク配分を決定する。

日産の4WDシステムALL MODE 4×4-iの後輪に搭載される電子制御デフ。歯車によるディファレンシャルは廃されていて、左右輪それぞれに備えられた湿式多板クラッチの圧着力によって分配されるトルクが決定される。

そもそも歯車機構によるデフを備えず、左右輪それぞれに湿式多板クラッチを備えてトルク配分を行うものもある。圧着力のコントロールには油圧（ゆあつ）や電磁石（でんじしゃく）が利用される。こうした電子制御デフは、4WDに採用されることが多い。湿式多板クラッチの圧着力は、**車輪速センサー**（しゃりんそく）や操舵輪（そうだりん）の方向を検出する**舵角センサー**（だかく）、旋回の際にクルマが回転しようとする力を検出する**ヨーレイトセンサー**などの情報から、走行状況に応じて**トランスミッションECU**などが決定する。

▶各輪に独自にブレーキを作動させることでLSDとして機能させる

ESC（P234参照）などを装備している現在のブレーキシステムは、ドライバーのブレーキペダル操作とは無関係に各輪のブレーキを個別に作動させられる。この能力を利用して**差動制限**（さどうせいげん）を行うシステムを**ブレーキLSD**という。駆動輪の片輪が空転（くうてん）ぎみになったり空転したりするデフの問題は、その車輪の抵抗が極端に小さくなることによって生じる。そのため、必要以上に回転数が高まり空転しそうになっている駆動輪にだけブレーキを作動させれば、その車輪の抵抗が大きくなり、空転が回避（かいひ）される。制御は**ブレーキECU**で行われる。

電子制御デフの場合は配分をかえるだけなので駆動力（くどうりょく）の損失は生じないが、ブレーキLSDでは損失が発生する。しかし、ESCを装備しているクルマなら部品の追加は不要なので低コストでLSDを搭載できることになる。動作も穏やかに設定されているものが多く、走行性能を高めるというより、安全性や悪路走破性を高めるために装備されることが多い。

ドライブシャフトとプロペラシャフト

入出力の位置関係が変化しても
動力をスムーズに伝達できるようにする

▶ドライブシャフトの両端には等速ジョイントが備えられる

ドライブシャフトは**ファイナルドライブユニット**から車輪に回転を伝達するシャフトだ。以前は**中実シャフト**が一般的だったが、現在は**中空シャフト**が使われることもある。

車軸懸架式サスペンション（P250参照）の場合は、車輪とデフは位置関係を保ったまま動くため、シャフトだけで回転が伝達できるが、**独立懸架式サスペンション**の場合は両者の位置関係が変化する。サスペンションの形式によっては両者の距離も変化するし、前輪であればハンドル操作によって角度の変化も起こる。こうしたさまざまな状態の変化に対応できるように、ドライブシャフトの両端には**等速ジョイント**が備えられる。

入力回転軸と出力回転軸が折れ曲がった状態でも回転を伝達できる機構を**ユニバーサルジョイント**や**自在継手**といい、そのなかでも一定の回転速度を保てるものを等速ジョイントという。英語の頭文字から**CVジョイント**や**CVJ**ともいい、距離が固定されたものを**固定式等速ジョイント**（**固定式CVジョイント**）、距離の変化に対応できるものを**スライド式等速ジョイント**（**スライド式CVジョイント**）という。いずれも、ボールやローラーを備えることで、折れ曲がっても回転が伝達できるようにされている。固定式では**バーフィールド型ジョイント**、スライド式では**クロスグルーブ型ジョイント**や**トリポード型ジョイント**、さらにはこれらの発展形が採用されることが多い。

ドライブシャフト

等速ジョイント

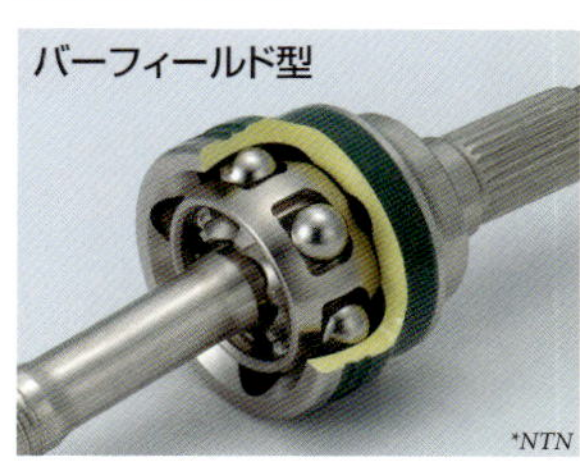

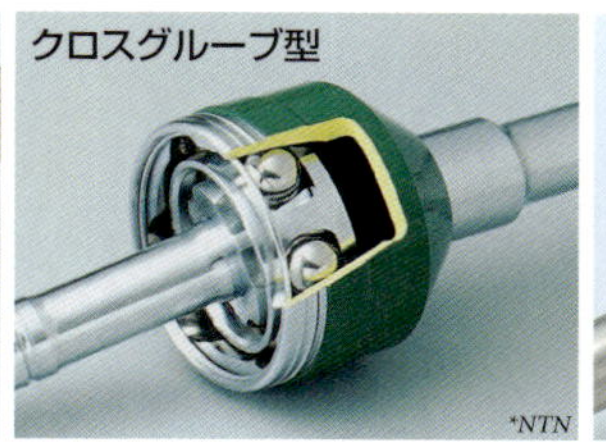

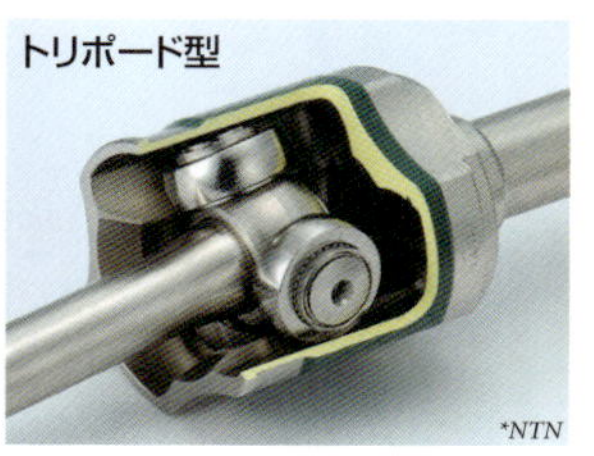

▶車両の前後方向に回転を伝達するプロペラシャフト

プロペラシャフトは車両の前後方向に**駆動力**を伝達するシャフトだ。**中空シャフト**が一般的だが、軽量化のために**CFRP**（**炭素繊維強化樹脂**）などの**樹脂製プロペラシャフト**や**アルミ製プロペラシャフト**も開発されている。1本のシャフトではなく、2分割や3分割されることもあり、分割部分は**センターベアリング**と呼ばれる**軸受**で支えられている。

プロペラシャフトも両端に**等速ジョイント**を備えることがあるが、**カルダンジョイント**が使われることもある。カルダンジョイントは**クロスジョイント**や**フックスジョイント**などとも呼ばれ、1回転の間に回転速度が周期的に変化するため、そのままでは動力の伝達に使えない。しかし、変化の度合いは入力軸と出力軸の角度で決まる。トランスミッションとファイナルドライブユニットの位置関係が変化しても、双方の回転軸が平行を保つようにすると、両端のジョイントの角度が常に逆の関係になる。すると、プロペラシャフト前端のジョイントで生じた回転速度の変化が、後端のジョイントで打ち消されることになり、等速性が確保される。

FR車のシャフト構成

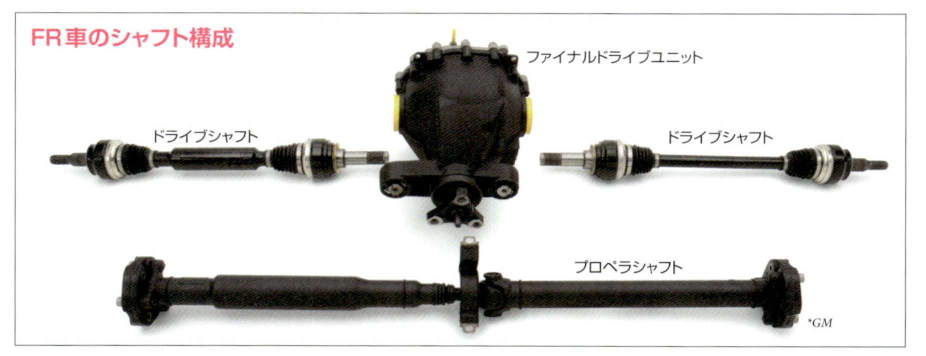

4WD

駆動力を４輪に分散させることで
さまざまな走行性能を高めることができる

▶悪路走破性だけが4WDのメリットではない

AWD（**全輪駆動**）と呼ばれることも増えている**4WD**（**４輪駆動**）は、不整地走行に適したクルマだと思っている人が多い。確かに、凹凸でクルマが傾いたりしても**2WD**より4WDのほうが駆動輪が接地している可能性が高いので、走行することができるが、4WDのメリットはそれだけではない。4WDは**駆動力**を４輪に分配することができるため、出力を余すところなく使うことができるうえ、氷雪路のような滑りやすい路面でも安定して走行できる。コーナリングの安定性を高めることも可能だ。

駆動輪は路面とタイヤとの**摩擦**によって駆動力を発生させるが、この摩擦には限界がある。大きなトルクで車輪を回そうとすると、摩擦の限界を超えてタイヤが空転してしまう。レースカーのスタート時などにタイヤが空転することがあるのは、限界を超えたトルクを車輪にかけたために起こる。これを**ホイールスピン**という。たとえば、図のようにトータル100の駆動力を発揮できる2WDの場合、各駆動輪は50の駆動力を発揮できるが、摩擦による限界が30であれば、トータル60の駆動力まで落とさないと走行することができない。しかし、同じくトータル100の駆動力を発揮できる4WDであれば、各駆動輪の駆動力は25になり限界の範囲内に収まるので、トータル100の駆動力で走行することができ、エンジンの性能を余すことなく使うことができる。そのため、高出力のスポーツタイプのクルマに4WDが採用されることがある。

また、非常にすべりやすく10で摩擦の限界に達するような路面だと、2WDではトータル20の駆動力でしか走行できないが、4WDであればトータル40の駆動力で安定して走行できる。これが4WDが氷雪路に強いといわれる理由だ。

コーナリングも2WDより4WDのほうが安定して曲がっていける。コーナリングの際には遠心力に対応してクルマを曲がらせようとする**コーナリングフォース**という力が必要になる。このコーナリングフォースは横滑りによって生じるため、路面とタイヤの摩擦の限界の影響を受ける。図のように、摩擦の限界が60の路面で、2WDがトータル100の駆動力を発揮させると、コーナリングフォースは約33しか得られないが、4WDであれば約55のコーナ

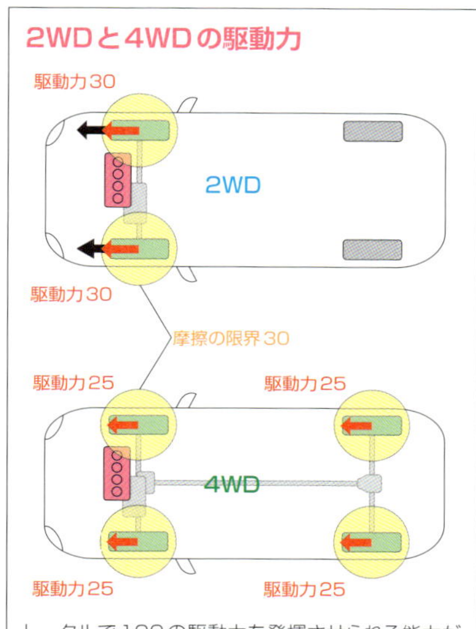

トータルで100の駆動力を発揮させられる能力があっても、摩擦の限界が30の場合、2WDではトータル60の駆動力しか発揮できないが、4WDではトータル100の駆動力を発揮させられる。

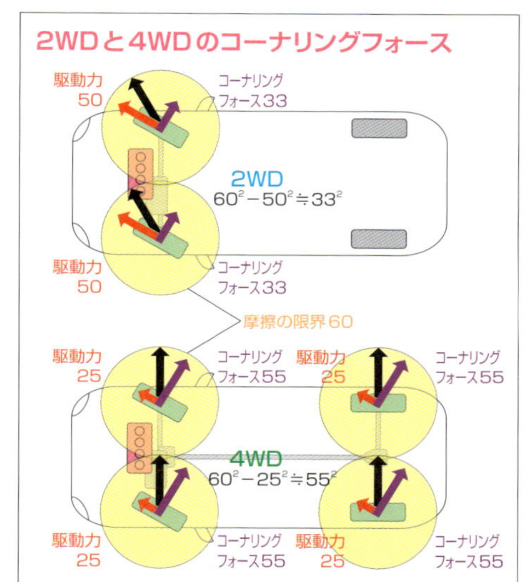

摩擦力の限界が60でコーナリングしている時、2WDも4WDも駆動力はトータル100だが、コーナリングフォースは2WDの約33より4WDの約55のほうが大きくなり、安定してコーナーを曲がっていくことができる。

リングフォースを得られる。そのため4WDのほうが安定してコーナリングすることができる。高速コーナリングが可能になるのはもちろん、速度を抑えたコーナリングであっても4WDのほうが安定して曲がっていくことができ、安全性が高くなる。

▶4WDは部品点数が増えて重くなるため燃費が悪く価格も高い

さまざまな状況において、**2WD**より**4WD**のほうが走行性能を高めやすく、安全性も高いが、動力伝達装置(どうりょくでんたつそうち)がそれだけ複雑になり、部品点数も増える。結果、クルマが重くなり燃費が悪くなるし、コストも高くなる。そのため、以前に比べると4WDがクローズアップされることは少なくなってきているが、氷雪路走行が多い寒冷地向けとして4WDを設定している車種は数多くある。また、高性能なスポーツタイプの車種でも採用例がある。

なお、**SUV**はすべて4WDだと思っている人も多いが、実際には異なる。ジープに代表されるようなオフロード走行を前提としてクルマは、**四駆**(よんく)、**オフロード車**、**クロカン車**(**クロスカントリー車**)、**RV車**など時代によって変化してきたが、各種レジャーの使い勝手がよいため一定の人気があり、ブームも何度か訪れている。こうした4WDの伝統を受け継ぐのが現在のSUVといえる。Sport Utility Vehicleの頭文字をとったもので、日本語では**スポーツ多目的車**というが、実際にオフロードを走行することがないユーザーも多い。そのため、燃費がよくコストも抑えられる2WDが採用されていることもある。

4WDシステム

駆動輪の左右に差動が必要なように 4WDでは前後の回転数差の吸収が必要になる

▶4WDはパートタイム4WDとフルタイム4WDに大別できる

クルマがコーナリングする際には、左右輪の旋回半径に差ができるため、コーナー外輪のほうが、内輪より移動距離が長くなるため、**ディファレンシャルギヤ**による**差動**が必要だが、前後輪にも旋回半径の差ができる。前輪の外輪より後輪の外輪のほうが内側を通り、前輪の内輪より後輪の内輪のほうが内側を通る。つまり、**4WD**では後輪のファイナルギヤより前輪のファイナルギヤのほうが速く回転する必要がある。もし、前後のファイナルギヤに同じ回転を伝えてしまうと、後輪が空転ぎみにスリップするか、前輪が引きずられてしまう。特に、舗装路で小回りする際には前輪がつっかかったようになりスムーズに走行できなくなる。これを**タイトコーナーブレーキ現象**という。

前後のファイナルギヤに同じ回転を伝える4WDを**直結式4WD**という。直結式4WDはタイトコーナーブレーキ現象が起こるが、不整地ではタイヤがスリップしやすいので問題なく走行でき走破性が高い。しかし、舗装路では走行が難しいため、状況に応じて4WDと2WDを切り替えられるようにするのが一般的だ。こうした4WDを**パートタイム4WD**や**セレクティブ4WD**といい、オフロード走行を特に重視したクルマにのみ採用されている。

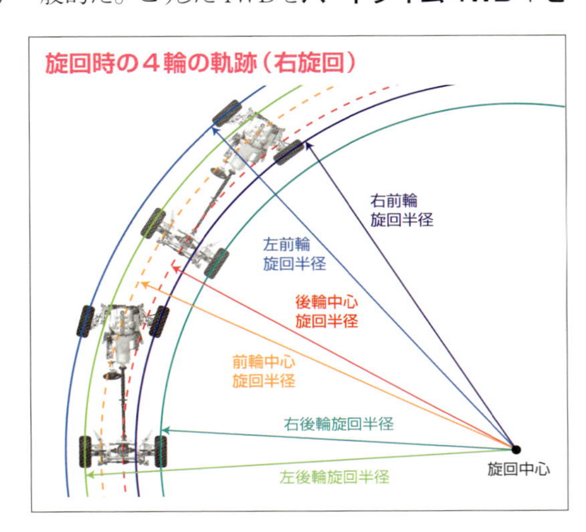

いっぽう、タイトコーナーブレーキ現象が起こらない機構を採用し、常に4輪で走行できる4WDを**フルタイム4WD**という。フルタイム4WDにはディファレンシャルギヤによって前後輪の回転数差を吸収する**センターディファレンシャル式フルタイム4WD**（**センターデフ式フルタイム4WD**）と、**湿式多**

板クラッチなどで前後輪の**トルク配分**を決める**トルクスプリット式フルタイム4WD**（**トルクスプリット式4WD**）がある。なお、フルタイム4WDであっても、燃費低減などのために2WDに切り替えられる機構を備えているものもある。また、ハイブリッド自動車のなかにも4WDのものがあり、将来的にはEVにも4WDが登場してくることが予想される。

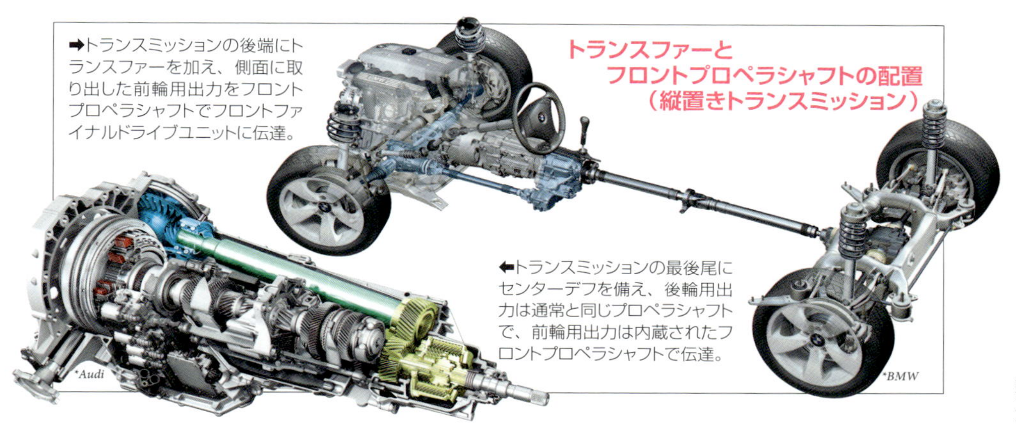

トランスファーとフロントプロペラシャフトの配置（縦置きトランスミッション）

➡トランスミッションの後端にトランスファーを加え、側面に取り出した前輪用出力をフロントプロペラシャフトでフロントファイナルドライブユニットに伝達。

⬅トランスミッションの最後尾にセンターデフを備え、後輪用出力は通常と同じプロペラシャフトで、前輪用出力は内蔵されたフロントプロペラシャフトで伝達。

▶4WDはFFベースかFRベースかで考えることができる

4WD専用に**トランスミッション**が設計されることもあるが、多くの場合、FFの**横置きトランスミッション**かFRの**縦置きトランスミッション**がベースになっていると考えることができる。こうした基本構造に、前後もう一方の動力を取り出す機構もしくは分配する機構として**4WDトランスファー**が備えられる。単に**トランスファー**といわれることも多く、動力を分岐する歯車機構だけのこともあれば、前後の差動を行う**センターディファレンシャル**（**センターデフ**）が収められたり、**トルク配分**を行う**湿式多板クラッチ**などが収められたりもする。トランスファーはトランスミッションに内蔵されることもある。なお、縦置きトランスミッションがベースの場合は、トランスファーから前方に位置するフロントファイナルドライブユニットに動力を伝達する必要がある。このシャフトを**フロントプロペラシャフト**といい、トランスミッションの側面などに配置されることもあれば、トランスミッションに内蔵されることもある。

4WDのレイアウト

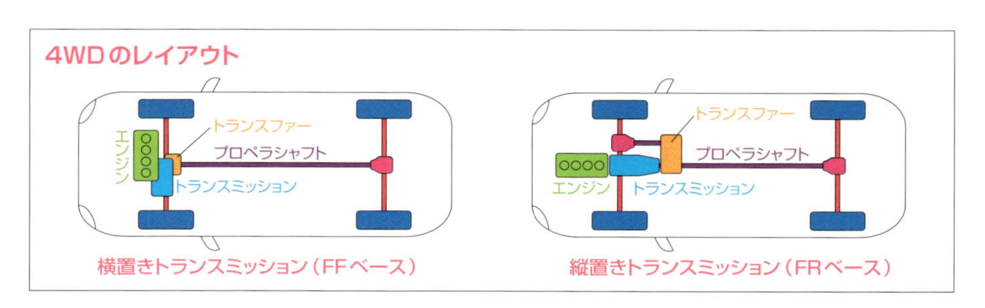

パッシブトルクスプリット式4WD

4WD走行のほうが安全性や走行性能が高められる状況になると自動的に4WDになる

▶前後輪の回転数差に応じて受動的にトルク配分を変化させる

トルクスプリット式4WDのなかでも、走行状況に応じて受動的に**トルク配分**が変化する4WDを**パッシブトルクスプリット式4WD**や、単に**パッシブ4WD**という。トルク配分は、**ビスカスカップリング**などの**回転差感応型トルク伝達装置**で行われる。回転差感応型トルク伝達装置は、入出力の回転数が同じ場合はトルクの伝達が行われず、回転数に差が生じると、その差に応じてトルクが伝達される装置だ。

パッシブ4WDはFFベースのものが大半で、**フロントファイナルドライブユニット**付近に**ベベルギヤ**による**トランスファー**を設け、そこから**プロペラシャフト**で**リヤファイナルドライブユニット**に回転を伝達する。回転差感応型トルク伝達装置は、プロペラシャフトの途中か、トランスファー内もしくはリヤファイナルドライブユニット内に収められる。これによりトルク伝達装置の前端には前輪の回転が伝えられ、後端には後輪の回転が伝えられる。

直進時など前後のファイナルギヤの回転数が同じ場合は、トルク伝達装置によるトルクの伝達は行われないため**2WD**走行になる。カーブなどで前後に回転数差が生じると、トルク伝達装置がトルクを伝達して4WD走行になる。回転数差が大きくなるほど後輪に伝達さ

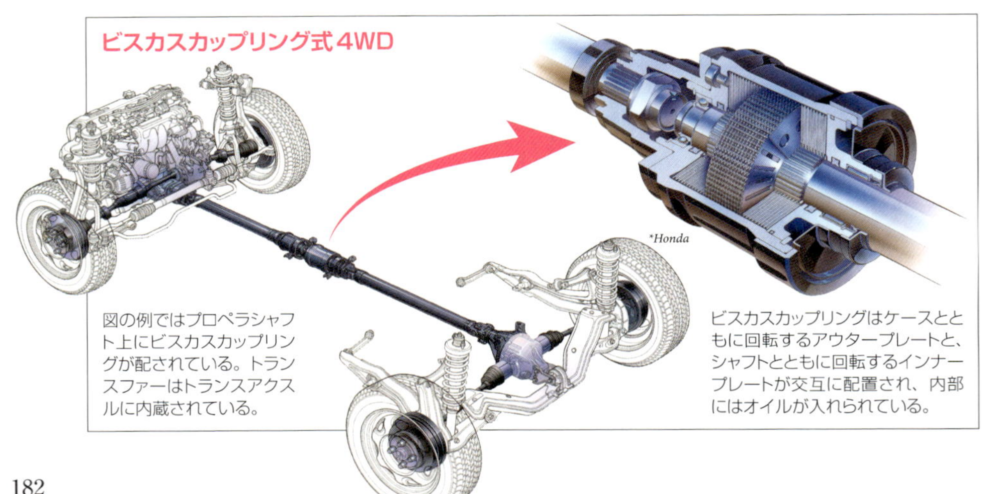

ビスカスカップリング式4WD

図の例ではプロペラシャフト上にビスカスカップリングが配されている。トランスファーはトランスアクスルに内蔵されている。

ビスカスカップリングはケースとともに回転するアウタープレートと、シャフトとともに回転するインナープレートが交互に配置され、内部にはオイルが入れられている。

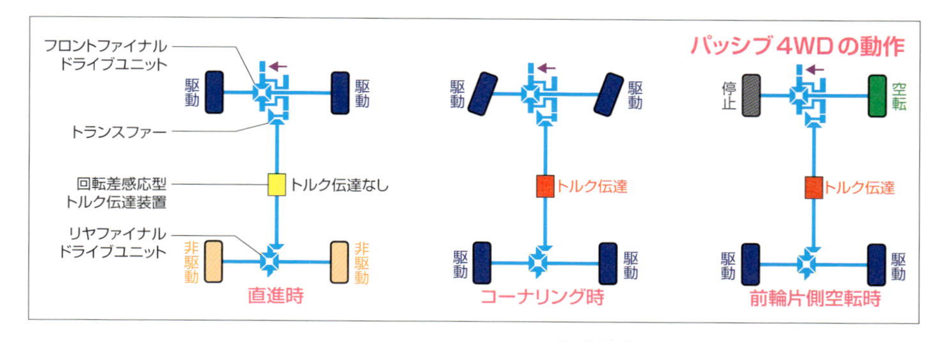

れるトルクが大きくなり、極端に回転数差が大きくなると**直結式4WD**になる。

パッシブ4WDは、2WD状態で待機しているため**スタンバイ4WD**とも呼ばれる。要求に応じて4WDになるので**パッシブオンデマンド4WD**ともいう。2WD走行することもあるため、フルタイム4WDには分類すべきでないという考え方もあるが、実際の走行では直進状態でも路面のうねりなどで前後輪に回転数差が生じ、4WDになっていることが多い。

▶ビスカスカップリングか湿式多板クラッチとポンプでトルクを伝達する

ビスカスカップリングは**流体クラッチ**の一種だが、湿式多板クラッチに似たプレートで構成されていて、内部に熱膨張率が高いオイルが入れられている。入出力の回転数が同じ状態では、オイルとプレートが一体になって回転するためトルクの伝達が行われないが、回転数に差が生じると、オイルが回転の遅いプレートを引っぱって増速し、回転の速いプレートを引き戻して減速することでトルクが伝達される。回転数差が非常に大きくなると、プレートの摩擦熱でオイルが膨張し、その圧力で入出力のプレートが圧着され、一体になって回転するようになる。このようにして**回転差感応型トルク伝達装置**として機能する。

ビスカスカップリングを採用する**パッシブ4WD**は、**ビスカスカップリング式4WD**や単に**ビスカス4WD**と呼ばれ、もっとも採用例が多いが、ホンダには**デュアルポンプ式4WD**という独自のパッシブ4WDがある。前輪の回転で動作する油圧ポンプと後輪の回転で動作する油圧ポンプで湿式多板クラッチを制御する。前後に回転数差がないと2つのポンプの油圧は相殺されて多板クラッチは圧着されないが、回転数差が生じるとその差に応じて多板クラッチの**圧着力**が強くなり、トルクの伝達が行われる。

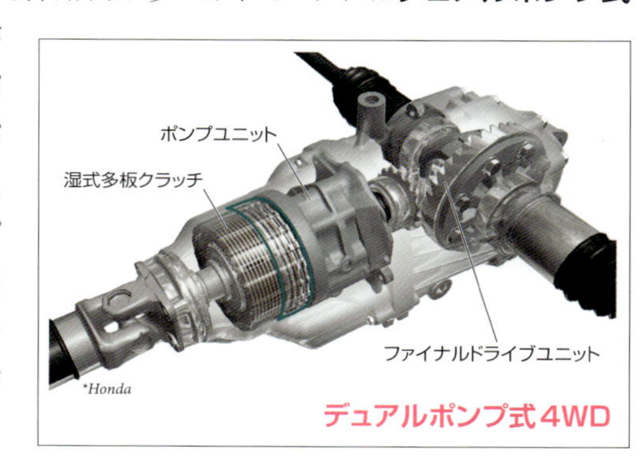

デュアルポンプ式4WD

アクティブトルクスプリット式4WD

積極的に前後のトルク配分を可変することで
安全性や走行性能を高める

▶走行状況に応じて能動的にトルク配分を変化させる

パッシブ4WDは受動的に前後の**トルク配分**が変更される**トルクスプリット式4WD**だが、このトルク配分を電子制御で能動的に行うものが**アクティブトルクスプリット式4WD**だ。**アクティブオンデマンド4WD**ともいい、現在の**電子制御4WD**の主流だ。積極的にトルク配分を行うことで、クルマの挙動をコントロールして安全性や走行性能を高められる。また、パッシブ4WDでは、前後のわずかな回転数差でも4WD走行になるが、2WD走行でも問題ない状況ではトルク配分を行わないことで燃費向上を図ることもできる。

アクティブトルクスプリット式4WDでは、パッシブ4WDの回転差感応型トルク伝達装置の代わりに、電子制御された**トルク伝達装置**が使用される。トルク伝達装置の配置は、**トランスファー**とともにトランスミッションに収められたり、リヤファイナルドライブユニットに一体化されたり、プロペラシャフトの途中に配置されたりする。トルク伝達装置は**電子制御カップリング**や**マルチプレートトランスファー**と呼ばれることが多く、**湿式多板クラッチ**の**圧着力**を電磁石や油圧、モーターで制御する。トルク配分は、車速をはじめ**車輪速セン**

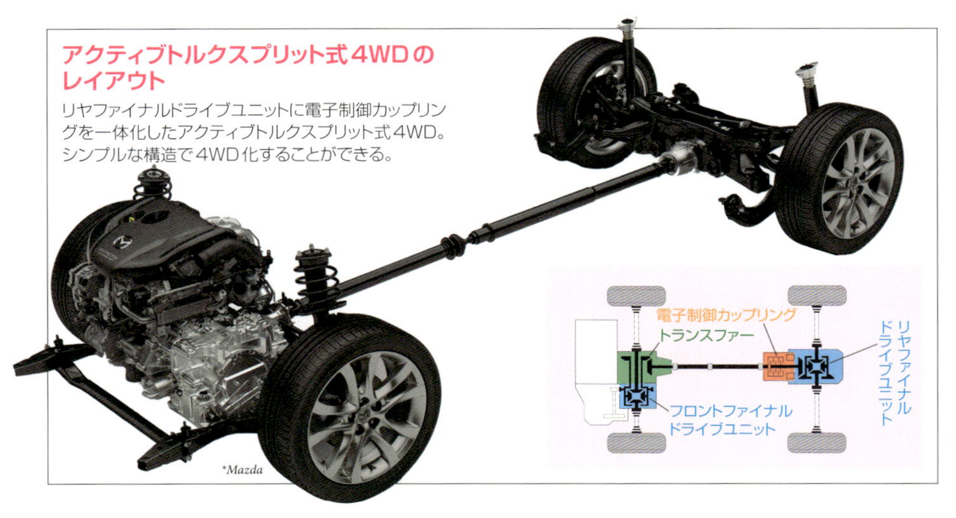

アクティブトルクスプリット式4WDのレイアウト
リヤファイナルドライブユニットに電子制御カップリングを一体化したアクティブトルクスプリット式4WD。シンプルな構造で4WD化することができる。

サー、**舵角センサー**、**ヨーレイトセンサー**などの情報によって決定される。

電子制御ディファレンシャル（P174参照）のなかには、ディファレンシャルギヤを廃し、2組の湿式多板クラッチによって左右駆動輪へのトルク配分を行っているものがあり、4WDに採用されていることが多い。こうしたシステムは、アクティブトルクスプリット式4WDの発展形だと考えることができる。通常のアクティブトルクスプリット式4WDでは、後輪へのトルク配分を決定するだけで、後輪左右のトルク配分はリヤデフなど他のシステムが行うことになるが、リヤデフを廃したアクティブトルクスプリット式4WDの場合は、後輪左右へのトルク配分も4WDシステムが行うことになる。

湿式多板クラッチの圧着力が電磁石の力でコントロールされる電子制御カップリング。

なお、トルクスプリット式4WDの場合、2WD走行している時でもトランスファー以降のシステムを回転させていることになる。これは損失だといえる。そのため、トランスファーを切り離すクラッチを備えることで、2WD走行時の燃費を向上させる4WDシステムも登場してきている。断続機構は**ディスコネクト機構**などと呼ばれる。

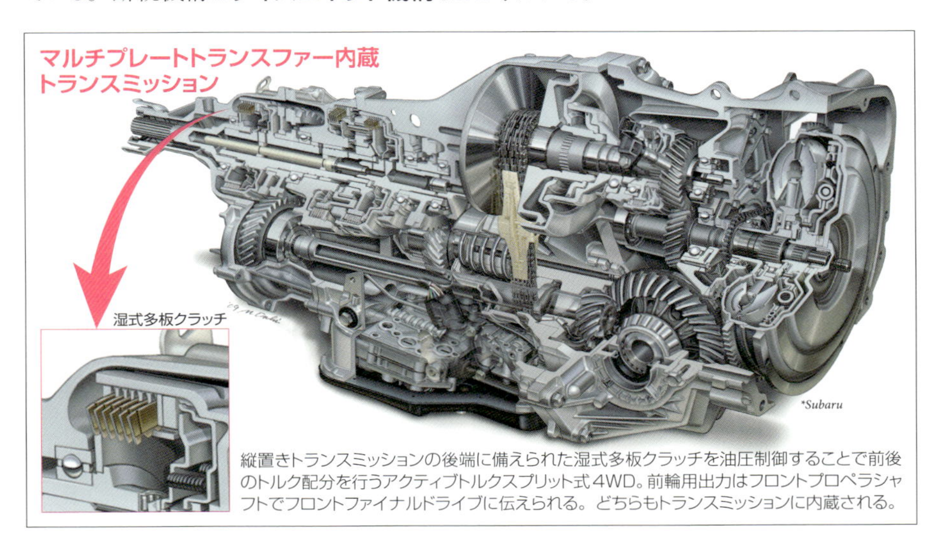

縦置きトランスミッションの後端に備えられた湿式多板クラッチを油圧制御することで前後のトルク配分を行うアクティブトルクスプリット式4WD。前輪用出力はフロントプロペラシャフトでフロントファイナルドライブに伝えられる。どちらもトランスミッションに内蔵される。

センターデフ式4WD

前後の回転数差を吸収することで いつでも4WDで走行することが可能になる

▶センターデフの弱点をカバーするために差動制限が行われる

センターディファレンシャル式フルタイム4WD（**センターデフ式フルタイム4WD**）は、**ディファレンシャルギヤ**によって前後の**差動**を行う4WDだ。差動により**タイトコーナーブレーキ現象**が生じなくなる。**センターディファレンシャル式4WD**（**センターデフ式4WD**）では、一般的なファイナルドライブユニットにも使われる**ベベルギヤ式ディファレンシャルギヤ**のほか、**プラネタリーギヤ式ディファレンシャルギヤ**が使われることがある。ベベルギヤ式の場合、基本となるトルク配分が前後50：50になるが、その他の形式のセンターデフの場合、**前後不等トルク配分**にもできる。前後輪の重量配分に応じたトルク配分を基本とすることで、走行性能を高めることが可能だ。

ディファレンシャルギヤは優れた**差動装置**だが、センターデフでも駆動輪のデフの場合と同じような問題が起こる。たとえば、センターデフにも駆動輪のデフにも**差動停止装置**や**差動制限装置**が備えられていない場合、いずれか1輪が接地できずに空転するだけで、残

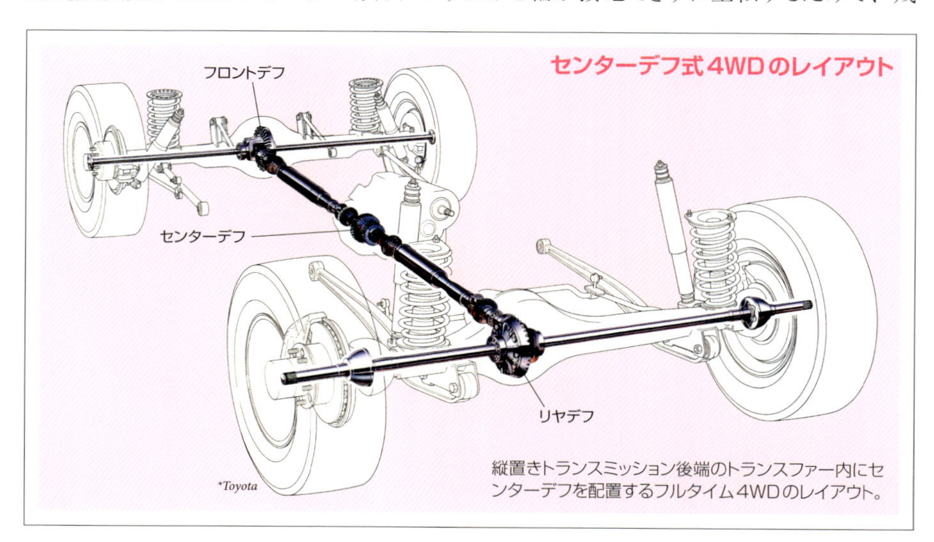

縦置きトランスミッション後端のトランスファー内にセンターデフを配置するフルタイム4WDのレイアウト。

る3輪が停止してしまい、走行不能になる。そのため、ほとんどの場合、センターデフにはデ**フロック**か**LSD**が装備される。これにより、前輪もしくは後輪のいずれかが空転しても、前後反対側の2輪で駆動することができる。オフロード走行を重視するクルマでは**センターデフロック**が装備されることもあるが、一般的にはLSDが装備される。ビスカスカップリングによる**ビスカスLSD**のほか、歯車機構そのものに差動制限能力がある**トルセンLSD**などがセンターデフに採用されることもある。

さらに走行性能や安全性を高めるために、前後のデフにも差動停止装置や差動制限装置が加えられることが多い。3カ所にLSDを装備すれば、前後各1輪が空転するような状況でも、残る2輪に**駆動力**を発揮させることができる。

センターデフ式4WDは、機械的な歯車で差動するため信頼性が高く、以前はオフロード走行を重視するクルマや、高出力のスポーツタイプのクルマに採用されていた。しかし、構造が複雑なうえ、前後の動力伝達装置に常に動力が伝えられるので十分な強度が必要になり重量増にもなる。コストも高く燃費もよくないため、センターデフ式は減少傾向にある。

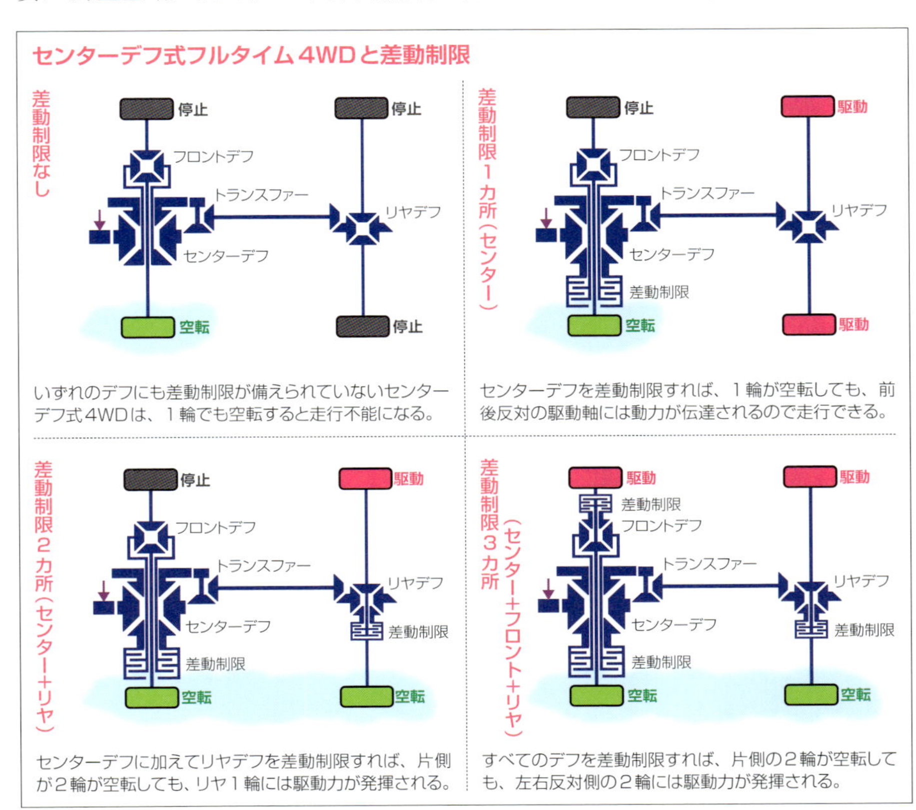

いずれのデフにも差動制限が備えられていないセンターデフ式4WDは、1輪でも空転すると走行不能になる。

センターデフを差動制限すれば、1輪が空転しても、前後反対の駆動軸には動力が伝達されるので走行できる。

センターデフに加えてリヤデフを差動制限すれば、片側が2輪が空転しても、リヤ1輪には駆動力が発揮される。

すべてのデフを差動制限すれば、片側の2輪が空転しても、左右反対側の2輪には駆動力が発揮される。

電子制御センターデフ式4WD

センターデフの差動制限を電子制御することで積極的に走行性能を高める

▶前後のトルク配分を電子制御で自在にコントロールする

センターデフ式4WDの**センターディファレンシャル**（**センターデフ**）の**差動制限**を電子制御で行うものが**電子制御センターディファレンシャル式4WD**（**電子制御センターデフ式4WD**）だ。積極的に**トルク配分**を行うことで、クルマの挙動をコントロールして安全性や走行性能を高めることができる。差動制限は**湿式多板クラッチ**で行われることが多いため、センターデフには、**ベベルギヤ式ディファレンシャルギヤ**か**プラネタリーギヤ式ディファレンシャルギヤ**が採用されるが、走行性能を高めたいクルマでは**前後不等トルク配分**が可能なプラネタリーギヤ式が採用されることが多い。多板クラッチの**圧着力**は電磁石や油圧によってコントロールされる。**電子制御4WD**のなかでは、アクティブトルクスプリット式4WDより構造が複雑になりやすくコストも高くなるため、採用例は少なくなってきている。

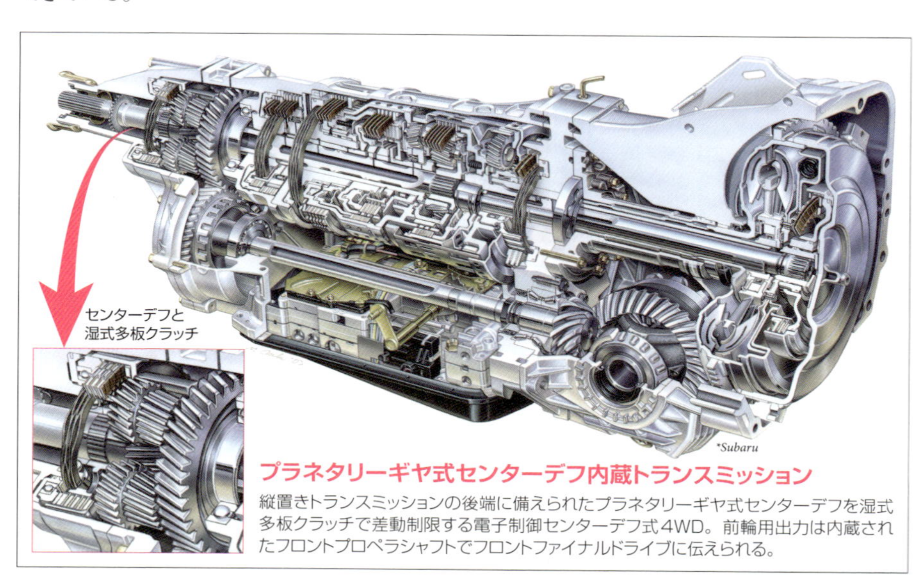

プラネタリーギヤ式センターデフ内蔵トランスミッション

縦置きトランスミッションの後端に備えられたプラネタリーギヤ式センターデフを湿式多板クラッチで差動制限する電子制御センターデフ式4WD。前輪用出力は内蔵されたフロントプロペラシャフトでフロントファイナルドライブに伝えられる。

第5章

電気自動車とハイブリッド自動車

電気自動車の時代が訪れることは間違いない。
しかし、それがいつの日になるかは定かでない。
プラグインハイブリッドも含めて
まだしばらくは内燃機関も併用されそうだ。

電気自動車

クルマの動力源にモーターを使用して電気エネルギーを運動エネルギーに変換する

▶電気自動車の電源には二次電池、燃料電池、太陽電池がある

モーターを**動力源**に使用し、**電気エネルギー**を**運動エネルギー**に変換することで走行するクルマを**電気自動車**という。**エレクトリックビークル**（Electric Vehicle）の頭文字から**EV**と略される。電気自動車は**給電**の方法で分類することができる。給電には電池が使われるのが一般的で、**二次電池**、**燃料電池**、**太陽電池**などがある。**太陽電池式電気自動車**は**ソーラーカー**と呼ばれることが多く、技術開発を目的としてレースなども行われているが、現在の太陽電池の能力では実用的なクルマにはならないと考えられている。しかし、他の電源を使用するEVに補助的に太陽電池を使用することは可能だ。

二次電池式電気自動車は、バッテリー（Battery）の頭文字をつけて**BEV**と略される。もっとも古くから存在する電気自動車で、単にEVといった場合には二次電池式をさすことが多い。また、プラグをさして充電を行うため**プラグインEV**や略して**PEV**と呼ばれることも増えている。ただし、プラグインEVはBEVの一種である。必要に応じて充電済みの二次電池との交換を行う**二次電池交換式電気自動車**（**電池交換式電気自動車**、**バッテリー交換式電気自動車**）も開発が進められている。なお、以前はBEVをもっとも純粋な電気自動車という意味から**ピュアEV**とも呼んだが、現在ではEV専用に開発されたクルマのことをピュアEVと呼ぶこともある。

燃料電池式電気自動車は、燃料電池（Fuel Cell）の頭文字をつけて**FCEV**と略されるが、電気を省略して**FCV**と略されることも多い。日本語でも**燃料電池自動車**や**燃料電池車**と呼ばれるのが一般的だ。燃料電池に燃料を供給することで、連続して使用することができる。

内燃機関とモーターという2種類の動力源を使用する現在の**ハイブリッド自動車**も電気自動車に分類される。**ハイブリッド電気自動車**（Hybrid EV）の頭文字から**HEV**と略されるが、電気を省略して**HV**と略されることも多い。ただし、厳密に分類するとHEVはHVの一種だ。空気圧や油圧を利用する**蓄圧式ハイブリッド**や、フライホイールを利用する**機械式ハイブリッド**などさまざまなハイブリッドシステムの研究開発が進んでいる。これら

のHVは電気自動車には分類されない。

現在のプラグインEVの弱点は**航続距離**の短さだが、その弱点をカバーするために発電システムを搭載したEVを**レンジエクステンダーEV**という。レンジ（Range）は航続距離、エクステンダー（Extender）とは延長するものという意味であり、**REEV**と略される。発電システムには内燃機関が使用されるのが一般的なので、REEVはHEVに分類される。

乗用車のように個人で使用するクルマには適さないが、路線バスのように限られた道路だけを走行する公共交通機関に使用されるクルマの場合は、電池以外の給電方法も可能だ。代表的なものが**トロリーバス**だ。**架線集電式電気自動車**といい、道路上空に張られた架線から給電を受けて走行する。また、道路に**給電線**を埋設し、電磁誘導や共振現象を利用して給電を受けながら走行する**非接触給電式電気自動車**も開発が進められている。停留所など停車する場所でのみ給電を受ける**間欠給電式電気自動車**も検討されている。なお、二次電池交換式も公共交通機関に適した方式だといえる。

電気自動車の歴史

電気自動車の歴史は古い。19世紀には実用化されていて、エンジン自動車より先に市販が始まっている。時速100kmの壁を最初に突破したのも電気自動車だが、二次電池の重さという弱点は克服されず、そのいっぽうで次第に改良が進んだエンジンがクルマの動力源の主流になっていった。しかし、石油に政治的、経済的、社会的などの問題が起こると、必ず電気自動車に注目が集まる。たとえば、日本では第二次大戦後の物資が不足した時代に数多くの電気自動車が開発市販されたが、物資の供給が安定すると、姿を消していった。1960年代の大気汚染、1970年代のオイルショックといった問題が起こるたびに電気自動車は注目を集めては、消えていった。しかし、20世紀末になってリチウムイオン電池の実用化に目処が立つと、一気に電気自動車が現実味を帯び、21世紀には市販も始まった。まだ問題は残されているが、電気自動車が主流になっていくことが予想される。

ハイブリッド車の歴史も古い。1900年のパリ万博に、当時ローナー社在籍のフェルディナンド・ポルシェが開発した電気自動車が出品されたのは有名な話だ。高性能ではあったが、航続距離が弱点であったため、ガソリンエンジンと発電機を搭載するモデルを1903年に誕生させた。これが世界初の市販ハイブリッド車だといわれる。

1947年に市販された、たま電気自動車。販売した東京電気自動車は後にプリンス自動車工業になり、1966年に日産自動車と合併した。

世界初の市販HEVといわれるLohner-Porsche Semper Vivus。復刻モデルがドイツのポルシェミュージアムに展示されている。

プラグインEV

航続距離を長くするほど電池の容量が増え クルマの経済性を悪化させる

▶外部から充電した電力と制動時に回生した電力を使用して走行する

プラグインEV（**PEV**）はプラグをさして充電を行う**二次電池式電気自動車**（**BEV**）の一種であり、現状、単に**EV**といった場合にはプラグインEVをさすことが大半だ。充電によって蓄えた電力と、制動時の**エネルギー回生**で得られた電力を利用して走行する。

誘導モーターを採用するプラグインEVも一部にはあるが、ほとんどのプラグインEVでは**同期モーター**が使われる。駆動に求められるトルクと回転数に適合させるために、減速機構が備えられることが多い。モーターを2台使用し左右輪をそれぞれ駆動すれば、動力伝達装置がほとんど不要となり、走行性能も高めやすいが、現在は1台のモーターを使用し**ディファレンシャルギヤ**（**デフ**）で左右輪の回転差を吸収している。モーターと減速機構、デフは**ドライブユニット**として一体化され、左右駆動輪の中央付近に配置される。

二次電池には**リチウムイオン電池**が使われる。リチウムイオン電池の**公称電圧**は3.6V程度で、そのままではモーターの駆動が難しく、低電圧で扱うと損失が大きいため、直列につないで電圧を高め、さらに並列につないで容量を高めている。個々の電池は**バッテリーセル**や単に**セル**といい、乾電池と同じような**円筒型セル**や**角型セル**、薄いシート状の**ラミネート型セル**などがある。扱いやすいように複数のセルをまとめたものを**バッテリーモ**

プラグインEV（日産・リーフ）

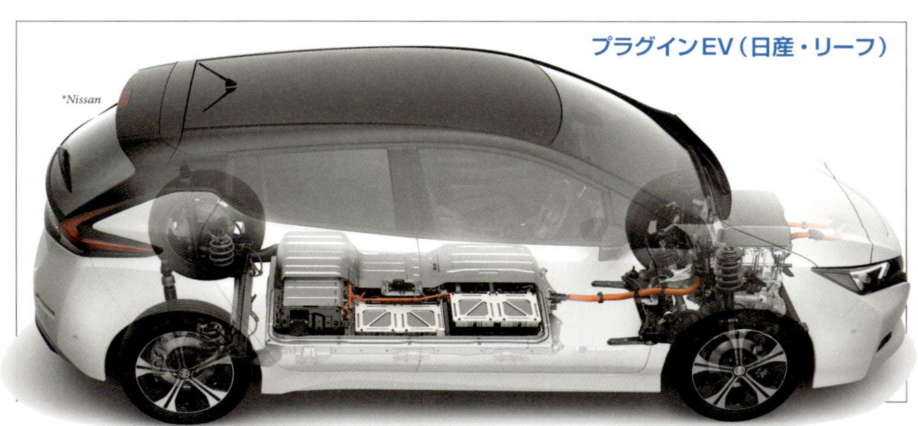

ジュール、複数のモジュールを車載しやすい形状にまとめたものを**バッテリーパック**という。

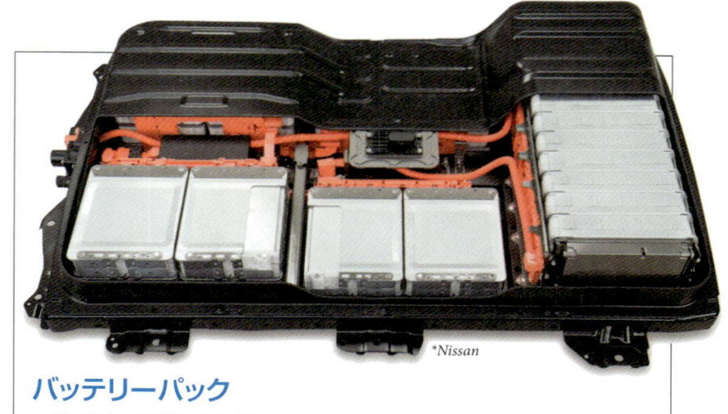

バッテリーパック
車体床面の形状に合わせてバッテリーモジュールが収められている。

航続距離は基本的に二次電池の容量で決まる。考え方はさまざまで、300kmを超える航続距離を確保し、出先での充電がほとんど必要ないようにした車種もあれば、日常的な走行をカバーする30〜60kmを航続距離とし、遠出の場合は出先での充電を前提としている車種もある。航続距離を伸ばすと、それだけ重量が増して**電費**（エンジン自動車の燃費に相当するもの）が悪くなり、車内空間も奪われる。車両のコストに与える影響も大きい。

充電方法には**普通充電**と**急速充電**がある。普通充電は一般家庭に供給されている**交流**100Vまたは200Vを使用するため、時間はかかるが、充電器に複雑な構造は求められない。いっぽう、急速充電は300V超の**直流**で行われる。大電流を流すことで短時間で充電できるが、電池を保護するために厳密な電圧や電流の管理が必要になる。急速充電の際には単に電流を流すだけでなく、充電器と車両のコントロールユニットとの間で通信も行われるため、充電器のコストも高くなる。なお、スマートフォンなどでは実用化されている**非接触充電**を電気自動車の給電に応用する研究開発も進んでいる。

パワーコントロールユニットとドライブユニット

モーターと二次電池の制御は**パワーコントロールユニット**（**PCU**）で行われる。高電圧を扱う**電力用半導体素子**は、コンピュータなどで使われる**半導体素子**のように小さなものではないため、コントロールユニットはそれなりの大きさになる。車種によってはPCUを構成する**インバーター**や**コンバーター**を独立して配置していることもある。

燃料電池自動車

環境に優しい未来の自動車だが
普及するための環境が整うかが鍵になる

▶水素を利用して電気エネルギーを作りながら走行する

燃料電池自動車（FCEV、FCV）は、**燃料電池**で発電した電力で**モーター**を駆動する**電気自動車**だ。燃料電池は**発電システム**だと考えることができる。現在実用化されている燃料電池自動車では、気体の**水素**（H_2）を燃料にして、大気中の**酸素**（O_2）と反応させることで**電気エネルギー**を得ている。また、制動時の**エネルギー回生**を行うために**二次電池**も搭載される。二次電池を搭載することで、加速時など電力消費が大きな時に蓄えた電力を使用したり、燃料電池を効率のよい領域で使用して余った分を充電したりできる。二次電池には、**リチウムイオン電池**または**ニッケル水素電池**が採用されている。

ドライブユニットの構造はプラグインEVと基本的に同じだ。モーターと減速機構、**デフ**が一体化されたドライブユニットとして左右駆動輪の中央付近に配置される。モーター、

FCV（トヨタ・MIRAI）

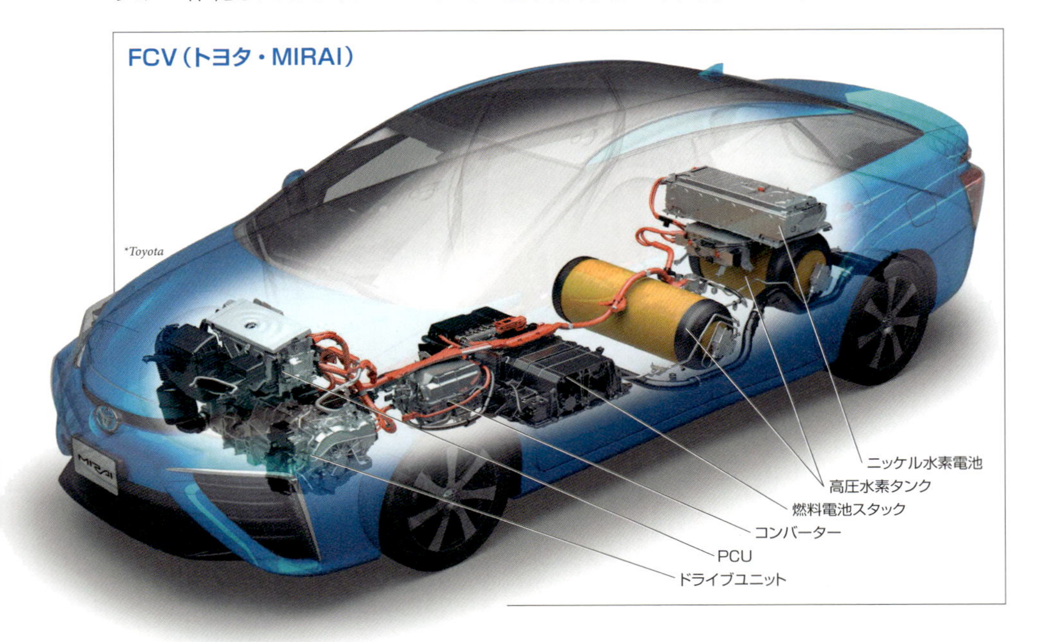

FCV（ホンダ・クラリティ FUEL CELL）

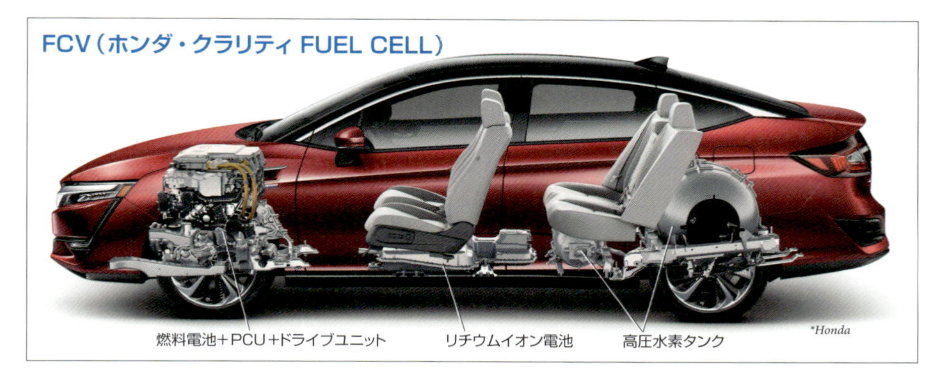

燃料電池、二次電池の制御は**パワーコントロールユニット（PCU）**で行われる。

燃料に使われる気体の水素は、**重量エネルギー密度**はガソリンなどの**液体燃料**を上回るが、**体積エネルギー密度**はさほどでもないため70MPaの圧力で圧縮した状態で車載される。**高圧水素**に耐えられるようにするため、**水素タンク**は重くなる。航続距離は600km程度が確保されていて、**水素充填**は数分で済む。

駆動システム

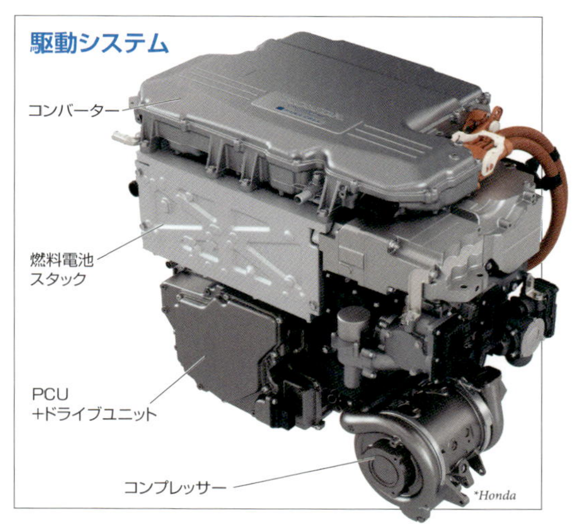

▶水素エネルギーを活用する燃料電池自動車の未来は…

燃料電池自動車が走行中に排出するのは**水**だけだ。**燃料**である**水素**の製造過程を考慮に入れなければ、非常に環境に優しいクルマになる。プラグインEVに対して**航続距離**が長い燃料電池自動車が多く、水素充填もエンジン自動車並みにスピーディに行える。しかし、2018年春の時点で**急速充電器**が全国で7400カ所を超えているのに対して、**水素ステーション**は100カ所程度。しかも、急速充電器は数100万円で設置できるのに対して、水素ステーションの設置には億円単位の費用がかかる。また、現状の水素の価格では、走行コストがエンジン自動車より安くなるとは限らない。燃料電池自動車の普及が進めば、水素の価格が安くなるといわれてはいるが、車両価格の高さを考えると疑問が残る。さらに、ダイムラー、フォード、日産・ルノー連合は燃料電池自動車の開発凍結を発表したり、共同の開発契約を解消したりしている。燃料電池自動車の未来が明るいとはいいがたい。

ハイブリッド自動車

モーターと二次電池を併用することで エンジンの効率が悪い領域を使わないようにする

▶モーターだけで駆動する方式とエンジンでも駆動する方式がある

エンジンと**モーター**という2種類の動力源を搭載するクルマを**ハイブリッド自動車**（**HEV**、**HV**）という。2種類の動力源の扱い方で**シリーズ式ハイブリッド**と**パラレル式ハイブリッド**に大別され、両方を組み合わせた**シリーズパラレル式ハイブリッド**もある。

シリーズ式ハイブリッドは、エンジンで**発電機**（はつでんき）を駆動（くどう）して発電を行い、その電力でモーターを回して走行する。エンジンは駆動には使用されない。燃料電池自動車（ねんりょうでんちじどうしゃ）では燃料電池という**発電システム**が搭載されているが、シリーズ式ハイブリッドではエンジンと発電機という発電システムが搭載されていることになる。走行状況に応じて発電能力を大きく変化させると、効率の悪い領域でもエンジンを使うことになってしまうが、ある程度の容量（ようりょう）の**二次電池**（にじでんち）を搭載しておけば、常に効率のよい領域でエンジンを使い、電力が余った際には充電を行い、加速などで大きな出力が必要な際には、発電電力に充電電力を加えることができる。二次電池の充電量が十分にあれば、エンジンを停止することも可能だ。もちろん、制動時（せいどうじ）には**エネルギー回生**（かいせい）が行われる。

パラレル式ハイブリッドは、エンジンとモーターの双方を駆動に使用する。エンジンとモーターの位置関係や、モーターをクラッチなどで断続するかしないかによって、さまざまなシス

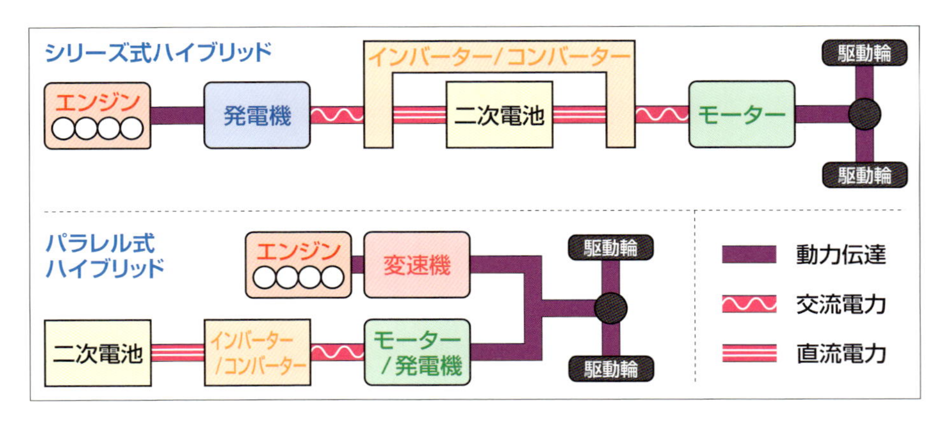

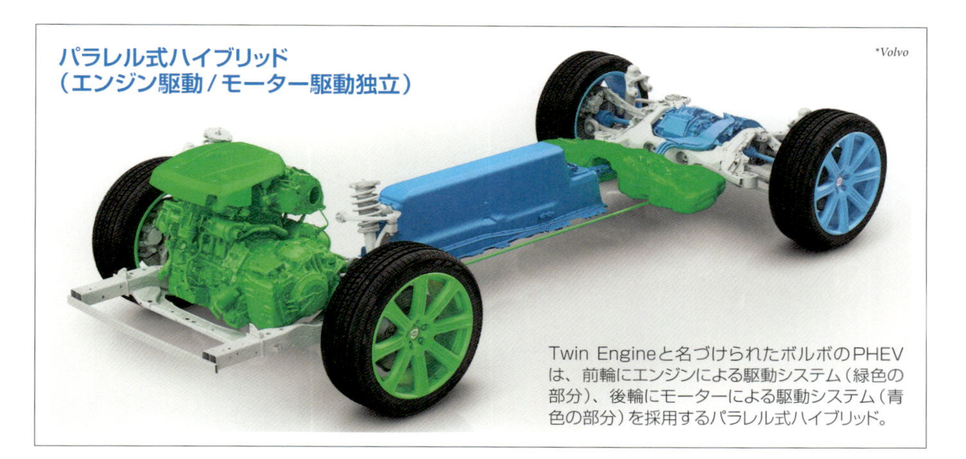

Twin Engineと名づけられたボルボのPHEVは、前輪にエンジンによる駆動システム（緑色の部分）、後輪にモーターによる駆動システム（青色の部分）を採用するパラレル式ハイブリッド。

テムを考えることができる。一般的に、モーターだけで駆動する走行を**EV走行**、エンジンだけで駆動する走行を**エンジン走行**、両方を使用する走行を**ハイブリッド走行**という。エンジンの効率が低下する発進時をEV走行にしたり、加速時をハイブリッド走行にしてモーターでエンジンをアシストしたりすることで、燃費をよくできる。ただし、パラレル式の場合、駆動に使用できる電力は制動時のエネルギー回生によって得られたものだけだ。

パラレル式では使用できる電力量が限られるため、シリーズ式を併用することで使用できる電力量を増やしたものがシリーズパラレル式ハイブリッドだ。エンジンの動力を発電と駆動に振り分けて使用するため**スプリット式ハイブリッド**ともいう。パラレル式以上にさまざまな構造のシステムを考えることができるため、各種のシステムが開発されている。

パラレル式やシリーズパラレル式の場合、ハイブリッド走行時にはエンジンの出力とモーターの出力を混合したうえで駆動輪（くどうりん）に伝えるのが一般的だが、前輪をエンジン駆動、後輪をモーター駆動といったようにエンジンとモーターの駆動装置を独立させたHEVも登場している。こうした場合、モーターによる駆動装置は、プラグインEVや燃料電池自動車のドライブユニットと同じような構造になり、ドライブシャフトまで含めて**eアクスル**と呼ばれることもある。既存のエンジン自動車のハイブリッド化を比較的容易に行うことができる。

ハイブリッドシステムは、**1モーター式ハイブリッド**や**2モーター式ハイブリッド**のようにモーターの数で分類されることもある。ここでいうモーターには発電機も含まれる。シリーズ式ハイブリッドには発電機とモーターが搭載され、発電機は発電しか行わないが、2モーター式に分類される。いっぽう、パラレル式ハイブリッドは1モーター式に分類される。シリーズパラレル式の場合は2モーター式になるが、それぞれのモーターがどのように使われるかはシステムによって異なる。また、現在では**3モーター式ハイブリッド**も登場している。2モーター式にeアクセルを加えることで4WD化したものが多い。

プラグインHEVとマイルドHEV

ハイブリッドシステムのバリエーションは
さまざまな方向に広がり続けている

▶外部充電できるハイブリッドでCO_2排出量を削減する

ハイブリッド自動車（**HEV、HV**）には必ず**二次電池**が搭載される。この二次電池に外部から充電できるようにしたものを**プラグインハイブリッド自動車**（**PHEV、PHV**）という。HEVに**プラグインEV**の要素を加えたものだといえる。外部充電した電力で**EV走行**すれば、走行時のCO_2排出量はゼロになる。安価に設定されている深夜の電力などを利用して充電を行えば、走行コストを抑えることも可能になる。また、二次電池の容量が大きいほど、一気に充電できる電力が大きくなるため、制動時の**エネルギー回生**の度合いを大きくできる。HEVよりPHEVのほうが二次電池の容量が大きくなるため、エネルギー回生の効果をさらに高めることも可能になる。ただし、二次電池の重量は大きくなる。

プラグインハイブリッドでは充電した電力を優先して使用してEV走行を行い、充電した電力を使い切ったらHEVとして走行を続けることが可能だ。そのため、システムが複雑になり車両コストにも影響する**急速充電**には対応せず、**普通充電**だけを備える場合もある。EV走行できる**航続距離**は、日常使用の走行距離をカバーできるように20〜30kmに設定されていることが多い。EUなどにおいてPHEV優遇ともいえるような**CO_2排出規制**が始まっているため、これまでHEVには力を入れていなかったメーカーもPHEVを開発している。

プラグインEVとレンジエクステンダーEV

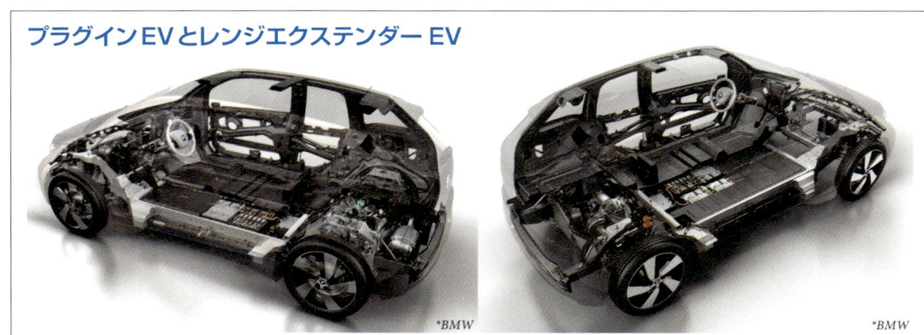

どちらもBMW・i3だが、右はプラグインEVで、左はレンジエクステンダーEV。レンジエクステンダーには647ccの発電用の2気筒エンジンが搭載されるため、車両後部の構造が複雑になり、スペースにも余裕がなくなっている。

いっぽう、プラグインEVの弱点をカバーするために発電システムを搭載したものを**レンジエクステンダーEV**（**REEV**）という。明確な定義はないため、すべてのPHEVがREEVであるともいえるが、プラグインEVをベースに考えられているので、シリーズ式ハイブリッドをプラグイン化したものだけをさすことが多い。

なお、カリフォルニア州などで行われている**ZEV規制**においては、REEVに相当する**BEVx**というカテゴリーが設定されている。ここでは、外部充電による走行距離（75mile）や、二次電池の電力が低下するまで発電システムが作動しないことなどが定義されている。

▶48V電装によってマイクロハイブリッドの可能性が広がる

過去にはモーターの出力やEV走行の可否などによって、ハイブリッドシステムを**ストロングハイブリッド**、**マイルドハイブリッド**、**マイクロハイブリッド**などと分類していたが、現在ではエンジン電装品（でんそうひん）と同系統の電力を利用し、**ISG**（P137参照）のように強化した**オルタネーター**で駆動（くどう）のアシストと回生を行うシステムをマイルドハイブリッドと呼んでいる。パラレル式ハイブリッドの一種だ。これに対して、高電圧の電気系統を備えて専用のモーターで駆動や回生を行うものをストロングハイブリッドや**フルハイブリッド**と呼んでいる。

マイクロハイブリッドは回生が中心で駆動をアシストできる状況は限られるとされていたが、**48V電装**（でんそう）を採用するとハイブリッドとしての可能性は大きく広がる。オルタネーターをモーターとして使用する際の出力が大きく向上するため、さまざまな状況でのアシストが可能になる。ベルトドライブでは扱えるトルクに限界があるため、エンジンのクランクシャフトと同軸上にオルタネーターを配置した**48Vマイルドハイブリッド**も海外では登場してきている。

マイルドハイブリッド（12V電装）

12V電装のスタータージェネレーターを利用すれば、既存のエンジン自動車を容易にハイブリッド化できるが、省燃費効果は限定的だ。

マイルドハイブリッド（48V電装）

48V電装を採用しスタータージェネレーターをエンジンの出力軸上に配置すると、ハイブリッドの可能性が広がる。

トヨタのシリーズパラレル式ハイブリッドⅠ

シリーズ式とパラレル式を組み合わせて 高効率なエンジンを常に最適にアシストする

▶状況に応じてEV走行とハイブリッド走行を使い分ける

非常に数多くの車種にハイブリッドシステムを展開しているトヨタだが、すべて**THSⅡ**と呼ばれる**シリーズパラレル式ハイブリッド**だ。部品の配置など構造の異なるものや発展形といえるものもあるが、基本的な発想は同じになっている。駆動用の**モーター**と**発電機**を備える**2モーター式ハイブリッド**で、**プラネタリーギヤ**が重要な役割を果たしている。トルク不足はモーターで補えるため、効率を優先して**アトキンソンサイクル**（P90参照）のエンジンが搭載されることが多い。**二次電池**には**ニッケル水素電池**がおもに使われる。

基本のレイアウトはFFといえるもので、横置きエンジンの出力はプラネタリーギヤによる分配機構で駆動用と発電用に分配され、ファイナルドライブユニットと発電機に伝えられる。駆動用モーターの出力は減速用の**リダクションギヤ**を介してファイナルドライブユニットに伝えられる。発電機、モーター、二次電池は、**パワーコントロールユニット**（**PCU**）の**インバーター**／**コンバーター**を介してつながれている。

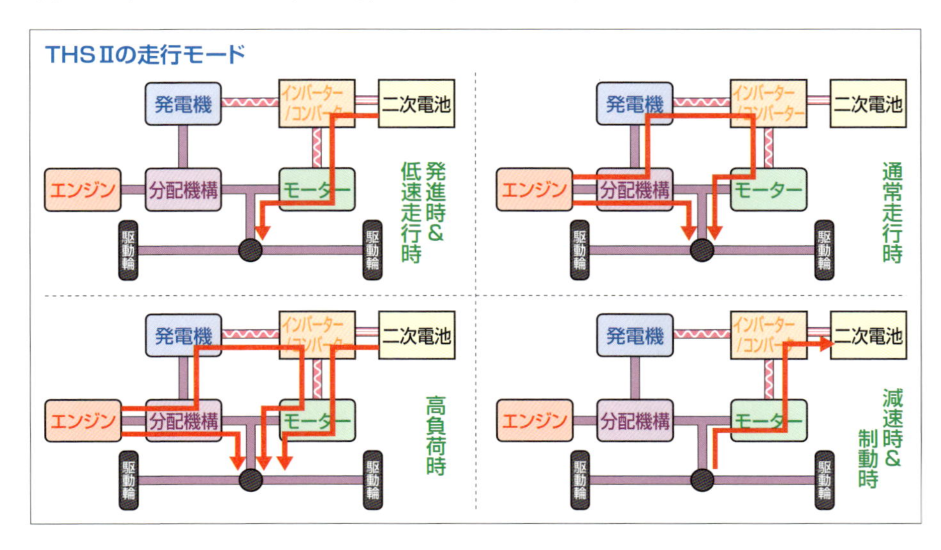

THS Ⅱのシステム配置

発進時や低速走行時には、二次電池に蓄えられた電力を使用して**EV走行**する。通常走行時には、エンジンの出力が駆動輪（くどうりん）と発電機に伝えられ、その発電電力でモーターを駆動し、**ハイブリッド走行**を行う。通常走行時でも二次電池の充電量が不足していれば、エンジンの効率が低下しない範囲で出力を高め、余剰電力（よじょうでんりょく）を二次電池に充電する。加速や高速走行時にも同じようにハイブリッド走行を行うが、二次電池に蓄えられた電力を使用することでモーターの出力を高める。減速時にはモーターが発電を行って**エネルギー回生（かいせい）**し、その発電電力が二次電池に充電される。

従来のシステムでは、リダクションギヤにもプラネタリーギヤを採用し、発電機とモーターが同軸上に配置されている。現在では、リダクションギヤを外歯歯車（そとばはぐるま）を組み合わせた平行軸歯車式にすることで、モーターの位置をずらし、全長を抑えたシステムもある。基本的にはトランスミッションを使用せず、ハイブリッドシステムがその代わりを行っているともいえるため、トヨタではこのシステムを**電気式無段変速機（でんきしきむだんへんそくき）**や**電気式CVT**と呼んでいる。

THS Ⅱの発電機とモーター

左のシステムは、リダクションギヤが外歯歯車で、発電機とモーターが並列されている。下のシステムは、プラネタリーギヤ式のリダクションギヤで発電機とモーターが同軸上に配置されている。

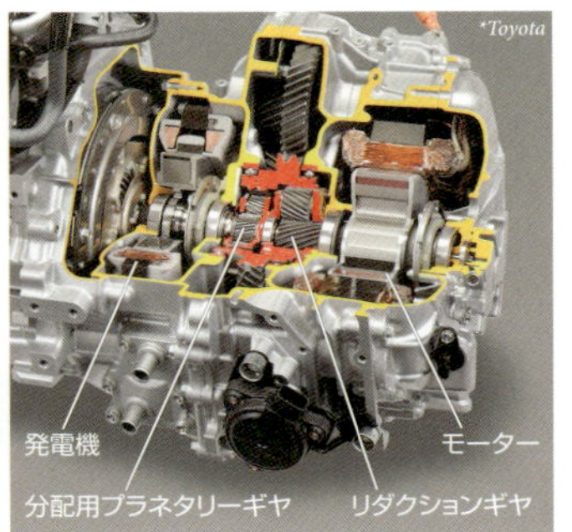

トヨタのシリーズパラレル式ハイブリッドⅡ

基本のハイブリッド構造をベースに
さまざまなシステムに発展している

▶副変速機を備えることで高速走行における弱点を解消する

トヨタの**THSⅡ**の弱点は最高速度を上げられない点にある。最高速度を高めると、発進時や加速時のトルクが不足してしまう。日本では問題にならなくても、海外ではさらなる高速性が求められる。また、THSⅡは市街地走行では十分に省燃費効果を発揮できるが、高速走行では効率の高い領域でエンジンを使用できないうえ、**エネルギー回生**もあまり行われないため、燃費がよくならない。こうした問題点の対策として開発されたのが、**副変速機**を備えたTHSⅡだ。一般的なTHSⅡはFFの横置きトランスミッションに相当するレイアウトだが、**副変速機付THSⅡ**ではFRの縦置きトランスミッションに相当するレイアウトが採用されている。配置は異なっているが、発電機、モーター、分配機構の関係はまったく同じで、その出力を副変速機を介してプロペラシャフトに伝えている。

当初登場したのは**2段変速機式リダクション機構付THSⅡ**で、プラネタリーギヤによる2段副変速機が備えられている。副変速機を高速段にすれば、高速走行での最高速度を高めることができ、低速段にすれば発進時や加速時のトルクを高められる。続いて登場したのが**マルチステージTHSⅡ**だ。プラネタリーギヤ2組による4段副変速機が備えられている。ギヤレシオが広がったことで、高速走行時のエンジン回転数が低くなり、燃費を向上させられる。

縦置きされる副変速機付THSⅡの最後尾にトランスファーとセンターデフを備えたフルタイム4WD。フロントファイナルドライブユニットへはフロントプロペラシャフトで回転を伝達する。

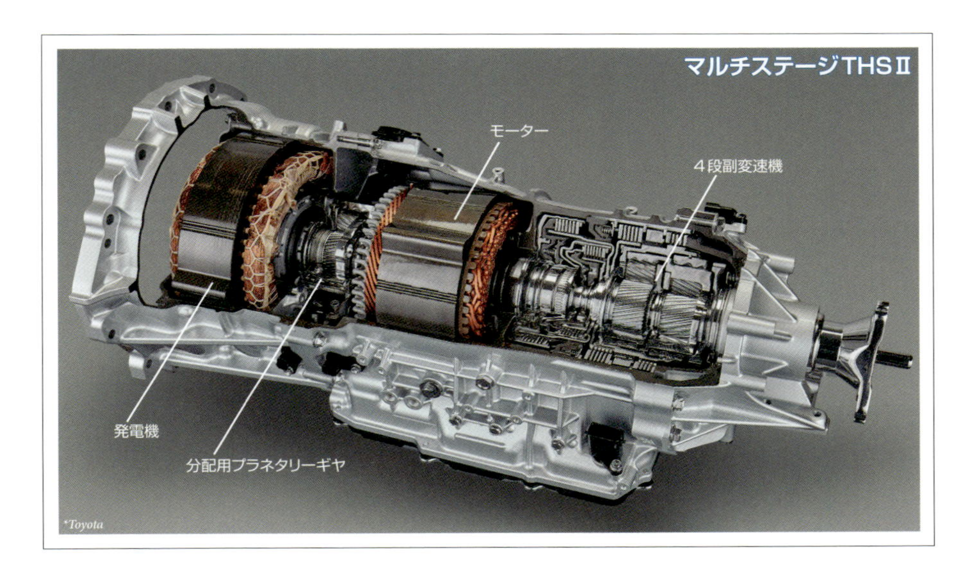

▶後輪をモーターで駆動するハイブリッド4WDもある

トヨタのHEVには、4WDが設定されている車種もあるが、その構造には2つのタイプがある。1つは、エンジン自動車同様の機械的な4WDだ。FR縦置きレイアウトのハイブリッドシステムの最後尾に**トランスファー**と**センターデフ**を備えることで4WD化している。もう1つは、FF横置きレイアウトのハイブリッドシステムの後輪にモーターによる**ドライブユニット**を備えるものだ。こうした4WDを**ハイブリッド4WD**といい、トヨタでは**E-Four**と呼ぶことが多い。**アクティブトルクスプリット式4WD**と同じように、必要な時にだけ後輪のモーターを動作させて4WD走行を行うことができ、後輪のトルクも状況に応じて可変(かへん)することができる。もちろん、後輪でも**エネルギー回生**を行うことが可能だ。

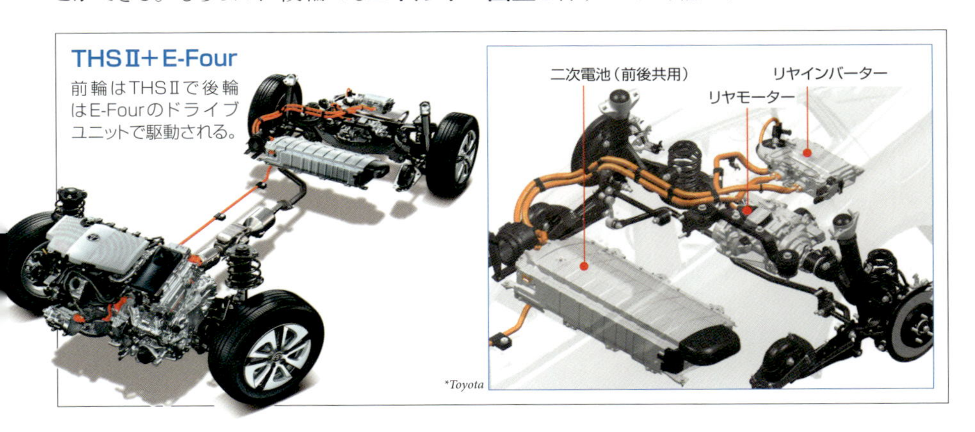

THSⅡ+E-Four

前輪はTHSⅡで後輪はE-Fourのドライブユニットで駆動される。

トヨタのプラグインハイブリッド

既存のハイブリッドシステムを最大限に活用して EV走行の能力を格段に向上させている

▶高負荷EV走行時には２つのモーターで駆動を行う

海外では**CO_2排出規制**に対応して**プラグインハイブリッド自動車**（**PHEV**、**PHV**）への注目が高まっているが、トヨタも本格的なPHEVを登場させている。確かに、以前から3代目プリウスのプラグイン仕様はあったが、**二次電池**を**リチウムイオン電池**に変更したうえで容量を大きくし、外部充電機構を加えた程度のものであり、ハイブリッドシステムそのものに変更はなかった。**ハイブリッド走行**を前提としているため、**EV走行**の能力が高いとはいえなかった。新たに登場した**プラグインハイブリッド**は、4代目プリウスをベースにしたものだが、EV走行の能力が格段に高められている。しかも、新たに開発するのではなく、従来からの**THSⅡ**にわずかな部品を追加するだけで、能力の向上を実現している。

シリーズパラレル式ハイブリッドであるTHSⅡは**2モーター式ハイブリッド**だが、一方のモーターは発電専用に使われている**発電機**だ。プラグインTHSⅡでは、この発電機をEV走行時にはモーターとして使用することで、EV走行の能力を高めている。この方式を**デュアルモータードライブ**といい、加速時など負荷の高いEV走行時に使用される。

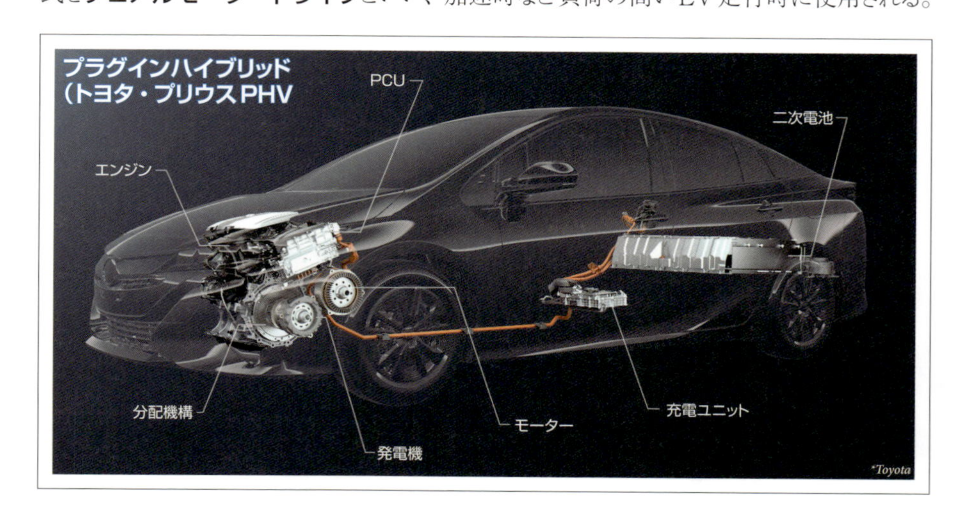

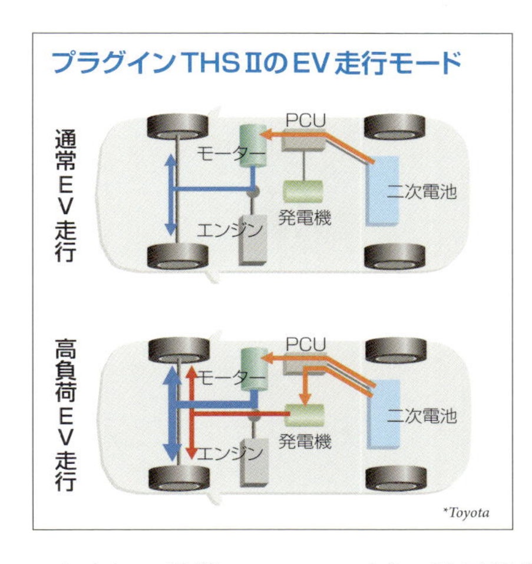

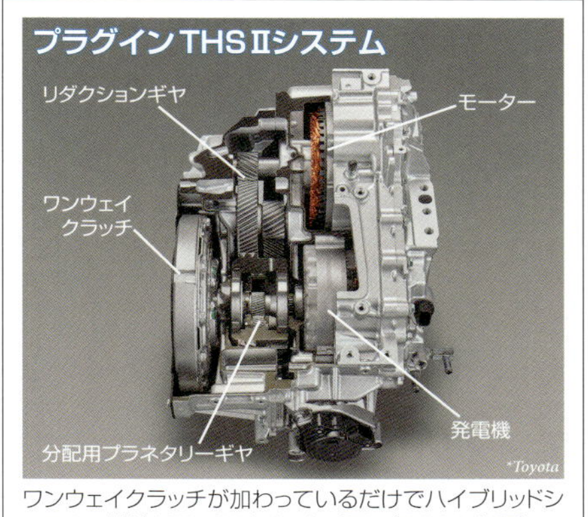

ワンウェイクラッチが加わっているだけでハイブリッドシステムの構造はTHSⅡとまったく同じ（P201参照）。

しかし、通常のTHSⅡのままで発電機をモーターとして回転させると、**プラネタリーギヤ**の分配機構を介して、停止しているエンジンのクランクシャフトを逆回転させることになり、通常の出力側に回転が伝えられない。そのため、プラグインTHSⅡではエンジンと分配機構の間に**ワンウェイクラッチ**を加えている。このクラッチの作用によりクランクシャフトの逆回転が固定されるため、発電機の回転が分配機構を介して出力側に伝えられる。**ハイブリッド走行**時にはエンジンの回転が順回転であるため従来同様に分配機構に伝えられる。このシステムの採用により、EV走行時の最高速度130km/hを実現している。

現在のプリウスPHVでは、200V/16Aに加えて100V/6Aの**普通充電**（ふつうじゅうでん）にも対応している。普通充電では100V/12Aが求められることもあるが、12Aの場合は既存のコンセントで対応できず電気工事が必要になることもある。しかし、6Aであれば既存のコンセントで問題なく充電できる。大容量リチウムイオン電池の搭載により、EV走行の航続距離（こうぞくきょり）は68.2km（JC08モード）とされている。**急速充電**（きゅうそくじゅうでん）も可能なので出先でも充電できる。

また、**太陽電池**（たいようでんち）の搭載も可能とされている。**ソーラールーフ**を採用すると、駐車中には駆動用（くどうよう）の二次電池へ充電が行われ、走行中には電装品（でんそうひん）に発電電力が供給される。

日産のパラレル式ハイブリッド

状況に応じてエンジンとモーターの関係を さまざまに切り替えることができる

▶エンジンと変速機の間に備えたモーターの前後にクラッチを装備

エンジン自動車のエンジンとトランスミッションの間にモーターを配置すれば、もっとも簡単に**パラレル式ハイブリッド**を構成でき、モーターによるエンジンのアシストや、**エネルギー回生**(かいせい)が可能だ。モーターを**スターティングデバイス**として使ったり、**スターターモーター**として使ったりすることもできる。こうしたシステムは、**1モーター式ハイブリッド**のなかでも、**1モーター直結式**(ちょっけつしき)**ハイブリッド**と呼ばれるが、エンジンとモーターが直結では、制

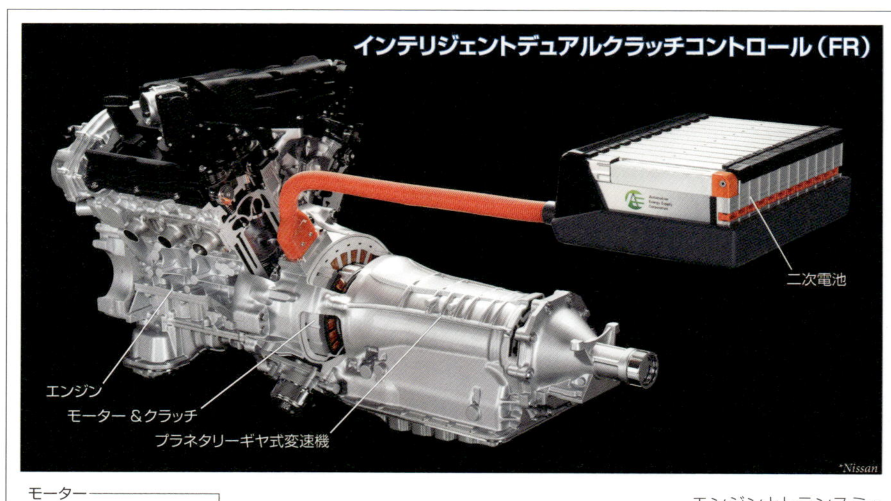

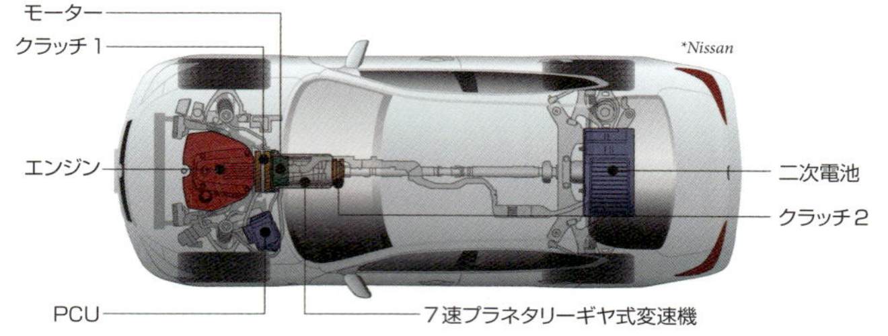

エンジンとトランスミッションがともに縦置きされたFRのエンジン自動車と同様のレイアウトで外観にも大きな差がないが、一般的なATのトルクコンバーターの位置に、クラッチ1とモーターが備えられている。クラッチ2は変速機内の既存のクラッチが流用される。

御内容に限界があり、**EV走行**も難しい。そのため、エンジンとモーターを**クラッチ**で断続が行えるようにしたシステムが採用されることが多い。1組のクラッチを備える**クラッチ付1モーター式ハイブリッド**（**1モーター1クラッチ式ハイブリッド**）を採用するメーカーもあるが、モーターの前後にクラッチを配置する**1モーター2クラッチ式ハイブリッド**であれば、さらに多彩な制御が可能になる。

日産が採用する**インテリジェントデュアルクラッチコントロール**は1モーター2クラッチ式ハイブリッドで、FRをベースにしたものと、FFをベースにしたものがある。いずれの車種でも**二次電池**（にじでんち）には**リチウムイオン電池**を採用している。FRベースは**プラネタリーギヤ式変速機**（しきへんそくき）による7速ATの**トルクコンバーター**の位置にクラッチとモーターを設置し、もう1組のクラッチはAT内の既存のクラッチを流用している。いっぽう、FFベースは**CVT**のトルクコンバーターの位置に前後にクラッチを備えたモーターを設置している。たとえば、エンジン側のクラッチを開放し、トランスミッション側のクラッチを締結（ていけつ）すれば、**EV走行**ができ、減速時にはエネルギー回生の効率を高めることができる。エンジン側のクラッチも締結すれば、モーターを併用する**ハイブリッド走行**ができ、モーターを停止すれば**エンジン走行**が可能になる。エンジン走行中に効率のよい領域でエンジンを使用すると、走行に求められるトルクより大きくなる場合は、モーターを使用して発電を行うことも不可能ではない。

▶スタータージェネレーターでアシストと回生を行う

採用例は少ないが日産には**マイルドハイブリッド**を採用する車種もあり、**S-HYBRID**（**スマートシンプルハイブリッド**）と呼ばれている。強化した**オルタネーター**である**ISG**を使用するもので、減速時に**エネルギー回生**を行い、発進時にアシストを行う。**アイドリングストップ**からの再始動時には**スターターモーター**としても使われる。

日産のシリーズ式ハイブリッド

EVのように駆動にはモーターだけを使い
エンジンで発電した電力と回生した電力で走行する

▶エンジン発電ユニットを搭載した電気自動車であるともいえる

日産の**e-POWER**は**シリーズ式ハイブリッド**だ。**2モーター式ハイブリッド**であり、エンジンと**発電機**は直結され、クルマの駆動には**モーター**だけが使われる。**二次電池**には**リチウムイオン電池**が採用されている。充電量が十分にある場合はこの二次電池の電力だけで走行する。二次電池の充電量が少なくなると、エンジンを始動して効率の高い領域で運転し、発電された電力を充電しながらモーターを駆動して走行する。二次電池の充電量が十分になればエンジンを停止する。急加速などで走行に必要な電力が発電量より大きい場合は、発電電力と二次電池の電力の両方を使用する。この時、発電機の発電電力は直接モーターに送ることで効率を向上させている。

シリーズ式ハイブリッドでは、二次電池の容量を大きくするほど、エンジンを効率の高い領域で使い続けることができるが、二次電池の重量が大きくなると燃費に悪影響を及ぼす。

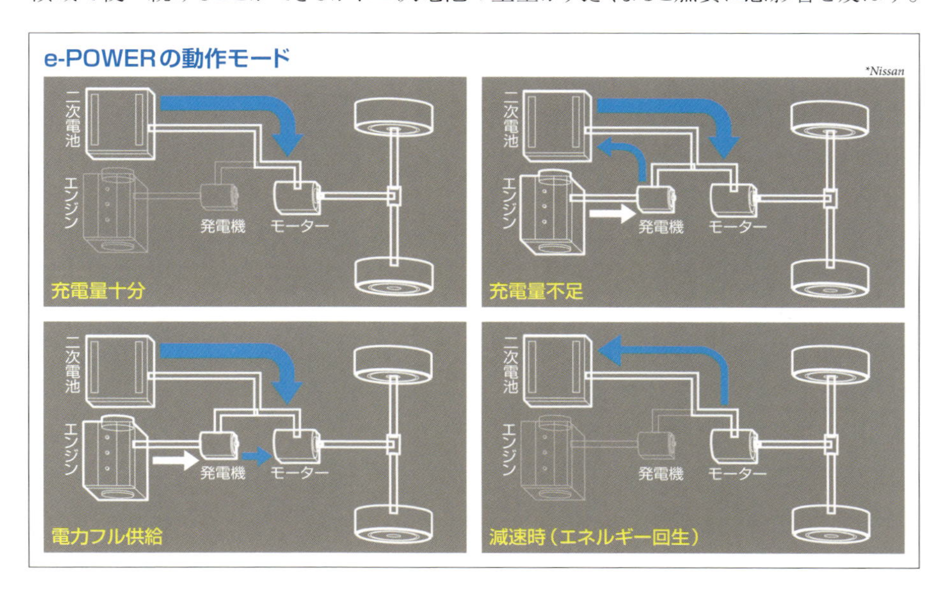

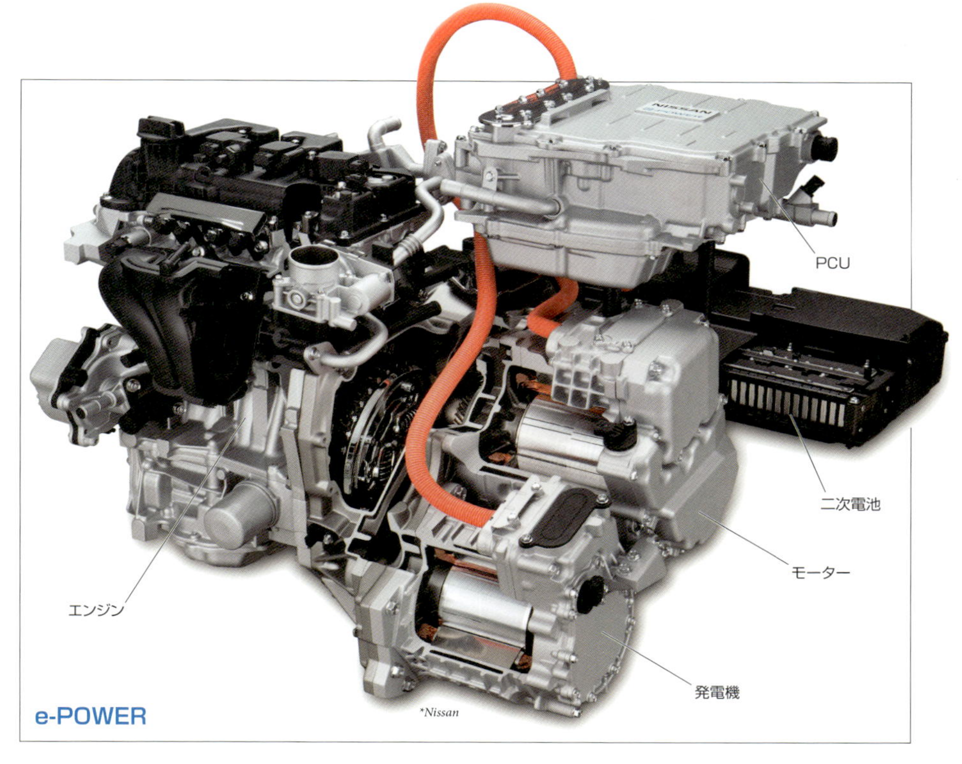

二次電池の容量を大きくすると車両コストも高くなる。そのため、e-POWERでは二次電池の容量は必要最小限のものとしている。また、高速走行ではエンジンの出力を直接走行に使用したほうが燃費がよくなる可能性が高いが、シリーズパラレル式ハイブリッドにすると、部品点数が増え車両コストが高くなるし、車両重量も大きくなる。搭載する車種のクラスは市街地走行が大半であると割り切ることで、車両コストを抑え、軽量化を実現している。

シリーズ式ハイブリッドは、**HEV**のなかではもっとも**EV**に近いものだ。日産には**プラグインEV**のリーフがあり、そのコンポーネントを流用することによってもe-POWERのコストを抑えることが可能になる。同じコンポーネントが量産されれば、プラグインEVのコストも抑えられるというメリットが生じる。さらに、プラグインEVに力を入れている日産にとって、シリーズ式ハイブリッドはモーター駆動の快適さや楽しさをアピールすることにも役立つと考えられているという。実際、**e-POWER Drive**（**e-Pedal**）というモードに切り替えるとプラグインEVと同じようにアクセルペダルだけで速度をコントロールできる。

e-POWERには、4WDが設定されている車種もある。e-POWERはシステム全体を車両前方に置き前輪を駆動するFFだが、**e-POWER 4WD**は後輪にもモーターによるドライブユニットを備えた**ハイブリッド4WD**だ。発進時や滑(すべ)りやすい路面など4WD走行のほうが安全な状況になると、自動的に後輪のモーターにも電力が供給され、4WD走行になる。

ホンダのパラレル式ハイブリッド

DCTのクラッチを活用することで パラレル式ハイブリッドの制御の可能性を広げる

▶モーターをトランスミッションに内蔵したコンパクトなシステム

ホンダの**SPORT HYBRID i-DCD**（intelligent Dual Clutch Drive）は、エンジンと7速の**デュアルクラッチトランスミッション**（**DCT**）に1台の**モーター**を加えた**パラレル式ハイブリッド**だ。**1モーター式ハイブリッド**の多くでは、エンジンとトランスミッションの間にモーターを配置するが、i-DCDではDCT内にモーターを備えている。DCTは奇数段を備えるメインシャフト、偶数段を備えるセカンダリーシャフト、出力となるカウンターシャフトで構成されるが、モーターは奇数段を備えるメインシャフトの端に備えられている。DCTの奇数段のクラッチが実質的にモーターとエンジンの断続を行うことになるため、1モーター1クラッチ式に分類できそうな構造だが、DCTのもう一方のクラッチもハイブリッドシステムの制御に使われるため、**1モーター2クラッチ式ハイブリッド**に近い。なお、DCTは**平行軸歯車式変速機**が一般的だが、i-DCDの1速には**プラネタリーギヤ式変速機**が採用されている。この**プラネタリーギヤ**をモーター内に収めることで、トランスミッションの全

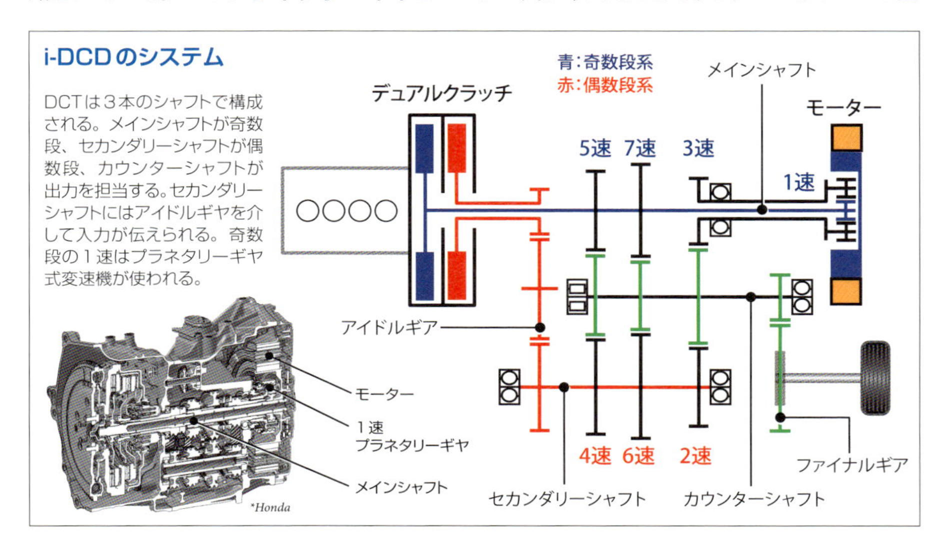

i-DCDのシステム

DCTは3本のシャフトで構成される。メインシャフトが奇数段、セカンダリーシャフトが偶数段、カウンターシャフトが出力を担当する。セカンダリーシャフトにはアイドルギヤを介して入力が伝えられる。奇数段の1速はプラネタリーギヤ式変速機が使われる。

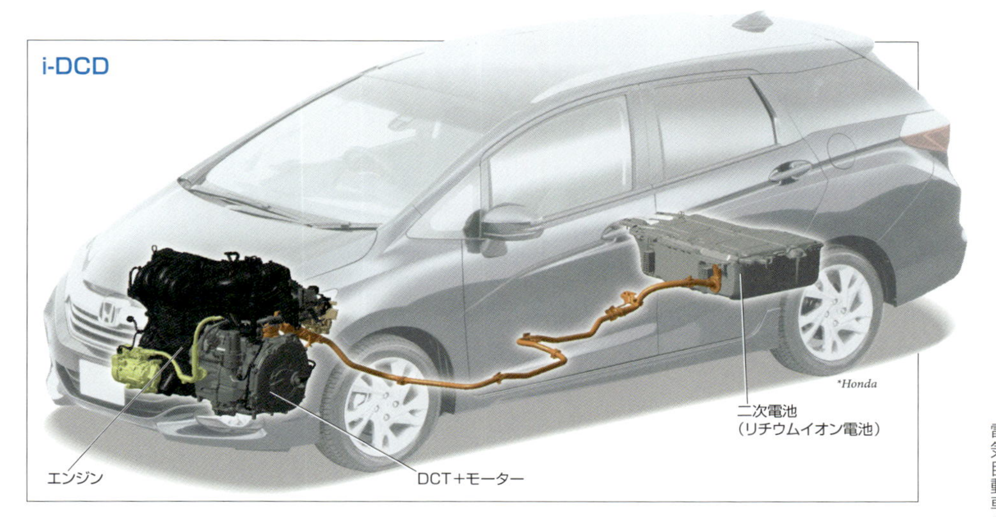

長を抑えている。i-DCDには**アトキンソンサイクル**のエンジンが組み合わされ**二次電池**にはリチウムイオン電池が採用される。

発進時や負荷の小さい低速のクルージング時には、DCTのクラッチがどちらも開放されて**EV走行**が行われる。制動時の**エネルギー回生**もこの状態で行われる。負荷が大きくなると、エンジンが始動されDCTのどちらかのクラッチが締結されて**ハイブリッド走行**が行われる。DCTが奇数段を選択されている時はメインシャフトで直接モーターでアシストが行われ、偶数段が選択されている時は、同時に奇数段のいずれかの歯車を選択することで、出力であるカウンターシャフトでエンジンの出力とモーターの出力が合成される。高速のクルージング時にはエンジンを効率の高い領域で使用できるため**エンジン走行**が行われる。また、効率のよい領域でエンジンを運転すると、走行に求められる出力よりエンジンの出力が大きい場合にはエンジン走行しながらモーターによる発電が行われる。

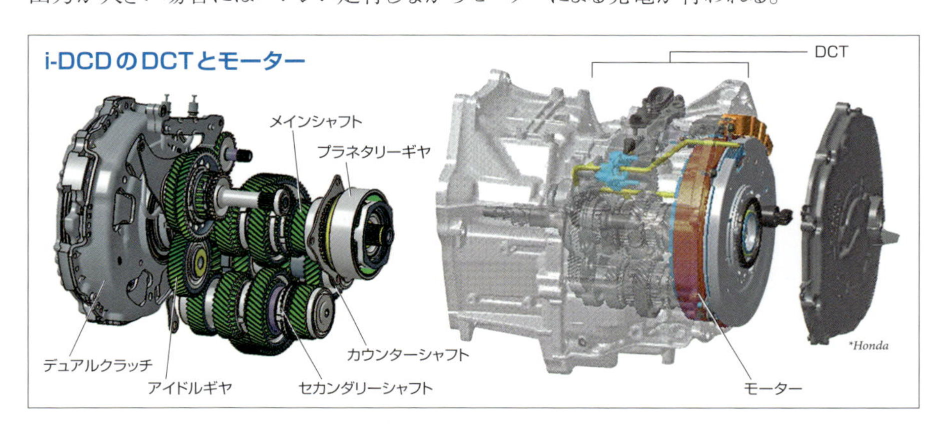

ホンダのハイブリッド4WD

エンジン＋3モーターの駆動によって クルマの挙動を安定させ走行性能を高める

▶パラレル式ハイブリッドに2モーターを加えて4WD化する

ホンダの**SPORT HYBRID SH-AWD**（Super Handling All-Wheel-Drive）は、同社の**パラレル式ハイブリッドi-DCD**を発展させた**ハイブリッド4WD**だ。多くのハイブリッド4WDでは、基本となる2WDのハイブリッドシステムの非駆動輪（ひくどうりん）に1台のモーターを備えることで4WD化しているが、**ハイブリッドSH-AWD**では2台のモーターを備えている。

ホンダには、**SH-AWD**と呼ばれるFFベースの**アクティブトルクスプリット式4WD**があり、その後輪には2組の**湿式多板**（しっしきたばん）**クラッチ**でトルクを分配する**電子制御デフ**が採用されている。これにより前後輪と後輪左右のトルク配分を可変（かへん）して、車両の挙動（きょどう）をコントロールしているが、ハイブリッドSH-AWDでは電子制御デフの働きを2台のモーターを備えた**ツインモーターユニット**（**TMU**）で実現している。TMUは、モーター、プラネタリーギ

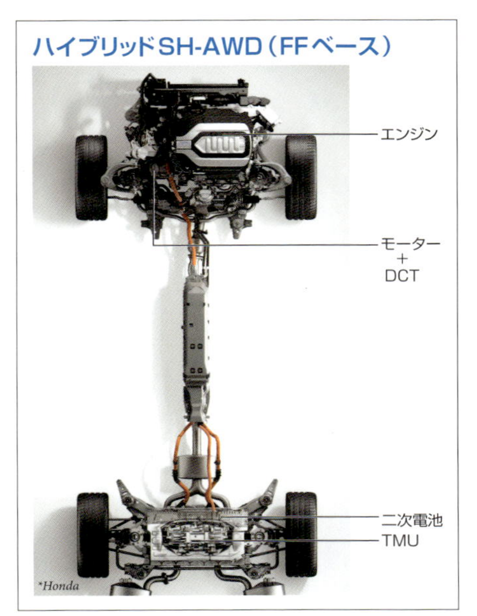

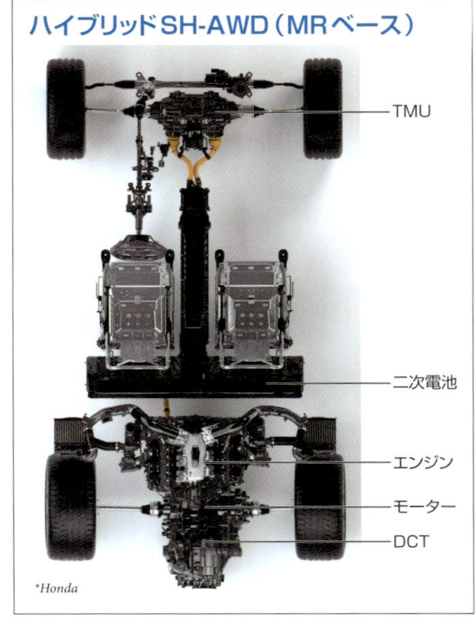

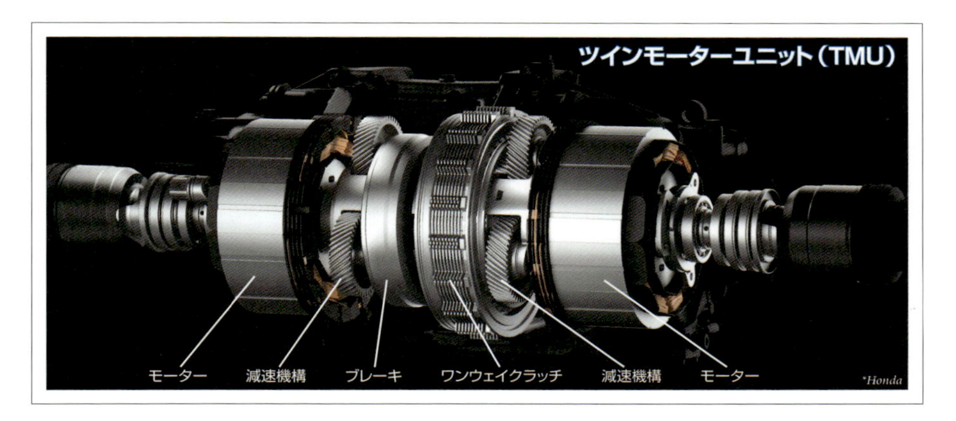

ヤによる減速機構、プラネタリーギヤを制御するブレーキやワンウェイクラッチなどで構成されている。これらの作用で駆動時には効率的にモーターのトルクを車輪に伝達し、減速時には車輪の回転で**エネルギー回生**を行う。機械式では**駆動力**の配分を制御するだけだが、ハイブリッドSH-AWDの場合は制動力の配分も制御できる。基本になっているi-DCDは小型車に適した1モーター式として開発されているが、それをベースにしながらも3モーター式ハイブリッドにすることでハイブリッドSH-AWDは大型車への適合も可能になり、さらに4WD化によって走行性能も高められている。

現在、ハイブリッドSH-AWDは国内ではレジェンドとNSXに搭載されている。レジェンドはFFベースのハイブリッド4WDといえるもので、前輪にi-DCD、後輪にTMUを備える。トランスミッションは7速**DCT**が採用され、**気筒休止**が可能なNAエンジンが組み合わされる。いっぽう、NSXはMRベースのハイブリッド4WDだといえる。後輪付近にiDCDが備えられ、前輪がTMUにされ、高出力のターボエンジンが組み合わされる。専用の9速DCTが採用され、モーターは内蔵ではなく、エンジンとの間に配置される。これにより、ターボラグを感じさせないアシストや、全開加速時の強力なアシストが可能となる。

FFベースではモーターはDCTに内蔵される。

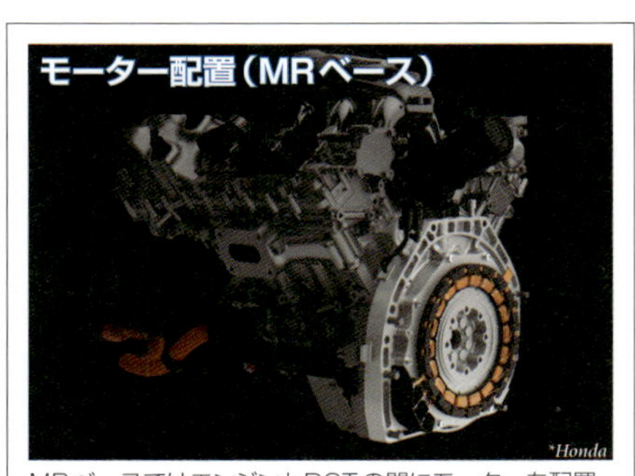

MRベースではエンジンとDCTの間にモーターを配置。

ホンダのシリーズパラレル式ハイブリッド

高速走行でも効率の高い運転を目指した シリーズ式をベースとしたハイブリッド

▶シリーズ式にクラッチをプラスするとシリーズパラレル式が成立する

ホンダの**SPORT HYBRID i-MMD**（intelligent Multi Mode Drive）は、**シリーズパラレル式ハイブリッド**で、**発電機**（はつでんき）と**モーター**を備える**2モーター式ハイブリッド**だ。シリーズパラレル式はさまざまな発想のシステムが考えられるが、**i-MMD**は**シリーズ式ハイブリッド**を基本にしている。エンジン駆動（くどう）の効率がシリーズ式ハイブリッドの効率より高くなる高速走行でのみエンジンの出力を直接走行に使用する。

発電機にはエンジンの出力が伝えられ、その発電電力は駆動用（くどうよう）モーターと**二次電池**（にじでんち）に送ることができる。モーターの出力はファイナルドライブユニットに伝えられて駆動が行われる。制動時（せいどうじ）の**エネルギー回生**（かいせい）ではモーターの発電電力を二次電池に送ることができる。これだけではシリーズ式ハイブリッドの構造だが、i-MMDではエンジンの出力が**直結クラッチ**を介してファイナルドライブユニットへも送ることができるようにされている。この構造によってエンジン走行やパラレル式としての動作が可能となる。二次電池には**リチウムイオン電池**が採用され、**アトキンソンサイクル**のエンジンが組み合わされるのが一般的だ。

エンジンで駆動すると効率が悪くなる発進時は二次電池に蓄えられた電力を使用してモーターだけで**EV走行**を行う。速度が高くなっても負荷（ふか）が小さく、二次電池の充電量が十分にある場合はEV走行が行われる。負荷が大きくなったり、二次電池の充電量が少なくなったりすると、エンジンが始動されて発電機による発電が行われ、**シリーズ式ハイブリッド走行**が行われる。駆動に使われるのはモーターだけだ。この時、充放電（じゅうほうでん）による損失を回避（かいひ）するため二次電池を介さず、電力は発電機からモーターへ送られる。エンジンは常に高効率領域で運転され、走行に必要な電力が発電量よ

り大きい場合は二次電池の電力も使用して走行する。走行に必要な出力より発電量が大きい場合は余剰分を二次電池に充電する。充電量が十分になればエンジンを停止して、EV走行になる。

高速走行ではエンジン直結クラッチが締結され、**エンジン走行**が行われるが、高効率領域でエンジンを運転すると、走行に必要な出力よりエンジンの出力が大きい場合には、発電機による発電も行われ、二次電池に充電される。逆に、エンジンの出力が走行に必要な出力より小さい場合は、二次電池の電力でモーターが駆動され、**パラレル式ハイブリッド走行**が行われる。高速走行であっても充電量が十分になればEV走行に移行する。

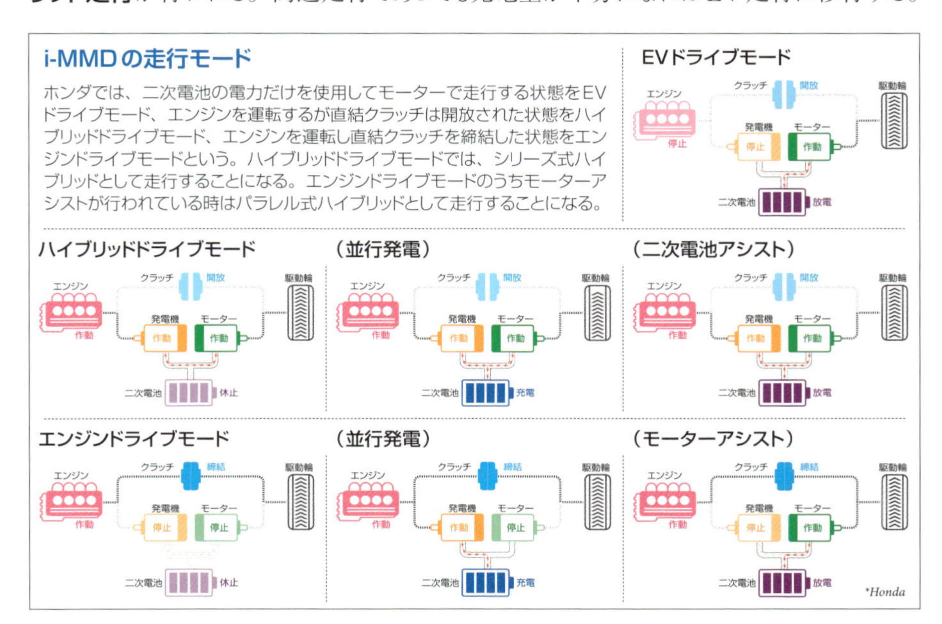

ホンダのプラグインハイブリッド

二次電池に蓄えた電力を使い切っても
EVフィールの走行を続けることができる

▶シリーズ式が基本のハイブリッドはプラグイン化との相性がよい

ホンダには、同社の**シリーズパラレル式ハイブリッド**である**i-MMD**をベースにして開発した**プラグインハイブリッド**もあり、**SPORT HYBRID i-MMD Plug-in**と呼ばれる。i-MMDでは、高速走行では**エンジン走行**も行われるが、充電量が十分にあれば**EV走行**が行われるため、モーターの能力は高速走行にも対応できるものである。また、**パラレル式ハイブリッド**による走行が行われるプラグインハイブリッドの場合、充電量がなくなってEV走行から**ハイブリッド走行**に移行すると、走行感覚が大きく変化することもあるが、

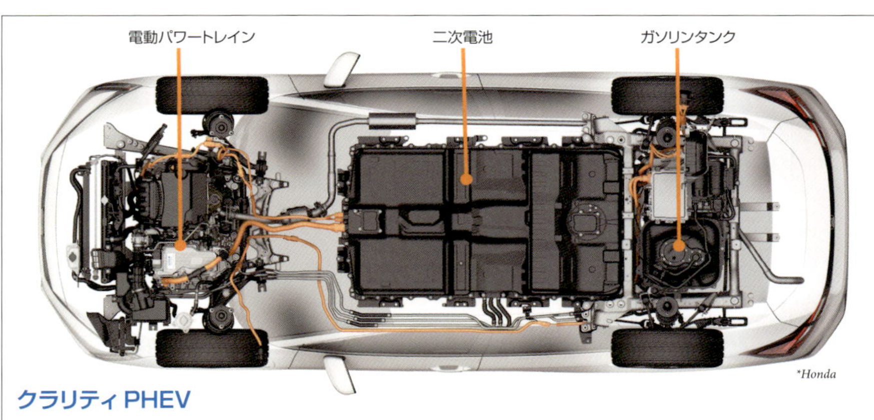

クラリティ PHEV

i-MMD Plug-inを採用するクラリティPHEVには、同一プラットホームのクラリティEVとクラリティFuel Cellもある。基本となるEVに対して、PHEVは電動パワートレインにエンジンを追加し二次電池を減らして燃料タンクを加えたもの、FCVは電動パワートレインに燃料電池を追加し二次電池を減らして水素タンクを加えたものだと考えられる。

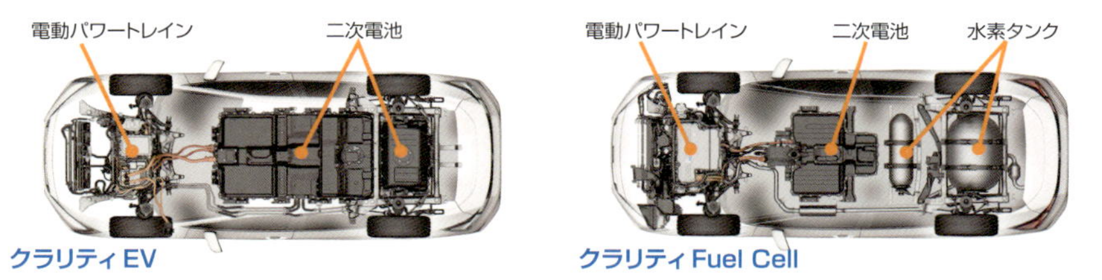

クラリティ EV　**クラリティ Fuel Cell**

i-MMDは**シリーズ式ハイブリッド**が基本とされているため、充電量がなくなってもモーターによる駆動が続くので、EV走行と同じ感覚で走り続けることができる。

i-MMD Plug-inの基本構造はi-MMDと同じだが、モーターや発電機の能力を高めると同時に小型化と軽量化を実現している。もちろん、**二次電池**である**リチウムイオン電池**の容量も拡大されている。冷却系統の改善やPCUの効率向上などが図られ、モーター駆動の能力が高められている。システムの制御においても、加速時にエンジンを吹き上げないようにするなど、ハイブリッド走行においてもEV走行の感覚が保たれるようにしている。フル充電からのEV走行の航続距離は114.6km（JC08モード）を実現している（101.0km - WLTCモード）。これだけの航続距離があれば、日常的な使用を確実にカバーできる。二次電池の容量が大きいため、200Vの**普通充電**で約6時間かかる。オプションで普通のコンセントを使った100Vの普通充電も可能だが、約50時間かかる。**急速充電**にも対応しているので、出先での充電も可能だ。

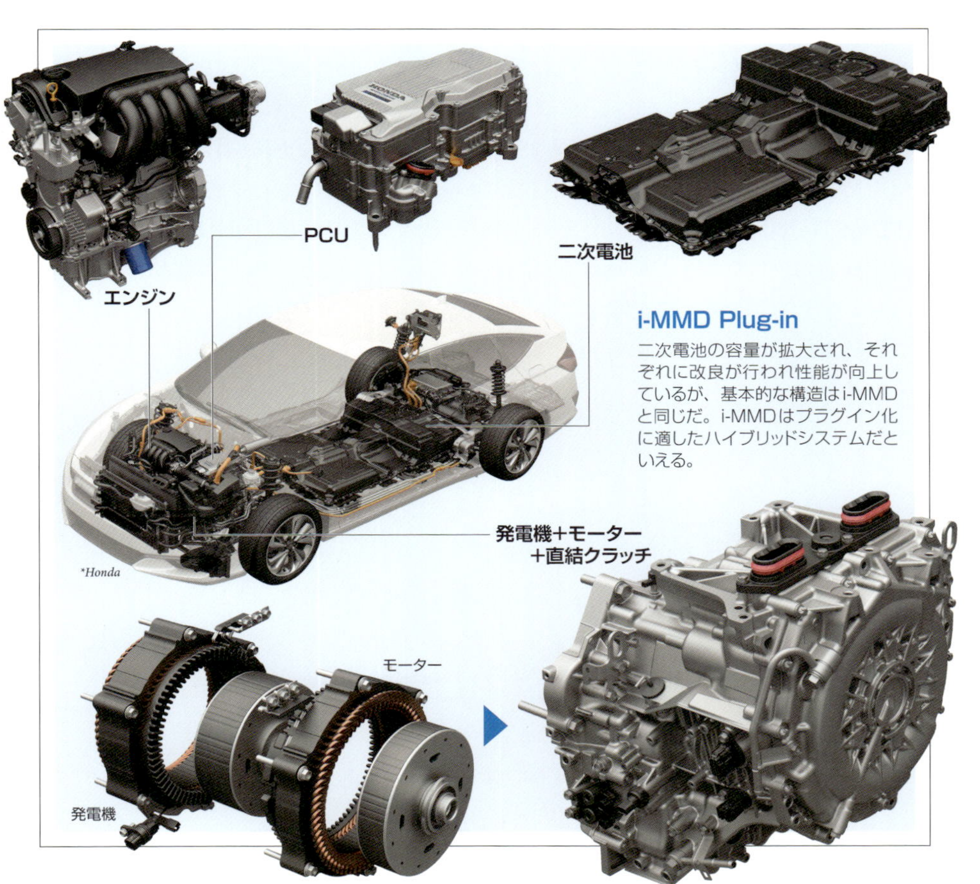

i-MMD Plug-in
二次電池の容量が拡大され、それぞれに改良が行われ性能が向上しているが、基本的な構造はi-MMDと同じだ。i-MMDはプラグイン化に適したハイブリッドシステムだといえる。

スバルのパラレル式ハイブリッド

CVTの前後進切替機構を活用して エンジンの断続を行うハイブリッドシステム

▶トランスミッションの入力側と出力側にクラッチを備えるハイブリッド

スバルの**e-BOXER**は**パラレル式ハイブリッド**で、縦置きトランスミッションに内蔵される**1モーター式ハイブリッド**だ。**変速機**(へんそくき)はCVTで、トランスミッションには4WDシステムやフロントプロペラシャフトやフロントファイナルドライブユニットも内蔵されている。4WD専用トランスミッションだが、4WD機構は機械式のものであり、ハイブリッド4WDではない。

CVTの入力側プーリーのエンジンとは反対側にモーターが設置され、出力側プーリーの出力軸にクラッチを加えている。1モーター1クラッチ式に分類できそうな構造だが、ハイブリッドの制御では、CVTに既存のプラネタリーギヤによる**前後進切替機構**(ぜんこうしんきりかえきこう)を断続機構として利用してエンジンとトランスミッションを断続しているため、実質的には**1モーター2クラッチ式ハイブリッド**だといえる。同社が以前に採用していた**ハイブリッドリニアトロニック**と基本構造は同じで、モーターもほぼ同じものが使われているが、周辺の部品は新たにされている。また、以前は**二次電池**(にじでんち)にニッケル水素電池(すいそでんち)が採用されていたが、e-BOXERでは**リチウムイオン電池**が採用されている。

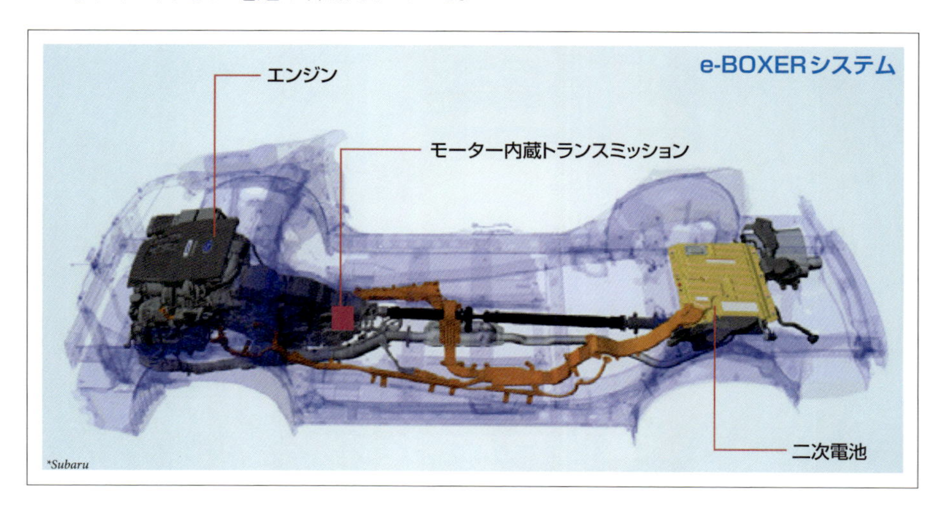

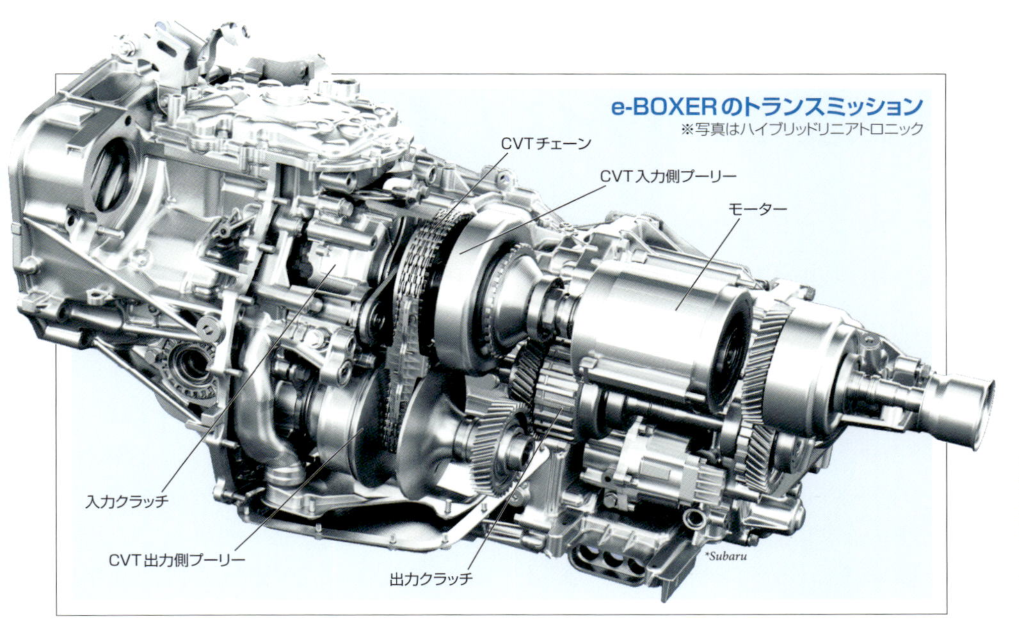

エンジンで駆動すると効率が悪い発進時や低速走行時には、入力クラッチとして機能する前後進切替機構でエンジンを切り離し、二次電池の電力を使用してモーターだけで駆動する**EV走行**が行われる。中速走行時や加速時には、エンジンを始動して入力クラッチをつなぎ、エンジンとモーターの双方で駆動する**ハイブリッド走行**が行われる。高速走行時にはエンジンを効率の高い領域で使用できるため、モーターは使われず、**エンジン走行**が行われる。効率のよい領域でエンジンを運転すると、走行に求められる出力よりエンジンの出力が大きい場合にはモーターによる発電が行われ、二次電池に充電される。制動時には入力クラッチを開放することで、モーターによる**エネルギー回生**を効率よく行うことが可能だ。なお、二次電池の充電量が不足すると、停車中に発電と充電が行われる。出力クラッチを開放すれば駆動装置が切り離されるため、エンジンの出力がモーターだけに伝わり、停車状態を保ったまま発電を行うことができる。

三菱のプラグインハイブリッド4WD

モーター駆動の魅力を活かしながら高速走行ではエンジン駆動で効率を高める

▶前輪のシリーズパラレル式と後輪のモータードライブの組み合わせ

三菱のアウトランダーに採用される**プラグインハイブリッド**には、特に名称はなく**アウトランダー PHEV**と呼ばれている。FFとしてレイアウトされた**シリーズパラレル式ハイブリッド**の後輪にもモーターを備えた**ハイブリッド4WD**で、**3モーター式ハイブリッド**に分類される。プラグインハイブリッドであるため発進から高速まで**EV走行**できるように駆動用モーターには十分な能力が備えられている。その能力を活かすために、前輪の**2モーター式ハイブリッド**は、基本が**シリーズ式ハイブリッド**であり、エンジンの効率が高くなる高速走行でのみエンジンの出力を直接走行に使用する構造にされている。**二次電池**には**リチウムイオン電池**が採用され、**アトキンソンサイクル**のエンジンが組み合わされる。

エンジンの出力は**発電機**と、クラッチを介してフロントファイナルドライブユニットに伝えられる。このドライブユニットにはフロントモーターの出力も伝えられている。発電機、モーター、二次電池はPCUを介して電気的に接続されている。いっぽう、リヤPCUを介して二次電池と接続されているリヤモーターの出力はリヤファイナルドライブユニットに伝えられている。

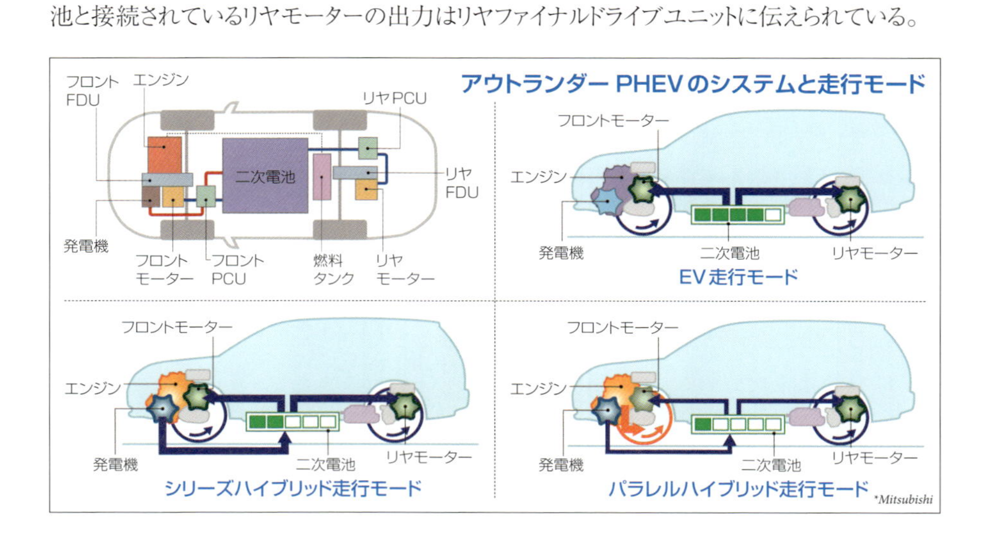

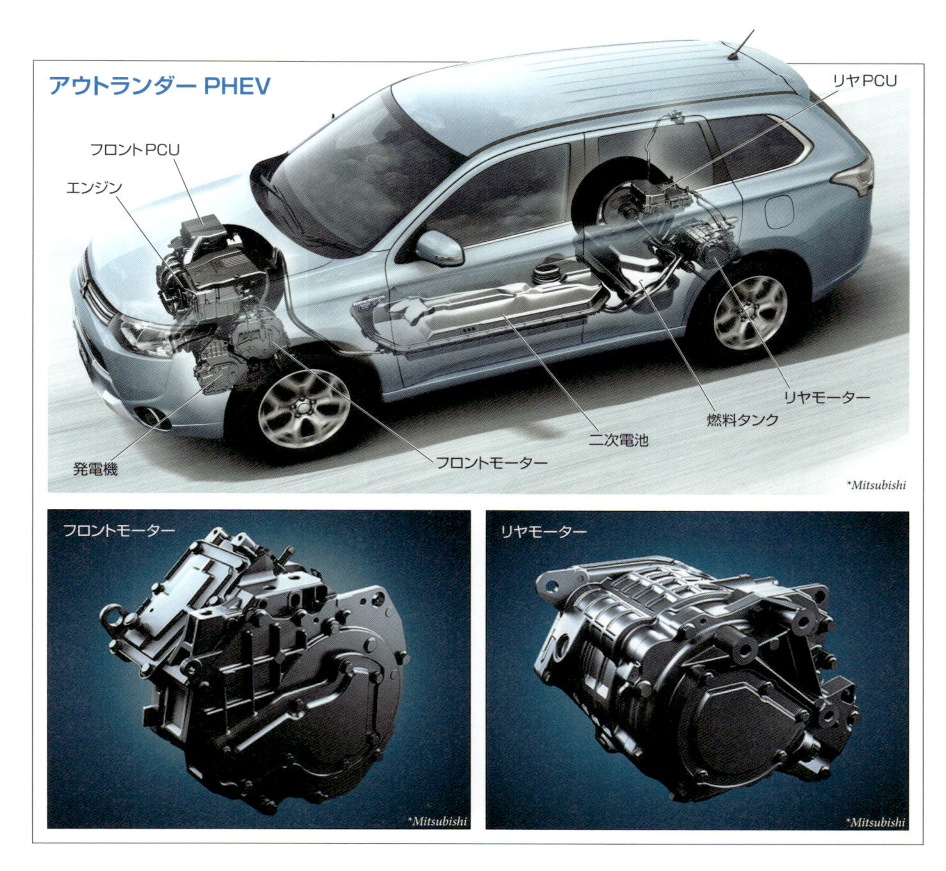

二次電池の充電量が十分にある場合には、基本的に**EV走行**が行われる。二次電池の充電量が少なくなると、エンジンが始動され発電機による発電が開始され、モーターで駆動する**シリーズ式ハイブリッド走行**が行われる。エンジンは効率の高い領域で運転され、走行に必要なモーターの出力より、発電機の出力が大きい場合には余剰分(よじょうぶん)が充電される。また、急加速時や登坂時にもシリーズハイブリッド走行が行われ、場合によっては二次電池の電力も使われる。高速走行ではモーターの効率が悪化するため、クラッチが締結(ていけつ)されて**エンジン走行**が行われる。その際にも、エンジンの出力が余るようならば充電が行われ、不足するようならばモーターがアシストする**パラレル式ハイブリッド走行**が行われる。なお、前輪がどのような走行モードであっても、後輪はモーターで駆動され、4WD走行を行う。また、制動時(せいどうじ)は4輪で発電を行えるため**エネルギー回生(かいせい)**の効率が高い。

フル充電からのEV走行の航続距離(こうぞくきょり)は65.0km（JC08モード）ある（57.6km - WLTCモード）。200Vの**普通充電(ふつうじゅうでん)**が基本とされていて、フル充電に約4時間かかる。**急速充電(きゅうそくじゅうでん)**と100Vの普通充電はオプションとされている。

スズキのパラレル式ハイブリッド

AMTとモーターを組み合わせることで省燃費と力強い走りを実現させる

▶ファイナルドライブユニットに直接モーターの回転を伝える

スズキは、**オルタネーター**を強化し**スターターモーター**の機能も備えさせた**ISG**による**マイルドハイブリッド**を多くの車種で採用しているが、駆動専用(くどうせんよう)の**モーター**を備えた**パラレル式ハイブリッド**も開発している。多くのパラレル式では、エンジンとトランスミッションの間にモーターを配置するが、スズキのハイブリッドではモーターの出力が減速機構を介して直接ファイナルドライブユニットに伝えられている。組み合わされるトランスミッションは**AGS**と名づけられた5速の**AMT**だ。**二次電池**(にじでんち)には**リチウムイオン電池**が採用されている。ISGも同時に搭載されている。

モードの選択によって制御内容が異なるが、**EV走行**で発進することもでき、中低速の一定速走行時にもEV走行が行われる。加速時などにはエンジンをモーターでアシストする**ハイブリッド走行**が行われる。燃料消費の少ない走行状態では、走行しながらモーターによる発電が行われる。また、AMTは変速段がかわる際に**トルク切れ**が起こり空走感(くうそうかん)が生じるが、モーターによるアシストを行えばスムーズなシフトチェンジになる。

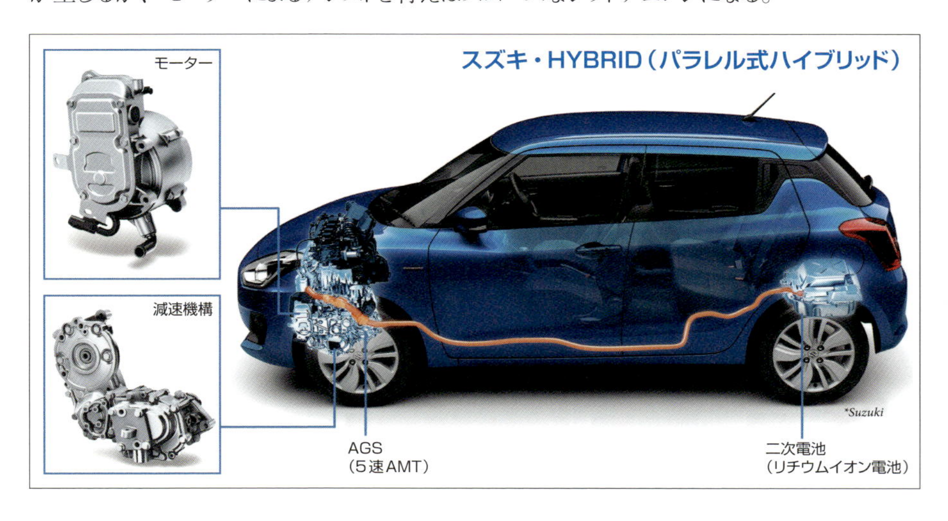

第6章

シャシー装置

ブレーキシステムがクルマを止まらせ、
ステアリングシステムがクルマを曲がらせるが、
車輪とそれを支えるサスペンションも、
進む、止まる、曲がるに重要な役割を果たしている。

ステアリングシステム

前輪に角度を与えることで
クルマを曲がらせていくシステム

▶ハンドルの回転操作を直線運動に変換して車輪の角度をかえる

クルマの進行方向をかえて曲がらせることを**操舵**(そうだ)という。操舵を担当する装置が**ステアリングシステム**(**操舵装置**(そうだそうち))だ。乗用車では前輪で操舵を行う**前輪操舵式**(ぜんりんそうだしき)が一般的だが、一部には後輪でも操舵を行う**4輪操舵**(りんそうだ)**システム**を採用するクルマもある。4輪操舵は4 Wheel Steeringを略して**4WS**という。クルマを曲がらせる際に**操舵輪**(そうだりん)である前輪に与える角度を**操舵角**(そうだかく)や**舵角**(だかく)という。前輪が備えられる**ホイールハブキャリア**は上下方向に回転軸が備えられている。ホイールハブキャリアには**ナックルアーム**という腕状の構造が備えられていて、車両後方(もしくは前方)に腕が伸ばされている。このアームを横方向に押したり引いたりすると、前輪に舵角を与えることができる。

前輪操舵式

前輪操舵式ではハンドルを操作すると前輪に舵角が与えられクルマが曲がっていく。

ホイールハブキャリアとナックルアーム

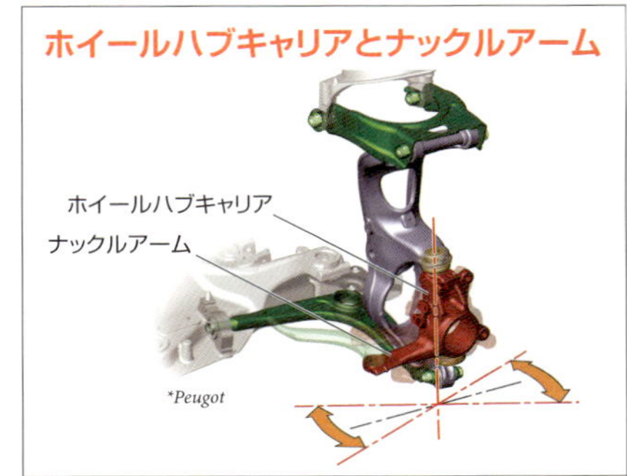

ナックルアームとタイロッド

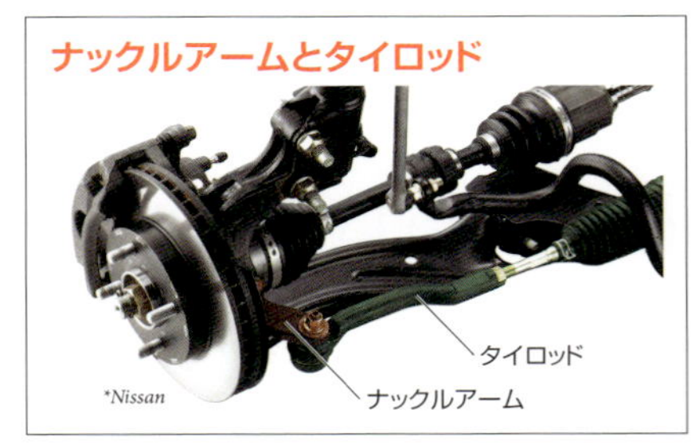

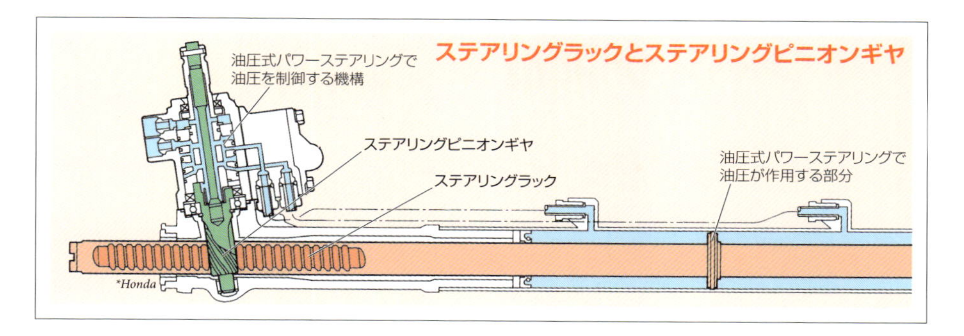

過去には**ボールナット式ステアリングシステム**を採用するクルマもあったが、現在では**ラック&ピニオン式ステアリングシステム**を大半のクルマが採用している。操作機構である**ステアリングホイール（ハンドル）**を回転させると、その回転は**ステアリングシャフト**によって**ステアリングギヤボックス**に伝えられる。ハンドルとギヤボックスの位置関係や周辺の部品の配置によっては、ステアリングシャフトの途中に**ユニバーサルジョイント**（P176参照）が備えられ、折れ曲がった状態でも回転が伝えられるようにされている。ステアリングギヤボックスは**ステアリングラック**という棒状の歯車と、**ステアリングピニオンギヤ**という小さな外歯歯車（そとばはぐるま）で構成されている。こうした構造であるためラック&ピニオン式と呼ばれる。**ピニオンギヤ**にステアリングシャフトの回転が伝えられると、ステアリングラックが左右に移動する。この動きが**ラック**の両端に備えられた**タイロッド**という棒状の部品でナックルアームに伝えられると、前輪に舵角が与えられる。

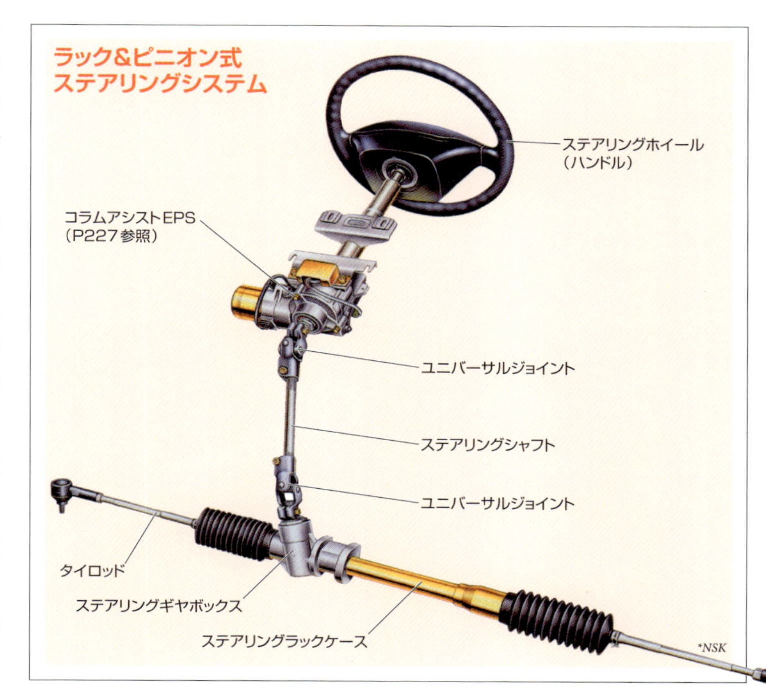

パワーステアリングシステム

ドライバーのハンドル操作とは関係なく前輪に舵角を与えることも可能になっている

▶シャフトかピニオンギヤかラックの動きをモーターでアシストする

ステアリングホイール（**ハンドル**）や**ステアリングギヤボックス**によって力の増幅が行われているが、それでもクルマの重量がかかった前輪に**舵角**を与えるのは容易ではない。そのため、**ステアリングシステム**には人間の操作力をアシストする**パワーステアリングシステム**（**パワステ**）が備えられている。以前は**油圧式パワーステアリング**（**油圧式パワステ**）が一般的だったが、現在では**電動パワーステアリング**（**電動パワステ**）が大半の車種で採用されている。電動パワステは英語の頭文字から**EPS**と略される。

EPSはモーターでアシストするため、電子制御が行いやすい。大きな力を発揮させられるため、ドライバーのハンドル操作がなくても舵角を与えることができ、**ステアリング制御**によって**先進安全装置**が**操舵**のアシストを行ったり、将来的な**自動運転**にも対応させやすい。油圧式パワステでは、エンジンで**パワーステアリングポンプ**を駆動して油圧を発生させるため、**補機駆動損失**が大きい。EPSの場合は電力の消費が増えることになるが、現在のバッテリーは充電制御されていることが多いため、オルタネーターによる補機駆動損失を抑えることができる。そのため、EPSのほうがモード燃費がよくなるが、据え切りなどでは大きな電力が消費されるため、操作方法によっては**実走行燃費**が悪化することも多い。

ステアリングシャフトの回転をアシストするコラムアシストEPS。

ピニオンアシストEPSではステアリングピニオンギヤの周辺にモーターや減速機構が備えられる。

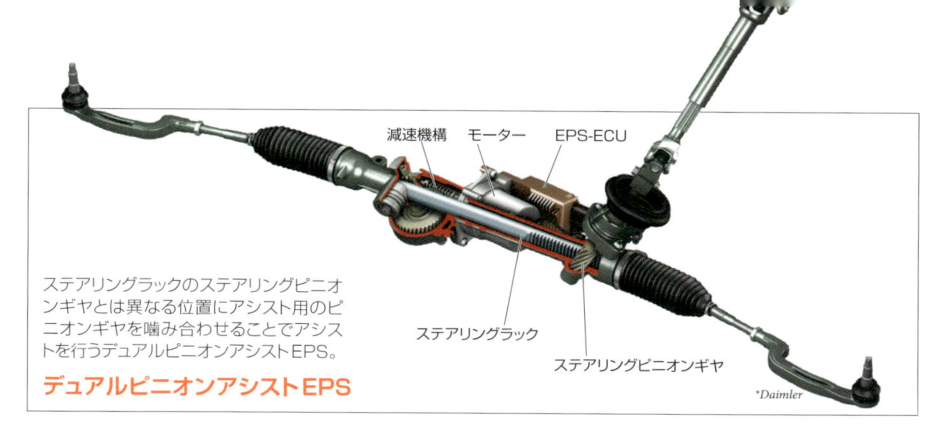

ステアリングラックのステアリングピニオンギヤとは異なる位置にアシスト用のピニオンギヤを噛み合わせることでアシストを行うデュアルピニオンアシストEPS。

デュアルピニオンアシストEPS

EPSは、ステアリングシステムのどの位置でアシストを行うかによって分類される。**コラムアシストEPS**は、ハンドル近くで**ステアリングシャフト**を支える**ステアリングコラム**付近で、ステアリングシャフトに対してアシストが行われる。**ピニオンアシストEPS**は**ステアリングピニオンギヤ**に対してアシストが行われる。**ラックアシストEPS**にはさまざまな構造のものがあるが、たとえば**ステアリングラック**のステアリングピニオンとは異なる位置でEPS用のピニオンギヤを備えて、ラックに対してアシストを行う**デュアルピニオンアシストEPS**などがある。ハンドルの操作方向や操舵量（そうだりょう）は**舵角（だかく）センサー**などによって検出され、車速などその他の情報などから**EPS-ECU**がアシスト力などを決定して、モーターに指示を与える。モーターの回転は歯車による減速機構でトルクが高められることが多い。

▶ハンドルと車輪の間に機械的なつながりのないステアリングシステム

従来の**ステアリングシステム**は、ドライバーが操作する**ハンドル**と、**舵角**を与えられる車輪が機械的につながっている。このつながりをなくし、電気信号で処理することを**ステアリングバイワイヤー**や**ステアバイワイヤー**といい、現在の**EPS**以上に**自動運転**に対応させやすくなる。こうしたシステムもすでに開発され実用化されているが、故障に備えて現状では機械的なつながりも残されている。

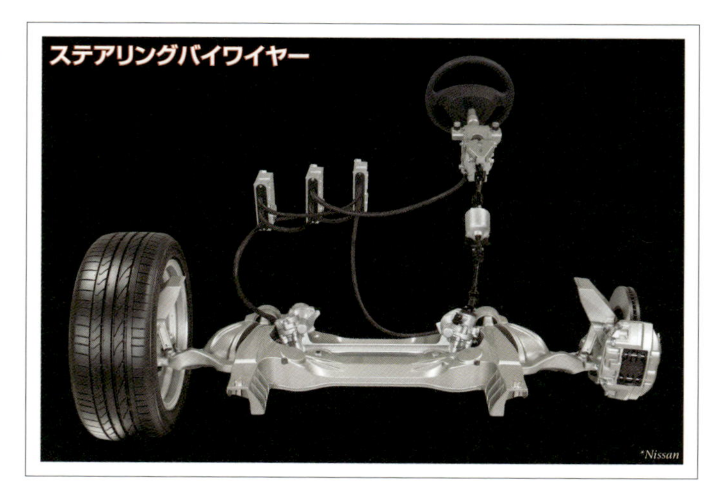

ブレーキシステム

クルマに減速できる装置が備わっているから安心して加速することができる

▶クルマは運動エネルギーを熱エネルギーに変換することで減速する

クルマを減速させることを**制動**という。制動を担当する装置が**ブレーキシステム**（**制動装置**）だ。クルマには走行中に使用して速度のコントロールや停止を行う**サービスブレーキ**と、駐車中にクルマの位置を保持する**パーキングブレーキ**（**駐車ブレーキ**）が備えられている。サービスブレーキは足で操作するため**フットブレーキ**と呼ばれることが多い。フットブレーキは操作力の伝達を油圧によって行う**油圧式ブレーキ**が採用されている。いっぽう、パーキングブレーキはワイヤーなどによって力を伝達する**機械式ブレーキ**が一般的だったが、現在では電気信号で指令を与えて動作させる**電動ブレーキ**も採用されている。

制動装置は、**摩擦**によって**運動エネルギー**を**熱エネルギー**に変換することで減速を行う。車輪付近に備えられ実際に摩擦を発生させる装置が**ブレーキ本体**で、**ディスクブレーキ**と**ドラムブレーキ**が使われている。こうした**摩擦ブレーキ**のほかに、電気自動車やハイブリッド自動車では**エネルギー回生**による**回生制動**も行われるようになっている。

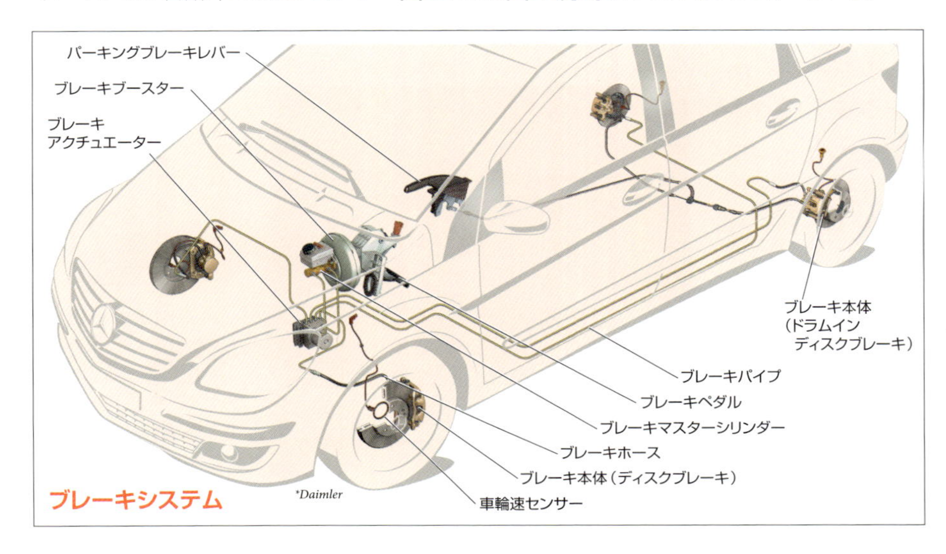

ブレーキシステム

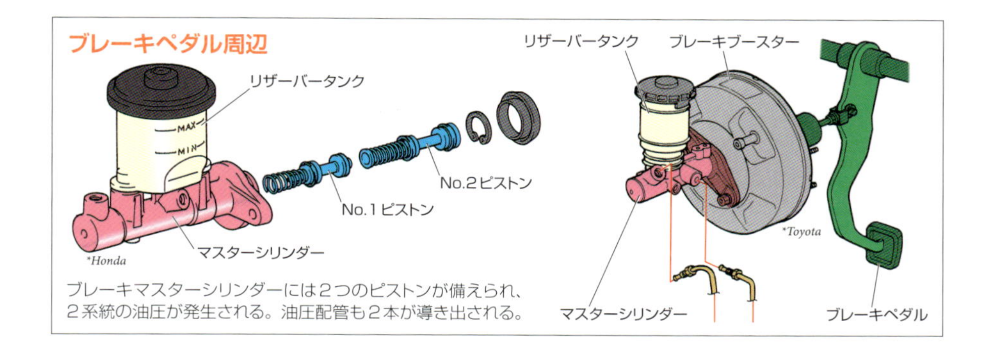

ブレーキマスターシリンダーには２つのピストンが備えられ、２系統の油圧が発生される。油圧配管も２本が導き出される。

▶ブレーキペダルを踏んだ力は油圧でブレーキ本体に伝えられる

フットブレーキは**ブレーキペダル**で操作を行う。ブレーキペダルの根元には、**ブレーキマスターシリンダー**が備えられていて、ブレーキペダルを踏むとピストンが押しこまれて油圧が発生し、**ブレーキホース**や**ブレーキパイプ**によってブレーキ本体に送られる。この油圧によって**ブレーキ本体**が作動する。

現在では油圧経路の途中に**ブレーキアクチュエーター**などが存在し、**回生制動**も行うクルマでは**摩擦ブレーキ**との協調を行うシステムなども使われるが、**油圧式ブレーキ**は2系統式が基本とされている。2系統にすることで、もし1系統に故障が起きても、最低限の**制動力**が確保できるようにされている。2系統には、右前輪と左後輪で1系統、左前輪と右後輪で1系統を構成する**X字型系統式**と、前後輪を独立させた**前後系統式**がある。

ブレーキペダルとマスターシリンダーの間には、ドライバーの操作力をアシストする**ブレーキブースター**が備えられることが多い。日本語では**倍力装置**という。負圧と大気圧の差を利用してアシストを行う**真空式ブレーキブースター**（**真空式倍力装置**）が一般的だ。ガソリンエンジンの場合、**吸入負圧**を利用していたが、アイドリングストップをしたり、ハイブリッド自動車がEV走行すると負圧が発生しなくなり、アシストが行えなくなる。そのため、**電動真空ポンプ**を備えることも増えている（ディーゼルエンジンでは以前から真空ポンプを使用している）。また、油圧でアシストを行うブレーキブースターも開発されている。

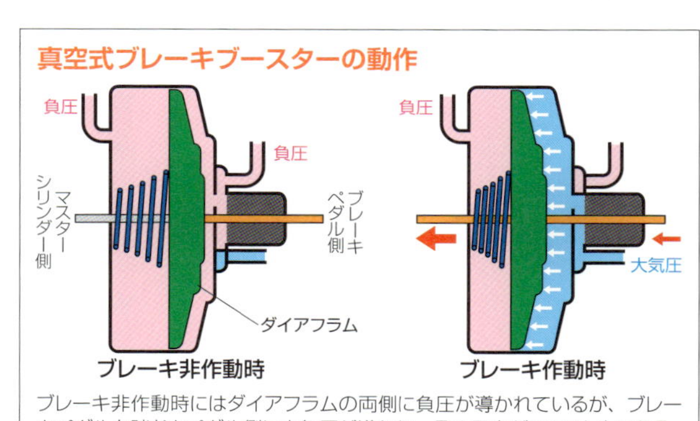

ブレーキ非作動時にはダイアフラムの両側に負圧が導かれているが、ブレーキペダルを踏むとペダル側に大気圧が導かれ、その圧力がアシスト力になる。

ディスクブレーキとドラムブレーキ

ブレーキ本体で摩擦を発生させて
運動エネルギーを熱エネルギーに変換する

▶ディスクブレーキは円板状のローターの両面で摩擦を発生させる

ディスクブレーキは、車輪とともに回転する円板状の**ディスクローター**を、**摩擦材**を備えた**ブレーキパッド**で挟みつけることで摩擦を発生させて**制動**を行う。ディスクローターは**ブレーキディスク**ともいい、**鋳鉄**製が一般的だ。**パッド**の摩擦材は、おもに摩擦を発生させる各種の金属粉と、骨格になる繊維などの結合材を、樹脂とともに成型したものだ。制動を行うと、大量の摩擦熱が発生してブレーキ本体が高温になるが、摩擦材には一定以上の高温になると摩擦力が極端に低下する現象が起こる。そのため、**ブレーキ本体**は**放熱**に配慮される。ディスクローターは1枚の板で作られた**ソリッドディスク**が一般的だが、ブレーキが酷使されるスポーツタイプのクルマでは、内部に通気のための放射状の通路を設けて放熱性を高めた**ベンチレーティッドディスク**が採用されることがある。

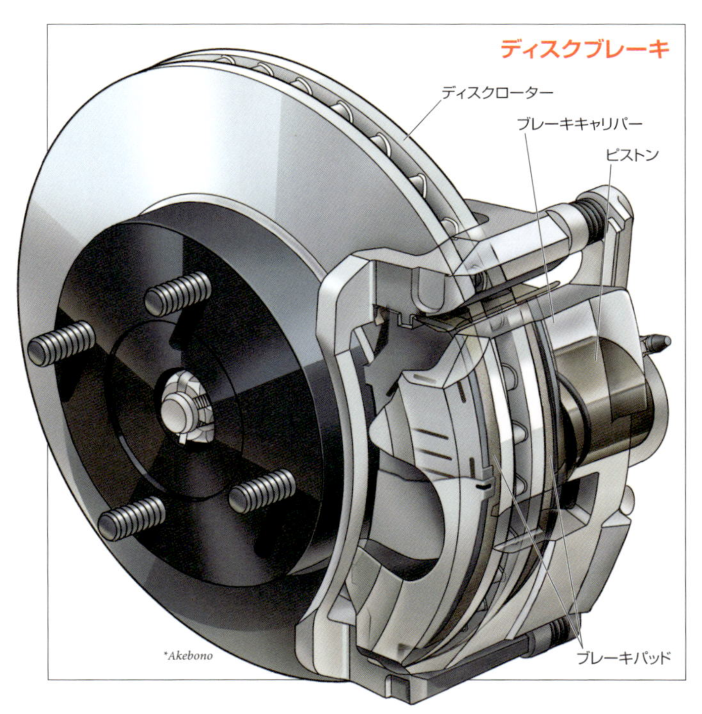

ブレーキパッドは**ブレーキキャリパー**という機構によって、ローターに押しつけられる。キャリパーにはシリンダーとなる円筒状の空間があり、ピストンが収められている。**ブレーキマスターシリン**

ダーから**キャリパー**のシリンダーに**油圧**が送りこまれると、ピストンが押し出されてパッドが押しつけられる。1つのピストンの動作で両側のパッドを押し出す**フローティングキャリパー**が一般的だが、スポーツタイプのクルマには両側にピストンを備えた**対向ピストンキャリパー**や、さらにピストンの数を増やしたものが採用されることもある。

ディスクブレーキは摩擦面が露出しているため、放熱性が高く、熱の影響を受けにくい。また、水や泥が付着しても、遠心力で飛ばされるため、安定した性能を発揮できる。

▶ドラムブレーキは円筒状のドラムの内側で摩擦を発生させる

ドラムブレーキは、車輪とともに回転する円筒状の**ブレーキドラム**に対して、**摩擦材**である**ブレーキライニング**を備えた**ブレーキシュー**を内側から押しつけて摩擦を発生させる。ブレーキドラムは**鋳鉄**製で、**ライニング**の摩擦材の素材はブレーキパッドと同様だ。

さまざまな構造のものがあるが、おもに使われているのは**リーディングトレーリングシュー式ドラムブレーキ**で、両側にピストンを備えた**ホイールシリンダー**で2枚の**シュー**それぞれの端を押して**ドラム**に押しつける。この構造のドラムブレーキでは、**自己倍力作用**や**セルフサーボ**と呼ばれる作用が働き、ピストンで押した力以上に強い力でドラムに押しつけられるため、大きな摩擦力が発揮される。ディスクブレーキより**制動力**が劣っていると思われがちだが、同じサイズで比較するとドラムブレーキのほうが制動力が高い。しかし、ドラムブレーキは摩擦がドラム内で起こるため放熱性が悪く、水などが浸入した際に乾燥しにくいといった弱点があるため、ディスクブレーキが主流になった。ただし、**パーキングブレーキ**ではドラムブレーキのほうが都合がよいため、ディスクブレーキの円板の中心部分にドラムブレーキを備えた、**ドラムインディスクブレーキ**が採用されることもある。

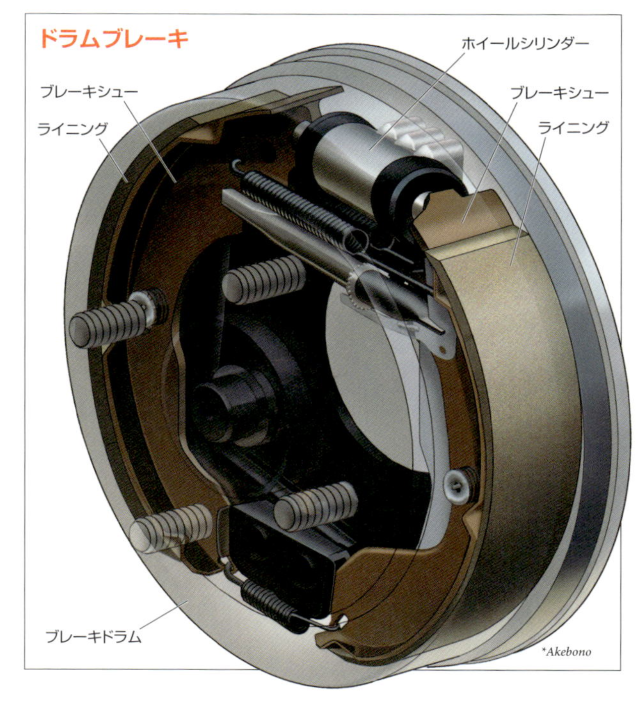

ABSとブレーキアシスト

どんな状況であっても安全に
クルマを減速停止させてくれるシステム

▶ABSがホイールロックが起こらないようにブレーキングをアシスト

駆動力(くどうりょく)は路面とタイヤの**摩擦**によって発生するが、この摩擦には限界があり、大きなトルクを駆動輪(くどうりん)にかけると、摩擦の限界を超えて**ホイールスピン**を起こしてしまう。**制動力**(せいどうりょく)も同じように路面とタイヤの摩擦によって生じるため、強すぎる力で車輪の回転を止めようとすると、摩擦の限界を超えて制動力が生じなくなり、車輪が回転を停止する。これを**ホイールロック**という。車輪が回転を止めたほうが、クルマが減速できそうだが、実際にはタイヤは路面の上を滑(すべ)っていくだけだ。路面の状況は千差万別なので、摩擦の限界は各輪で異なる。一部の車輪だけにホイールロックが起これば、クルマの挙動(きょどう)が大きく乱れることもある。しかも、ハンドルを操作してもタイヤが滑っている状態では、クルマの進行方向をコントロールすることができない。こうした危険な状態を防ぐ装置が**アンチロックブレーキシステム**だ。英語の頭文字から**ABS**と略されることが多い。

ABSは各輪のブレーキ本体に送られる**油圧**(ゆあつ)を制御することで、ホイールロックを回避(かいひ)し、最適な状態で制動力が発揮されるようにする。**ブレーキマスターシリンダー**から**ブレーキ本体**への油圧経路の途中には**ABSアクチュエーター**が備えられる。ABSアクチュエーターでは、各輪の油圧経路が独立して扱われる。各輪ごとの油圧を制御する**ソレノイドバルブ**（**電磁**(でんじ)**バルブ**）や、増圧(ぞうあつ)用の油圧を作り出す**増圧ポンプ**、余分なブレーキフルードを蓄えておくリザーバーなどで構成される。各輪に備えられた**車輪速**(しゃりんそく)**センサー**や、クルマの減速の度合いを検出する**加速度**(かそくど)**センサー**（**Gセンサー**）などの情報によって、**ABS-ECU**は車輪の状態を監視し、ホイールロックを起こしそうな車輪があると、その車輪のブレーキ本体に送る油圧を低下させてホイールロックを回避する。以降も制動中は車輪の状態を監視し続け、状況に応じて油圧の保持、増圧、減圧(げんあつ)を行う。ブレーキマスターシリンダーからの油圧だけでは不足する場合には、ポンプを作動させてさらに増圧を行うこともある。なお、現在ではABS以外にもブレーキ油圧系統にはさまざまな安全装置が搭載されるようになっている。そのため油圧を制御するアクチュエーターは**ブレーキアクチュエーター**、制御するECUは**ブレーキECU**と呼ばれるようになっている。

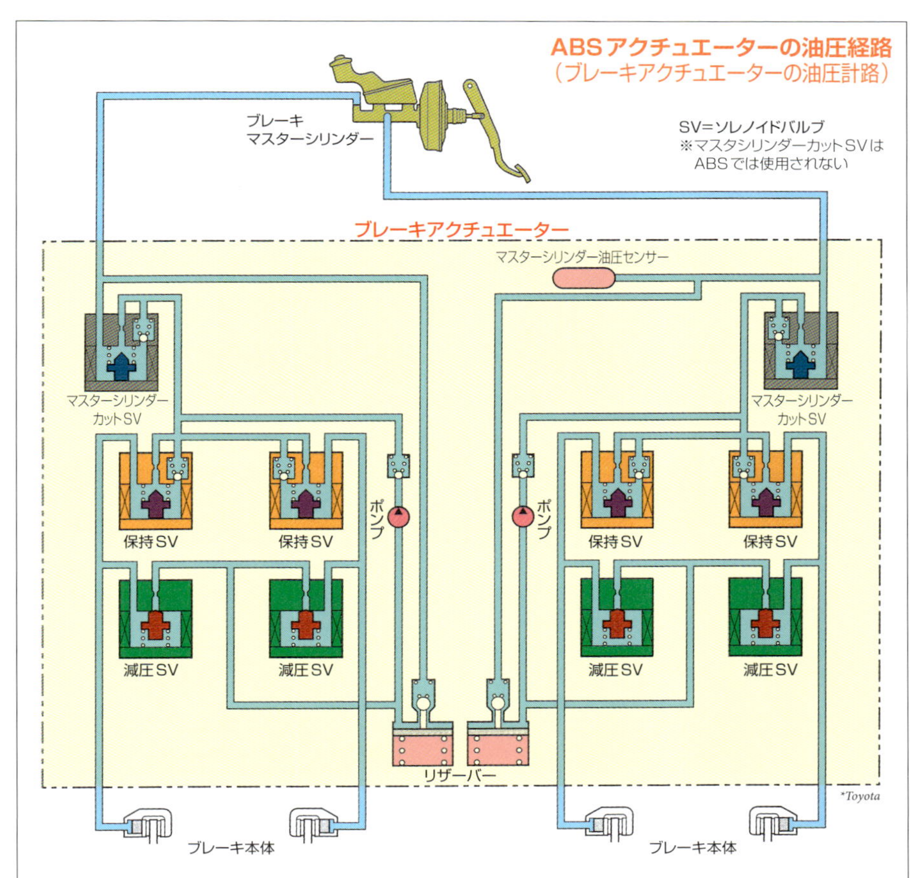

ホイールロックを起こしそうな車輪があると、その車輪の油圧経路の保持SVが閉じてマスターシリンダーからの油圧を遮断し、減圧SVを開いてブレーキ本体の油圧を低下させる。これにより、車輪の回転が適正な状態になると減圧SVが閉じて、油圧を保持する。車輪の回転が速くなりすぎると、保持SVが開いてマスターシリンダーからの油圧がブレーキ本体に送られるようになる。それだけでは油圧が不足する場合はポンプが作動して油圧が高められる。

▶ブレーキアシストはパニックブレーキの際に踏力を補助してくれる

事故が起こりそうな際にかけるような急ブレーキを**パニックブレーキ**というが、こうした時に強くブレーキペダルを踏めない人や踏み続けられない人が多いことが、各種のテストで実証されている。そのため、現在のクルマには、こうした際にアシスト力を高める**ブレーキアシスト**が備えられている。機械式と電子式があり、**機械式ブレーキアシスト**では**ブレーキブースター**の能力が2段階にされ、ペダルを強く踏みこむと通常よりアシスト力が高められる。**電子式ブレーキアシスト**は**ブレーキアクチュエーター**の増圧ポンプを利用してブレーキ油圧の増圧が行われアシスト力が高められる。

トラクションコントロールと横滑り防止装置

発進や加速の駆動力とコーナリングの挙動をブレーキを使ってコントロールする

▶ドライバーの操作とは無関係にブレーキ本体を作動させられる

ABSのためにブレーキの**油圧**系統に**増圧ポンプ**が備えられたことにより、ブレーキシステムの活用範囲が大きく広がった。増圧ポンプを利用すれば、ドライバーのブレーキペダル操作とは無関係に、4輪のブレーキを独立して作動させられる。**電子式ブレーキアシスト**をはじめ**駆動力**を確保する**トラクションコントロール**やコーナリングを安定させる**横滑り防止装置**が開発されている。さらには、**自動ブレーキ**や**クルーズコントロール**はもちろん、**自動運転**にも**ブレーキアクチュエーター**による**ブレーキ制御**は欠かせない存在だ。

▶空転ぎみになった駆動輪にブレーキを作動させて駆動力を確保する

発進や加速の際に、駆動輪の片側だけが滑りやすい路面にあると、ディファレンシャルギヤの作用によってその車輪が空転ぎみになり、反対側の駆動輪の回転が遅くなるため全体としての駆動力が低下する。こうした事態を防ぐのが**トラクションコントロール**だ。**TC**や**TCS**と略されることが多いが、メーカーによってさまざまな名称が使われている。**車輪速センサー**によって空転が感知されると、その駆動輪のブレーキ本体だけを作動させて空転を抑えることで、反対側の駆動輪を確実に回転させる。状況によっては空転が起こらない程度まで、エンジンの出力を低下させる制御が行われることもある。これにより、滑りやすい路面でも微妙なアクセルペダル操作が不要になり、操縦性や安定性が向上する。

▶ブレーキを作動させてオーバーステアやアンダーステアを抑制する

車輪がわずかに**横滑り**することで生じる摩擦によって、クルマは旋回に必要な**コーナリングフォース**を得ているが、横滑りが大きくなりすぎると、本来のコーナリングラインより膨らむ**アンダーステア**や、想定以上に曲がりこみすぎる**オーバーステア**が起こり、コーナーから飛び出したり、スピンを起こしたりする。こうした事態を防ぐのが**横滑り防止装置**だ。**電子制御スタビリティコントロール**ともいい、英語の頭文字から**ESC**というが、メーカーによってさまざまな名称が使われている。ESCはクルマの旋回しようとする力を検出する

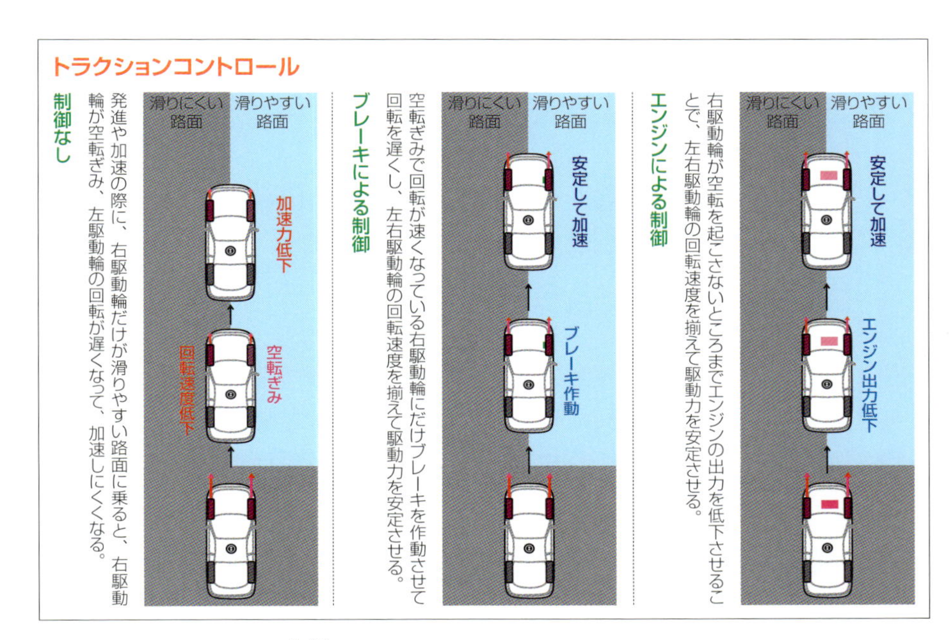

ヨーレイトセンサーや、**舵角センサー**、車速などの情報からコーナリングの状況を監視し、アンダーステアやオーバーステアが生じると、特定の車輪だけにブレーキを作動させ、逆方向に旋回しようとする力を発生させて本来のコーナリングラインで走行できるようにする。

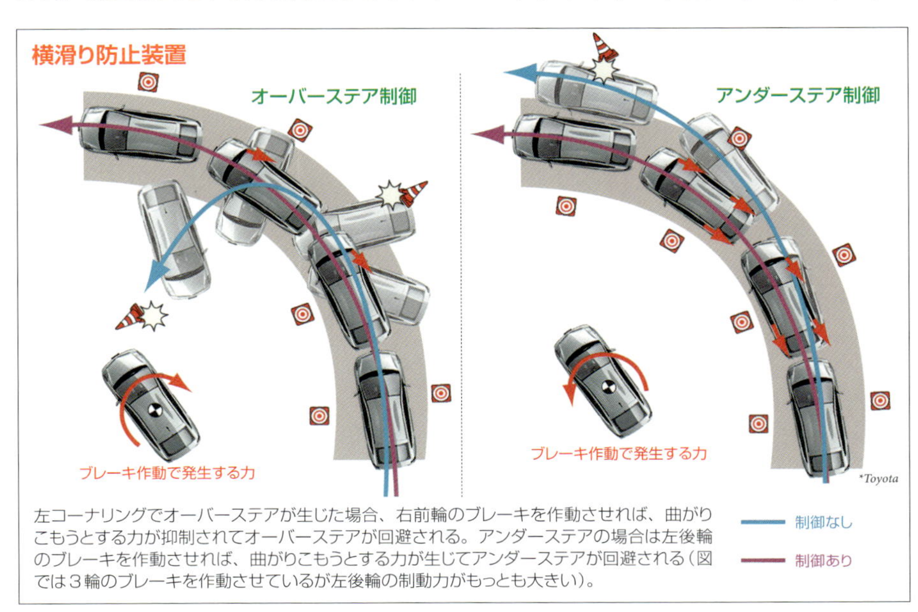

左コーナリングでオーバーステアが生じた場合、右前輪のブレーキを作動させれば、曲がりこもうとする力が抑制されてオーバーステアが回避される。アンダーステアの場合は左後輪のブレーキを作動させれば、曲がりこもうとする力が生じてアンダーステアが回避される（図では３輪のブレーキを作動させているが左後輪の制動力がもっとも大きい）。

回生協調ブレーキ

省電費や省燃費のために
エネルギー回生を最大限に行えるようにする

▶回生制動とのバランスを取りながら油圧ブレーキを作動させる

電気自動車やハイブリッド自動車では、駆動用モーターを**発電機**として使って**エネルギー回生**を行うことができる。こうした**回生制動**は省電費や省燃費には非常に有効なものだ。しかし、回生制動による**制動力**は、モーターの出力や**二次電池**が瞬間的に受け入れられる電力によって制限を受ける。二次電池の容量が小さい場合、フル充電になってしまえば、それ以上は回生制動を行えなくなる。また、2WDのモーター駆動の場合、2輪だけで回生制動を行ったのでは、全体としての制動力が小さくなるし、駆動輪のタイヤの負担も大きくなる。そのため、回生制動と**油圧式ブレーキ**を併用する必要がある。両者を併用するブレーキシステムを、**回生協調ブレーキ**という。回生協調ブレーキでは、回生制動の効率を最大に高めつつ、油圧式ブレーキを作動させて、ドライバーの要求に応じた制動力を発揮させる必要がある。

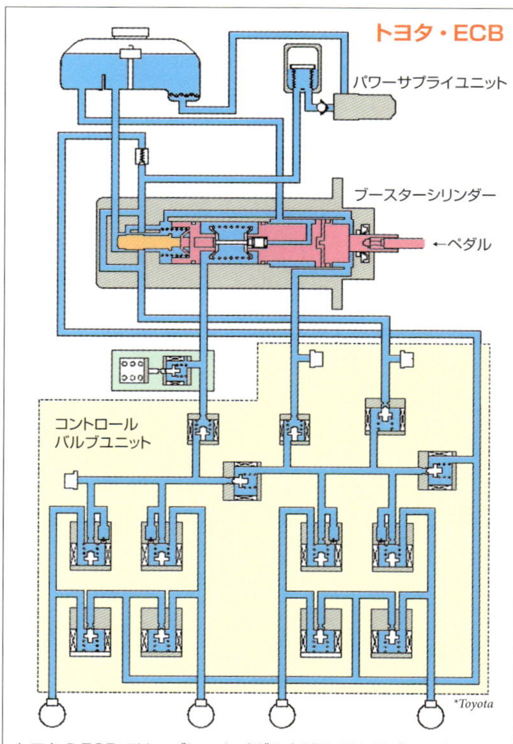

トヨタのECBでは、ブレーキペダルを踏んだ力はブースターシリンダーに伝えられるが、ここで発生した油圧は制動には利用されず、センサーで検出される。電動ポンプと蓄圧室で構成されるパワーサプライユニットの油圧が、実際に制動を行う油圧としてコントロールバルブユニットを介してブレーキ本体に送られる。

回生協調ブレーキはさまざまな機構が開発されているが、いずれのシステムでも、ブレーキペダルを踏みこんだ力が、油圧などで直接ブレーキ本体に伝えられることはない。ブレーキペダルからブレーキ本体までのどこかで切り離されている。実際にブレーキ本体に送られる油圧は、**ブレーキアクチュエーター**などと同じようにモーターを使って作られる。ブレーキペダルを踏みこむ力の強さは、ドライバーの求める制動力の強さとしてセンサーなどで検出される。その情報によって**ブレーキECU**が、回生制動の作動と、アクチュエーターがブレーキ本体に送る油圧を調整する。なお、いずれのシステムでも、回生制動や電気回路などの故障に備えてマスターシリンダーの油圧が直接ブレーキ本体に送られる油圧経路も残されている。

回生協調ブレーキは、電気信号で動作するブレーキシステムであるため、**ブレーキバイワイヤー**として扱われることもあるが、ブレーキ本体は油圧によって動作する。油圧を完全に廃したシステムがブレーキバイワイヤーだとする考え方もある。実際、ブレーキ本体をモーターなどで作動させる**電動ブレーキ**の開発も進んでいて、パーキングブレーキではすでに実用化されている。

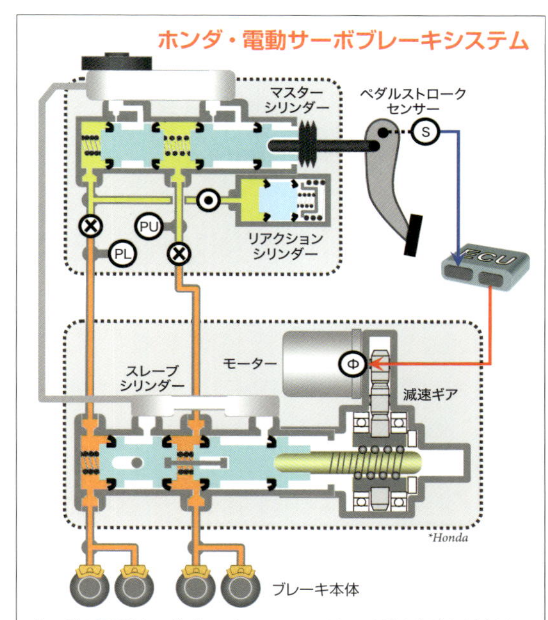

ホンダの電動サーボブレーキシステムでは、ペダルを踏んだ力はマスターシリンダーに伝えられるが、発生した油圧は制動には利用されず、ペダルの動きがセンサーで検出される。ブレーキ本体へ送られる油圧はスレーブシリンダーをモーターで動作させて発生される。

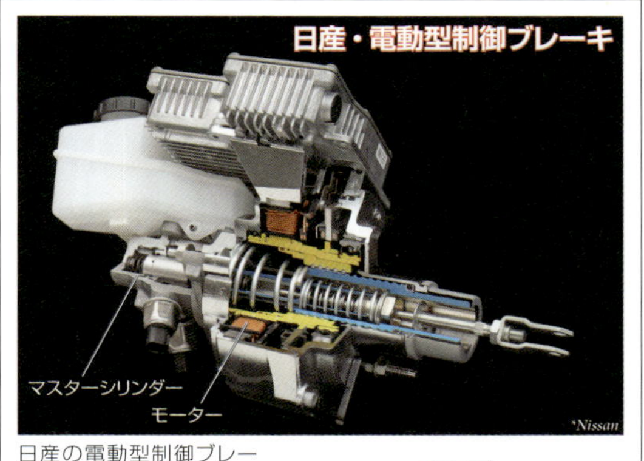

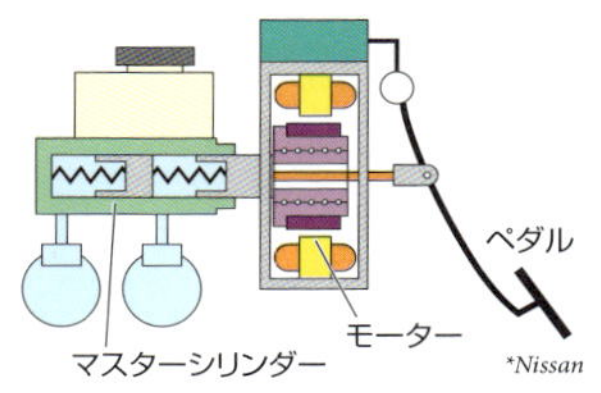

日産の電動型制御ブレーキは、ブレーキペダルとブレーキマスターシリンダーを切り離している。ペダルの動きはセンサーで検出される。ブレーキ本体へ送られる油圧は、マスターシリンダーをモーターで動作させることで発生される。

パーキングブレーキ

駐車中にクルマが動くと危険なので
軽い力で確実に制動できる電動化が進行中

▶油圧を使用せず機械式か電動でブレーキ本体を作動させる

パーキングブレーキ（**駐車ブレーキ**）には、前後どちらかの2輪だけで**制動**を行い、クルマの位置を保持する。ブレーキ本体を動作させる機構には機械式とモーターなどを利用する電動式がある。**ディスクブレーキ**より機械的に作動させやすく**制動力**も高いため、**機械式パーキングブレーキ**ではフットブレーキ用の**ドラムブレーキ**が共用されることが多い。フットブレーキがディスクブレーキの場合は、内部にパーキングブレーキ用のドラムブレーキを備えた**ドラムインディスクブレーキ**が採用されることもあるが、一部にはディスクブレーキをそのままパーキングブレーキに使用することもある。機械式パーキングブレーキの場合、油圧機構は使われず、テコやクランクによってブレーキ本体が作動し、スプリングの力で復帰できるようにされている。

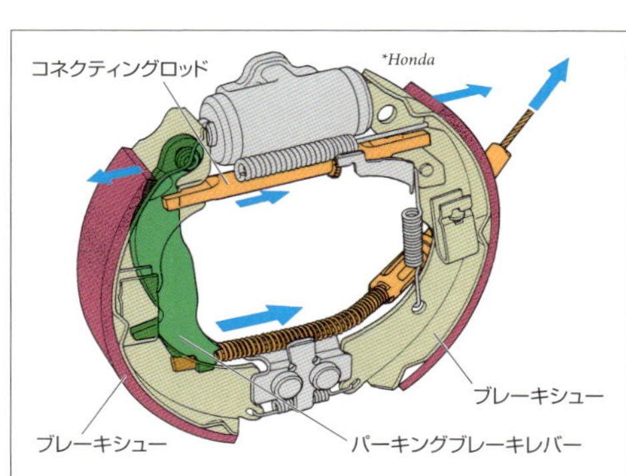

ワイヤーが引かれると、パーキングブレーキレバーのテコの作用で左側のシューが押しつけられ、反対側のシューはコネクティングロッドを介して押される。

機械式パーキングブレーキのブレーキ本体

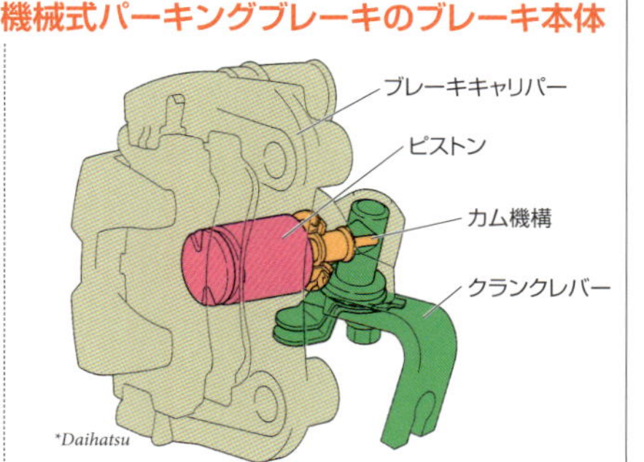

ワイヤーによってクランクレバーの端が引かれると、レバーが回転し、その回転がカムによって直線運動に変換されピストンを押す。

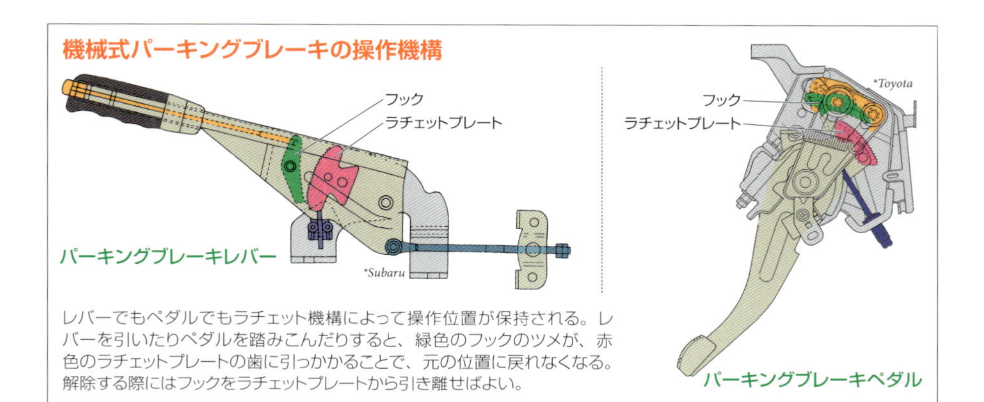

レバーでもペダルでもラチェット機構によって操作位置が保持される。レバーを引いたりペダルを踏みこんだりすると、緑色のフックのツメが、赤色のラチェットプレートの歯に引っかかることで、元の位置に戻れなくなる。解除する際にはフックをラチェットプレートから引き離せばよい。

機械式パーキングブレーキの操作機構には、手で操作する**パーキングブレーキレバー**と足で踏んで操作する**パーキングブレーキペダル**がある。ブレーキレバーやペダルを操作すると、**パーキングブレーキワイヤー**が引かれてブレーキ本体が作動する。操作した位置は**ラチェット機構**によって保持される。歯車のような歯を備えたラチェットプレートにフックのツメが引っかかることで位置が保持される。ブレーキを解除する際には、ボタンなどでフックを浮かせればスプリングの力でブレーキ本体は復帰する。

電動パーキングブレーキには2種類のタイプがある。1つは機械式パーキングブレーキの操作機構を電動化したもので、パーキングブレーキワイヤーをモーターなどの力で引くことでブレーキ本体を作動させる。もう1つは、ブレーキ本体にモーターなどを備えるもので、ディスクブレーキが使われることが多い。モーターの力によってブレーキキャリパーのピストンが移動してブレーキが作動する。こうしたタイプは、**ブレーキバイワイヤー**であるといえる。電動パーキングブレーキの場合、操作部はボタンなどになり、非力な人でも確実にパーキングブレーキを作動させることができる。

さまざまな構造のものがあるが、写真と図のシステムでは、モーターの回転を歯車で減速し、スクリュー機構を使ってピストンを動かしている。

車輪

走行に必要なすべての力を路面に伝達し同時に車重を支えながら衝撃もやわらげる

▶タイヤとホイールが一体になって車輪の役割を果たしている

クルマの**車輪**は**タイヤ**と**ホイール**で構成される。なお、日本でホイールと呼ばれる部分は英語では**ディスクホイール**もしくは**ホイールリム**という。英語でホイールといった場合は車輪全体をさす。車輪はクルマのなかで唯一路面と接している部分であり、タイヤと路面の摩擦によって**駆動力**や**制動力**、**コーナリングフォース**が発生する。こうした力の伝達ばかりでなく、車輪には車重を支える役割や、路面からの衝撃を緩和する役割もある。

現在のクルマには、**空気入りゴムタイヤ**が使われている。ゴムと空気の弾力によって**グリップ力**を確保しつつ衝撃を緩和し、同時に車重を支えている。ホイールは、このタイヤと回転軸を接続するためのものだ。全体がゴム製のタイヤに細いシャフトで回転を伝えようとすると、接続面の円周が短いため強いトルクがかかることになり、ゴムが変形して回転が伝えられなくなってしまう。そのため、金属製のホイールによって回転軸の直径を大きくして円周を長くし、トルクが確実に伝えられるようにしている。

スチールホイール

一般的なスチールホイール（左）では装飾のために樹脂製のホイールカバーが備えられる（隙間から見える黒い部分がホイール）が、現在ではデザインに配慮したスチールホイール（右）や装飾塗装されたものも登場してきている。

▶車輪はホイールベアリングに支えられることで滑らかに回転する

ホイールは**タイヤ**が取りつけられる**リム部**と、クルマへの取りつけを行う**ディスク部**で構成される。全体を一体で製造したものを**1ピースホイール**、リム部とディスク部を別々に製造して合体したものを**2ピースホイール**、さらにリム部を2分割構造にしたものを**3ピースホイール**という。鋼板(こうはん)で製造したものを**スチールホイール**といい、溶接(ようせつ)で組み立てる**2ピース構造**や**3ピース構造**のものが多い。いっぽう、軽量化のために軽合金で作られたホイールを**軽合金ホイール**という。大半の軽合金ホイールにはアルミニウム合金が使われていて、**アルミホイール**と呼ばれる。軽合金ホイールは**1ピース構造**のものが多いが、溶接やボルト締結(ていけつ)で合体する2ピース構造や3ピース構造のものもある。

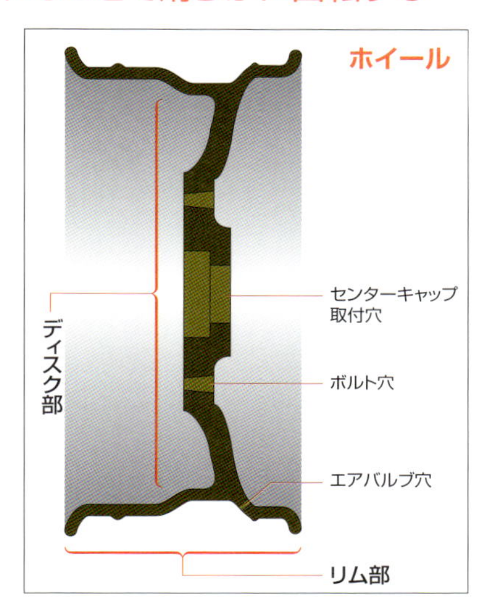

車輪は、クルマ側の**ホイールハブ**に備えられた4〜5本の**ホイールボルト**を、ホイールのボルト穴に通し、**ホイールナット**で締めつけて固定される。ホイールハブは車輪と一体になって回転する部分であり、**ホイールベアリング**という**軸受**(じくうけ)を介して**ホイールハブキャリア**に備えられる。ホイールハブキャリアはサスペンションによって支えられる。駆動輪(くどうりん)の場合は、ホイールハブに**ドライブシャフト**が接続されることになる。

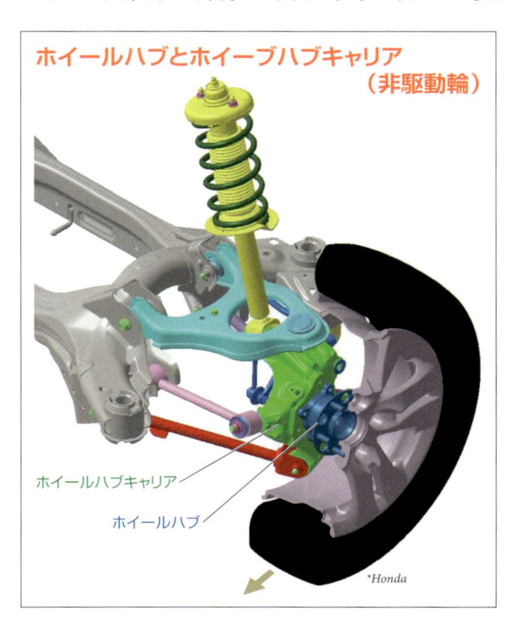

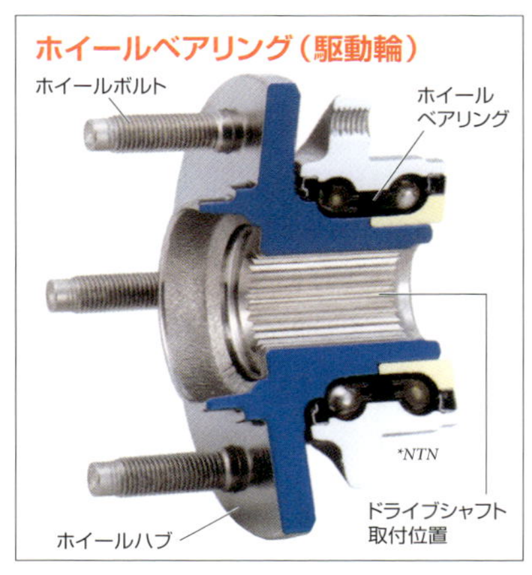

タイヤ

現在のクルマに使われているのは ラジアル構造のチューブレスタイヤ

▶全体がゴムだけではなく内部には骨格や補強材が収められている

タイヤは、路面に接して**グリップ力**を発揮する部分を**トレッド**、車重を支えながらクッション性を発揮する側面の部分を**サイドウォール**といい、両者をつなぐ部分を**ショルダー**、ホイールに接する部分を**ビード**という。タイヤは**タイヤコンパウンド**と呼ばれるゴム質で作られているが、それだけではタイヤとしての機能を果たせないため、骨格となる**カーカスコード**や、トレッドを補強する**ベルト**、ビードを補強する**ビードワイヤー**や**ビードフィラー**などの部材が使われている。実際の製造では、カーカスコードにさまざまな部材を配置したうえでゴム質でおおったうえで、加熱成型している。

カーカスコードは、ポリエステルやナイロンなどの繊維をゴムでくるんだものが何層にも重ねてある。繊維の方向がタイヤの回転中心から放射状になるように配置したタイヤを**ラジアルタイヤ**という。カーカスコードを補強するために、金属繊維やアラミド繊維で作られたベルトが配置される。ベルトが遠心力で浮き上がるのを防ぐために、さらに**オーバーレイヤー**という層で補強されることもある。カーカスコードの繊維の方向を斜めにして交互に重ねることでクッション性を高めた**バイアスタイヤ**もあるが、トレッドが変形しやすいという弱点がある。ラジアルタイヤはトレッドの変形が少ないため、操縦性や走行安定性、燃費に優れ、発熱も少なく摩耗しにくいなどのメリットがある。現在のクルマではサスペンションによって十分な乗り心地が確保できるため、ラジアルタイヤが主流だ。乗用車にバイアスタイヤが採用されることはほとんどない。

過去には、タイヤ内に浮き輪のようなチューブを入れて空気を保持する**チューブタイヤ**もあったが、現在はタイヤ全体で空気を保持する**チューブレスタイヤ**が一般的だ。ホイールの**リム部**も空気を保持することになる。走行中のタイヤは発熱するが、チューブレスタイヤはチューブを介さず内部の空気が直接ホイールに触れるため、放熱性が高い。ただし、空気中の酸素はタイヤに使われているゴム質を透過できるため、チューブレスタイヤではタイヤの内側に**インナーライナー**という空気を通しにくい層が備えられている。チューブレスタイヤの場合、ビードがホイールに密着することが重要になる。

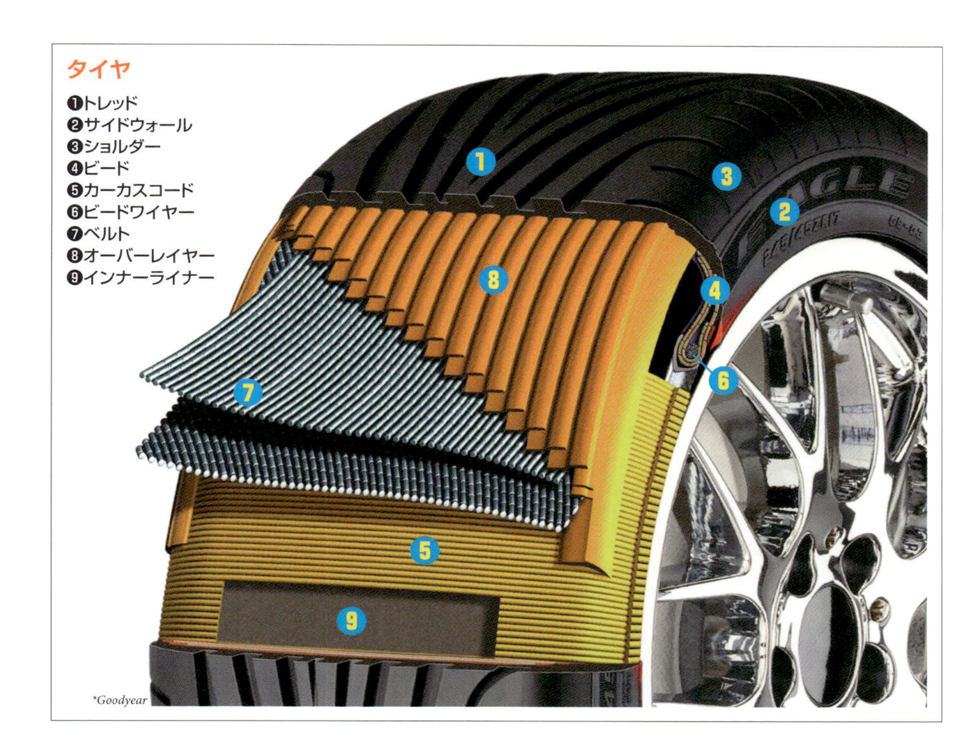

▶パンクに備えてパンク修理キットかランフラットタイヤが採用される

過去には**パンク**などのタイヤのトラブルに備えて、クルマには**スペアタイヤ**が搭載されていた。しかし、そのほとんどが使われることなく廃棄されるため、資源の無駄遣い（むだづか）になる。また、スペアタイヤは車内の空間を奪い、その重量で燃費を悪化させる。そのため、現在では**スペアタイヤレス仕様**（しよう）が一般的になり、**パンク修理キット**が搭載されていることが多い。また、たとえパンクしても、ある程度の距離が走行できる**ランフラットタイヤ**が採用されていることもある。ランフラットタイヤには、サイドウォールに強固なゴム層を入れてパンク時に車重を支える**サイド補強式ランフラットタイヤ**と、タイヤ内に収めた樹脂（じゅし）や金属の枠によってパンク時の車重を支える**中子式**（なかこしき）**ランフラットタイヤ**がある。ランフラットタイヤではドライバーがパンクに気づきにくくなるため、**タイヤ空気圧警報**（くうきあつけいほう）**システム**を併用することが基本とされる。

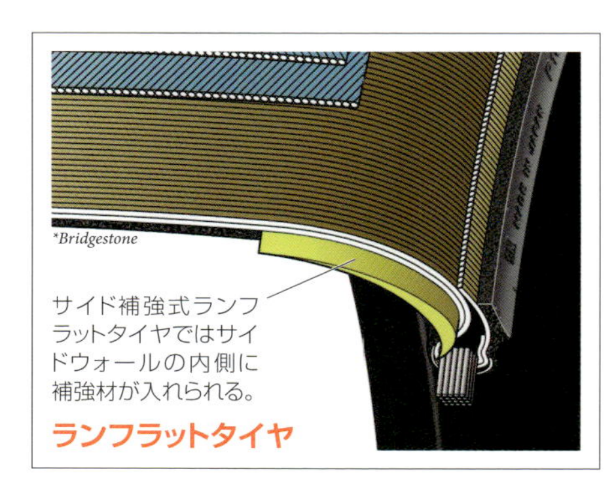

サイド補強式ランフラットタイヤではサイドウォールの内側に補強材が入れられる。

ランフラットタイヤ

偏平率、トレッドパターン、空気圧

タイヤの性能の影響を与える要素には さまざまなものがある

▶偏平率が低いほど走行性能を高めやすくなるが乗り心地が悪化する

タイヤの断面の高さと幅の比率を**偏平率**(へんぺいりつ)や**アスペクトレシオ**といい、パーセント（%）で示される。乗用車では偏平率70〜30%のタイヤが使用される。**トレッド**の断面は円弧(えんこ)を描いているが、偏平率が低くなるほど円弧の半径が大きくなり、直線に近づくため、タイヤの接触面積が増えて**グリップ力**が高まる。コーナリングなどでタイヤが横方向の力を受けると、**サイドウォール**がたわんでタイヤの断面形状が変化して接地面積が減り、たわむ際にクルマに不要な動きが発生するが、偏平率を低くするほどサイドウォールのたわみが減って走行性能が高まる。ただし、振動を吸収する能力が低下するため、乗り心地が悪くなる。

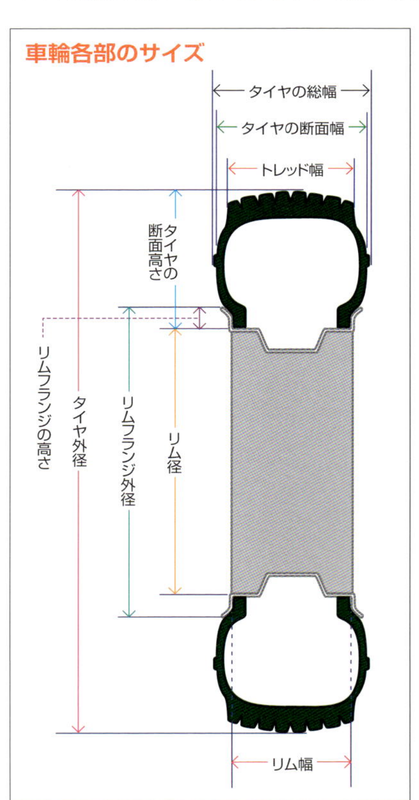

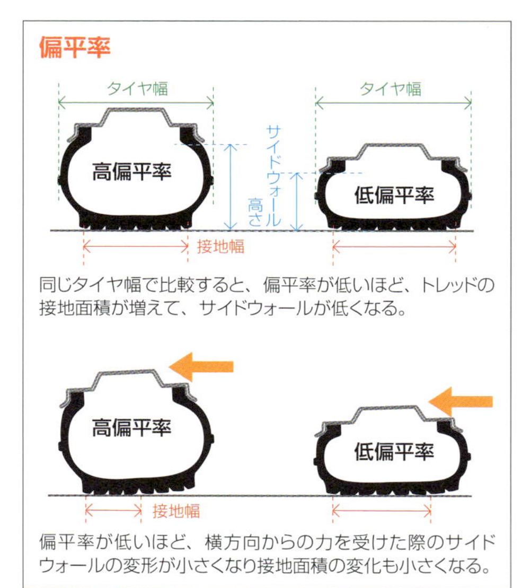

同じタイヤ幅で比較すると、偏平率が低いほど、トレッドの接地面積が増えて、サイドウォールが低くなる。

偏平率が低いほど、横方向からの力を受けた際のサイドウォールの変形が小さくなり接地面積の変化も小さくなる。

▶タイヤトレッドの溝は水を排出するために備えられている

濡れた路面を走行しても、車重のかかったタイヤが乗れば、路面との間の水は押し出されてしまいそうだが、車速が高くなると排水が間に合わなくなり、タイヤが水に乗った状態になる。これを**ハイドロプレーニング現象**といい、タイヤと路面との間に摩擦が発生しないため、ブレーキ操作にもハンドル操作にも反応しなくなる。そのため、タイヤのトレッドには排水のための溝が設けられている。この溝を**トレッド溝**や**グルーブ**といい、溝が描く模様を**トレッドパターン**という。トレッドパターンは、縦溝が中心の**リブ型**、横溝が中心の**ラグ型**、両者を合わせた**リブラグ型**、独立した多数の島で構成される**ブロック型**に大別される。乗用車用のタイヤは、リブ型が基本形だが、補助する多数の溝が加えられているため、ブロック型であるともいえる。トレッドパターンはタイヤの**グリップ力**にも影響を及ぼし、パターンによって**ロードノイズ**が変化する。トレッドの溝にはタイヤの放熱性(ほうねつせい)を高める効果もある。そのため、タイヤメーカーは求められる性能に応じて、さまざまなパターンを開発している。

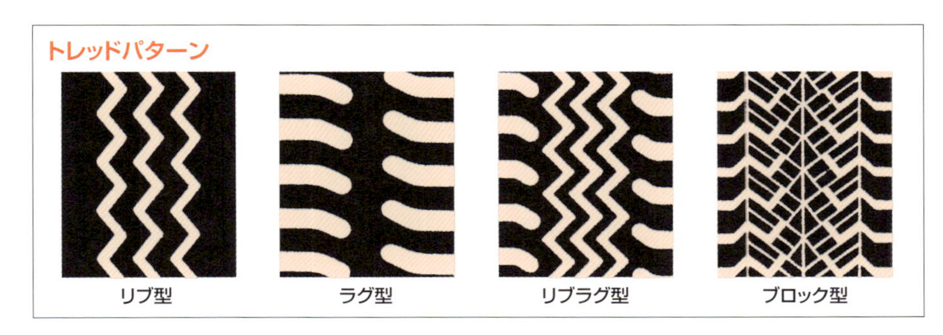

▶空気圧が低いと燃費が悪くなり危険な事態におちいることもある

タイヤは**空気圧**(くうきあつ)で形状を保持している。**タイヤ空気圧**が適正値より低いと、**トレッド**がたわみやすくなり、左右中央部分が浮き上がり接地面積が減って**グリップ力**が低下する。走行中の変形が大きくなるため**転がり抵抗**(ころがりていこう)が増し、発熱が大きくなる。最悪の場合、異常発熱によってタイヤがバーストすることもある。いっぽう、空気圧が適正値より高い場合、多少であればタイヤの変形を抑えて燃費を向上させる効果があるが、高すぎるとトレッドの左右中央部分だけが接地するようになり、やはり接地面積が減ってグリップ力が低下する。衝撃(しょうげき)や損傷にも弱くなる。

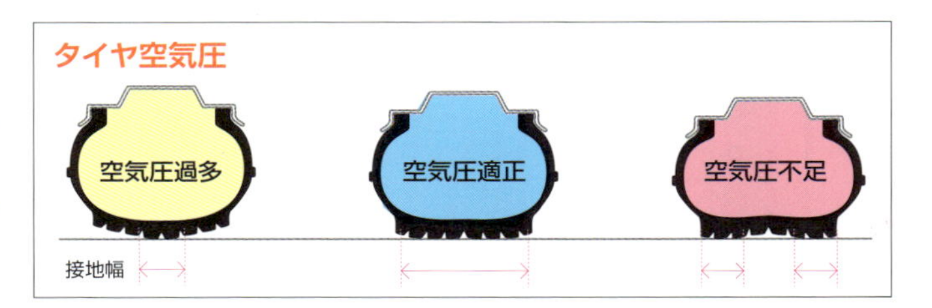

省燃費タイヤ

十分なグリップ力を確保しつつ
転がり抵抗を低減させて安全に省燃費を実現

▶タイヤに求められるさまざまな性能は両立が難しいものばかり

タイヤは全体が同じゴム質で作られているように見えるが、実際には部分部分で異なった性質の**タイヤコンパウンド**が使われている。路面に触れる**トレッド**には**グリップ力**や耐摩耗性を重視した**コンパウンド**、路面からの衝撃で伸びたり縮んだりを繰り返す**サイドウォール**には屈曲性が高く耐疲労性の高いコンパウンド、ホイールに密着する必要があるビードには強度の高いコンパウンドが使われる。もちろん、骨格になる**カーカスコード**やさまざまな補強用の部材も、タイヤのクッション性や変形しにくさなどに影響を与える。

タイヤに求められる性能にはグリップ力、乗り心地、燃費（または電費）、寿命、騒音などさまざまなものがある。タイヤのさまざまな性質は、硬いと柔らかいとかいう2種類の言葉だけで説明できるものではないが、ここではあえて単純化して説明してみると、たとえばスポーツ走行に適したタイヤは、グリップ力を高めるために柔らかめのゴムが必要だが、確実

低燃費タイヤ・ラベリング制度

日本では、日本自動車タイヤ協会（JATMA）が業界自主基準として低燃費タイヤのラベリング制度を行っている。転がり抵抗性能はAAA～Cの5段階、ウェットグリップ性能はa～dの4段階にグレーディングされる。転がり抵抗性能の等級がA以上で、ウエットグリップ性能の等級がa～dの範囲内のタイヤを低燃費タイヤとして定義している。

単位（N/kN）

等級	転がり抵抗係数（RRC）
AAA	RRC≦6.5
AA	6.6≦RRC≦7.7
A	7.8≦RRC≦9.0
B	9.1≦RRC≦10.5
C	10.6≦RRC≦12.0

↑低燃費

単位（%）

等級	ウェットグリップ性能（G）
a	155≦G
b	140≦G≦154
c	125≦G≦139
d	110≦G≦124

にグリップ力を発揮させるためにはタイヤ全体を硬くする必要がある。ゴムが柔らかいと変形しやすくなり燃費が悪く、寿命が短くなる。全体を硬くすると乗り心地も悪くなるといった具合だ。以上のように、タイヤに求められる性能はすべてを同時に高めることが非常に難しい。タイヤメーカーはさまざまな性能の向上を目指しているわけだが、なかでも現在大きな注目が集まっているのはやはり省燃費性だ。各社が**省燃費タイヤ**を開発している。**低燃費タイヤ**や**エコタイヤ**、**エコノミータイヤ**とも呼ばれるが、エコノミータイヤについては経済性優先の低価格タイヤをさすこともある。

タイヤの省燃費性は、**転がり抵抗**を低減することで高められる。路面に接した際のタイヤの変形によって転がり抵抗が生じるため、変形しにくいタイヤにすれば省燃費性が高まるが、一般的な傾向としては変形しにくくするとグリップ力が低下するため両立が難しい。現在ではこうした省燃費タイヤの普及を図るために**グレーディング制度**（**等級制度**）が行われている。等級はラベルで表示されるため、**ラベリング制度**と呼ばれることも多い。省燃費性能が高くても安全性が低いタイヤでは意味がないため、**転がり抵抗性能**だけでなく**ウェットグリップ性能**の等級分けも行われている。

自動車メーカーも省燃費を考慮して車輪を設定するようになっている。その顕著な例がBMWの電気自動車i3だ。大径・高内圧・狭幅の省燃費タイヤを採用している。タイヤの直径を大きくするほど転がる際の変形が少なくなるため転がり抵抗が低減される。**タイヤ空気圧**を高くすることでも変形が抑えられ、転がり抵抗が低減される。また、燃費に悪影響を与える**走行抵抗**には**空気抵抗**もあるが、タイヤの断面幅を小さくするとそれだけ空気抵抗が低減される。高い空気圧とタイヤ幅の狭さは排水性の向上の効果もあるため、ウェットグリップ性能が向上する。

大径・高内圧・狭幅の省燃費タイヤ

電気自動車BMW・i3の標準装着タイヤは、ブリヂストンのECOPIA EP500 ologicという省燃費タイヤ。サイズは155/70 R19。R19のホイールはさほど珍しいものではないが、偏平率70でR19なので大径であることがわかる。タイヤ幅155mmというのも、このサイズにしては狭幅だ。設定空気圧は320kPaで、一般的なタイヤに比べるとかなり高い。

サスペンション

タイヤの接地を確保して駆動力や制動力、コーナリングフォースが常に発揮できるようにする

▶動ける範囲を制限したうえでスプリングで車輪を支える

車輪と車体をつないでいるのが**サスペンション**だ。日本語では**懸架装置**(けんかそうち)という。サスペンションというと乗り心地が身近な問題だといえるが、もっとも重要な役割はタイヤを接地させることだ。走行による車両の姿勢の変化や路面の凹凸によってタイヤが路面から浮き上がってしまっては、**駆動力**(くどうりょく)や**制動力**(せいどうりょく)、**コーナリングフォース**が発生しなくなる。そのため、サスペンションによってどんな走行状況でも常にタイヤを接地させることを目指している。

サスペンションの基本になっているのは**スプリング**(**ばね**)だ。スプリングにはさまざまな構造のものがあるが、**コイルスプリング**が一般的に使われている。コイルスプリングは構造がシンプルで低コストながら各種性能のものを作ることができる。しかし、伸び縮みするだけでなくさまざまな方向にも曲がってしまう。そのため、**サスペンションアーム類**で車輪の動くことができる方向を定めている。また、コイルスプリングはいったん振動を始めてしまう

サスペンションの構成要素

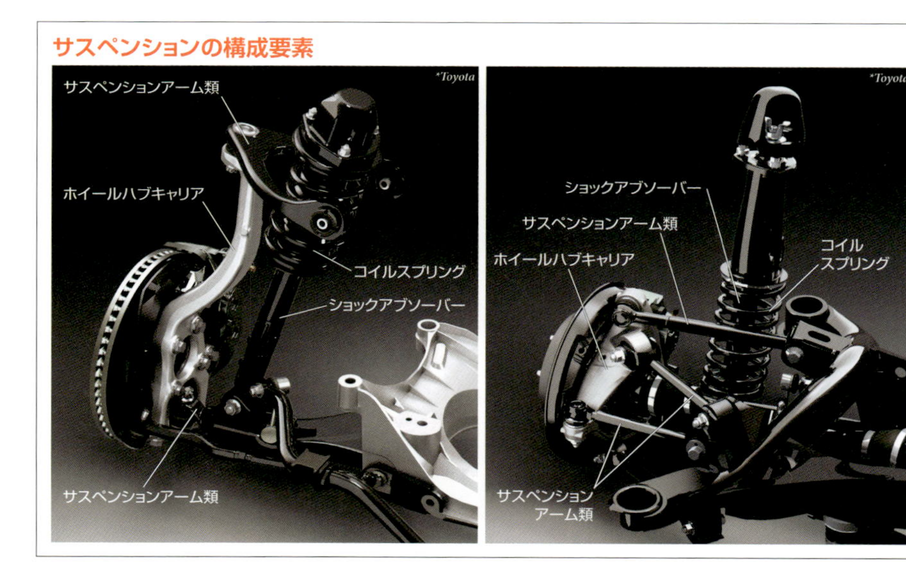

と、振動を続けてしまう性質がある。そのままでは乗り心地が悪い。それまでとは逆方向の力が急にクルマに加わったりすると、車両の挙動が乱れることもある。そのため、**ショックアブソーバー**でコイルスプリングの振動を吸収している。なお、厳密な決まりはないが、サスペンションアーム類のなかで、円弧を描くように首振りするものを**サスペンションアーム**、軸方向に力が作用するものを**サスペンションロッド**、上下左右さまざまな方向に首振りできるものを**サスペンションリンク**と呼ぶことが多い。

▶オイルが小さな穴を通過する際の抵抗でスプリングの振動を吸収

ショックアブソーバーは**ダンパー**とも呼ばれ、粘性の高いオイルのような液体が細い穴を通過する際に発生する抵抗で加えられた力を吸収する。こうした力を**減衰力**といい、吸収された**運動エネルギー**は**熱エネルギー**に変換される。

ショックアブソーバーにはさまざまな構造のものがあるが、基本となっているのはオイルで満たされた円筒形のシリンダーと、**オリフィス**と呼ばれる小さな穴があいたピストンだ。ピストンには外部からの力を伝えるピストンロッドが備えられている。コイルスプリングが縮められる際にはピストンロッドが押され、伸びる際にはピストンロッドが引かれるようにショックアブソーバーは配置されている。ピストンが移動する際には、オイルがオリフィスを通って移動することになるが、穴が小さいためスムーズには通過できず、スプリングが縮んだり伸びたりしようとする力を吸収することになる。

実際に使われるショックアブソーバーでは、複数のオリフィスを配置したり、バルブを加えたりすることで、**縮み行程**と**伸び行程**で発揮される減衰力がかえられている。また、動きの速さや大きさによって減衰力が変化するショックアブソーバーもある。さらには、減衰力の大きさを切り替えることができる**減衰力可変式ショックアブソーバー**もある。

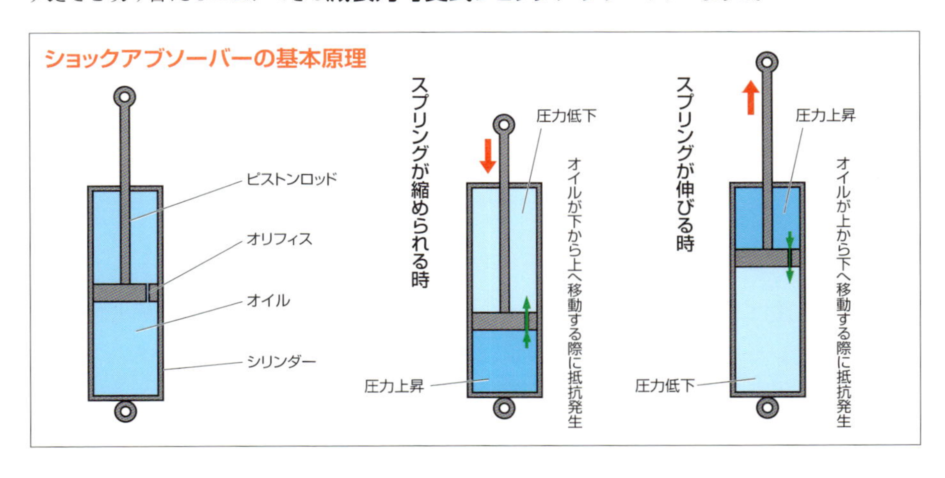

サスペンション形式Ⅰ

車輪の回転軸を支える車軸の構造によってサスペンションを分類することができる

▶左右輪が独立して動く車軸と左右輪が連動して動く車軸がある

サスペンションの形式は、左右輪の**車軸**を独立させた**独立懸架式サスペンション**と左右輪を連結する車軸をまとめて支える**車軸懸架式サスペンション**に大別できる。車軸は**アクスル**ともいい、車輪の回転軸のことだ。**ドライブシャフト**と混同されやすいが、非駆動輪にも存在する。左右輪の車軸が独立した構造を**ディバイデッドアクスル**や**インディペンデントアクスル**ともいうため、独立懸架式を**ディバイデッドアクスル式サスペンション**や**インディペンデントアクスル式サスペンション**ともいう。いっぽう、左右輪の回転軸を支える部分が連結された車軸を**リジッドアクスル**というため、車軸懸架式を**リジッドアクスル式サスペンション**ともいう。この場合、連結部分は回転軸である必要はない。

車軸懸架式の場合、左右どちらかの車輪が動くと、必ず反対側の車輪に影響が出る。独立懸架式の場合、左右輪の動きが完全に独立しているため、こうした影響がなく、サスペンションの性能を高めやすい。しかし、車軸懸架式は構造が簡単でコストも抑えられるため、駆動力を伝えることがなく操舵にも使われないFF車の後輪に使われることが多い。

独立懸架式と車軸懸架式

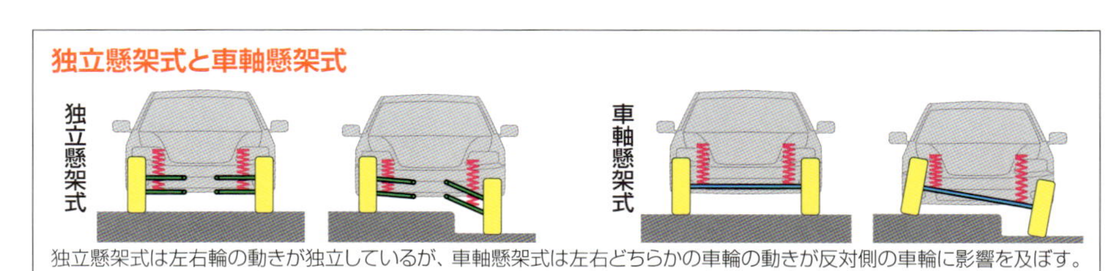

独立懸架式は左右輪の動きが独立しているが、車軸懸架式は左右どちらかの車輪の動きが反対側の車輪に影響を及ぼす。

▶車軸のねじれを利用してロールを抑えるサスペンション

車軸懸架式サスペンションでは、**トーションビーム式サスペンション**が採用されることが多い。**トレーリングツイストビーム式サスペンション**とも呼ばれ、車軸の両端に進行方向に沿って**トレーリングアーム**と呼ばれるアームが備えられ、車軸が上下に動けるようにされ、**コイルスプリング**と**ショックアブソーバー**が上下方向の力を受け止めている。

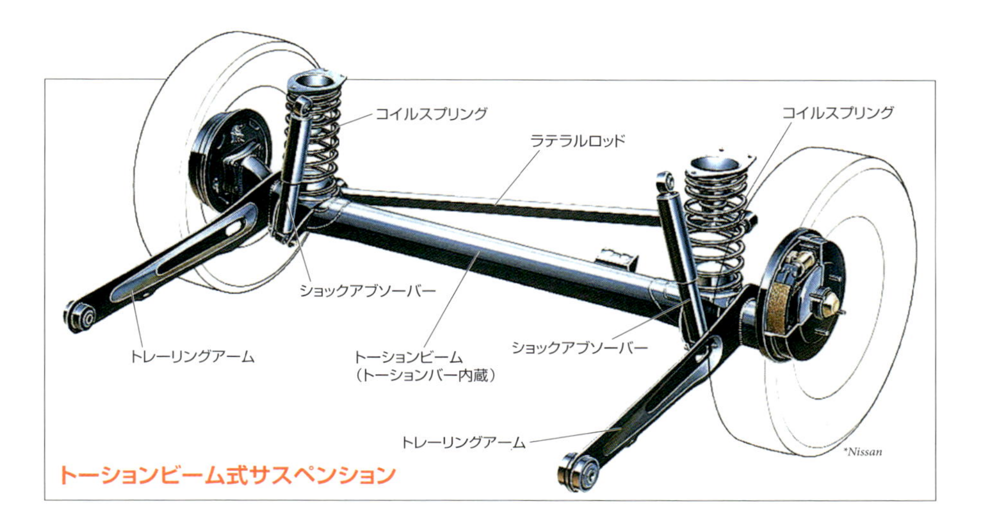

さらに、横方向の力に対抗するために車軸の一端と左右反対側の車体が**ラテラルロッド**でつながれる。車軸である**トーションビーム**のなかには**トーションバー**という棒状のスプリングが備えられ、左右輪が逆方向に動くことを抑えて、車体の過度なロールを防いでいる。構造がシンプルで車内空間を奪いにくいため、コンパクトなクルマに採用されることが多い。

▶進行方向に伸ばされたアームで車軸を支えるサスペンション

トレーリングアーム式サスペンションは**独立懸架式**に分類されるもので、首振りの回転軸が車軸と平行な**トレーリングアーム**で車軸を支えて、車輪が上下に動けるようにし、**コイルスプリング**と**ショックアブソーバー**が上下方向の力を受け止めている。車輪が上下動しても路面に対して垂直な状態を保ちやすいが、ピッチングしやすく、横方向の力に弱いといった弱点がある。アームの回転軸が進行方向に直交する**フルトレーリングアーム式サスペンション**が基本形だが、回転軸を少し斜めにすることで横方向の力に対抗しやすくした**セミトレーリングアーム式サスペンション**もある。トレーリングアーム式は他の独立懸架式に比べるとデメリットが多いため、現在ではほとんど採用されることがない。

サスペンション形式 II

アーム類の数が多いほど車輪の動きを高度に制御することができる

▶１本のアームで上下に動く車輪をストラットで車体とつなぐ

マクファーソンストラット式サスペンションは、単に**ストラット式サスペンション**と呼ばれることが多い**独立懸架式**(どくりつけんかしき)**サスペンション**だ。首振りの回転軸がクルマの前後方向に平行な**ロアアーム**で**車軸**(しゃじく)を支えて、車輪が上下に動けるようにしている。**コイルスプリング**と**ショックアブソーバー**は同軸上に一体化されていて、**ストラット**と呼ばれる。このストラットが車軸と車体をつないでいる。横方向の力はロアアームとストラットが受け、前後方向の力はアームの回転軸が受ける。車輪が上下動すると、内側や外側に車輪が傾くが、アームやストラットの長さで傾きは抑制できる。構造がシンプルであるため、前輪への採用が多いが、後輪に採用されることもある。

▶上下２本のアームで上下に動く車輪をストラットで車体とつなぐ

ダブルウィッシュボーン式サスペンションは、首振りの回転軸がクルマの前後方向に平行な**アッパーアーム**と**ロアアーム**を上下に配して**車軸**を支え、車輪が上下に動けるようにした**独立懸架式サスペンション**だ。車軸と車体は**コイルスプリング**と**ショックアブソーバー**を一体化した**ストラット**でつないでいる。アームが２本あるため、ストラット式より前後方向や横方向の力に対抗しやすい。上下２本のアームの長さや取りつけ位置をかえることで、車輪の動きをさまざまに設定することができ、設計の自由度が高い。最近では、**ホイールハブキャリア**を上方にアーム状に伸ばしてアッパーアームとの接続点を設けた**ハイマウントタイプ**が採用されることも多い。

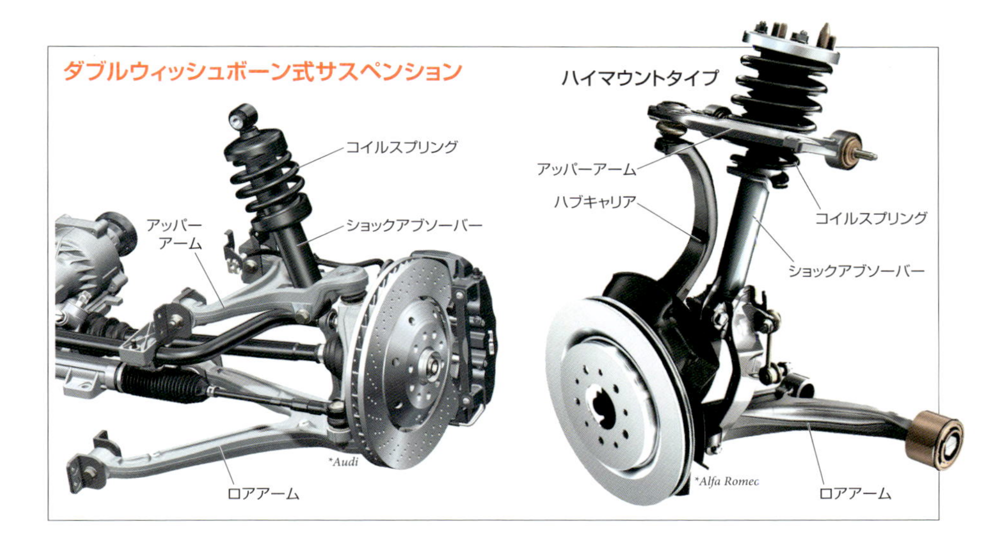

▶複数のリンクを使って車輪の動きを複雑なものにしている

マルチリンク式サスペンションにはアーム配置などに特定の構造があるわけではない。多数のリンクを用いて、車輪の動きをこれまでとは異なった複雑なものにすることで、性能を高めたサスペンションの総称だといえる。**ダブルウィッシュボーン式**や**ストラット式**がベースにされていることが多く、これらのアームを複数のリンクに分割したり、特定の動きを規制するリンクを加えたりしている。たとえば、ストラット式のロアアームを２本のリンクにすれば、単なる首振りとは異なる動きをさせることが可能になる。

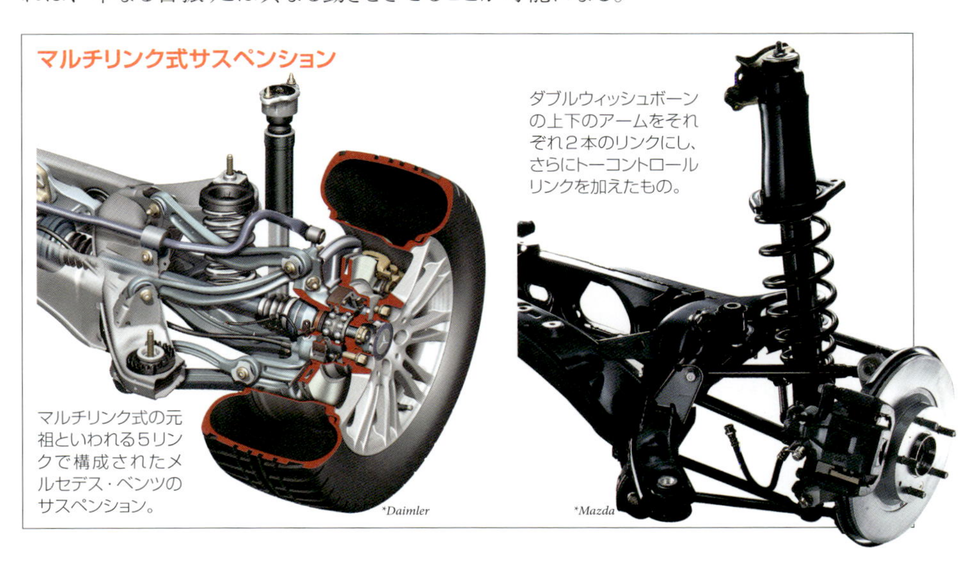

ダブルウィッシュボーンの上下のアームをそれぞれ２本のリンクにし、さらにトーコントロールリンクを加えたもの。

マルチリンク式の元祖といわれる５リンクで構成されたメルセデス・ベンツのサスペンション。

電子制御サスペンション

可変システムを採用することで走行性能や快適性を高めることができる

▶減衰力可変式ショックアブソーバーかエアスプリングを制御する

サスペンションにも電子制御による可変システムが採用されるようになっている。こうした**電子制御サスペンション**は、クルマの加減速や傾き、車高などをセンサーで感知して制御を行う。**減衰力可変式ショックアブソーバー**を利用したものや**エアスプリング**を利用したものがあるが、省燃費と安全対策が重視される現状では採用する車種は数少ない。

通常のサスペンションのショックアブソーバーを、瞬時に切り替えられる減衰力可変式のものにすれば電子制御が可能になる。基本となるサスペンションの性能を十分に高めたうえで、対応が難しい領域を減衰力の可変で対応することになる。スポーツタイプのクルマで採用されることが多い。

空気圧を利用するスプリングをエアスプリングといい、大きな力に対しては硬いスプリングとして反応し、小さな力に対しては柔らかいスプリングとして反応する。空気圧を調整すればスプリングの能力が変化し、車高をかえることも可能だ。サスペンションのスプリングには最適で電子制御も行いやすいが、コストが高い。そのため、**電子制御エアサスペンション**はおもにラグジュアリー指向の高級車に採用されている。

電子制御エアサスペンション

通常のストラットのコイルスプリングの位置にエアスプリングが配置される。ショックアブソーバーは併用されるのが一般的だ。減衰力可変式が使われることもある。

第7章

ボディと安全装置

省燃費などの環境対策とともに
メーカーが力を入れているのが安全対策だ。
次々に新しい安全技術が開発されている。
事故は未然に防がれ被害は最小限に抑えられる。

安全装置

ベーシックな安全対策から先進安全装置まで 現在のクルマは安全を目指して進んでいる

▶快適装備も安全運転に貢献していることが多い

クルマには走る、止まる、曲がるといった走行に不可欠な装置以外にも各種の装置が搭載されている。これらは安全装置か快適装置に分類されるものがほとんどだ。いうまでもなく安全装置である**シートベルト**や**エアバッグ**はもちろん、夜間の視界を確保する**ヘッドランプ**や、雨天の視界を確保する**ワイパー**、後方などの視野を広げる**ミラー**類なども安全装置だといえる。最近では**死角**をなくすために各種の**モニターシステム**が搭載されることも多い。ウインドウや内装といった装置とは呼びにくいものにも安全対策は施されている。クルマのさまざまな装置を搭載し、乗員や荷物のためのスペースを作り出す**ボディ**そのものも、今やもっとも重要な安全装置の1つだ。

また、快適装置といわれるものであっても安全運転に貢献していることが多い。快適装置の代表ともいえる**エアコン**だが、かじかんだ身体で運転したり暑さに耐えながら運転したりするより、快適な状態で運転するほうが集中力が高まり、安全に運転できる。**カーナビゲーション**（**カーナビ**）にしても、音声ガイドであれば地図などに視線を移す必要がなくなり、運転に集中できるし、前方での右左折がわかっていれば、慌てて車線変更を行うことがなくなり安全に運転できる。さらに、走る、止まる、曲がるといった走行に必要な装置でも安全性の向上が目指されている。つまり、現在のクルマは安全対策のかたまりだといえる。

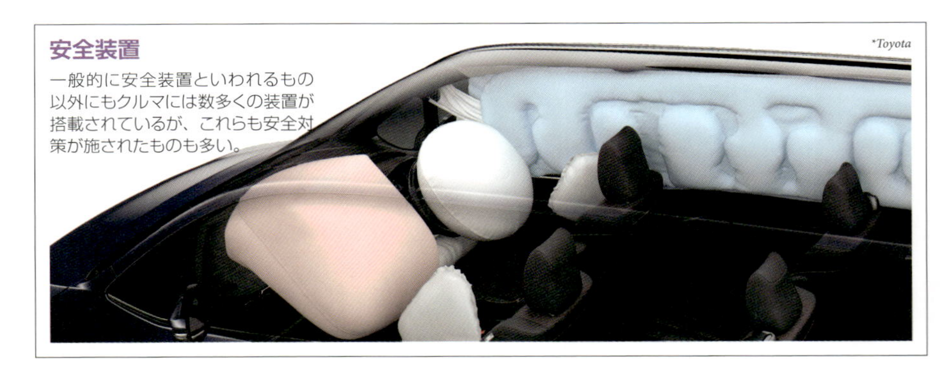

安全装置
一般的に安全装置といわれるもの以外にもクルマには数多くの装置が搭載されているが、これらも安全対策が施されたものも多い。

▶衝突時の安全を確保する安全対策と事故を未然に防ぐ安全対策がある

クルマの**安全対策**は**パッシブセーフティ**と**アクティブセーフティ**に大別される。パッシブセーフティは**衝突安全**ともいい、事故が起こった際に乗員の安全を確保する対策だ。**シートベルト**や**エアバッグ**が代表的なもので、クルマのボディ全体も衝突安全対策が施されている。いっぽう、アクティブセーフティは**予防安全**ともいい、事故を未然に防ぐ対策だ。すでに一般的になっているものには、**ABS**や**横滑り防止装置**といったものがある。注目度の高い安全装置である**自動ブレーキ**は、パッシブセーフティとアクティブセーフティの中間的な存在だといえる。自動ブレーキの作動によってクルマが停止し事故が防がれたのであればアクティブセーフティであり、たとえ衝突してしまってもそれまでに速度が低下していれば被害を軽減することができるのでパッシブセーフティだ。

アクティブセーフティの分野では、技術の進歩によって次々に新しい安全装置が開発されている。自動車メーカー独自の研究はもちろん、国を挙げて自動車の安全対策に取り組んでいる。先進技術を利用して安全運転を支援するシステムを搭載したクルマを**先進安全自動車**と呼び、**高度道路交通システム（ITS）**の一分野として、関係省庁、自動車メーカー、大学が連携して1991年から研究開発が進められている。そこから誕生してきたものを**先進安全装置**ということが多い。自動ブレーキをはじめ**追従機能付クルーズコントロール**や**ハイビームサポート**なども、こうした研究開発の成果だ。

自動ブレーキはアクティブセーフティとパッシブセーフティの中間的な存在。

自動車アセスメント

実車を試験して安全性を評価することで
安全なクルマの普及促進が図られている

▶数々の衝突試験によって乗員の安全が確認される

現在では、クルマの安全性を高めるために、**自動車アセスメント**が世界各地で行われている。自動車アセスメントとは、実車を使用した**衝突試験**(しょうとつしけん)などの結果を計測することで個々の車種ごとに**衝突安全性**(しょうとつあんぜんせい)を評価するものだ。日本では国土交通省が実施していて（実施機関は**自動車事故対策機構**）、**JNCAP**と呼ばれる。当初は**前面衝突試験**(ぜんめんしょうとつしけん)だけだっ

衝突試験

*Daihatsu

フルラップ前面衝突試験

オフセット前面衝突試験

側面衝突試験

後面衝突試験

フルラップ前面衝突試験は55km/hでコンクリート製のバリアに前面のすべてを正面衝突させるもの、オフセット前面衝突試験は64km/hでアルミハニカムに運転席側の一部（オーバーラップ率40%）を前面衝突させるもの、側面衝突試験は1300kgの台車を55km/hで運転席側に衝突させるもの、後面衝突頚部保護性能試験は同一重量のクルマが停車中のクルマに約36.4km/hで衝突した際の衝撃を再現したもの。写真は自動車メーカーで実施されたもの。

たが、衝突試験の内容が増え、その他の安全性の評価も行われている。

日本で現在行われている衝突試験は、**フルラップ前面衝突試験**、**オフセット前面衝突試験**、**側面衝突試験**、**後面衝突頚部保護性能試験**の4種類だ。その結果が**乗員保護性能評価**として公表される。また、**歩行者保護性能評価**のために**歩行者頭部保護性能試験**と**歩行者脚部保護性能試験**も行われる。さらには**ブレーキ性能試験**や**後席シートベルト使用性評価試験**の結果も公表される。自動車アセスメントによる性能評価はすべての車種で行われているわけではないが、同様もしくはそれ以上に過酷な衝突試験などを自動車メーカーも独自に行ってクルマの安全性を高めている。

なお、海外では**スモールオフセット前面衝突試験**も始まっている。オフセット前面衝突試験とは、対向車線のクルマとの前面衝突を想定したもので、クルマの前面の一部分を衝突させる。現在のオフセット前面衝突試験では前面の40%程度を衝突させるが、スモールオフセット前面衝突試験は20～30%程度になるため、従来以上に厳しい試験になる。

▶安全性の評価はアクティブセーフティにも広がっている

自動車アセスメントは**パッシブセーフティ**を評価するものが中心だったが、現在では**アクティブセーフティ**にも対象を広げ、**JNCAP**では**予防安全性能アセスメント**も行っている。**先進安全装置**を対象にしたもので、**被害軽減ブレーキ**、**車線逸脱抑制**、**後方視界情報**、**高機能前照灯**、**ペダル踏み間違い時加速抑制**の各機能を評価し、その点数に応じて**ASV＋**、**ASV＋＋**、**ASV＋＋＋**の認証が与えられる。

JNCAPではほかにも**チャイルドシートアセスメント**も行っている。**前面衝突試験**と**使用性評価試験**を行い、その結果を**チャイルドシート**の安全性能として公表している。

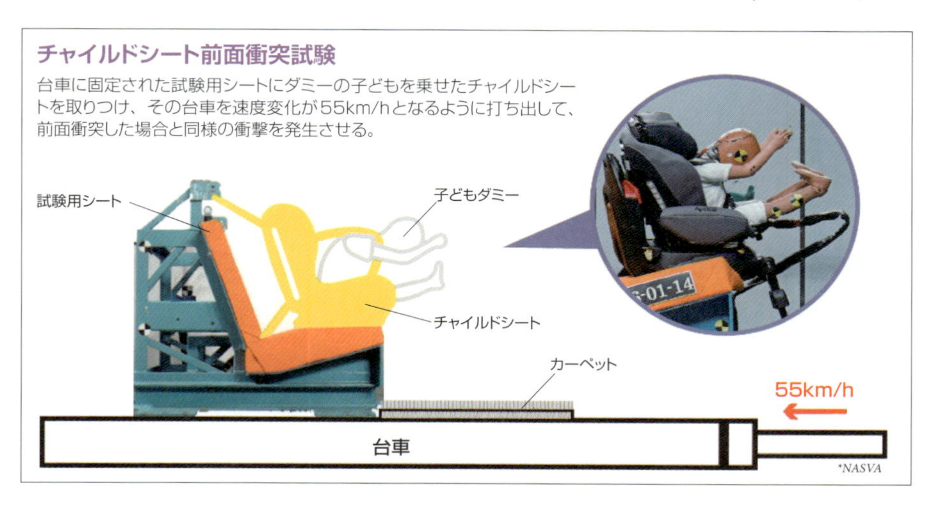

チャイルドシート前面衝突試験

台車に固定された試験用シートにダミーの子どもを乗せたチャイルドシートを取りつけ、その台車を速度変化が55km/hとなるように打ち出して、前面衝突した場合と同様の衝撃を発生させる。

ボディ構造

モノコックボディが主流だが
スペースフレーム構造で軽量化を図ることもある

▶フレームを使うボディ構造とフレームを使わないボディ構造がある

クルマの**ボディ構造**には**フレーム**を使うものと使わないものがある。現在の主流はフレームを使わない**モノコック構造**で、**フレームレス構造**とも呼ばれる。こうした構造を採用したボディを**モノコックボディ**という。外部からの力を全体で受け、モノコックボディそのものでクルマの装置類も支える。モノコックは日本語では**応力外皮**という。1枚の鋼板では強度を作り出すことができないが、折り曲げたり箱状にすると、全体として強度を高めることができ、ボディを軽量化することもできる。モノコックだけでは十分な強度を作り出せない場合にはサスペンションなどを補助的な骨格となる**サブフレーム**を介して取りつけることもある。

フレーム構造にはフレームとボディが独立したものと、ボディ全体にフレームが存在するものがある。フレームが独立したものを**セパレートフレーム構造**といい、単にフレーム構造と呼ばれることが多い。もっとも古くから使われている構造で、外部からの力を受け止める強固なフレームの上に、別に作ったボディを乗せて製造される。フレームにははしご形の**ラダーフレーム**がおもに使われている。乗用車ではオフロード走行を重視するSUVで採用されることがあるが、乗員を保護するためにボディにはモノコック構造が採用される。

モノコック構造

もう1つのフレーム構造が**スペースフレーム構造**で、**マルチチューブラーフレーム構造**や**スケルトンフレーム構造**、**バードケージ構造**、**パイプフレーム構造**などとも呼ばれる。セパレートフレームはボディを下から支えるが、スペースフレーム構造の場合、フレームによってボディの形状の骨格を作り、そこに**外板**を張りつけて製造する。外部からの力や装置類の重量はフレームで受け止めている。モノコックボディを超える強度や剛性が得られる。以前は大量生産に適していなかったが、技術の進歩によって生産が可能になり、軽量化のために外板にアルミ合金や樹脂類を使うクルマで採用されている。

セパレートフレーム構造

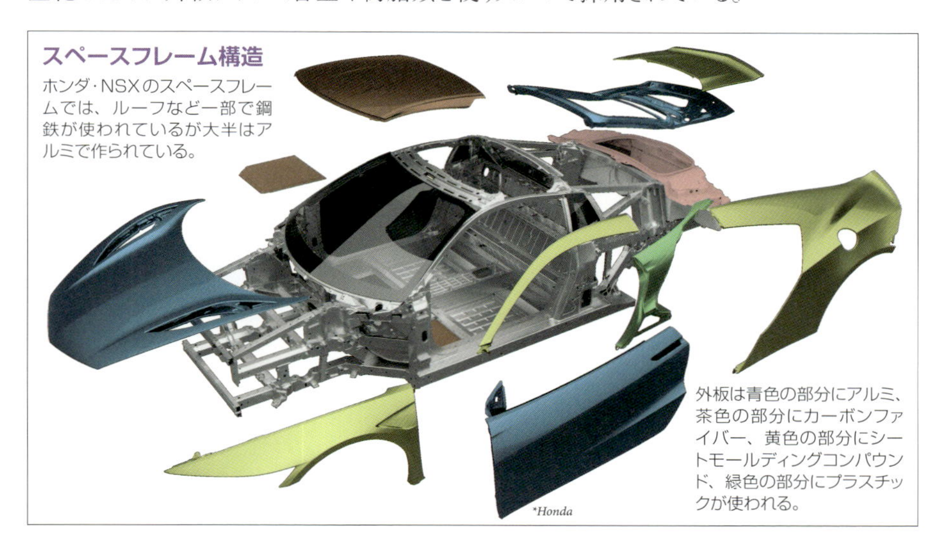

スペースフレーム構造

ホンダ・NSXのスペースフレームでは、ルーフなど一部で鋼鉄が使われているが大半はアルミで作られている。

外板は青色の部分にアルミ、茶色の部分にカーボンファイバー、黄色の部分にシートモールディングコンパウンド、緑色の部分にプラスチックが使われる。

▶クラッシャブルゾーンが変形することでセーフティゾーンが守られる

昔のクルマはボディを強固にすることで事故に耐えられるようにしていたが、それではクルマが重くなり効率が悪くなる。そのため、現在のクルマは事故で衝撃を受けた際に変形することで衝撃のエネルギーを吸収している。しかし、ボディ全体が変形したのでは、乗員を守れないため、事故の際につぶれて衝撃を吸収する**クラッシャブルゾーン**と、変形せずに乗員を守る空間である**セーフティゾーン**で構成されている。こうしたボディを**衝突安全ボディ**と呼んでいる。通常、エンジンルームはクラッシャブルゾーンになるが、つぶれた際にエンジンなどの重量物がセーフティゾーンに押しこまれないようにも配慮されている。

エアロダイナミクス

走行抵抗である空気抵抗を小さくすれば燃費や電費をよくすることができる

▶すべてのクルマが空気抵抗の低減を目指してデザインされている

走行抵抗（そうこうていこう）である**空気抵抗**（くうきていこう）を小さくすればクルマの燃費（または電費）をよくできる。そのため、現在のクルマでは**エアロダイナミクス**が重視される。エアロダイナミクスは日本語では**空気力学**（くうきりきがく）（**空力**（くうりき））といい、空気の流れ方やそれによって発生する力の作用を扱う学問のことだ。空気抵抗は速度の2乗に比例するので、昔はスポーツタイプのクルマでのみエアロダイナミクスが重視されたが、現在では省燃費（しょうねんぴ）のためにすべてのクルマで重視されている。コンピュータ解析はもちろん、**風洞実験**（ふうどうじっけん）などを通じて空気抵抗が小さなクルマが目指されている。

クルマ全体のデザインで空気抵抗を低減するばかりでなく、小さな部品でも空的抵抗の低減が図られている。代表的なものが**ボルテックスジェネレーター**だ。**エアロスタビライジングフィン**や**空力フィン**とも呼ばれるもので、小さな突起で空気の流れを制御することで空気抵抗を低減している。

ボルテックスジェネレーター

小さなパーツだが空力の効果は高い。

風洞実験

▶クルマを浮き上がらせる揚力と路面に押しつけるダウンフォース

空気の流れ方によっては、ボディを浮き上がらせようとする**揚力**という力が発生することがある。特にボディの下で発生しやすい。揚力が生じるとタイヤを路面に押しつける力が小さくなり、駆動力などが十分に路面に伝えられなくなり、クルマの挙動が不安定になる。そのため、**アンダーカバー**などで下回りの空気の流れを制御し、揚力の発生が防がれている。

いっぽう、走行性能を高めるために積極的に空力を利用して得るのが**ダウンフォース**だ。タイヤを路面に押しつける力を大きくすることで駆動力などを高めることができる。F1などのレースカーに使われる**ウイング**が代表的なものだが、クルマの床下を流れる空気を制御することでもダウンフォースが得られる。ただし、ダウンフォースを得ると燃費は悪くなる。

下回りの空気の流れの解析

▶エアロパーツに省燃費効果はあまり期待できない

現在のクルマはエアロダイナミクスが十分に考慮された**空力ボディ**（**エアロボディ**）と呼べるものだが、さらに効果を高めるために**エアロパーツ**（**空力パーツ**）が加えられることもある。こうしたエアロパーツは空力性能の向上を目指したものだが、重量増にもなるので省燃費の効果が高いとはいえない。どちらかといえば走行性能の向上を目指したものだ。スポーツタイプのクルマに用意されていることが多い。ただし、エアロパーツのなかには見た目重視のドレスアップパーツとして作られているものもある。

エアロパーツ
スポーツタイプのクルマに用意された本格的なエアロパーツ。上段左からフロントアンダースポイラー、スカートリップ、リヤサイドアンダースポイラー、下段左からサイドアンダースポイラー、リヤアンダースポイラー。

ウインドウ

ドライバーは運転に必要な情報を
おもに視覚から得ている

▶ウインドウの大きさや位置などに配慮してクルマは設計される

ドライバーは運転に必要な情報をおもに視覚から得ている。ミラーやモニターもあるが、基本となるのは**ウインドウ**を通しての視界だ。そのため、視界に配慮してクルマの設計が行われる。フロントピラー周辺は特に安全性に配慮される。交差点で右折を待っている時は、対向車の接近だけでなく、曲がりこんでいく先の横断歩道の状況を知る必要があるが、フロントピラーやドアミラーの位置によっては右斜め前方が見にくいこともある。左側が見にくい場合は、左折時に巻きこみ事故を起こしやすくなる。そのため**フロントクォーターウインドウ**や**デルタウインドウ**が設けられることがある。ドアミラーの位置も十分に検討される。

なお、ウインドウには安全対策も施されている。ウインドウに一般的なガラスを使用すると、事故の際に割れて鋭利な破片になるので危険だ。そのため、クルマのウインドウガラスには**強化ガラス**か**合わせガラス**が使われている。強化ガラスは熱処理されたもので、割れると細かな破片になるため大きな怪我をしにくい。しかし、衝撃を受けると無数のヒビが入って視界が悪くなるため、**フロントウインドウ**には使われない。合わせガラスは2枚のガラスの間に樹脂製のフィルムを挟んだもので、強化ガラスよりコストが高い。しかし、衝撃を受けても破片があまり飛び散らないうえ、視界もある程度は確保されるため、フロントウインドウに採用されるが、その他のウインドウにも使用している車種もある。

フロントピラー周辺のウインドウ

*Toyota

*Daihatsu

強化ガラスと合わせガラス

*AGC

強化ガラス

合わせガラス

▶ウインドウの視界はさまざまな装置によって守られている

雨中走行でウインドウの視界を確保してくれるのが**ワイパー**だ。ゴム製の**ワイパーブレード**で水滴を拭き払って視界を確保する。モーターの回転をカム機構とリンク機構でアームに伝えて**ワイパーアーム**を首振りさせるものが多い。速度調整できるものが一般的で、一定間隔ごとに作動する**間欠ワイパー**を備えるクルマも多い。間欠時間が調整できる**時間調整式間欠ワイパー**や、車速に応じて間隔が変化する**車速感応式間欠ワイパー**もある。雨が降り始めると自動的に作動する**雨滴感知式オートワイパー**もある。

ワイパーはルームミラーを通しての視界を確保するためにリヤウインドウに備えられることもあり、**リヤワイパー**と呼ばれる。フロントワイパー使用中にセレクトレバーをバックにすると、自動的にリヤワイパーが数回作動する**リバース連動リヤワイパー**といったものもある。

ウインドウの汚れを取り除くためにワイパーと併用されるのが**ウインドウウォッシャー**だ。タンクに蓄えられた洗浄液をモーターで動作するポンプの力で送り、**ウォッシャーノズル**から噴射させる。**ウォッシャー**を作動させると連動してワイパーが数回動作するようにされている。リヤワイパーを備えるクルマでは**リヤウォッシャー**も備えられることがある。

寒い時期や湿度の高い時期には、ウインドウが曇って視界が得られなくなることがある。こうした曇りを取り除くのが**デフロスター**と**デフォッガー**だ。デフロスターとはエアコンの機能の一部であり、フロントウインドウに温風を吹きつけることで曇りを取り除く。ドアミラーの視界を確保するためにフロントドアウインドウに吹きつけられるクルマもある。デフォッガーはリヤウインドウに備えられるもので、**電熱線**で加熱することで曇りを取り除く。

ワイパーとウォッシャー

ミラー

走行中に後方を確認したり死角を減らすために
クルマにはミラーが備えられている

▶ミラーにはリヤビューミラーとアンダーミラーがある

クルマには運転中に後方を確認するための**リヤビューミラー**が備えられている。車外に備えられる**アウターリヤビューミラー**には、フロントフェンダーに備えられる**フェンダーミラー**もあるが、現在はドアに備えられる**ドアミラー**が一般的だ。車内に備えられる**インナーリヤビューミラー**は、**ルームミラー**や**バックミラー**と呼ばれることが多い。また、ウインドウである程度の視界が確保されているが、**死角**(しかく)も残っているため、特に車高の高いクルマでは車体近くの死角を見るために**アンダーミラー**が備えられることがある。アンダーミラーには車体後方の死角をカバーする**リヤアンダーミラー**や、車体左側の低い位置を確認する**サイドアンダーミラー**がある。しかし、アンダーミラーはモニターの普及によって採用する車種が減りつつあり、リヤビューミラーもデジタル化が始まっている。

▶車外に備えられるアウターミラーの主流はドアミラー

ドアミラーは、モーターが内蔵されていて運転席からスイッチ操作で視界が調整できる**リモコンドアミラー**が一般的だ。駐車時に電動で折りたたむことができる**電動格納式**(でんどうかくのうしき)**ドアミラー**も多くのクルマで採用されている。エンジンを切ってドアをロックすると格納され、始動すると元の位置に戻る**自動格納式**(じどうかくのうしき)**ドアミラー**を採用するクルマも多い。

ドアミラーには広い範囲が見えるように**凸面鏡**(とつめんきょう)が採用されている。凸面鏡の**曲率**(きょくりつ)（曲がり具合）を大きくすれば、広い範囲が見えるようになるが、距離感がつかみにくくなったり像が

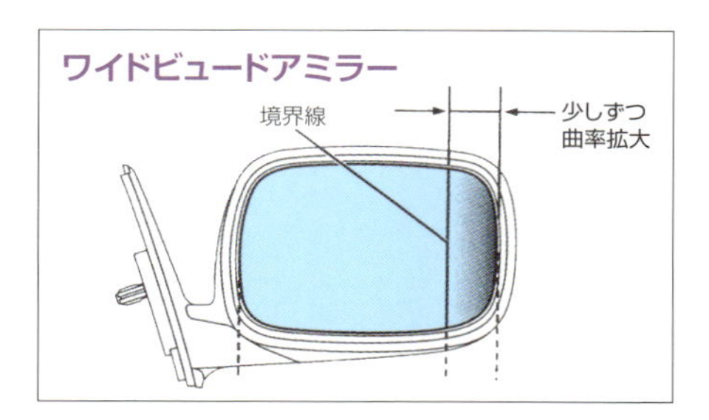

歪んだりする。そのため、外側に近い部分の曲率だけを大きくした**ワイドビュードアミラー**（**広角ドアミラー**）もある。

後退時に左後輪付近を見やすくする**リバース連動ドアミラー**もある。セレクトレバーをバックにすると、自動的にミラーの角度がかわって低い位置が見やすくなる。また、ドアミラーは寒い時期には曇って見にくくなることがあるため、**電熱線**を内蔵して鏡面を温めることで曇りを取り除く**ドアミラーデフォッガー**が備えられることもある。こうしたものを**ヒーター付ドアミラー**や**ヒーテッドドアミラー**ともいう。

リバース連動ドアミラー

▶室内に備えられるリヤビューミラーは防眩ルームミラー

ルームミラーは手動で角度調整を行うものが大半だが、電動機構が備えられ、ドライバーごとに位置をメモリーして自動的に最適な角度に調整してくれるクルマもある。また、夜間走行で後続車のヘッドランプの光がルームミラーに反射してドライバーの目に届くとまぶしいため、**防眩ルームミラー**が採用されている。反射率の異なる2種類の鏡面を備えていて、後続車のヘッドランプがまぶしい時は反射率の低い鏡面に切り替えることでまぶしさを抑えられる。現在では、こうした切り替え操作が不要な**自動防眩ルームミラー**もある。通電すると色が濃くなる発色層を備えていて、色の濃さで反射率が調整できる。周囲の明るさを感知するセンサーを備えていて、その明るさの情報に応じて反射率が変化する。

防眩ルームミラー

反射率の異なる鏡面が角度をかえて備えられているので、角度をかえると反射率が低下してまぶしくなくなる。

自動防眩ルームミラー

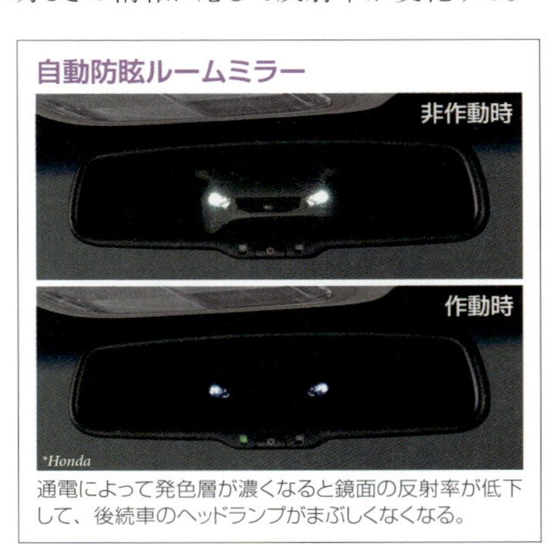

通電によって発色層が濃くなると鏡面の反射率が低下して、後続車のヘッドランプがまぶしくなくなる。

モニター

死角をカバーするカメラを備えることで安全に走行できるようになる

▶後方、左側面、前方左右などを個別のカメラで捉えるモニター

運転席からの**死角**(しかく)をカバーするために、クルマにはさまざまな**カメラ&モニター**が搭載されている。もっとも採用が多い**モニターシステム**が**リヤモニター**だ。**リヤビューモニター**や**リヤカメラ**、**バックビューモニター**などとも呼ばれ、クルマ後方の死角に加えて、後退の際の進行方向の状況も確認できる。映像だけでなく、ハンドル操作に応じて**予想進路**なども表示されるものが多いため、車庫入れや縦列駐車の際に重宝する。

駐車位置から後退して道路に出るような際には、通り過ぎようとするクルマや歩行者に注意する必要がある。そのために視野を広くとったリヤモニターもあり、**ワイドリヤモニター**や**ワイドリヤビューモニター**などと呼ばれる。現在では必要に応じて視野をかえられるリ

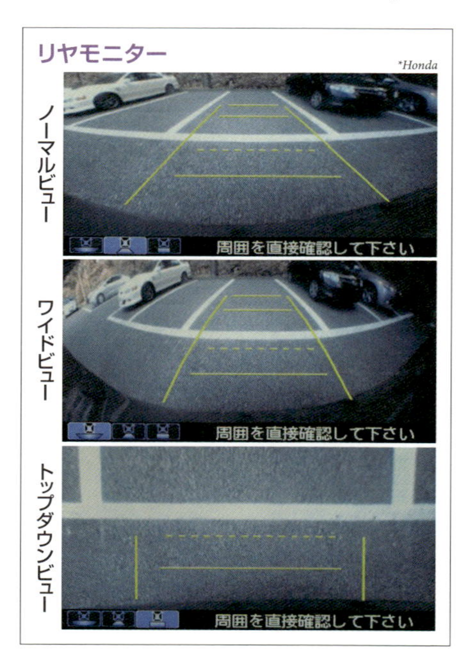

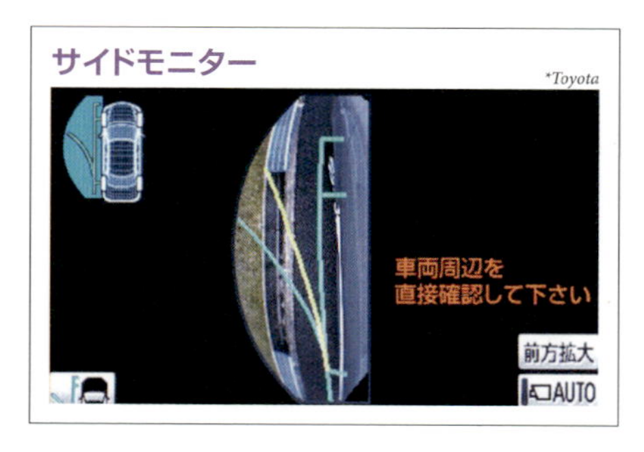

ヤモニターが多く、クルマ後端の真下付近が見られるものもある。

左ドアミラーの下にカメラを備え、クルマの左側の死角をカバーしてくれるのが**サイドモニター**だ。**サイドビューモニター**や**サイドカメラ**、**サイドブラインドモニター**などとも呼ばれる。縦列駐車の際に左後輪の位置を確認しやすく、車両感覚がつかみにくい左前の状況も確実に確認できる。リヤモニター同様に予想進路などが表示されるものも多い。

見通しが悪い路地から広い道路に合流するような際に、左右の道路の状況を確認できるようにしてくれるのが**フロントモニター**だ。**フロントカメラ**ともいうが、左右の状況だけでなくクルマ直前の死角も表示できる**ワイドビューフロントモニター**とされていることが多い。**ノーズビューカメラ**や**ブラインドコーナーモニター**などと呼ばれることもある。

▶画像処理技術を駆使することでクルマの周囲をくまなく確認できる

各種のモニターを統合発展させたものが**アラウンドモニター**だ。**アラウンドビューモニター**や**マルチアラウンドモニター**、**マルチビューカメラ**、**パノラミックビューモニター**、**全方位モニター**など各社がさまざまな名称を使用している。クルマの前後と左右のドアミラー下の4カ所にカメラを備え、画像処理によって合成することでクルマを真上から見たような映像を提供してくれるほか、各部のカメラの映像を切り替えたり、複数の映像を同時に見ることも可能とされている。もちろん、予想進路などの表示も可能だ。

各種のモニターは予想進路などのガイドを表示してくれるが、安全の確認を行うのはドライバーだ。しかし、現在では映像内に動く物体があると警告を発してくれるものもある。こうした機能は先進安全装置の**後退出庫支援システム**（P293参照）の一種だといえる。また、鳥がクルマの上空で一周するような**ムービングビュー**という映像や、ドライバーの位置からボディを透かして見ているような**シースルービュー**という映像を表示するものもある。

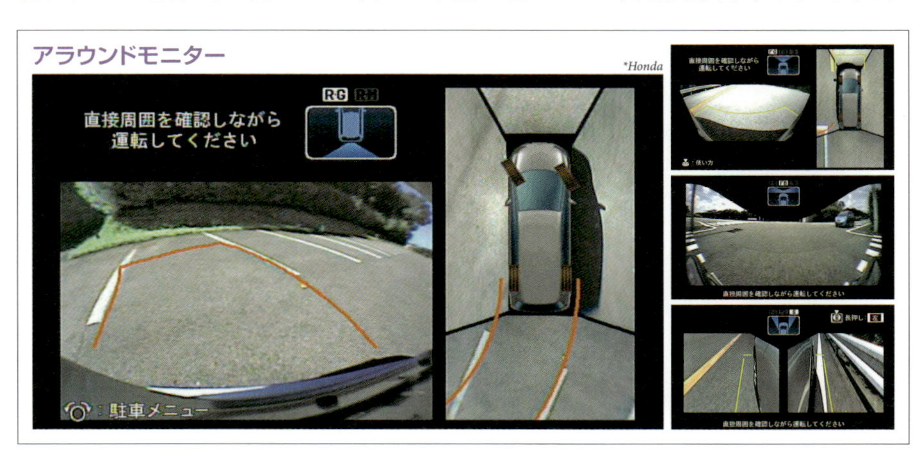

アラウンドモニター
*Honda

デジタルミラー

ミラーの代わりにカメラ&モニターを利用して常にベストな状態の後方視界を確保する

▶車内に障害物があっても死角ができないルームミラー

クルマ周囲の**死角**(しかく)をカバーするために各種の**モニターシステム**が開発されているが、**リヤビューミラー**についても**カメラ&モニター**を利用した**カメラモニタリングシステム**（**CMS**）への代替(だいたい)が始まっている。デジタル化により、これまで以上の機能を備えることが可能だ。まだ一般的な呼称は定まってきていないが、**デジタルミラー**や**電子ミラー**、**スマートミラー**、**e-ミラー**といった呼称が使われている。

最初に開発されたのが**ルームミラー**の代替となる**デジタルインナーミラー**だ。**インテリジェントルームミラー**や**スマートルームミラー**、**スマートリヤビューミラー**、**アドバンスドルームミラー**、**電子インナーミラー**などとも呼ばれる。車両後部に備えられたカメラの映像が、ルームミラーと同形状のモニターに表示される。表面は鏡面(きょうめん)にされていて通常のルームミラーと同じように使うことも可能とされている。リヤモニターの場合、後退時に使用するため、クルマ近くを中心にした広角の映像が表示されるが、距離感がつかみにくいため、デジタルインナーミラーの視野は従来のルームミラーと同程度にされている。

通常のルームミラーの場合、リヤシートの乗員やカーゴスペースの荷物によって後方の視

デジタルインナーミラー（昼間視界）

*Honda

デジタルインナーミラー（夜間視界）

*Nissan

界がさえぎられることがある。乗員がいなくても、リヤシートのヘッドレストが死角を作ることもあるが、デジタルインナーミラーは常に全視野を確保することができる。**防眩機能**（ぼうげんきのう）も備えられていて、後続車のヘッドランプの光が当たった際にも、まぶしくなく見やすい映像にしてくれる。感度を高めることで肉眼以上の夜間視界を得ることも可能だ。

▶従来のドアミラーでは見にくくなる状況でも確実に後方が確認できる

ドアミラーの代替となるのが**デジタルアウターミラー**だ。**デジタルドアミラー**や**電子ドアミラー**とも呼ばれている。従来のドアミラーの位置にカメラを備え、運転席の見やすい位置に備えられたモニターに映像を表示する。さまざまなモニター位置を考えることができるが、従来のドアミラーより視線の移動が少なくなる位置に設置することが可能だ。国内で最初に採用したトヨタでは左右のフロントピラーの根元付近に配置している。視線の移動はドアミラーと同適度になるが、これは従来のドアミラーの使用感に近づけるためだとされる。

ドアミラーは雨滴や曇りによって見にくくなることがあるが、デジタルアウターミラーではこうした事態は起こりにくい。**防眩機能**を備えることもできるし、肉眼以上の夜間視界を得ることも可能だ。また、右左折時や後退時に視野を広げて安全性を高めることもできる。

現状のデジタルアウターミラーのカメラ部は、従来のドアミラーよりは小型化されているものの、ある程度の大きさのあるものが使われている。それでも、フロントピラー付近の死角は減少し、風切り音が低減されている。今後さらに小型化が進んだ**ミラーレス車**であれば、**空気抵抗**（くうきていこう）が低減されることで燃費向上の効果も期待できる。

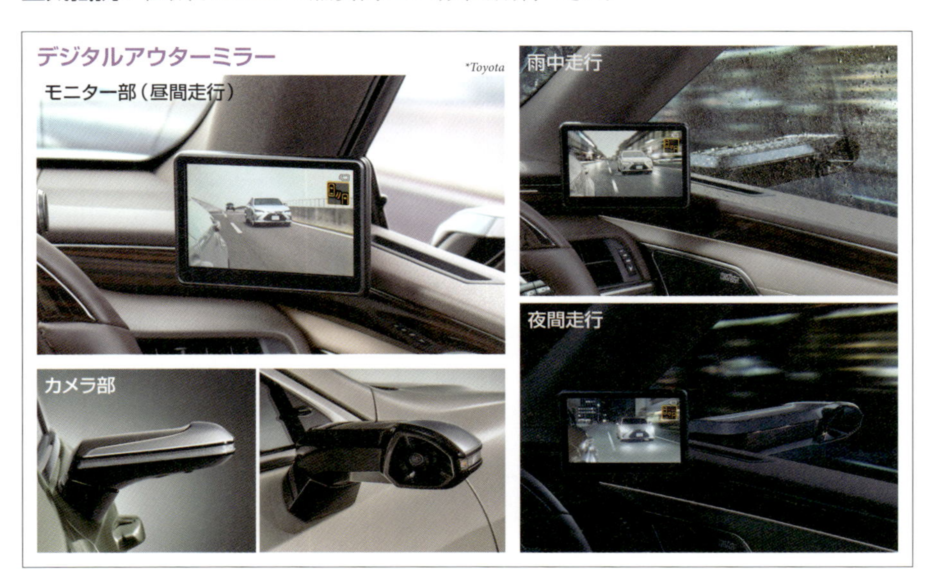

ヘッドランプ

安全対策のために明るさの向上を目指すだけでなく
環境対策のために消費電力の小ささも求められる

▶光源はハロゲンバルブからHIDバルブ、LEDへと進化している

ヘッドランプは夜間走行には欠かせないクルマの装備だ。**ヘッドライト**ともいい、日本語では**前照灯**という。ヘッドランプは近くを照らす**ロービーム**と、遠くを照らす**ハイビーム**で構成されている。同じランプで両者を切り替える構造のものを**2灯式ヘッドランプ**、両者が独立した構造のものを**4灯式ヘッドランプ**というが、現在は多数の光源を使用するヘッドランプもあり何灯式とは表現できない構造のものも多い。また、その他のランプも含めてユニット化されているため、外観から何灯式かを判断するのが難しいこともある。

ヘッドランプは**光源**の種類によって**ハロゲンヘッドランプ**、**ディスチャージヘッドランプ**、**LEDヘッドランプ**に分類される。また、光はさまざまな方向に広がるため、必要な範囲だけに**配光**する必要がある。光源の後方に**リフレクター**（**反射鏡**）を備え前面のカット入りレンズで配光を行うものを**レンズ式ヘッドランプ**、細かな凹凸を備えたリフレクターだけで配光を行うものを**リフレクター式ヘッドランプ**、小さなリフレクターを備えるもののおもに**凸レンズ**で配光を行うものを**プロジェクター式ヘッドランプ**という。先進安全装置として**AFS**や**ハイビームサポート**など高機能なヘッドランプも開発されている。

ハロゲンヘッドランプは光源に**ハロゲンバルブ**を使用する。点灯の原理は**白熱電球**と

ハロゲンバルブ

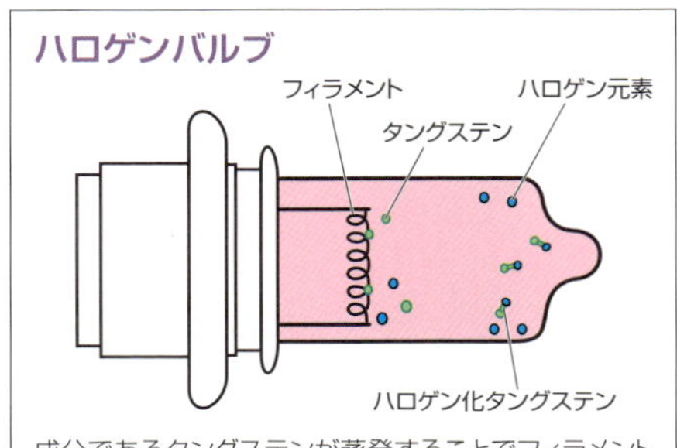

成分であるタングステンが蒸発することでフィラメントが消耗し黒化現象が起こるが、封入されたハロゲン元素が蒸発したタングステンと化合し、フィラメント付近で再び分解されることでタングステンが元に戻る。

HIDバルブ

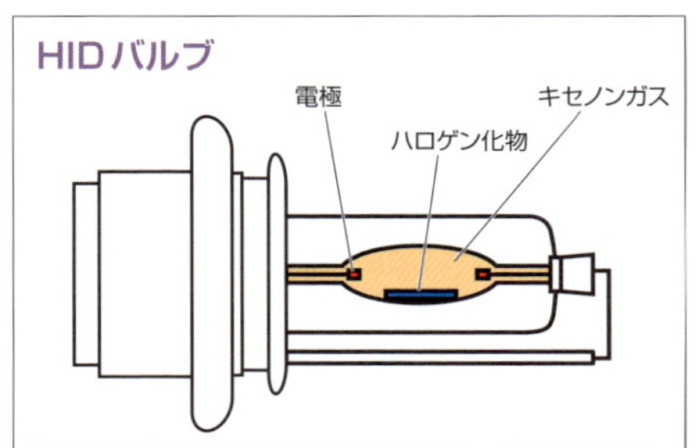

電極間に高電圧をかけて放電させせると、その電流でキセノンガスが活性化して青白く発光する。内部の温度が上昇すると、蒸発したハロゲン化物が活性化して白い光を発する。以降は低電圧にしても発光が続く。

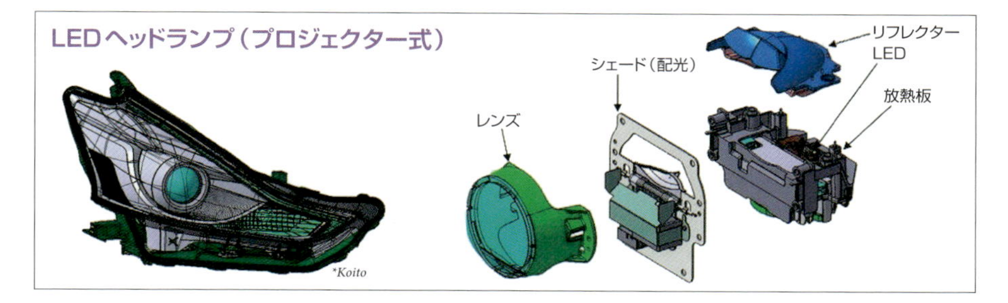

同様で**フィラメント**に通電することで発熱発光させている。しかし、白熱電球は大きな電流が流せない（明るくできない）うえ、フィラメントの成分であるタングステンが蒸発することで消耗し、電球内が黒くなる**黒化現象**が起こる。ハロゲンバルブでは、バルブ内にハロゲンガスを封入することでフィラメントの消耗と黒化現象を防いでいる。これにより寿命が伸びるうえ、大きな電流を流して明るくできる。新しい光源に話題が集まることが多いが、まだまだハロゲンヘッドランプは多くのクルマで採用されている。

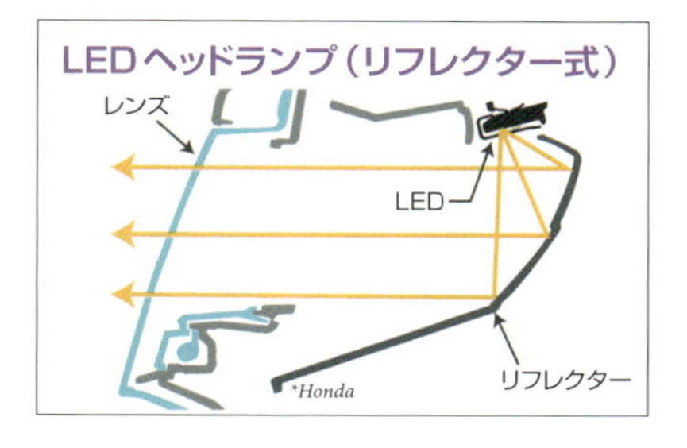

ディスチャージヘッドランプは、**HIDヘッドランプ**や**キセノンヘッドランプ**ともいわれ、光源には**HIDバルブ**を使用する。HIDバルブは**キセノンバルブ**ともいわれ、放電現象を利用して発光させる。ハロゲンバルブに比べて非常に明るいため消費電力を抑えることができ寿命も長いが、点灯や放電の制御を行う電子回路が必要になる。また、点灯直後にすぐには明るくならないため、4灯式の場合は他の光源のランプをハイビームに使用する。2灯式の場合は、バルブの位置や**遮光板**を動かしてロービームとハイビームを切り替える。

LEDヘッドランプは、光源に**LED**（**発光ダイオード**）を使用する。LEDは寿命が非常に長く、消費電力も小さいため、燃費（または電費）を向上させることが可能だ。1個のLEDで1灯を構成するのではなく、多数の**セグメント**に分けられることもある。それを外観上は1灯のように見せていることもあれば、多数の小さなランプが並んでいるようにデザインされることもある。多数のセグメントにするとヘッドランプの高機能化にも対応しやすい。

多灯で構成されるLEDヘッドランプ

補助灯火

小さな灯火を利用して自車の位置を示したり今後の動きを周囲に合図したりする

▶各種補助灯火はコンビネーションランプとしてまとめられる

補助灯火(ほじょとうか)とは、他車や歩行者に自車の位置を示したり合図を送るために備えられているもので、非常に重要な安全装置だ。さまざまな補助灯火があるが、個々が独立して配置されるのではなく、ユニットとしてまとめられるのが一般的だ。ヘッドランプも含めてユニット化されたものを**コンビネーションヘッドランプ**といい、後部のユニットを**リヤコンビネーションランプ**という。補助灯火の**光源**(こうげん)は**白熱電球**(はくねつでんきゅう)が使われていたが、消費電力が小さく寿命も長いため**LED**（**発光**(はっこう)**ダイオード**）の採用が増えている。

フォグランプのようにヘッドランプをアシストする灯火を**補助前照灯**(ほじょぜんしょうとう)という。霧や雨の中ではヘッドランプの光が空気中の水滴に乱反射して遠くに届きにくくなる。しかし、霧は地面に近いほど薄くなるため、フォグランプは低い位置に備えられる。また、近くを確認しやすいように幅広い範囲を照らすようにされているため、街灯などの少ない道でも重宝する。光源によって**ハロゲンフォグランプ**、**HIDフォグランプ**、**LEDフォグランプ**がある。なお、純正での採用は少ないが、ハイビームをアシストする**ドライビングランプ**や、さらに狭い範囲を照らす**スポットランプ**といった補助前照灯もある。

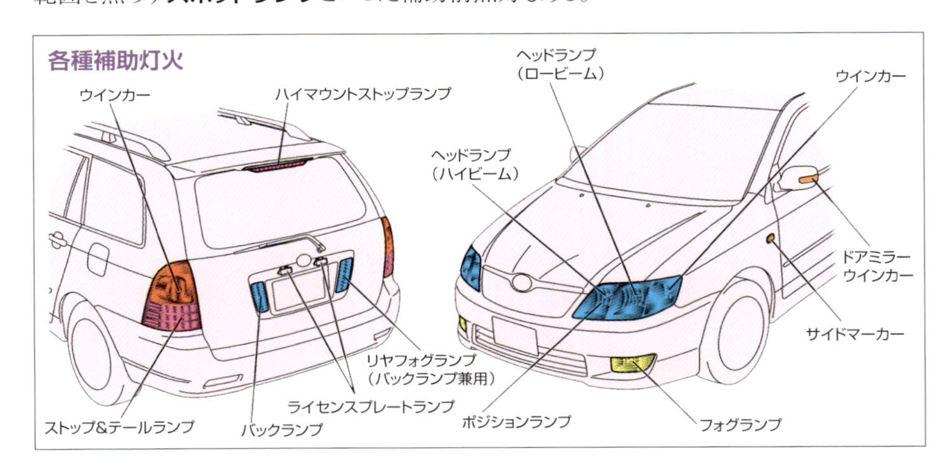

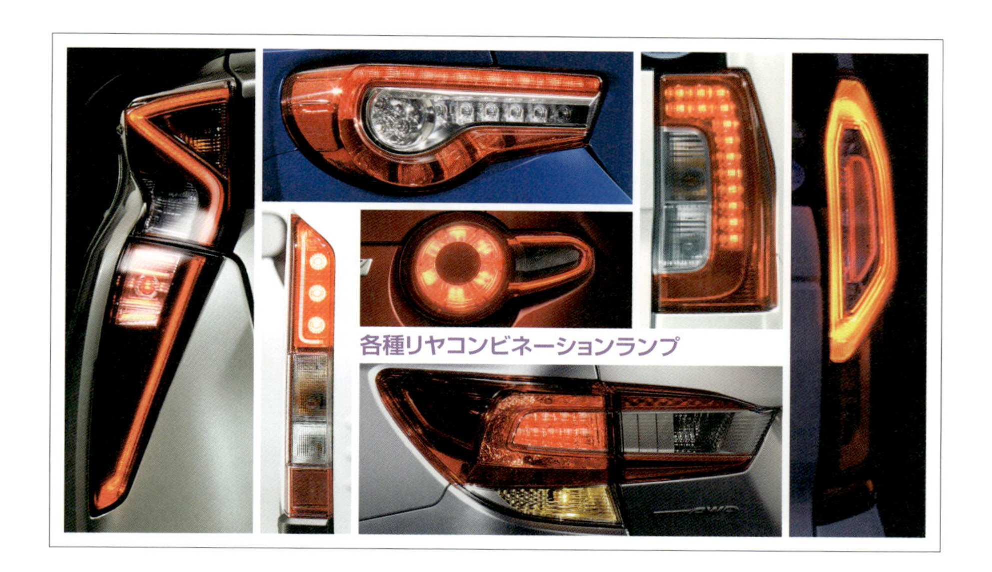

各種リヤコンビネーションランプ

▶補助灯火はその色や点灯・点滅の状態が定められている

右左折の予定を周囲に示すランプが**ウインカー**だ。**ターンシグナルランプ**、**ターンランプ**、**フラッシャー**、**方向指示器**(ほうこうしじき)などともいう。クルマの前後の左右端近くに備えられる。周囲からの視認性を高めるために車体の側面に備えられることもあり、フロントフェンダーに備えられるものは**サイドマーカー**や**サイドターンランプ**という。ドアミラーに備えられることもあり、**ドアミラーウインカー**や**サイドターンランプ付ドアミラー**などという。オレンジ色で0.5〜1秒に1回点滅する。通常、左右の灯火を独立して使用するが、すべてのウインカーを点滅させた場合は**ハザードランプ**という。

クルマの前後の左右端近くに備えられ、自車の位置を周囲に示すランプが**ポジションランプ**だ。**クリアランスランプ**や**スモールランプ**、**車幅灯**(しゃはばとう)ともいい、後方のものは**テールランプ**や**尾灯**(びとう)ともいう。前方は白色で、後方は赤色でブレーキランプとの兼用が一般的だ。

減速を示すランプが**ブレーキランプ**だ。**ストップランプ**ともいい、ブレーキペダルを踏むと赤く点灯する。テールランプ兼用の場合は明るさが増す。後方からの視認性を高めるために高い位置にも備えられることがあり、**ハイマウントストップランプ**と呼ばれる。急ブレーキをかけた際には**エマージェンシーストップシグナル**としてブレーキランプが通常より高速で点滅したり、ブレーキランプの点灯と同時にハザードランプが点滅するクルマもある。

このほか、後方のナンバープレートを夜間でも見やすくする**ライセンスプレートランプ**が備えられる。また、車種によっては霧や雨の中で後続車に自車位置を示すために**リヤフォグランプ**が備えられることもある。

シートベルトとヘッドレスト

衝突時に乗員の身体や頭部を保護する パッシブセーフティの基本装備

▶前面衝突時に乗員をシートに保持することで傷害を防ぐ

前面衝突を起こすと、車体の速度は一瞬にして遅くなるが、乗員は**慣性**よって前に進み続けようとするため、胸部がハンドルにぶつかったり頭部がフロントウインドウにぶつかったりする。事故時の速度によっては、ウインドウを突き破って車外に身体が飛び出してしまう。こうした事故時の傷害を防ぐために備えられているのが**シートベルト**だ。過去には大腿部のつけ根を通るベルトを腰の下の左右2カ所で固定する**2点式シートベルト**も使われていたが、現在では全席に**3点式シートベルト**が使われている。腰のベルトに加えて、一方の腰から胸部を斜めに横切るベルトを肩口上まで導くことで上半身と下半身を固定する。

シートベルトで身体を固定しておけば安全性が高まるが、まったく身動きできないのは不快であるし、運転操作も行いにくいため、現在では**ELR式シートベルト**が採用されている。ELRは**緊急時ロック式巻き取り装置**といい、通常時はベルトを軽い力で**巻き取り装置**から引き出せるので、身体を動かすことができ、さまざまな体型の人が使用できる。しかし、ベルトを急激に引き出したり、急ブレーキをかけたり車体が衝撃を受けたりすると巻き取り装置がロックされ、それ以上はベルトが引き出せなくなるため、身体の位置が保持される。

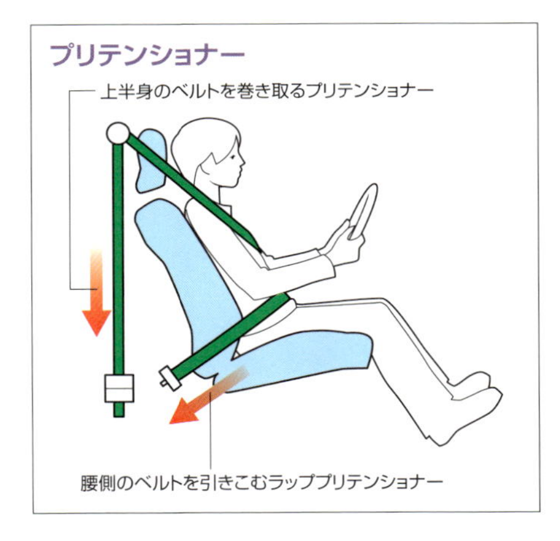

▶事故時にベルトを巻きこむことで確実に乗員を保持する

ELR式シートベルトは衝撃よりわずかに遅れてロックされるため、それまでに多少はベルトが引き出される。ベルトをゆるめに装着していたら、身体を確実に保持できないこともある。そのため、現在では緊急時にベルトを自動的に巻き取る**プリテンショナー**を備えたシートベルトが多い。エアバッグのインフレーター（P278参照）と同じ原理の**ガスジェネレター**を使用し、緊急時には勢いよく膨張（ぼうちょう）するガスの圧力を利用して巻き取り装置でベルトを巻きこむ。一般的には肩の側のベルトが巻きこまれるが、同時に腰の側のバックルを移動させてベルトを締めつける**ラッププリテンショナー**が備えられることもある。

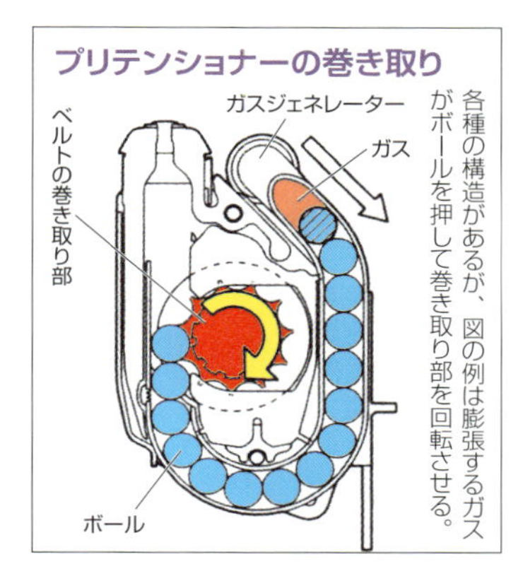

プリテンショナーではベルトが強く引かれるので、そのままでは乗員の胸部を圧迫（あっぱく）して傷害に至ることもある。そのため、プリテンショナーの作動後にベルトを少しゆるめる機構が備えられることも多い。こうした機構を**ロードリミッター**や**フォースリミッター**という。

▶追突時に頭部の急激な後傾を低減してムチウチ症を防止する

クルマに後方から追突されると、急激に車両の速度が高まる。この時、乗員の身体はシートに押されて前に進むが、頭部は**慣性**によってそれまでの位置にとどまろうとするため、頭部が後方に大きく倒れて首にダメージを与えてしまう。これがムチウチ症（しょう）だ。ムチウチ症を防ぐために、シートには**ヘッドレスト**が備えられているが、完璧に防止できているわけではないので、**ムチウチ症軽減（しょうけいげん）シート**が開発されている。各社で名称や構造は異なるが、基本的な発想は類似している。後方から追突された際にはシートバック（シートの背の部分）が乗員の身体を前方に押すことになる。シートバックにこうした力が加わると、テコやリンク機構を介してヘッドレストが前方に移動する。これにより頭部が後方に倒れにくくなる。

ムチウチ症軽減シート

*Toyota

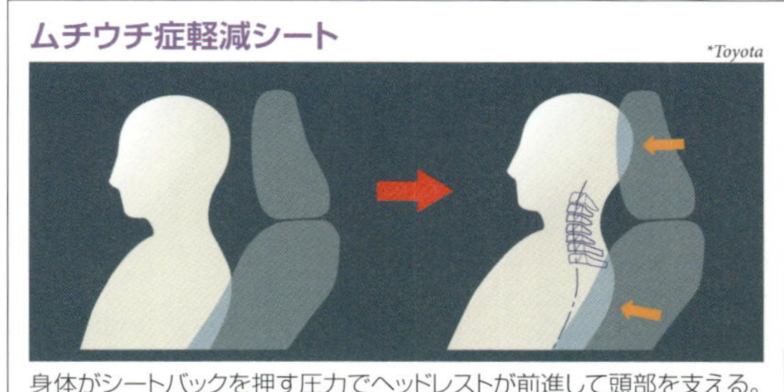

身体がシートバックを押す圧力でヘッドレストが前進して頭部を支える。

エアバッグ

シートベルトをアシストすることで乗員の安全を確保するパッシブセーフティ

▶点火剤の火炎と高熱で急激にガスを発生させてバッグを膨らませる

エアバッグはガスで膨らんだ袋をクッションとして利用して乗員を保護する安全装置だ（実際には袋から少しずつガスが抜けていくことで衝撃のエネルギーを吸収する）。正式には**SRSエアバッグ**という。SRSはSupplemental Restraint Systemの頭文字をとったもので、日本語にすると**補助拘束装置**になる。何を補助するかといえばシートベルトを補助する装置だ。シートベルトをしていなかったり正しく装着していなかったりすると、エアバッグが正常に作動しても乗員を保護することができない。

エアバッグは、折りたたまれたバッグ（袋）と**インフレーター**で構成され、**エアバッグECU**によって制御される。インフレーター内には**点火剤**と**ガス発生剤**が収められている。**加速度センサー**（**Gセンサー**）などによって事故の衝撃を感知し、ECUがエアバッグの

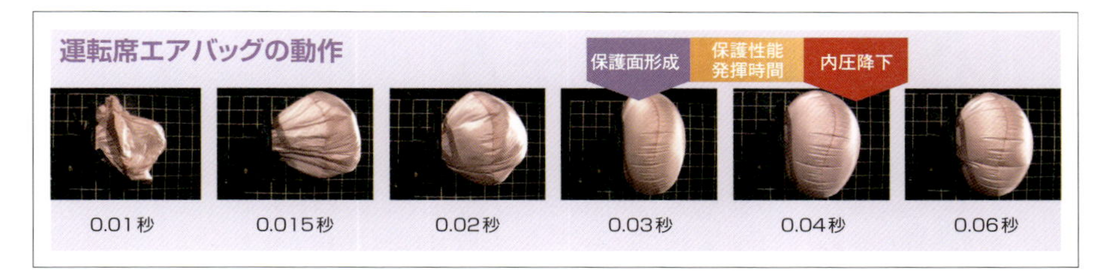

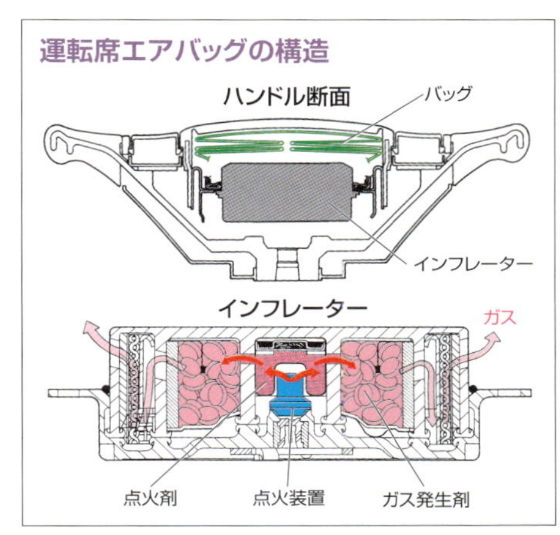

作動が必要と判断すると、点火剤に着火が行われる。点火剤は一種の火薬で、燃焼によって発生した火炎と高熱がガス発生剤に広がり、大量の**窒素**(ちっそ)ガスが発生してバッグを膨らませる。0.03秒程度で乗員を保護できる状態にまで膨らむ。膨らんだバッグは、そのままの状態を保つと思っている人も多いが、実際にはすぐにしぼんでいく。これは、事故後もハンドルやブレーキの操作が必要なこともあるため、バッグがしぼむことで前方視界を確保している。エアバッグは超高速で膨張(ぼうちょう)するため、乗員に当たる際の衝撃も大きい。そのため現在では、膨らみ方が2段階にされたものや、バッグの容量(ようりょう)を連続可変(れんぞくかへん)としたものもある。

▶車内のさまざまな位置にエアバッグが搭載されている

エアバッグは**運転席エアバッグ**から採用が始まり、現在では**助手席エアバッグ**も一般的なものだ。双方を装備しているとデ**ュアルエアバッグ**という。これらのエアバッグはおもに前面衝突(ぜんめんしょうとつ)に対応するものだが、ほかにも各種のエアバッグが開発されている。

サイドエアバッグは側面からの衝撃に対応するもので、乗員の上半身を保護するために、運転席や助手席のドア側の側面に備えられている。同じように側面からの衝撃を受けた際に乗員の頭部を保護するために備えられているのが**カーテンシールドエアバッグ**だ。**カーテンエアバッグ**や**サイドカーテンエアバッグ**ともいい、ドア上の天井内に備えられカーテンがおりてくるように展開される。後席の乗員も保護の対象とされていることが多い。

前席乗員の脚部(きゃくぶ)を保護してくれるのが**ニーエアバッグ**だ。ダッシュボードの下側に備えられ、乗員がシートベルトからすり抜けて前方に移動することも防いでくれる。同じように乗員の前方への移動を防ぐものに**シートクッションエアバッグ**がある。シートクッションの前方寄りに備えられ、膨らむと乗員の下半身がしっかり保持され、前方への移動が防がれる。

センシングシステム

クルマ周囲の状況を認識することによって運転操作をアシストすることが可能になる

▶可視光線、赤外線、電波、超音波を使って周囲を監視する

先進安全装置はさまざまなものが開発されている。現在では**センシングシステム**によって周囲の状況を監視、運転操作をアシストするものは**先進運転支援システム**（**ADAS**）と呼ばれることも多い。現在使われているセンシングシステムには、**カメラ**、**ミリ波レーダー**、**レーザーレーダー**、**超音波ソナー**などがある。このほか、自動運転では重要な技術になると考えられている**ライダー**（P306参照）というセンシングシステムもある。

◆カメラ

センシングシステムの**カメラ**には、**単眼カメラ**と**ステレオカメラ**の2種類がある。カメラの映像を利用すれば、**画像認識技術**によってクルマや歩行者などを認識でき、道路の白線や先行車のブレーキランプも検知することが可能だ。カメラを2台使ったステレオカメラであれば両カメラの見え方の違いから距離も検出できる。単眼カメラの場合は距離の検出が難しいため、レーダーが併用される。カメラは障害物が何であるかを認識する能力が優れているが、霧や土砂降りのような悪天候、逆光でカメラに太陽光がさしこむような状況には弱い。また、夜間はヘッドランプの照射エリア以外は検知できないが、ヘッドランプとともに**赤外線**を投光することで、夜間の認識能力を高めたシステムも開発されている。

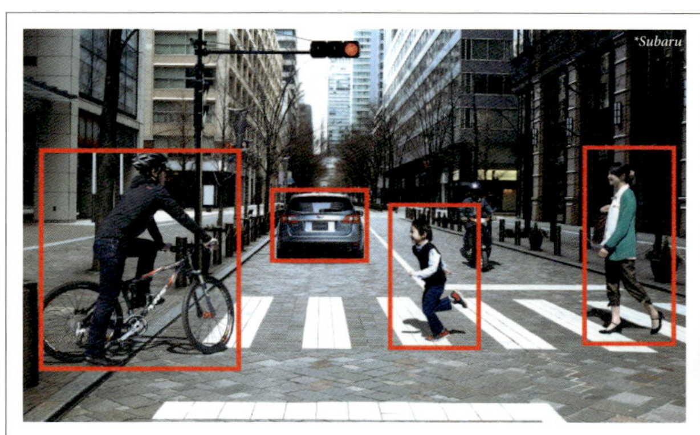

カメラ

カメラの映像があれば、画像認識技術によってどのような障害物があるかを認知できる。道路の白線や横断歩道、先行車のブレーキランプの点灯も確認できる。ステレオカメラであれば、距離も検出可能だ。

前方を監視するミリ波レーダーは一体化された発信部と受信部がフロントグリル内に備えられることが多い。

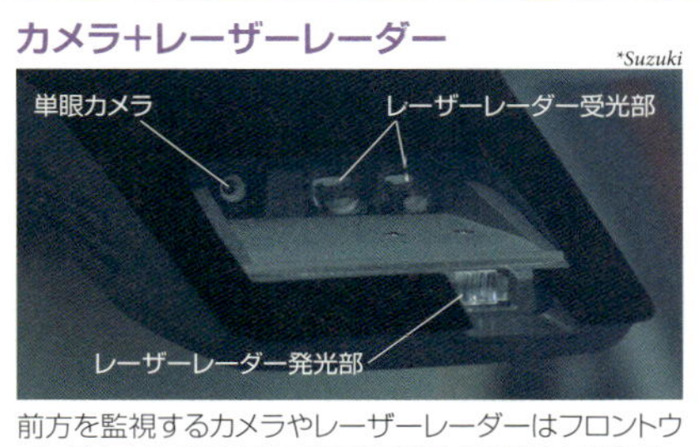

前方を監視するカメラやレーザーレーダーはフロントウインドウ中央付近の高い位置に備えられることが多い。

◆ミリ波レーダー

ミリ波という電波を発射し、戻ってきた電波を測定することで障害物までの距離を検出するのが**ミリ波レーダー**だ。**77GHz帯**（ギガヘルツたい）の電波を使用するものが一般的で、100m以上の検知が可能で、**相対速度**（そうたいそくど）も検出できる。悪天候や明暗の影響を受けることがないが、障害物の形や大きさを識別することは難しく、歩行者のように電波を反射しにくい障害物の検知も難しい。コストが高いのが大きなデメリットだ。

もう少し波長が長い**24/26GHz帯**の**準ミリ波**（じゅんミリは）を使用する**準ミリ波レーダー**もある。距離が検出できる範囲は100m未満になるが、歩行者と車両の識別が可能だ。

◆レーザーレーダー

レーザーレーダーは、**赤外線レーザーレーダー**や、**赤外線レーダー**ということもある。指向性（しこうせい）の高い**赤外線レーザー**の反射を利用して障害物までの距離を検出する。システムがコンパクトで安価だが、距離が検知できる範囲は50m程度だ。悪天候には弱いが、夜間でも距離を測定できる。

◆超音波ソナー

超音波の反射を利用して障害物までの距離を検出するのが**超音波ソナー**だ。**クリアランスソナー**とも呼ばれることも多い。1m程度しか検出できないが、明暗の影響は受けない。悪天候には弱いが、以前からクルマで使われていて、システムは安価だ。

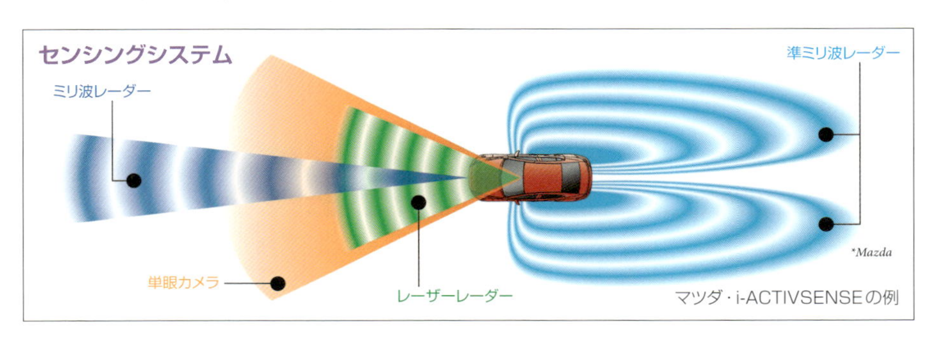

マツダ・i-ACTIVSENSEの例

衝突被害軽減ブレーキ

レーダーで前方を監視し
追突しそうだと自動的にブレーキが作動する

▶先行車ばかりでなく歩行者や対向車との衝突も回避される

現在では**自動ブレーキ**という名称が一般に定着しているが、**先進安全装置**としては**衝突被害軽減ブレーキ**や**プリクラッシュブレーキ**と呼ばれる。メーカーの名称も各社でさまざまで、**衝突軽減ブレーキ**や**衝突回避支援ブレーキ**、**エマージェンシーブレーキ**、**スマートブレーキサポート**といった名称が使われている。開発された当初は高速走行を対象としたもので、先行車への追突事故が起こりそうになると、自動的にブレーキを作動させることで速度を落とし、事故の被害を軽減させることを目的としたもので、どちらかといえば**パッシブセーフティ**に属するものだった。しかし、センシングシステムの能力の向上によって遠くの障害物も検知できるようになり、完全にクルマを停止させて、事故を回避することも可能になっていき、**アクティブセーフティ**といえるものに発展していった。また、市街地走行のような比較的低速の走行にも対応した自動ブレーキも増えてきている。

衝突被害軽減ブレーキは、障害物を検知できる距離が長いほど、走行速度が高くてもクルマを完全に停止させられる可能性が高まる。そのため、**ミリ波レーダー**と**単眼カメラ**の組み合わせ、もしくは**ステレオカメラ**を採用しているシステムのほうが、**レーザーレーダー**と単眼カメラの組み合わせを採用しているシステムより、完全停止できる走行速度が高くなるのが一般的だ。しかし、完全停止できないと意味がないというわけではない。減速は行われるので、事故の被害は軽減される。

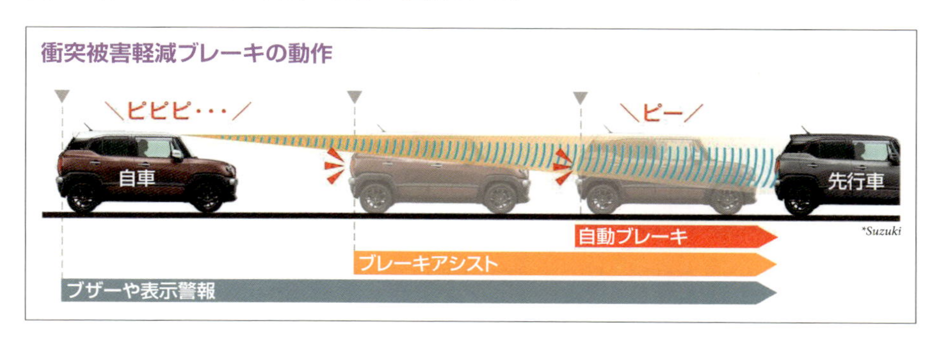

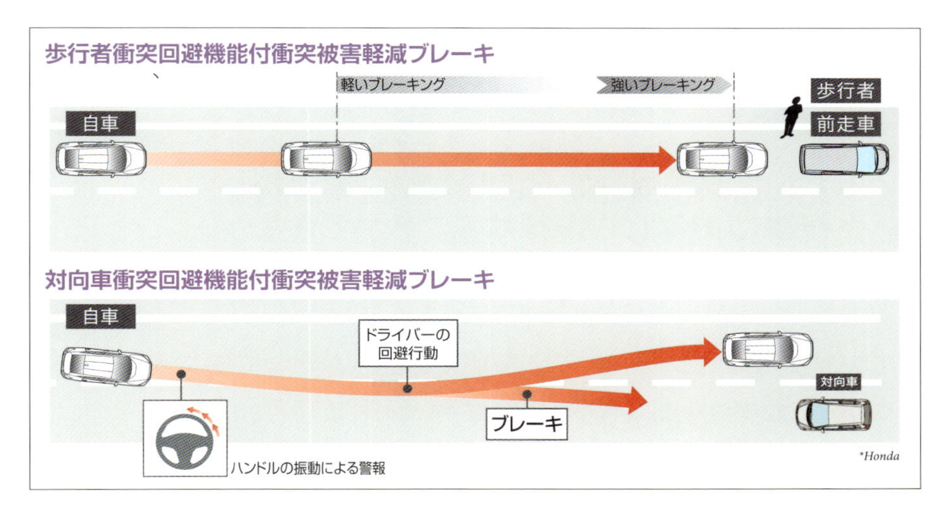

衝突被害軽減ブレーキは、いきなり急ブレーキが作動するとは限らない。時間的に余裕がある場合は、段階的に作動するシステムもある。事故が起こりそうだと判断されると、最初に**車間距離警報**（しゃかんきょりけいほう）が発せられ、ドライバーに減速を促す。警報によってドライバーがブレーキペダルを踏むと、**ブレーキアシスト**が作動することもある。ブレーキペダル操作が行われないと、ブレーキが自動的に作動することになる。こうした際に、プリテンショナーのようにシートベルトを巻き上げげて、ドライバーをしっかりシートに保持するシステムもある。

衝突被害軽減ブレーキは、先行車への追突を回避するために開発されたものだが、現在では対象が歩行者や対向車にも広がっている。**ブレーキ制御**だけでは事故を回避できない場合に、ハンドルに振動を発生させて操舵（そうだ）を促すシステムや、周囲に余裕があれば**ステアリング制御**を行うことで衝突を回避するシステムも登場してきている。また、通常の衝突被害軽減ブレーキは先行車を監視して追突事故を回避するのが基本だが、さらに前方を監視することで玉突き事故（たまつきじこ）を回避するシステムも開発されている。ミリ波レーダーを一般的な位置より低い位置に配置することで、2台前を走るクルマの車間距離や相対速度を検出して、減速が必要と判断された場合には**玉突き事故回避警報**（たまつきじこかいひけいほう）が発せられる。

玉突き事故回避警報

センシング技術やその解析技術は日進月歩だ。肉眼では見ることができない2台前を走るクルマの速度の動向も監視できる。もちろん同時に先行車の状態も監視している。これにより玉突き事故を回避するための警報が発せられる。

追従機能付クルーズコントロール

車速に応じた安全な車間距離を保って先行車に追従して走行することができる

▶エンジン制御にブレーキ制御を加えることで安全に追従走行する

クルーズコントロールは古くから存在するクルマの装備で、高速走行などでクルマを一定速度に保つことを目指すものだ。高速のロングドライブなどでドライバーの負担が軽減される。過去には**機械式スロットルバルブ**にモーターなどを備えることでエンジンを制御していたが、**電子制御式スロットルバルブ**が登場してからは容易に制御できるようになっている。しかし、従来のクルーズコントロールはエンジンだけを制御していたため、遅い先行車に追いついたらドライバーがブレーキを操作する必要があるし、長い下り坂では設定速度より速くなることもあった。また、ドライバーの集中力がとぎれて居眠りなどを引き起こしやすいともいわれた。そこで開発されたのが、**追従機能付(ついじゅうきのうつき)クルーズコントロール**だ。**アダプティブクルーズコントロール**や**車間距離制御(しゃかんきょりせいぎょ)クルーズコントロール**ともいい、メーカーによっては**インテリジェントクルーズコントロール**といった名称が使われることもある。**レーダークルーズコントロール**と総称されることもあるが、レーダーではなくカメラを使用

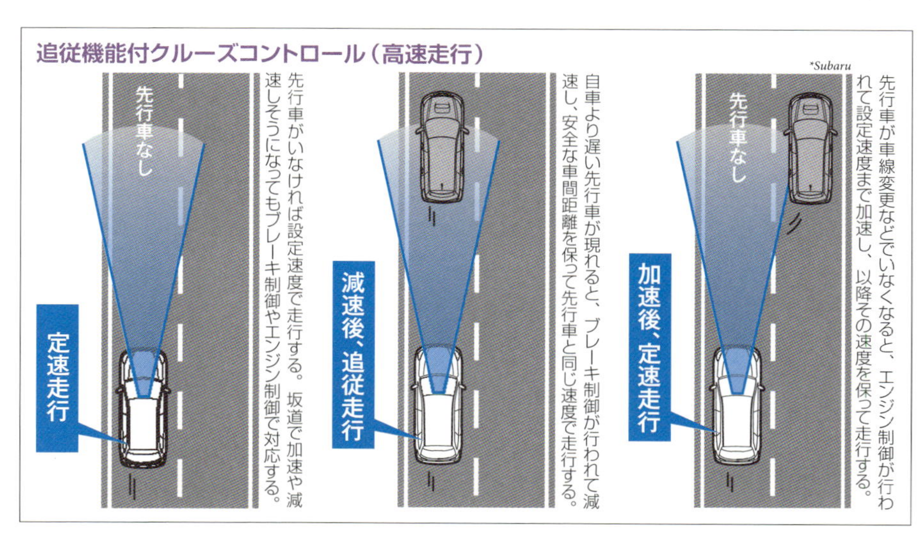

追従走行

追従機能付クルーズコントロールは車両前方の状況をセンシングシステムで監視しながらエンジン制御とブレーキ制御を行う。先行車が減速すればブレーキ制御を行って減速し、先行車が加速すればエンジン制御を行い設定速度の範囲内で加速を行う。

するシステムもある。

追従機能付クルーズコントロールは、従来からのクルーズコントロールに**自動ブレーキ**の機能を加えたものだ。**エンジン制御**によって設定速度を保って走行し、遅い先行車が現れると**ブレーキ制御**を行い、走行速度に応じた安全な車間距離を保って先行車に追従走行する。長い下り坂などで設定速度より車速が高まりそうな状況でも、ブレーキ制御によって設定速度を保つことができる。

当初は高速走行を前提としたもので、設定可能速度範囲が定められていたが、現在では**低速追従機能**(ていそくついじゅうきのう)や**全速追従機能**(ぜんそくついじゅうきのう)を備えたものも増えている。渋滞時には非常に重宝なもので、先行車が停止すれば自車も停止し、先行車が発進すれば自車も発進する。なお、停止からの発進についてはアクセルペダルなどの操作が必要なシステムもある。

追従機能付クルーズコントロール（渋滞時）

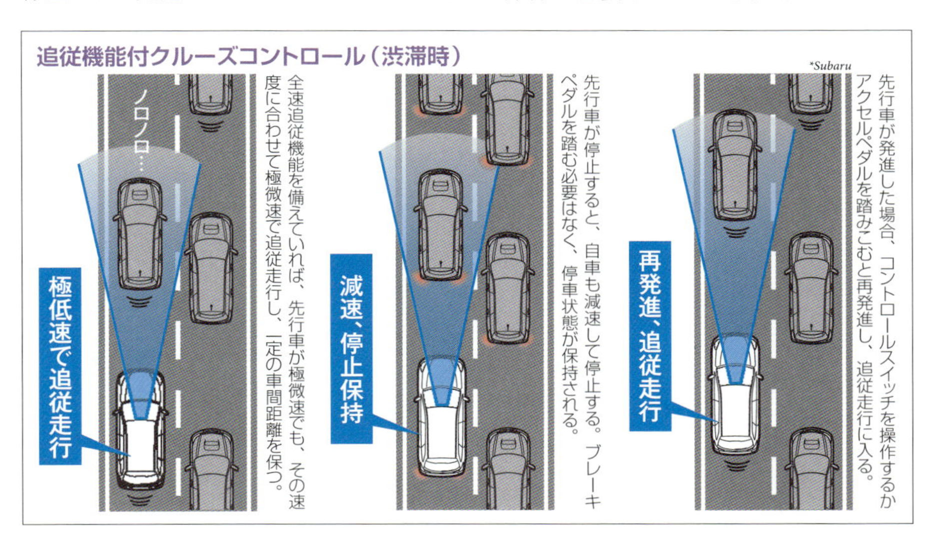

車線維持支援システム

白線を認識することで車線を検出し 車線内を走行し続けられるようにアシストする

▶警報だけからより積極的にステアリング制御を行うものに発展

直線道路を走行していても、路面のうねりや凹凸、風などの外乱によってクルマの進行方向は勝手にかわっていくものだ。あまり意識することはないが、ドライバーは常にハンドルに微妙な操作を加えながら走行している。しかし、単調になりがちな高速走行では集中力が散漫になったり居眠りしそうになってハンドル操作がおろそかになり、カーブなどで車線をはみ出しそうになることもある。こうした事態を防止してくれるのが**車線逸脱警報**(しゃせんいつだつけいほう)**システム**だ。**レーンデパーチャーワーニング**や**レーンデパーチャーアラート**と呼ばれることもあり、**LDW**や**LDWS**、**LDA**と略されることもある。

車線逸脱警報システムは、カメラなどで車線両側の白線を認識し、クルマが白線に近

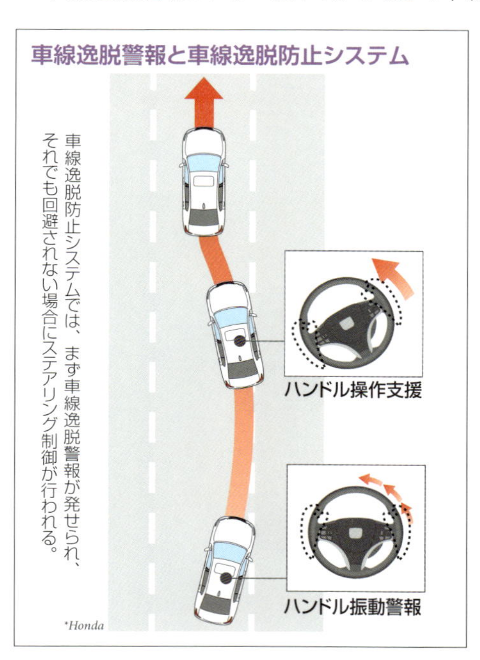

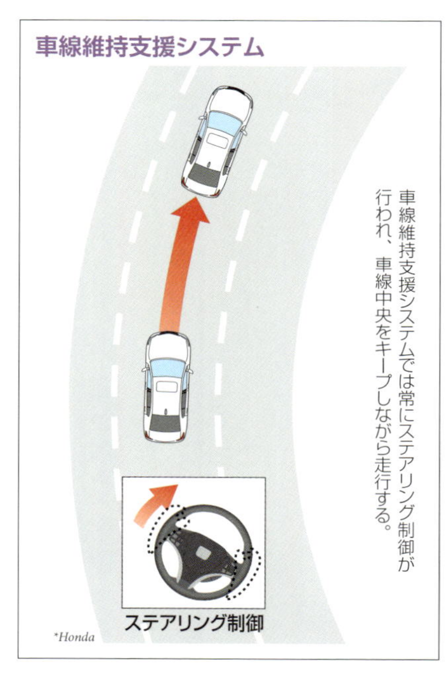

づくと音や表示で警報を発してくれる。ハンドルに振動を発生させることでドライバーに注意を促すシステムもある。高速走行を前提としたもので、一定速度以上などの条件で作動するが、ウインカーの操作によって車線変更の意思を示せば解除される。

車線逸脱警報システムを発展させ、**ステアリング制御**を加えたものが**車線逸脱防止システム**だ。LDPと略されることもある。車線逸脱警報が発せられるような状況になると、**電動パワーステアリング**（EPS）を作動させる。作動内容はシステムによって異なるが、操舵が必要な方向へのアシスト力を高めて軽い力で車線内に復帰できるようにするものや、実際に操舵を行って車線内に戻すものがある。

車線逸脱防止システムのなかには**車線維持支援システム**として機能するものもある。車線維持支援システムの場合、常時ステアリング制御を行うことで、高速道路のように白線が認識しやすく急カーブのない道路であれば車線の中央付近を走行し続けることができる。車線が認識しにくい状況でも先行車の走行軌跡を利用して、追従するようにステアリング制御が行われるシステムも登場している。これらは**レーンキープアシスト**、**アクティブレーンキープ**と呼ばれたり、LKAやLKAS、LASと略されたりすることもある。

▶市街地走行で路肩側の歩行者を保護するためにステアリングを制御

車線逸脱防止システムはおもに高速走行を前提にしたものだが、市街地走行において歩行者事故を回避するために**ステアリング制御**を行う先進安全装置も開発されている。歩行者との事故を避けるために**ブレーキ制御**が行われるシステムもあるが、**歩行者事故低減ステアリング**では、クルマが車線を外れて路肩側の歩行者に衝突しそうになると、音と表示で警告を発し、同時にステアリング制御を行って回避行動を行ってくれる。

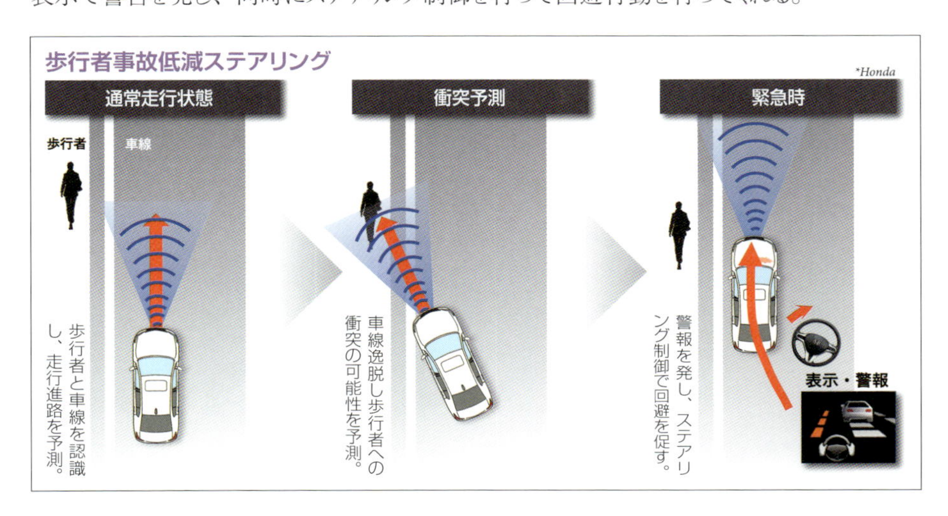

同一車線連続走行支援システム

クルマの操作はシステムにほぼまかせられるがハンドルには手を添える必要がある

▶クルーズコントロールと車線維持支援システムの組み合わせ

高速道路同一車線自動運転技術(こうそくどうろどういつしゃせんじどううんてんぎじゅつ)として華々しくデビューしたのが、日産の**プロパイロット**だ。日産では「**自動運転**」ではなく、あくまでも「**運転支援システム**」の1つだとしている。同様の技術には、スバルのアイサイトに含まれる**ツーリングアシスト**もある。海外でもいくつかのシステムが実用化されている。これらの技術を自動運転と呼ぶことも増えているが、本書では**同一車線連続走行支援システム**(どういつしゃせんれんぞくそうこうしえん)と呼ぶ。理屈の上では、安全な車間距離を維持して走行できる**追従機能付**(ついじゅうきのうつき)**クルーズコントロール**と、常時**ステアリング制御**を行う**車線維持支援システム**(しゃせんいじしえん)を組み合わせれば、高速道路の同一車線を連続して走行できるが、実際の走行では渋滞も起こるため、渋滞にも対応できるシステムにする必要がある。

スバルのツーリングアシストは0〜120km/hの全速度域で使用できるので、渋滞にも対

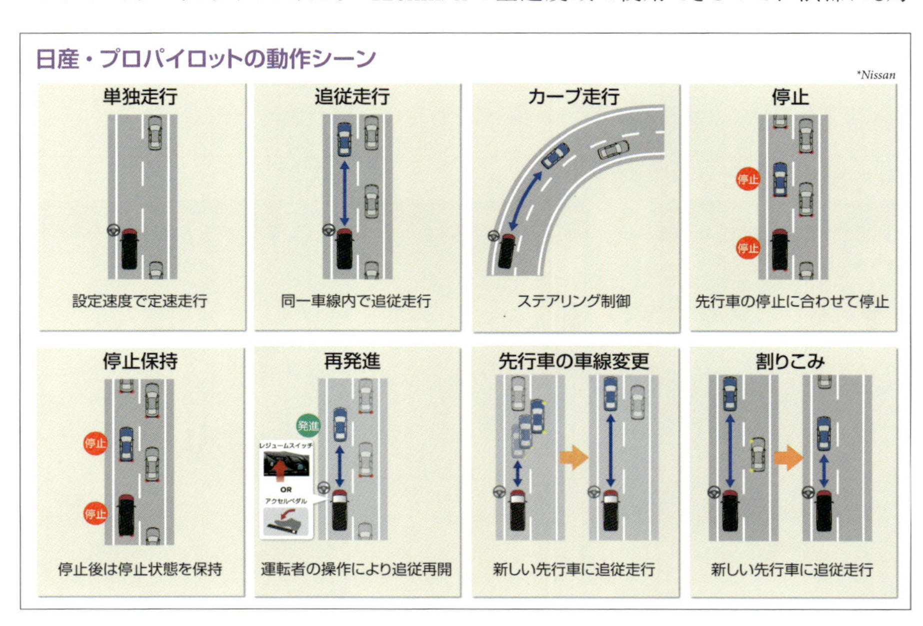

応できる。いっぽう、プロパイロットが作動するのは30〜100km/hに限られるが、先行車がいれば30km/h以下でも使用できる。渋滞時には、当然のごとく先行車が存在するため、実用上は高速道路の渋滞に対応することができる。また、完全停止した場合も、3秒程度の停止であれば、どちらのシステムも自動的に再発進してくれる。

自動運転ではないため、高速道路でもきついカーブが存在すると、ドライバーによるハンドル操作が求められることもある。もちろん、手放し運転は認められていないため、手を離すと一定時間後に警告が発せられる。また、いつでもドライバーはハンドル操作やブレーキ操作で介入できる。なお、スバルのツーリングアシストは、従来のアイサイトと同じくステレオカメラをセンシングシステムに採用して、白線と先行車の情報でアシストを行う。いっぽう、プロパイロットは単眼カメラと高度な画像解析で白線や先行車を認識してアシストを行う。

▶苦手な人が多い高速での車線変更もシステムがアシストしてくれる

車線変更支援システムも登場している。トヨタの**レーンチェンジアシスト（LCA）**は車線変更にともなう一連の操作を自動で行ってくれる。同社の**追従機能付クルーズコントロール**である**レーダークルーズコントロール**と、**車線維持支援システム**である**レーントレーシングアシスト**を使用して高速道路や自動車専用道路を走行している時に、ウインカーを操作するとレーンチェンジアシストによる車線変更の支援が開始される。変更先の車線の前後を確認したうえで、車線変更のための加減速と操舵が自動的に行われる。車線変更が終了すると、ウインカーが消灯して元の状態に戻る。車線変更の開始は、あくまでもドライバーにゆだねられている。

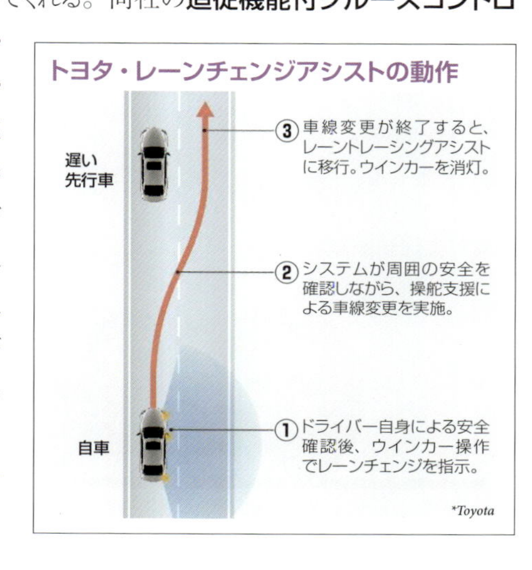

誤発進抑制機能と誤操作防止機能

ドライバーが操作を誤っても
クルマが事故の発生を防止してくれる

▶進行方向に障害物があるとエンジン出力を抑えて急発進を防ぐ

ブレーキペダルとアクセルペダルの踏み間違いによる事故は数多い。また、駐車からの発進時に、セレクトレバーをRにしたつもりなのに実際にはDになっていて、クルマが思っていたのとは逆方向に進んで事故を起こしてしまうこともある。急いでいてアクセルペダルの踏みこみが強かったりすると、大きな事故になる。最初は小さな事故であっても、パニックにおちいってアクセルペダルを踏み続け、事態を悪化させてしまうこともある。こうした発進時の誤操作による事故を防止してくれるのが**誤発進抑制機能**だ。**誤発進抑制制御**などともいい、カメラやレーダーなどのセンシングシステムで前方を監視し、障害物がある状態でアクセルペダルが踏みこまれると、警告を発し、エンジンの出力を抑えて、急発進を防いでくれる。発進がゆるやかになるので、間違いに気づいてブレーキペダルに踏みかえる余裕ができるし、輪止めがあれば越えられないことが多い。現在では、誤発進で障害物に近づくと、**自動ブレーキ**が作動するクルマもある。

一般的に、誤発進抑制機能は前進時を対象にしたものだが、現在では後退を対象にしたものもあり、**後方誤発進抑制機能**や**後方誤発進抑制制御**などと呼ばれている。カメラやソナーなどのセンシングシステムでクルマの後方を監視し、障害物がある状態でアクセルペダルが踏みこまれると、警告を発し、エンジン出力を抑えて急な後退を防いでくれる。後退時の場合も、自動ブレーキによって事故を防止するクルマもある。

▶アクセルペダル操作よりブレーキペダル操作が優先される

ブレーキペダルを踏むべき状況でも、パニックにおちいった状態で足を動かすと、ブレーキペダルとアクセルペダルの両方を踏んでしまうことがあるという。日頃から左足ブレーキで運転している人だと、アクセルペダルとブレーキペダルの両方を強く踏みこんでしまうこともあるという。踏みこみ具合にもよるが、双方のペダルが踏まれた場合、クルマが動いてしまうことが多い。また、過去にはフロアマットがずれてアクセルペダルに乗ってしまい、ブレーキペダルを踏んでいるのに、アクセルペダルも踏みこまれた状態が続いたことで起こった事故もある。現在では、こうした事態に備えて**ブレーキオーバーライド**という**誤操作防止機能**(ごそうさぼうしきのう)を備えたクルマが多い。ブレーキオーバーライドが備えられていると、アクセルペダルとブレーキペダルの双方が踏みこまれても、アクセル操作は無視されブレーキ操作が優先されるため、クルマを停止させることができる。また、アクセルペダルが踏みこんだまま戻らないという不具合が生じた場合にも、ブレーキペダルを操作すればクルマを止めることができる。

また、人間はパニックにおちいると何をするかわからない。誤発進で後方に衝突(しょうとつ)してしまい、慌ててアクセルペダルを踏んだままセレクトレバーをDに入れてしまい、今後は前方に急発進して衝突といった事故が起こることもある。トヨタの**ドライブスタートコントロール**では、こうした事故を防止するために、アクセルペダルを踏んだままのシフト操作など、通常とは異なる操作を行った際には、エンジンの出力を抑えて急発進や急加速が抑制される。

後側方確認支援と後退出庫支援

車両の後側方を監視することで
車線変更や後退出庫の安全を確保する

▶ドアミラーの死角に存在するクルマを知らせてくれる

車線変更を行う際にはドアミラーで変更先の車線の状況を確認するが、隣の車線のクルマが近くまで迫っていると見えないことがある。こうしたドアミラーの**死角**(しかく)を監視してくれるのが**後側方確認支援**(こうそくほうかくにんしえん)**システム**だ。**準**(じゅん)**ミリ波**(は)**レーダー**などの**センシングシステム**で常時監視を行い、隣の車線にクルマが存在すると、ドアミラー上もしくはその周囲のインジケーターなどで表示を行う。死角(Blind Spot)を監視するため、**ブラインドスポットモニター**(**BSM**)や**ブラインドスポットワーニング**(**BSW**)、**ブラインドスポットインフォメー**

後側方確認支援システムのセンシング範囲

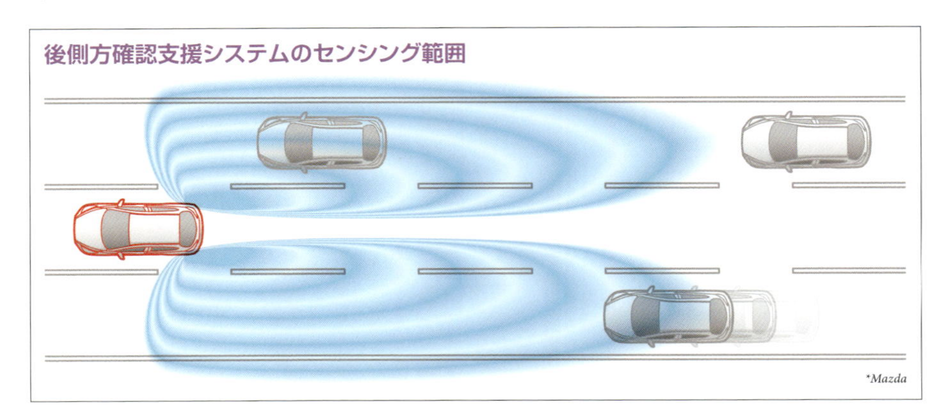

*Mazda

後側方確認支援システムのインジケーター各種

*Subaru　*Subaru　*Honda

ションといった名称が使われることが多いが、**リヤビークルディテクション**や**後側方車両検知警報**と呼ばれることもある。

インジケーターが表示された状態で、車線変更のためにウインカーを操作すると、インジケーターが点滅したり、警告音が発せられたりするシステムもある。距離は離れていても高速で接近するクルマが存在すると警告を発してくれるシステムもある。進化形には日産の**後側方衝突防止支援システム**（**BSI**）があり、警告が発せられた状態でハンドル操作を行うと、**ブレーキ制御**または**ステアリング制御**で車線変更が回避される。

▶車両後方を横切りそうなクルマや歩行者を知らせてくれる

前向き駐車した駐車スペースからバックで出る時は、とても見通しが悪い。後方を横切ろうとするクルマや歩行者はよく見えない。こうした後方の状況を幅広く監視し、安全に出庫できるようにしてくれるのが**後退出庫支援システム**だ。後退時に後方を横切りそうな障害物があると、警告を発してくれる。**リヤクロストラフィックアラート**（**RCTA**）や**後退出庫サポート**といった名称が使われることもある。センシングシステムは後側方確認支援システムと共用にされていることが多いが、**リヤモニター**を利用しているシステムもある。

後退出庫支援システムの進化形には、トヨタの**リヤクロストラフィックオートブレーキ**（**RCTAB**）や日産の**後退時衝突防止支援システム**（**BCI**）があり、後退時に衝突の可能性が高まると、**自動ブレーキ**によって衝突を回避してくれる。

後退出庫支援システムのセンシング範囲

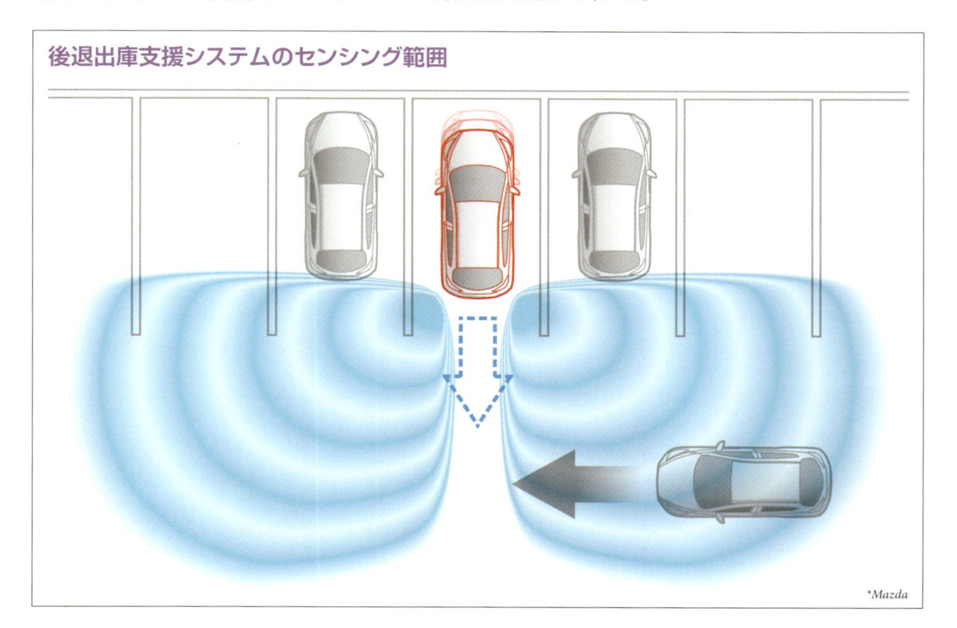

ハイビームサポートとAFS

夜間走行の視界をよくするために ヘッドランプは進化を続けている

▶他車に迷惑をかけずにハイビームで走行するために

ロービームと**ハイビーム**は日本語ではそれぞれ**すれ違い用前照灯**と**走行用前照灯**という。本来はハイビームで走行すべきだが、対向車や先行車に迷惑がかかるからロービームで走っているわけだ。実際、ハイビームのほうが前方を遠くまで明るく照らすことができ、安全に走行できる。しかし、対向車や先行車が現れるたびにロービームに切り替えるのは面倒だ。そこで開発されたのが**ハイビームサポート**だ。**カメラ**などの**センシングシステム**で前方を監視し、対向車や先行車が現れると自動的にロービームに切り替わる。**オートマチックハイビーム**や**ハイビームアシスト**、**ハイビームコントロール**とも呼ばれる。

さらに進化したものが**配光可変ヘッドランプ**だ。ハイビームの状態を保ったまま、対向車や先行車には**ヘッドランプ**の光が当たらないようにしてくれる。**アダプティブハイビーム**や**アダプティブドライビングビーム**、**グレアフリーハイビーム**などとも呼ばれる。ヘッドランプユニット内に**遮光板**を備え、その位置を動かすことで照射したくない範囲を遮光する構造のものと、多セグメントで構成される**LEDヘッドランプ**のセグメントを個別に点灯消灯させる構造のものがある。遮光板の場合は、あまりきめ細かく**配光**を制御できないが、LEDヘッドランプの場合はセグメント数が増えるほど、きめ細かく配光を制御することができる。このほか、配光可変ヘッドランプのなかには、市街地走行では左右に幅広く配光し、高速走行では遠くまで配光するといった制御が行われるものもある。

ハイビームサポート

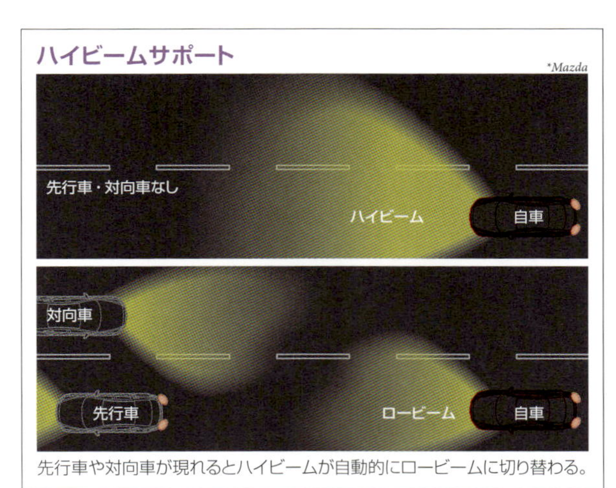

先行車や対向車が現れるとハイビームが自動的にロービームに切り替わる。

配光可変ヘッドランプ

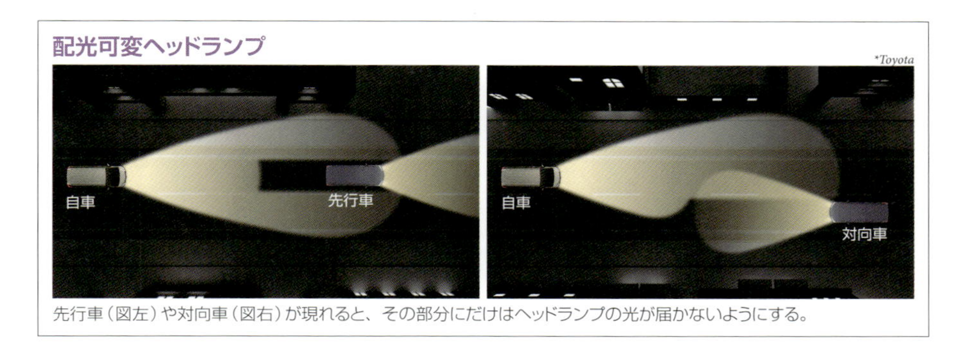

先行車（図左）や対向車（図右）が現れると、その部分にだけはヘッドランプの光が届かないようにする。

▶光軸を左右に振ってコーナーの奥にまで光が届くようにする

クルマは前輪に舵角(だかく)を与えて曲がっていくため、コーナリング中はクルマの向いている方向と進行方向にずれが生じる。そのため、夜間走行ではコーナーの先まで**ヘッドランプ**の光が届きにくくなり、高速道路や街灯のない山道などでは前方確認が難しくなる。そこで開発されたのが**アダプティブフロントライティングシステム**（**AFS**）だ。**ステアリング連動ヘッドランプ**などとも呼ばれる。コンビネーションヘッドランプのユニット内にモーターなどが備えられ、ランプユニット全体または**光源**(こうげん)や**リフレクター**などを動かして光軸を左右に振ることができるようにされている。振る方向や角度は車速や**舵角**(だかく)**センサー**の情報から決定される。

AFSの構造

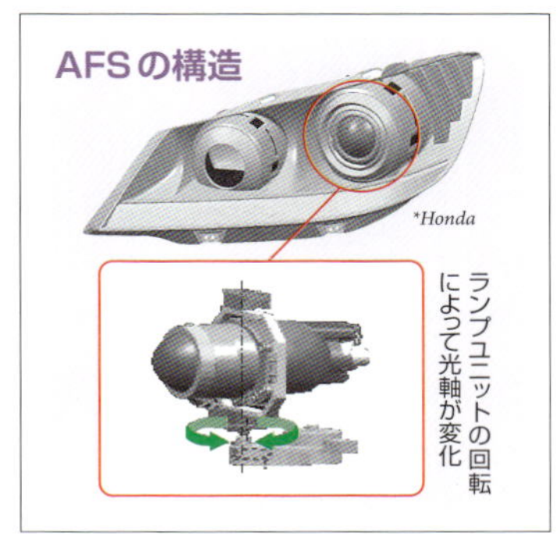

AFSの動作

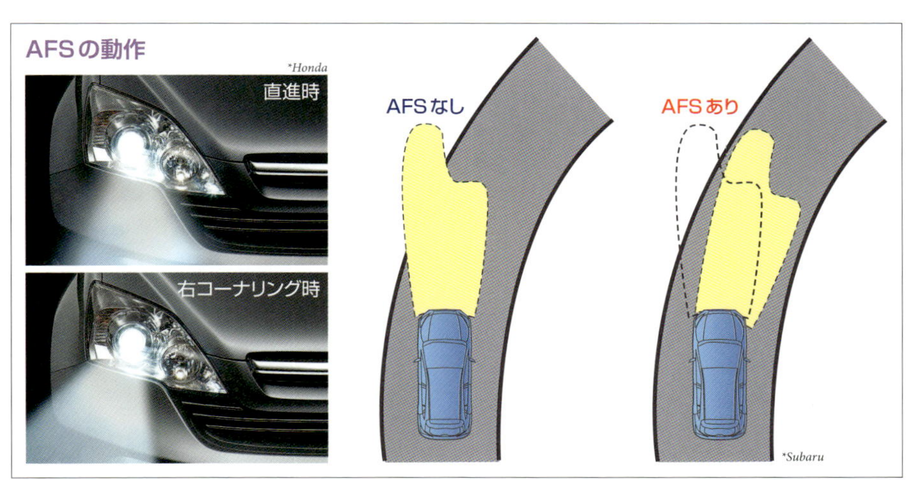

駐車支援システム

苦手な人が多い縦列駐車と車庫入れを クルマがアシストしてくれる

▶駐車位置を指定すればハンドル操作から開放される

縦列駐車や車庫入れが苦手な人は多い。リヤモニターやアラウンドモニターでも**予想進路**などを表示することで駐車をアシストしてくれるが、ハンドル、アクセル、ブレーキ、シフトと行うべき操作は多く、同時に周囲の安全確認も欠かせない。特に、バックしながらのハンドル操作は難しい。そこで開発されたのが駐車時のハンドル操作をアシストする**駐車支援システム**だ。**パーキングアシスト**と呼ばれることも多く、メーカーによっては**インテリジェントパーキングアシスト**や**スマー**

駐車支援システムの自動ハンドル操作

*Nissan

駐車支援システムの動作（ホンダ・スマートパーキングアシスト）

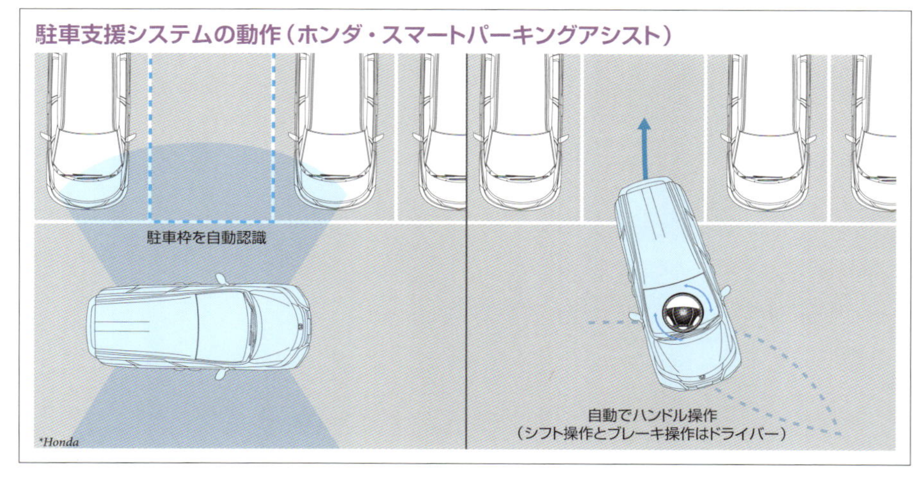

*Honda

トパーキングアシストといった名称が使われることもある。

メーカーやシステムによって操作方法に多少の違いはあるが、駐車位置に対して所定の位置に停車し、駐車方法（縦列駐車／バック駐車）や駐車位置を設定すれば、後は指示に従ってシフト操作による前後進の切り替えと、おもにブレーキペダル操作による速度の調整を行うだけで、目標とした駐車位置にクルマを収めることができる。ハンドル操作がないので、周囲の安全確認にも余裕がもてる。現在では駐車位置を自動認識できるシステムも登場してきている。

▶駐車時のハンドル、アクセル、ブレーキ、シフト操作をすべて自動化

従来の**駐車支援システム**は、ハンドル操作を自動化したもので、前後進の切り替えや速度調整をドライバーが行う必要があったが、これらすべてを自動制御するシステムも登場している。日産の**プロパイロットパーキング**では、3ステップのスイッチ操作だけで駐車を行うことができ、目的の位置にクルマが収まるとパーキングブレーキまでかけてくれる。自動運転というわけではないので、一連の動作中はプロパイロットパーキングスイッチを操作し続けている必要がある。このスイッチから指を離したり、ブレーキやハンドルを操作するとクルマが停止し、駐車動作を中断することができる。類似のシステムは海外でも開発されており、ドライバーが乗車していなくても、車外からリモコン操作で駐車が行えるものもある。

プロパイロットパーキングの動作

*Nissan

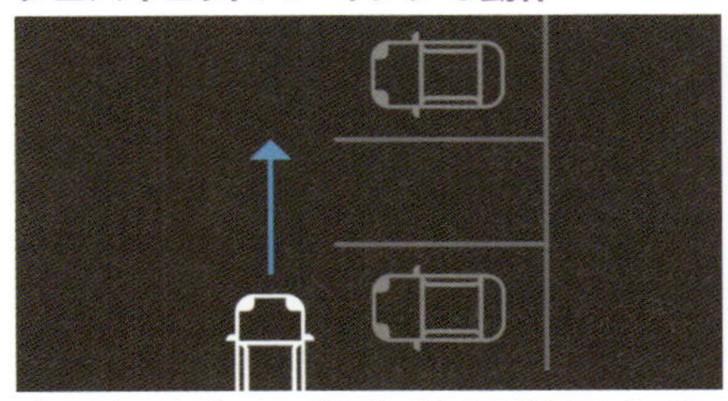

プロパイロットパーキングスイッチを1回押してから、ゆっくりと前進して駐車したい場所の真横にクルマを止める。

駐車可能なスペースが検知されると、モニターにPマークが表示される。確認後に駐車開始ボタンを押す。

プロパイロットパーキングスイッチを駐車が完了するまで押し続けている必要がある。スイッチを離すと停車する。

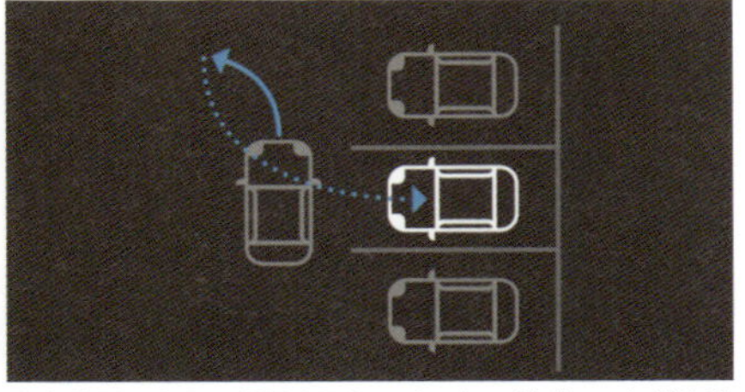

駐車位置にクルマが収まると、パーキングブレーキが作動し、セレクトレバーがPレンジにシフトされる。

その他の先進運転支援システム

ドライバーが見落としそうな情報をシステムが教えてくれる

▶センシングシステムで得た情報を最大限に活用する

先進運転支援システムのなかにはクルマ前方の状況をカメラなどのセンシングシステムで得ているものがあるが、こうした映像などからは、安全運転に必要なさまざまな情報も得ることができる。比較的多くのシステムに含まれているのが、**先行車発進お知らせ機能**だ。**先行車発進告知機能**などともいい、信号待ちや渋滞で先行車に続いて停止し、先行車の発進に気づかずに停止したままでいると、警告音やディスプレイ表示で知らせてくれる。

また、道路標識を読み取ってくれるシステムもある。トヨタの**ロードサインアシスト**やホンダの**標識認識機能**では、最高速度、はみ出し通行禁止、一時停止、車両進入禁止の4種類の標識を認識しディスプレイに表示することで注意を促してくれる。安全に貢献してくれるのはもちろん、交通違反も防いでくれる。日産には**進入禁止標識検知機能**があり、車両進入禁止の道路に入ろうとすると警告音とディスプレイ表示で知らせてくれる。

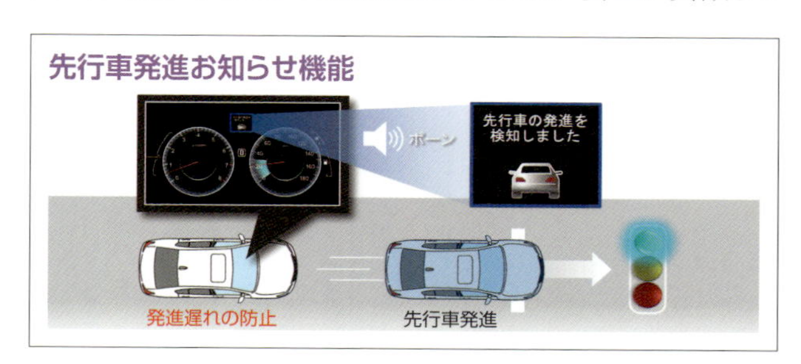

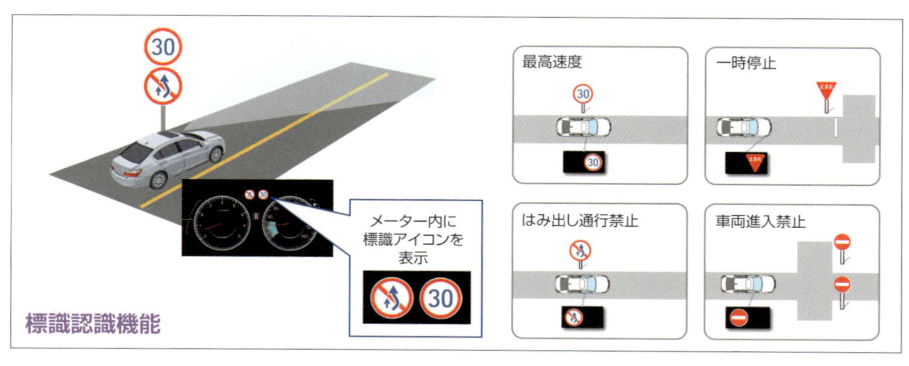

第8章

自動運転

限定的だが自動運転と呼ばれる技術が
市販のクルマに搭載されるようになり、
マスコミでも自動運転の報道は数多い。
自動運転車はどこまで来ているのだろうか。

自動運転車

自動運転は時代が求めるものであり 技術がそれに追いついた時には社会が変化する

▶自動運転車は究極の自動車の姿の１つである

クルマ関連の技術のなかで、広く注目を集めているのが**自動運転**だ。きっかけは、2010年にIT企業であるGoogleが自動運転車の開発を発表したことにあるといえる。さまざまな映像が提供されたことにより、自動運転が実現可能な技術として急激に世の中に広まっていった。きっかけはこの発表だったが、それ以前から自動運転の開発は進められていた。自動車メーカーは安全装置としての運転支援（うんてんしえん）システムを開発していたが、高度化を押し進めた究極の運転支援システムは自動運転になる。もっとさかのぼれば、1939年のニューヨーク万博において、GMはFuturamaという展示で自動運転車が走る未来の姿を描いていた。もっと速く、もっと遠くへ……、クルマに求められる技術にはさまざまなものがあるが、自動運転はクルマに携わる技術者の夢の1つだと考えられる。そのいっぽうで、自動運転は、自動車業界が長くアピールしてきた走る喜びや操る楽しさを否定するものになるため、その技術を世に出すことはひかえていたのかもしれない。しかし、他業種からの自動運転への参入に加え、若者のクルマ離れ、高齢者の交通事故、過疎地（かそち）の交通事情など、時代が自動運転を求めているため、自動車業界も自動運転を積極的にアピールするようになっていった。IT企業など他業種からの参入も増え続けている。また、政府の日本再興戦略（にほんさいこうせんりゃく）に、完全自動走行を見据えた環境整備が示されるように、世界各地で国家戦略として自動運転技術が開発されるようになっている。

世間の耳目を自動運転に集めるきっかけとなったグーグルの実験車の１台。

未来のクルマ

1956年に雑誌サタデーイブニングポストに掲載されたElectricity may be the driver.と題された電力会社の広告。パパはハンドルをもたず家族とゲームを楽しんでいる。

1939年のニューヨーク万博GMパビリオンに展示された未来都市のジオラマFuturama。観客は動くシートに乗って観覧した。クルマは高速道路を自動運転で走る。

▶自動運転はクルマのあり方や社会に大きな影響を及ぼす

自動運転が実現すると、交通事故が減少するのはもちろんのことだが、クルマのあり方や社会にも大きな影響を与える。運転から解放された人間は、移動中に仕事をしたり仮眠したり、時間を有効に使うことができるようになる。クルマの流れがスムーズになり渋滞も起こりにくくなるので、交通の効率が高まる。安全性が高まるので法定速度を上げることでも交通の効率が高まる。結果、人間が使うことができる時間が増えるのはもちろん、エネルギーの無駄がなくなる。物流コストを抑えることも可能だ。

そもそもクルマは所有するものではなくなり、**カーシェア**や**無人タクシー**というサービスにかわる可能性もある。都市部の駐車場不足も解消される。無人タクシーにさらに付加価値をつけて、移動中にさまざまなサービスを受けられるクルマが誕生するかもしれない。高齢者でも外出しやすくなり、過疎地でも無人バスなら走らせることができるかもしれない。

無人運転が当たり前になれば、職業としてクルマを運転することはなくなり、職を失う人が発生するが、高齢化社会の人手不足解消に役立つかもしれない。また、クルマが共有するものやサービスになると、自動車メーカーの販売台数が減るかもしれない。

すでに自動運転技術と呼ばれるような機能を搭載したクルマが誕生しているが、ドライバーが目的地を指示するだけでどこへでも行ける完全自動運転の実現は2030年前後と予想されている。本書では、自動運転の技術面を説明するが、自動運転は技術だけでは実現しない。事故が起こった際の責任の所在や、道交法との兼ね合い、免許制度など法律面の整備も欠かせないし、トロッコ問題で説明されることが多い倫理面での検討も必要だ。なにより、社会が無人運転車を受け入れてくれる土壌作り(どじょうづく)も重要になる。

自動運転のレベル

自動車業界は段階的に発展させて
自動運転に至ろうとしている

▶レベル0〜5の6段階の定義が一般的に使われている

IT業界は最初から完全自動運転車を目指したが、自動車メーカーや部品メーカーなど自動車業界は安全対策を段階的に発展させ最終的に自動運転車を開発しようとしている。こうした**自動運転**の段階は、**自動運転レベル**と呼ばれている。当初は**NHTSA**（**米運輸省道路交通安全局**）が定めたレベル1〜4の定義が世界的によく使われていたが、NHTSAがアメリカの**SAE**（**自動車技術会**）が示した基準を2016年に採用したことから、現在はSAEのレベル0〜5の6段階の自動運転レベルの定義が一般的に使われている。SAEでは2014年に初めて自動運転レベルの定義が示された後、さまざまな修正や明確化などが行われ、現在は2016年の第2版が最新のものとなっている。日本では**JSAE**（**自動車技術会**）が第2版の日本語翻訳版を**JASOテクニカルペーパ**として発行していて、ホームページで見ることができる。SAEの定義は今後も改訂が行われ、内容がかわっていく可能性もある。なお、SAEの自動運転レベルは文章による定義も示されているが、そのままではわかりにくいため、表の説明欄は翻訳（ほんやく）をそのまま掲載しているわけではない。

SAEの**レベル0**は、加速・減速・操舵（そうだ）の運転支援がまったく行われていない従来のクルマのレベルだ。**レベル1**は加速と減速だけをシステムが行うものや、操舵だけをシステムが行うものだ。説明欄にある「特定の条件下」とは、高速道路だけといった条件がつくということで、霧など視界が悪いと使えないといったことが条件になることもある。**先進運転支援システム**（せんしんうんてんしえん）（**ADAS**）の**追従機能付クルーズコントロール**（ついじゅうきのうつき）や**車線維持支援システム**（しゃせんいじしえん）が該当する。**レベル2**になると加速と減速と操舵の双方をシステムが行うもので、**同一車線連続走行支援システム**が該当する。名称は「部分的な運転自動化」とされているが、運転支援システムと考えるべきもので、ハンドルからの手放し運転は認められていない。

レベル3からは自動運転らしくなる。手放し運転が可能で、スマートフォンなどを操作していてもよいが、システムでは対応不能な緊急時にはドライバーに操作が戻されるため、運転席に座っている必要があり、いつ運転を託（たく）されても大丈夫なようにドライバーは意識レベルを高い状態に保っている必要がある。アウディはA8に量産車世界初のレベル3の

自動運転のレベル

レベル	名称	説明	加速・減速・操舵操作の主体	走行環境の監視	バックアップの主体
0	手動運転	ドライバーが常時、すべての運転操作を行う。	ドライバー（人間）	ドライバー（人間）	ドライバー（人間）
1	運転支援	特定の条件下において、システムが前後方向（加速・減速）もしくは左右方向（操舵）の操作を行い、システムが補助していない部分の操作はドライバーが行う。	ドライバー（人間）+システム	ドライバー（人間）	ドライバー（人間）
2	部分的な運転自動化	特定の条件下において、システムが前後方向（加速・減速）と左右方向（操舵）の操作を連携して行い、システムが補助していない部分の操作はドライバーが行う。	システム	ドライバー（人間）	ドライバー（人間）
3	条件付運転自動化	特定の条件下において、自動運転モードの時は、システムがすべての運転操作を行うが、自動運転モードの継続が困難になった時は、システムがドライバーに運転操作の引き継ぎを要請できる。	システム	システム	ドライバー（人間）
4	高度な運転自動化	特定の条件下において、自動運転モードの時は、システムがすべての運転操作を行い、引き継ぎの要請にドライバーが応じなかった場合でも、システムが適切に対処する。	システム	システム	システム
5	完全運転自動化	ドライバーが対応可能ないかなる道路や走行環境条件においても、常時、システムがすべての運転操作を行う。ドライバーが引き継ぎを要請されることはない。	システム	システム	システム

自動運転技術を搭載すると発表したが、システムからの引き継ぎ時間が必要になるため、60km/h以下という条件がついている（発表はしたものの法律の問題からまだ市販車にはレベル3の自動運転技術は搭載されていない）。緊急時の引き継ぎには時間的余裕がないことも多いうえ、ドライバーが操作を代われる状況かを監視するドライバーモニタリング技術なども求められるため、レベル3を飛ばして開発を進めているメーカーもあるという。

レベル4になると、高速道路や特区のような限定エリアという条件がつくものの、システムが自動運転の主体として責任をもつため、自動運転モードにある時はドライバーは何をしていてもよいことになる。緊急時にもシステムが安全を確保しつつ、停車するなどの対応をしてくれる。ただし、条件が満たされない場合は自動運転ができないため、アクセル、ブレーキ、ハンドルなどは備えておく必要がある。

レベル5は完全な自動運転だ。普通のドライバーが運転できる場所であれば、どこでも自動運転で走行できる。乗員は何をしていてもよく、ハンドルなどの操作機構も必要ないため、車内の空間デザインの自由度も格段に増す。人間がまったく乗車していない状態での走行、つまり**無人運転**も可能になる。

レベル4以上の自動運転車は、どのメーカーも市販段階には至っておらず、コンセプトカーやテスト走行の段階だ。

自動運転のプロセス

認知、判断、操作のプロセスで自動運転は実行される

▶人間の目と脳と手足を自動運転システムが代行する

自動運転システムは、**認知**、**判断**、**操作**の3つのプロセスで運転を行う。人間の運転に置き換えるとすれば、認知が目、判断が脳、操作が手足ということになるが、それほど単純ではない。目は単なる感覚器官であって、実際に認知しているのは脳だ。

自動運転の**認知プロセス**は、**位置特定**と**認識**で構成される。位置特定技術は**ローカライゼーション**と**マッピング**ともいい、クルマの現在位置を確認する技術だ。**GPS**のような**衛星測位**（えいせいそくい）**システム**などと**地図データ**が使われる。認識技術は**パーセプション**ともいい、クルマ周囲の現在の状況を確認する技術だ。さまざまな**センシングシステム**が使われるが、ハードウェアはあくまでも入力装置であり、画像認識などのプログラムも重要だ。

自動運転の**判断プロセス**は、**予測**と**プランニング**で構成され、おもに**人工知能**（**AI**）が使われる。予測技術は**プレディクション**ともいい、周囲のクルマや歩行者などの今後の動きの予想を行う。それをもとに、どのようにクルマを走らせたらよいかを決定するのがプランニング技術だ。複数の予測や複数のプランが存在する際にも、AIが最適なプランを選択する。なお、**画像認識技術**でもAIが活用される。

自動運転の**操作プロセス**は、**アクチュエーター**によって行われる。アクチュエーターとは動作させるものという意味で、クルマの場合は加速を行うエンジンまたはモーターと、減速を行うブレーキシステム、操舵（そうだ）を行うステアリングシステムになる。

このほか、**移動通信技術**も自動運転には必要不可欠だ。現在でも**コネクテッドカー**

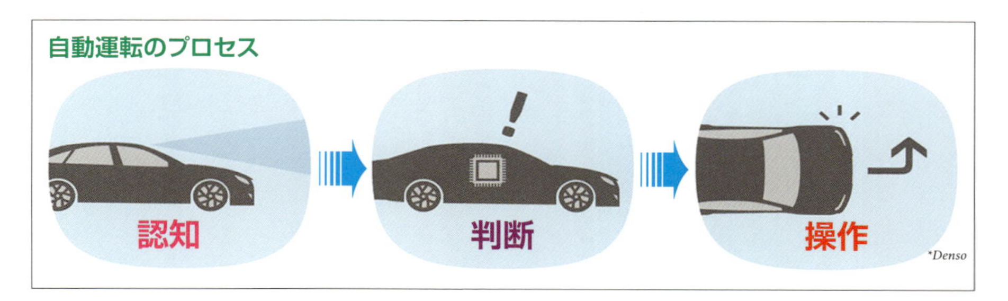

自動運転が実現する未来

ダイムラーとボッシュが描いた自動運転の姿。①スマートフォンから指示を与えると、②駐車場所から無人走行で、③迎えにくる。移動は自動運転でも自分で操作してもいい。④目的地に到着後、クルマは無人走行で駐車場所に向かう。

の**つながる技術**に注目が集まっているが、自動運転を実現するためには外部と通信ネットワークでつながる必要がある。外部から情報を受信するのはもちろん、走行中の車両が得たさまざまな情報を送信すればビッグデータを作ることができ、そこから自動運転に有益な情報を抽出し、車両にフィードバックすることもできる。また、他車や歩行者、道路施設との**双方向通信**を確立すれば、プランニングを行う際の情報を増やすことができる。

▶自動運転で操作を担当するアクチュエーターはすでに完成の域にある

人間は**アクセルペダル、ブレーキペダル、ステアリングホイール**でクルマを操作するが、アクセルペダルはすでに**エンジンECU**（モーター駆動(くどう)であれば**PCU**）に指示を送る装置であるためエンジンECUやPCUに電気信号を送れば加速を制御できる。ブレーキやステアリングについてもドライバーの操作がなくても作動させられる。**ブレーキECU**に信号を送れば、**ブレーキアクチュエーター**によってブレーキを作動させて減速を制御できるし、**EPS-ECU**に信号を送れば、**電動パワーステアリング**によって操舵を制御できる。このほか、自動運転ではウインカーなどの操作も必要だが、現在のクルマの装備のほとんどは電気信号で操作することができる。つまり、自動運転の操作プロセスに必要なアクチュエーターはすでに完成の域に達している。電子制御のほうが人間の操作よりきめ細かく制御できるぐらいだ。また、先進運転支援(せんしんうんてんしえん)システムのためにある程度のセンシングシステムも搭載しているため、IT企業など他業種が容易に自動運転の開発に参入できたわけだ。

自動運転の認識技術

センシングシステムで周囲を認識しなければ
自動運転車は動くことができない

▶カメラ、ミリ波レーダー、ライダーの３種が有力候補

自動運転の**認知プロセスに**必要な認識技術では、**カメラ**、**ミリ波レーダー**、**ライダー**の３種類の**センシングシステム**が使われることが多く、相互に弱点を補い合って認識性を高めている。カメラとミリ波レーダーは**先進運転支援システム**でも使われている。

カメラには**単眼カメラ**と**ステレオカメラ**がある。カメラの最大のメリットは**画像認識技術**によってクルマや歩行者、道路や白線を認識できることになる。**AI**などの活用で認識精度はどんどん高まっている。また、従来はステレオカメラでないと距離を計測できなかったが、画像解析技術の進化によって単眼カメラでも距離が計測できるようになってきている。カメラの弱点は夜間や逆光、悪天候で能力が低下することだ。

ミリ波レーダーは夜間や悪天候の影響を受けず、遠くの対象物でも距離を計測できるが、物体の形や大きさを識別することは難しく、歩行者のように電波を反射しにくい障害物の検知も難しい。ただし、これらの弱点は現状の**77GHz帯ミリ波レーダー**では使用できる周波数の幅（帯域幅）が狭いために生じているものが多い。そのため、**79GHz帯ミリ波レーダー**の開発が進んでいる。79GHz帯では帯域を広く使えるため、歩行者のような小さな対象物も検知できるようになり、距離計測の精度も高くなる。ヨーロッパではすでに79GHz帯の使用が可能であり、現在国際的に標準化が進められている。

▶レーザーで周囲をスキャンして３次元情報が得られるライダー

ライダーは英語では**LiDAR**（Light Detection and Ranging）または**LIDAR**（Laser Imaging Detection and Ranging）と表記される。それぞれ日本語にすると**光による検出と測距**または**レーザーによる画像検出と測距**になる。多くの自動運転実験車のルーフ上に備えられた円筒形の物体がライダーだ。**赤外線レーザー**を使って距離を計測する。現在の先進運転支援システムに使われている**赤外線レーザーレーダー**（**レーザーレーダー、赤外線レーダー**）もライダーの一種だといえるが、もっともシンプルな機能しか備えていない。そもそもライダーという名称は、原理が似ている**レーダー**との混同を避けるた

LiDAR

*Velodyne LiDAR

実験車には360度スキャンが可能なライダーが備えられることが多い。

めに使われるようになったものだが、いつの間にかレーザーレーダーという名称も使われるようになった（ちなみに、音波を使うものは**ソナー**という）。ただし、レーザーレーダーといった場合には障害物との距離だけを測定するようなシンプルな機能のものを示し、自動運転の分野でライダーといった場合は周囲の状況をきめ細かく認識できるものを示すことが多い。実験車に使われているライダーにはさまざまな構造のものがあるが、たとえば多数のセンサーを垂直方向に重ね、それを地面に垂直な軸で回転させて周囲をスキャンしている。これにより見通し範囲の物体までの距離はもちろん形状も認識でき、反射率の違いで白線なども見分けられる。画像に描いたり、地図の基礎データにすることも可能だ。このように周囲を立体的に認識できるライダーを**3Dライダー**という。また、周囲をスキャンするため**スキャンライダー**や**走査型ライダー**ともいう。

ライダーはカメラと違って夜間でも使用できるが、悪天候の場合は精度が低下する。もっとも大きな弱点はコストだ。実験車に搭載されているものは数百万円もするというが、多くの企業が参入して開発競争が行われたことで、低価格化が進んでいる。また、実験車は多くの情報を収集する必要があるため、360度スキャンのものを使用しているが、現実の自動運転車では120度スキャンといったものでも実用できる可能性もある。こうした機能が絞られたものであれば、コストを抑えることができる。それを複数個使うという方法もある。

LiDARが認識した車両周囲の状況

*Velodyne LiDAR

カメラに比べれば画像の精度は劣るが十分に状況を確認できる。画像上のすべての点の距離情報も得られている。

自動運転とGPS

衛星からの電波を受信することで
クルマは自車位置を特定することができる

▶GPSとみちびきを併用することで自車位置の誤差が小さくなる

現在の**カーナビゲーション**（**カーナビ**）では**GPS**によって**デジタル地図**上の自車位置を確認しているが、**自動運転**の**認知プロセス**の**位置特定**にもGPSが利用される。GPSはGlobal Positioning Systemの頭文字をとったもので、アメリカが運用する**全地球航法衛星システム**（Global Navigation Satellite System：**GNSS**）だ。

GPSでは衛星からの電波を受信して位置を特定するが、そのためには4機の衛星からの電波を受信する必要があり、高精度の**測位**では8機以上が望ましいとされる。現在、約30機の**GPS衛星**が運用されているが、日本では理想的に空がひらけていても6機からしか受信できないこともある。さらに、日本は山地が多く人の住んでいる地域にも山が近いうえ、都市部にはビルが建ち並ぶため、低仰角（見上げた時の水平面からの角度が小さい）にある衛星の電波が受信できないことも多い。また、都市部ではビルなどに反射した衛星の電波だけが受信されることもある。こうした事情により、現状ではGPSによる位置特定の誤差が10mを超えることもある。これほど誤差が大きいと、自動運転は難しくなる。

GPSによる位置特定は、自動運転ばかりでなくさまざまな産業でも利用されるため、日本では国家戦略として精度向上を目指し、**準天頂衛星**「**みちびき**」の配備を進めている。みちびきはGPS衛星と互換性をもつ**GNSS衛星**だ。日本のほぼ真上に滞在する時間が長い軌道に、4機の衛星が打ち上げられている。これにより、少なくとも1機以上のみちびき

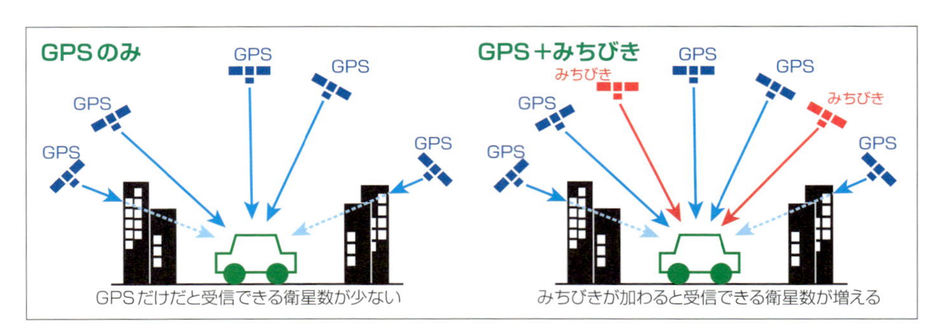

みちびきは、8の字を描く準天頂軌道上の3機と、赤道上空の静止軌道上の1機の合計4機が運用されている。東京付近から1機の準天頂軌道の衛星を見た場合、仰角70度以上には8時間、仰角50度以上には12時間、仰角20度以上では16時間留まる。

が常に仰角70度以上の天頂付近に位置することになる。結果、受信できる衛星の数が増え、高仰角になると反射の影響も受けにくくなるため、位置特定の精度が向上する。この4機体制による正式運用が2018年から開始され、2023年には7機体制での運用が目指されている。体制が整えば、GPSによる位置特定の誤差は10cm程度になる。

▶衛星からの電波が受信できない時でも自車位置を特定する技術

GPSは優れた**衛星測位システム**だが、トンネルの中など電波が受信できない場所もある。こうした場所でも測位を継続する技術を**デッドレコニング**といい、現在のカーナビでは**自律航法システム**が使われているが、自動運転でも使われる可能性が高い。自律航法は**推測航法**ともいい、**車輪速センサー**や**加速度センサー**（**Gセンサー**）、**ジャイロセンサー**などの情報から、どの方向にどれだけの距離進んだかによって地図上の位置を特定する。ただし、移動距離が長くなるほど誤差が積み重なって精度が落ちていく。

また、GPSのデッドレコニングには**SLAM技術**も使われる可能性が高い。SLAMとはSimultaneous Localization and Mappingを略したもので、**自己位置推定と地図作成**を同時に行うことをいう。産業用ロボットなどにも使われている技術で、たとえば掃除ロボットは走行しながら地図を作って自己位置を特定し、完成した地図を使って全面をくまなく掃除する。自動運転の場合は、**ライダー**などの情報から自車周辺の地図を作ることができ、その地図上の自車位置を特定できる。さらに、その地図と**地図データ**を照合することで、地図データ上の自車の位置特定が可能になる。

自動運転の地図

高精度の３次元情報を含んだ地図であれば
クルマが自車位置を正確に把握できる

▶高精度３次元地図に付加的情報を加えたダイナミックマップを使う

現在の**カーナビゲーション（カーナビ）**では**地図データ**を利用して自車の**位置特定**と誘導を行っているが、**自動運転**でも地図データは不可欠なものだ。しかし、現在のカーナビで使われている**デジタル地図**はルートの設定には有効であっても、自動運転に使用するには頼りない情報だ。現在の地図データは平面的な2次元の地図情報だが、自動運転では高精度の3次元情報を備えたデジタル地図が必要になる。こうしたデジタル地図を**高精度３次元地図**や**３次元HDマップ**（High Definition map）といい、単に**HDマップ**ということもある。高精度3次元地図には、道路や周囲の建物はもちろん、道幅や車線、勾配、停止線、横断歩道、道路標識などさまざまな情報が数cmの誤差で記録される。高速道路とその高架下の一般道の識別や立体交差の識別などのために、高さの情報も含まれる。

高精度3次元地図が自動運転の基礎的な地図データとして使用されるが、道路交通状況は刻々と変化するため、実際には自動走行などをサポートするために必要な各種の**付加的地図情報**を層状に重ねたものが使われると考えられている。これを**ダイナミックマップ**という。日本では情報の更新頻度に応じて静的、準静的、準動的、動的の4層の情報が予定されている。こうした情報の更新は、さまざまな通信技術によって実現される。

ダイナミックマップの**静的情報**は、道路や道路上の構造物、車線情報、路面情報、恒

高精度３次元地図

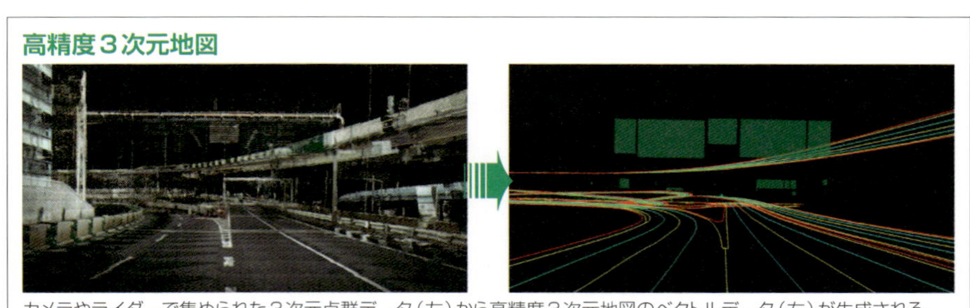

カメラやライダーで集められた３次元点群データ（左）から高精度３次元地図のベクトルデータ（右）が生成される。

久的な規制情報など、1カ月以内の更新頻度が求められる情報で、高精度3次元地図情報が基礎的な地図データとして使われる。**準静的情報**は、道路工事やイベントなどによる交通規制情報、広域気象予報情報、渋滞予測など、1時間以内での更新頻度が求められる情報が含まれる。**準動的情報**は、1分以内での更新頻度が求められる情報で、渋滞状況や一時的な走行規制、落下物や故障車など一時的な走行障害状況、事故情報、狭域気象情報などが含まれる。**動的情報**は、1秒単位での更新頻度が求められる情報で、交通信号の情報、周囲のクルマの情報、見通せない位置のクルマや歩行者の情報、交差点内歩行者や交差点直進車情報などが、**車車間通信**や**路車間通信**（P315参照）によって提供される。

ダイナミックマップは自動運転や先進運転支援システムに必要不可欠なものだが、歩道や階段、段差など歩行に関する情報を付加することで歩行者や車いす向けのサービスを提供したり、防災に役立つ進化したハザードマップなどにも応用できるため、社会基盤ともいえる。そのため日本では官民共同出資により設立された投資ファンドである産業革新機構が筆頭株主になり、全自動車メーカー、地図・測量会社や電機メーカーが出資して設立した**ダイナミックマップ基盤株式会社**（**DMP社**）が高精度3次元地図の整備を行う。現在、2018年度中の完成を目指して国内すべての高速道路と自動車専用道路の上下線3万km分の高精度3次元地図のデータが制作されている。実際には、カメラやライダー、GPSを搭載した車両を走らせることで収集した情報から地図データが制作されている。

ダイナミックマップ

高精度3次元地図情報の上に、さまざまな付加的地図情報が多層に重ねられることでダイナミックマップが構成される。

動的情報
ITS先読み情報（周辺車両、歩行者、信号情報 など）

準動的情報
事故情報、渋滞情報、狭域気象情報 など

準静的情報
交通規制情報、道路工事情報、広域気象情報 など

静的情報
高精度3次元地図情報

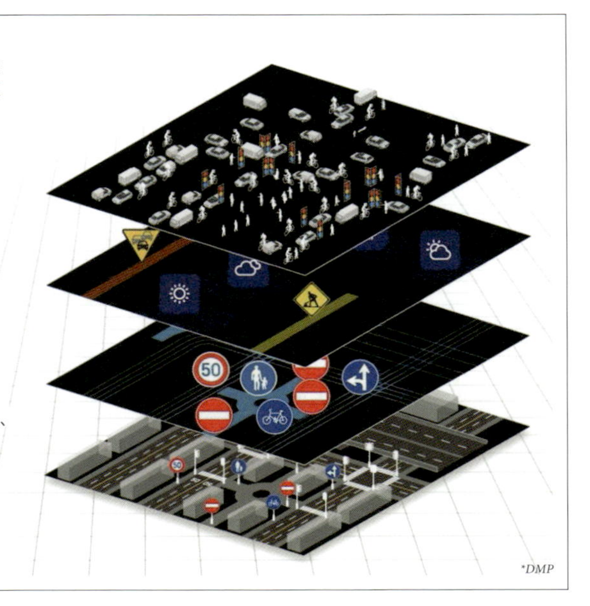

自動運転とAI

人工知能が大きく進化したことにより
自動運転実現の可能性が大きく高まった

▶AIは試行錯誤による学習を繰り返して運転が上手くなっていく

AIとはArtificial Intelligenceの頭文字をとったもので、日本語では**人工知能**という。**自動運転**の根幹をなすともいえる技術だ。自動運転は古くから研究されているが、フローチャートで示すことができるような従来のコンピュータのプログラムでは、クルマを操作することが難しかった。しかし、AIの能力が高まったことで自動運転が現実味を帯びてきた（AI自体の研究が始まったのは1950年代であり、現在は第3次ブームといわれる）。そもそもAIに厳密な定義はないが、人間の脳が行っている記憶や判断、学習、推測といった知的な作業をコンピュータが行うソフトウェアやシステムのことだ。AIは定義が定まっていないうえ、猛烈な勢いでその分野が広がり、研究者の数も多い。そのため、AIの専門家はそれぞれに体系的にまとめてはいるが、人によってまとめ方が違っていたりもする。深く知りたいのであればかなりの学習が必要になる。ここで説明するのはあくまでも概略であり、異論を唱えられることがあるかもしれないことをお断りしておく。

現在のAIは**機械学習**（**マシーンラーニング**）という方法で運転を学んでいく。機械学習の手法には、**教師あり学習**、**教師なし学習**、**強化学習**などがあるが、なかでも注目を集めているのが強化学習だ。強化学習とは、試行錯誤を通じて価値を最大化するよ

自動運転用ECU

人工知能だからといって、従来の自動車用ECUと見た目や構造が大きくかわるわけではない。

*Bosch & Nvidia

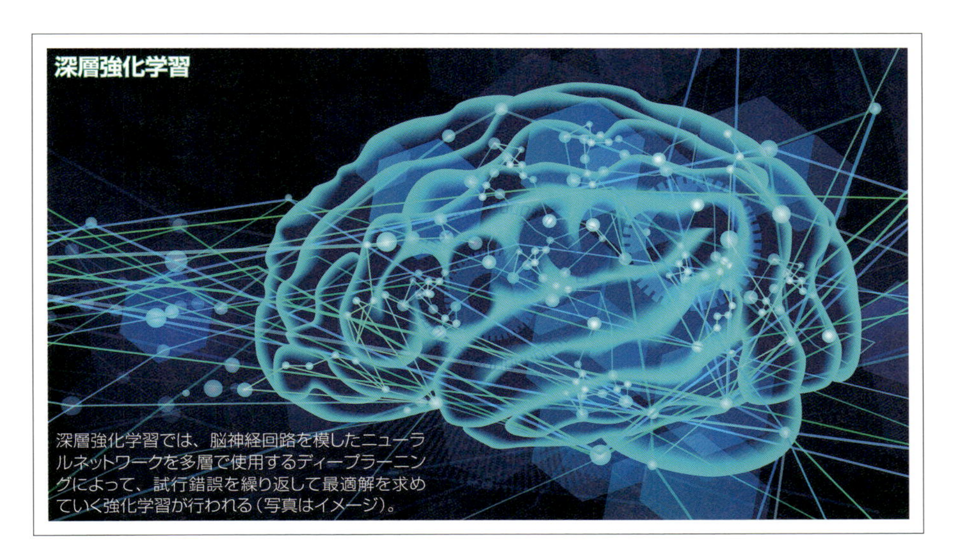

深層強化学習では、脳神経回路を模したニューラルネットワークを多層で使用するディープラーニングによって、試行錯誤を繰り返して最適解を求めていく強化学習が行われる（写真はイメージ）。

うな行動を学習すると説明される。教師あり学習や教師なし学習の場合は最終的な正解があるわけだが、強化学習ではより価値の高い正解を求めていくことができる。たとえば、物体を識別する場合、最初に特徴点を教えるのがこれまでの学習方法だが、強化学習の場合は試行錯誤のなかで特徴点も見い出していく。つまり、強化学習では学べば学ぶほどAIが賢くなっていく。

人間の場合、運転の教則本を読んだだけで運転免許が取れる人は少ない。多くの場合、教習所で運転を習ってある程度のレベルに達すると運転免許が取れる。免許が取得できても初心者のうちは運転が下手だが、走行距離が伸びるに従って運転が上手くなっていく。自動運転のAIの場合も同じだ。最初はコンピュータ内のシミュレーションで運転を学び始め、運転が上達すると閉鎖された安全な空間で実験車を操縦し、さらには公道で経験を積んでいく。各社の実験車の公道走行距離は膨大(ぼうだい)なものになっている。しかも、AIであれば複数のAIで経験を共有することができる。結果、人間のドライバーよりAIのほうが運転の経験値が高くなり、運転も上手くなると考えることができるわけだ。

AIの学習では**ディープラーニング**が話題になることも多い。人間の脳神経回路(のうしんけいかいろ)をモデルとした**ニューラルネットワーク**を応用した機械学習の方法で、特に認知や予測の分野に有効だといわれている。ディープラーニングでは、ニューラルネットワークを何層にも重ねた**ディープニューラルネットワーク**を使う。何層にも重なって層が深くなるため、ディープラーニングといい、日本語では**深層学習**(しんそうがくしゅう)という。ディープラーニングを使った強化学習が**深層強化学習**であり、AIの思考回路が多層化されることにより、より複雑な解析を行うことができる。

自動運転とコネクテッドカー

つながることで情報を送受信しなければ
安全な自動運転車は実現しない

▶現在のクルマもすでにいろいろとつながっている

自動運転とともに自動車業界で注目を集めているのが**コネクテッドカー**だ。**つながるクルマ**と表現されることもあり、**移動通信技術**を利用してインターネットなどとつながることで安全性や利便性を向上させたクルマのことをさす。すでに活用されているものには、**テレマティクス**や**ITS**がある。テレマティクスは、テレコミュニケーションとインフォマティクスから作られた造語で、日本では自動車メーカーが主体で運用されているものが多い。カーナビへの交通情報の提供や**地図データ更新**、**緊急通報システム**、**盗難車両追跡システム**、**リモートメンテナンスサービス**などが実用化されている。なかでも、会員の車両の走行位置データによる交通のビッグデータを利用した渋滞情報や大規模災害時の通行可能な道路情報は有用性が高いといわれている。また、GoogleやAppleが開発した**車載用OS**も一種のテレマティクスだといえる。クルマそのものをスマートフォンやタブレットと同じような端末として利用でき、ナビアプリがカーナビとして使えるようになったりする。

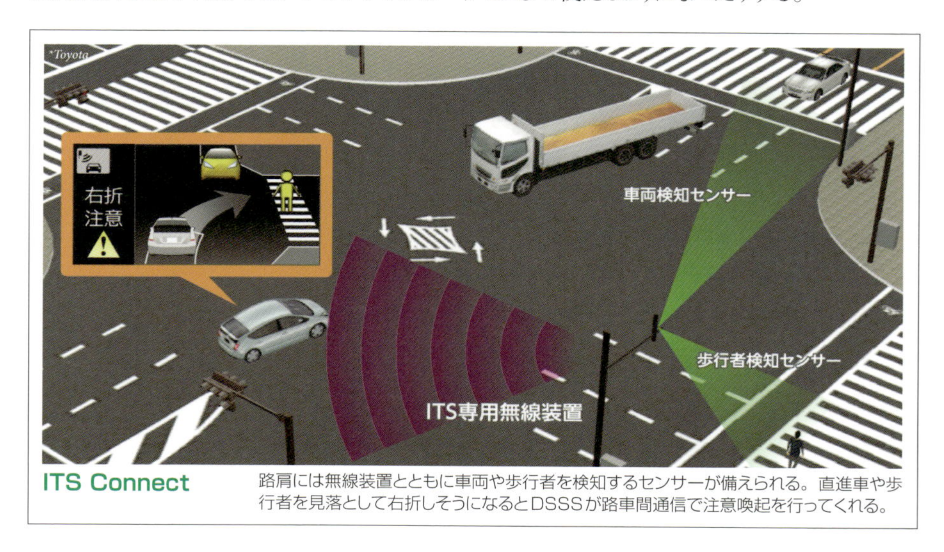

ITS Connect　路肩には無線装置とともに車両や歩行者を検知するセンサーが備えられる。直進車や歩行者を見落として右折しそうになるとDSSSが路車間通信で注意喚起を行ってくれる。

ITSは**高度道路交通システム**の英語の頭文字をとったもので、クルマと道路と人の間で情報の受発信を行い、安全や環境、利便性の面から交通社会を改善するシステムをさす。国などが主体となって整備を行うもので、1990年代から研究開発が進められている。日本ですでに実用化されたものには**VICS**（**道路交通情報通信システム**）や**ETC**（**電子料金収受システム**）がある。また、一部で運用が始まっている**ITS Connect**は**インフラ協調型安全運転支援システム**だ。**路車間通信**を行う**DSSS**では、車両や歩行者の検知センサーなどの情報をもとに右折注意喚起や赤信号注意喚起が行われ、**車車間通信**を行う**CVSS**では、**通信型レーダークルーズコントロール**対応車種同士であれば、先行車の加減速情報が後続車に伝えられ、スムーズな追従走行が可能になる。

▶自動運転には現在より高速なデータ通信技術が求められる

自動運転車の通信でもっとも重要になるのは、**ダイナミックマップ**の更新だ。**静的情報**である**高精度３次元地図**はもちろん、**準静的情報**や**準動的情報**の受信には、現在の携帯端末が使用しているような**移動通信技術**が利用されることになると考えられている。AIのバージョンアップなどもこうした通信で行われる可能性が高い。そもそもAIが走行で得られた経験を送信し、それを集約することでAIの機能向上が図られるかもしれない。また、カメラやライダーなどから得られたさまざま情報を自動運転車が送信すれば、道路交通に関する**ビッグデータ**が構築される。こうした情報を利用してダイナミックマップを更新できるようになるかもしれない。

ただし、送受信するデータ量は大きなものになるため、現在の移動通信技術では十分に対応しきれないと考えられている。通信速度が現在の25倍になり、低遅延で多接続が可能になるとされる**第５世代移動通信システム**（**5G**）の実用化が待たれる。

ダイナミックマップの**動的情報**は適用されるエリアが狭いため、別の通信技術が使われる可能性が高い。こうした通信は**VtoX**や**V2X**と総称されることが多い。Vはクルマを意味するVehicleの頭文字であり、Xは未知数を意味する。2はtoと音が似ているために使われる。**VtoI**（**V2I**）のIはインフラの頭文字で**路車間通信**を示し、**VtoV**（**V2V**）は**車車間通信**を示す。現在のITS Connectでは限られた情報しか発信していないが、将来的にはさらに多くの情報がやり取りされる可能性が高い。路上や路肩に備えられたカメラやライダーの情報や、他車のカメラやライダーの情報が受信できれば、自車から見通せない場所の状況も把握できる。これらの通信には、現在のITS Connectが使用する無線通信技術**DSRC**が使われるか、新たな通信技術が使われるかはまだ定かでない。

なお、自動運転はコンピュータに依存する部分が大きい。通信でつながると、それだけ**ハッキング**を受ける可能性が高くなるため、高度な**セキュリティ**の強化も求められる。

索引

※表示のページ数はおもに本文を対象とし、頻出する用語は重要なページのみ抽出。
左右ページに該当する用語がある場合は左ページのみを記載。

数字

A・B・C

D・E・F

G・H・I

J・L・M

N・O・P

R・S・T

V・W・X・Z

あ

い

き

く

け

こ

さ

し

す

せ

そ

と

な

に

ね

へ

ほ

ま

み

む

め

も

や・ゆ

よ

ら

り

る

れ

ろ

わ

取材協力（順不同）

●*AGC*：AGC株式会社 ●*Akebono Brake*：曙ブレーキ工業株式会社 ●*Alfa Romeo*：Alfa Romeo Automobiles S.p.A.／フィアット クライスラー ジャパン（フィアット グループ オートモービルズ ジャパン株式会社） ●*Audi*：Audi AG／アウディ ジャパン株式会社 ●*Beru*：BorgWarner BERU Systems GmbH／BorgWarner Inc. ●*BMW*：Bayerische Motoren Werke AG／BMWジャパン（ビー・エム・ダブリュー株式会社） ●*Bosch*：Robert Bosch GmbH／ボッシュ株式会社 ●*Bridgestone*／株式会社ブリヂストン ●*Continental*：Continental AG／コンティネンタル・オートモーティブ株式会社／横浜ゴム株式会社 ●*Daihatsu*：ダイハツ工業株式会社 ●*Daimler*：Daimler AG／メルセデス・ベンツ日本株式会社 ●*Delphi(Aptive)*：Aptive PLC／日本アプティブ・モビリティサービシス株式会社 ●*Denso*：株式会社デンソー ●*DMP*：ダイナミックマップ基盤株式会社 ●*Ford*：Ford Motor Company／フォード・ジャパン・リミテッド ●*GKN*：GKN plc／GKN ドライブライン ジャパン株式会社 ●*GM*：General Motors Company／ゼネラルモーターズ・ジャパン株式会社 ●*Goodyear*：Goodyear Tire & Rubber Company／日本グッドイヤー株式会社 ●*Google*：Google LLC／グーグル合同会社 ●*Honda*：本田技研工業株式会社 ●*Isuzu*：いすゞ自動車株式会社 ●*Jaguar*：Jaguar Land Rover Automotive PLC／ジャガー・ランドローバー・ジャパン株式会社 ●*Koito*：株式会社小糸製作所 ●*Magna*：Magna International Inc. ●*Mazda*：マツダ株式会社 ●*Mitsubishi*：三菱自動車工業株式会社 ●*NASVA*：独立行政法人自動車事故対策機構 ●*Nissan*：日産自動車株式会社 ●*NSK*：日本精工株式会社 ●*NTN*：NTN株式会社 ●*Opel*：Adam Opel AG ●*Peugeot*：Peugeot S.A.／プジョー・シトロエン・ジャポン株式会社 ●*Porsche*：Dr. Ing. h.c. F. Porsche AG／ポルシェジャパン株式会社 ●*Renault*：Renault S.A.S.／ルノー・ジャポン株式会社 ●*The Saturday Evening Post*：Curtis Publishing Company ●*Schaeffler*：Schaeffler Technologies AG & Co. KG／シェフラージャパン株式会社 ●*Subaru*：株式会社SUBARU ●*Suzuki*：スズキ株式会社 ●*Tesla*：Tesla, Inc. ●*Toyota*：トヨタ自動車株式会社 ●*Valeo*：Valeo S.A.／株式会社ヴァレオジャパン／ヴァレオユニシアトランスミッション株式会社 ●*Velodyne LiDAR*：Velodyne LIDAR, INK. ●*Volkswagen*：Volkswagen AG／フォルクスワーゲン グループ ジャパン 株式会社 ●*Volvo*：Volvo Personvagnar AB／ボルボ・カー・ジャパン株式会社 ●*ZF*：ZF Friedrichshafen AG／ゼット・エフ・ジャパン株式会社

参考文献（順不同、敬称略）

●自動車メカニズム図鑑（出射忠明 著、グランプリ出版） ●続自動車メカニズム図鑑（出射忠明 著、グランプリ出版） ●図解くるま工学入門（出射忠明 著、グランプリ出版） ●エンジン技術の過去・現在・未来（瀬名智和 著、グランプリ出版） ●エンジンの科学入門（瀬名智和／桂木洋二 著、グランプリ出版） ●クルマのメカ&仕組み図鑑（細川武志 著、グランプリ出版） ●パワーユニットの現在・未来（熊野 学 著、グランプリ出版） ●エンジンはこうなっている（GP企画センター 編、グランプリ出版） ●クルマのシャシーはこうなっている（GP企画センター 編、グランプリ出版） ●自動車のメカはどうなっているか エンジン系（GP企画センター 編、グランプリ出版） ●自動車のメカはどうなっているか シャシー／ボディ系（GP企画センター 編、グランプリ出版） ●エンジンの基礎知識と最新メカ（GP企画センター 編、グランプリ出版） ●自動車メカ入門 エンジン編（GP企画センター 編、グランプリ出版） ●自動車用語ハンドブック（GP企画センター 編、グランプリ出版） ●小辞典・機械のしくみ（渡辺 茂 監修、講談社） ●モーターファン・イラストレーテッド各誌（三栄書房） ●ガソリン・エンジンの構造（全国自動車整備専門学校協会 編、山海堂） ●ジーゼル・エンジンの構造（全国自動車整備専門学校協会 編、山海堂） ●シャシの構造〔I〕（全国自動車整備専門学校協会 編、山海堂） ●シャシの構造〔II〕（全国自動車整備専門学校協会 編、山海堂） ●自動車用電装品の構造（全国自動車整備専門学校協会 編、山海堂） ●自動車の特殊機構（全国自動車整備専門学校協会 編、山海堂） ●徹底図解・クルマのエンジン（浦栃重夫 著、山海堂） ●絵で見てナットク! クルマのエンジン（浦栃重夫 著、山海堂） ●自動車用語辞典（畠山重信／押川裕昭 編、山海堂） ●図解入門よくわかる最新自動車の基本と仕組み（玉田雅士／藤原敬明 著、秀和システム） ●図解入門よくわかる電気自動車の基本と仕組み（御堀直嗣 著、秀和システム） ●これから始まる自動運転 社会はどうなる!?（森口将之 著、秀和システム） ●自動車の基礎をハイブリッド車技術から学ぶ（坂本俊之 著、東海大学出版部） ●きちんと知りたい! 自動車低燃費メカニズムの基礎知識（飯塚昭三 著、日刊工業新聞社） ●トコトンやさしい電気自動車の本（廣田幸嗣 著、日刊工業新聞社） ●ハイブリッドカーはなぜ走るのか（御堀直嗣 著、日経BP社） ●自動車のメカニズム（原田 了 著、日本実業出版社） ●機械工学用語辞典（西川兼康／高田 勝 監修、理工学社） ●TOYOTAサービススタッフ技術修得書（トヨタ自動車サービス部） ●図解雑学 自動車のしくみ（水木新平 監修、ナツメ社） ●図解雑学 自動車のメカニズム（古川 修 監修、ナツメ社） ●史上最強カラー図解 最新モーター技術のすべてがわかる本（赤津 観 監修、ナツメ社） ●最新! 自動車エンジン技術がわかる本（畑村耕一 著、ナツメ社）

著者略歴

青山元男（あおやま もとお）

1957年生まれ。慶應義塾大学卒業。出版社及び編集プロダクションにて音楽雑誌、オーディオ雑誌、モノ雑誌の編集に携わった後、フリーライターとして独立。自動車雑誌、モノ雑誌等幅広いジャンルの雑誌や単行本で執筆。自動車関連では構造、整備、ボディケアをはじめカーライフ全般をカバー。自動車保険にも強くファイナンシャルプランナー（CFP）資格者である。
著作に『史上最強カラー図解 クルマのすべてがわかる事典』、『最新オールカラー クルマのメカニズム』、『オールカラー版 クルマのメンテナンス』（以上弊社）、『特装車とトラック架装』、『トラクター&トレーラーの構造』（以上グランプリ出版）、『カラー図解でわかるクルマのメカニズム』（ソフトバンク クリエイティブ）などがある。

編集制作 … オフィス・ゴゥ、大森 隆
編集担当 … 原 智宏（ナツメ出版企画）

ナツメ社 Webサイト
https://www.natsume.co.jp
書籍の最新情報（正誤情報を含む）はナツメ社Webサイトをご覧ください。

本書に関するお問い合わせは、書名・発行日・該当ページを明記の上、下記のいずれかの方法にてお送りください。電話でのお問い合わせはお受けしておりません。
・ナツメ社 web サイトの問い合わせフォーム
https://www.natsume.co.jp/contact
・FAX（03-3291-1305）
・郵送（下記、ナツメ出版企画株式会社宛て）
なお、回答までに日にちをいただく場合があります。正誤のお問い合わせ以外の書籍内容に関する解説・個別の相談は行っておりません。あらかじめご了承ください。

カラー徹底図解 クルマのメカニズム大全

2019年 4月 1日初版発行
2024年 6月20日第7刷発行

著　者　青山元男

発行者　田村正隆

発行所　株式会社ナツメ社
東京都千代田区神田神保町 1-52 ナツメ社ビル 1F（〒101-0051）
電話　03（3291）1257（代表）　FAX　03（3291）5761
振替　00130-1-58661

制　作　ナツメ出版企画株式会社
東京都千代田区神田神保町 1-52 ナツメ社ビル 3F（〒101-0051）
電話　03（3295）3921（代表）

印刷所　ラン印刷社

ISBN978-4-8163-6622-2　Printed in Japan